锂电池及其安全

王兵舰　张秀珍　著

扫一扫，看视频

北　京

冶 金 工 业 出 版 社

2024

内 容 提 要

本书从多角度介绍了各种锂电池及其生产、使用的特点,锂电池生产、储存、运输、使用、废旧电池回收利用等各个环节存在的安全隐患、事故原因分析和事故防范措施,锂电池安全性能测试标准,最后还有事故案例分析,其目的是普及锂电池安全知识,使更多的人了解锂电池,认识锂电池存在的安全风险,掌握正确的锂电池使用方法。

本书可供锂电池生产企业、使用单位的安全管理人员,及政府安全生产监管人员阅读,也可供大专院校有关师生参考。

图书在版编目(CIP)数据

锂电池及其安全 / 王兵舰,张秀珍著 . —北京:冶金工业出版社,2022.4(2024.8 重印)

ISBN 978-7-5024-9047-8

Ⅰ. ①锂… Ⅱ. ①王… ②张… Ⅲ. ①锂电池—安全性—研究 Ⅳ. ①TM911

中国版本图书馆 CIP 数据核字(2022)第 019202 号

锂电池及其安全

出版发行 冶金工业出版社	电 话 (010)64027926
地 址 北京市东城区嵩祝院北巷 39 号	邮 编 100009
网 址 www.mip1953.com	电子信箱 service@ mip1953.com

责任编辑 郭冬艳 美术编辑 彭子赫 版式设计 郑小利
责任校对 范天娇 责任印制 窦 唯
北京建宏印刷有限公司印刷
2022 年 4 月第 1 版,2024 年 8 月第 2 次印刷
710mm×1000mm 1/16;27.25 印张;531 千字;417 页
定价 88.00 元

投稿电话 (010)64027932 投稿信箱 tougao@cnmip.com.cn
营销中心电话 (010)64044283
冶金工业出版社天猫旗舰店 yjgycbs.tmall.com
(本书如有印装质量问题,本社营销中心负责退换)

前　　言

　　我国科技工作者通过自主创新和引进吸收国外技术，促使锂电池行业近年来取得了巨大发展，我国政府对新能源汽车产业链的支持，也助推了锂离子电池的良好发展势头。我国已成为世界上最大的锂离子电池生产国，在全球锂离子电池市场上具有举足轻重的作用。

　　锂电池的突出优点是体积比能量高、质量比能量高，比其他类型电池的电压高、寿命长，所以被广泛应用于人类社会的生产、生活、科学探测、国防、教育等各个方面。

　　锂电池虽然优点很多，但是由于其有易燃的有机溶剂，发生火灾成了不可避免的一个隐患。随着锂电池的普遍使用，由锂电池引发的火灾事故也越来越多，给人民的生命财产造成很大的损失。作者本人长期从事锂电池相关企业安全检查和安全培训工作，对锂电池在生产、运输、储存、使用各个环节所存在的安全隐患见到的比较多，对锂电池引发的火灾事故见到的也比较多。发现许多事故都是因为人们对锂电池的火灾风险性认识不足引起的，在生产、储存环节没有采取必要的、正确的火灾报警和灭火措施，在电池运输过程没有适当的包装措施，在不该存放电动车的地方存放电动车，在不该给电动车充电的地方充电，电池着火后的灭火方法不对，等等，深感对锂电池安全知识普及的必要性和紧迫性。

　　本书从多角度介绍了各种各样的锂电池，不但有人们习以为常的锂电池和锂离子电池，也包括热电池、耐高温电池、耐低温电池、氢电池和全钒液流电池等特种电池。本书内容涉及锂电池生产、储存、运输、使用各个环节存在的安全隐患、事故原因分析和事故防范措施；锂电池安全技术指标和国内、国际有关安全检测试验的标准规范；基于锂电池及其带有电池的设备在国际间运输的空运、海运、陆运的安全要求和包装规范；锂电池在电动车和蓄能电站方面的应用安全；锂电池在太空探测、深海探测和军事等特殊领域的安全；锂电池回收利用安全。力求对锂电池安全知识进行普及，使更多的人了解锂电池，认识锂电池的安全风险，掌握锂电池安全使用方法。希望能够为预防事故发生、减少人民生命财产损失尽一点绵薄之力。

本书在编写时尽量避开复杂高深的理论分析，试图以浅显易懂的语言配以大量图片、照片和事故视频使读者能够比较轻松地学习锂电池及其安全知识。读者可以扫描书中的二维码观看彩色图片和视频。

本书在编写过程中，参阅了部分国内外文献和在网络上搜集到的资料，在此向这些作者表示深深的谢意。

由于作者水平有限，书中不妥之处，敬请广大读者批评指正。

作　者

2021 年 7 月 1 日

目　　录

第一章　概　　论

第一节　锂电池发展概况

人们为了满足手电筒等手持式电动设备、移动测量仪器和电脑等便携式用电设备以及比较大型的移动式电动设备用电的需要，对蓄电池研究了很久。最早研究出来的电池叫做伏达电池，是用糊状的电解液制造的化学电池，也叫做干电池。早年的手摇电话机上用的直径 60mm、高约 150mm 大电池就是干电池，现在我们普遍使用的 5 号、7 号电池也是干电池。干电池应用非常广泛，不仅用于手电筒、半导体收音机，而且使用于国防、科研、航海、航空、医学等国民经济的各个领域。干电池都是锌-锰电池，中间是正极炭棒外包石墨和二氧化锰的混合物。外层是纤维网，网上涂抹了很厚的电解质，电解质是氯化氨溶液和淀粉以及少量的防腐剂。外壳是锌桶。放电就是氯化氨与锌的电解反应，电荷通过石墨传导给正极，锌桶起到负极集流体的作用。

目前，干电池已经有 100 多种，有普通锌-锰电池、碱性锌-锰干电池、镁-锰干电池，锌-空气电池、锌-氧化银电池、锂-锰电池等。干电池都是一次性电池，不能充电。

为了寻找能够重复充电、反复利用的电池，20 世纪初出现了铅酸蓄电池。这种电池是用填满海绵状铅的铅基板栅（又称格子体）作负极，填满二氧化铅的铅基板栅作正极，并用密度 $1.26 \sim 1.33 \mathrm{g/mL}$ 的稀硫酸作电解质。电池在放电时，金属铅是负极，发生氧化反应，生成硫酸铅；二氧化铅是正极，发生还原反应，生成硫酸铅。电池在用直流电充电时，两极分别生成单质铅和二氧化铅。移去电源后，它又恢复到放电前的状态，组成化学电池。铅酸电池能反复充电、放电。铅酸电池最初用来给汽车发动机点火，随着技术的提高，蓄电池电容量大了以后，就用来发动汽车。在采矿业中，矿工用铅酸电池做矿灯。因为电池用的硫酸具有腐蚀性，所以充电工要穿纯毛的呢子工作服。电池用久了水分会蒸发，所以要不定期地给电池补充水分，以维持硫酸的浓度。

120 前年由瑞典科学家发明的镍镉电池以氢氧化镍和石墨粉做阳极，以含有氧化铁粉的金属镉粉做阴极，以含有氢氧化锂的氢氧化钠或者氢氧化钾做电解液。这种可充电电池是密封的，不会漏液，非常结实。这种电池适合在极端环境中工作，例如寒冷或炎热的天气。镍镉电池可充电 700~1000 次。这种电池非常适用于大电流输出和深度放电应用。这种电池的缺点是"记忆效应"，即如果不充分放电，再充电时只能充入已经放过电的电量，电池容量变小。

镍氢电池出现于 20 世纪 70 年代，由美国科学家发明。首先是发明了用于航天器的高压镍氢电池，后来才逐渐研究出民用的低压镍氢电池。镍氢电池能量密度是镍镉电池的 1.5 倍。镍氢电池比较重，同体积的镍氢电池质量几乎是镍镉电池的两倍。镍氢电池的记忆效应不明显，可以快速充放电。镍氢电池是一种良好的中温电池，低温性能也比较好。生命周期通常低于镍镉电池，约为 500~800 次。镍氢电池在充电和放电特性方面与镍镉电池相同，不会出现锂电池那样的热失控，极少发生火灾。

为了寻找更好的电池材料，科学家把目光放在了锂元素。锂元素是碱性金属的第一位，相对原子质量是 6.94，是金属中最轻的。锂元素的标准电极电位是 -3.045V，在金属中最低。锂元素的比容量也是金属中最高的，电化学当量最小。以上特点使锂电池体系在理论上能获得金属电池中最大的能量密度。最早一批研究采用锂金属做电池的化学家可以追溯到 1912 年。由于锂的标准还原电位最低，他们先确定以锂金属作为负极的思路。但是之后的 40 多年里，锂金属电池并没有获得明显进展。锂非常活泼，几乎能与任何物质发生反应，管理和利用难度非常大，做成能够平稳供电而且安全性又很好的电池，其难度就更大。因此，化学家们的第一步是找到能降伏它的物质。1958 年，美国化学家威廉·西德尼·哈里斯发现，金属锂在溶盐、液体 SO_2 的非水电解液中以及加入锂盐的有机溶剂中稳定性很好。这是锂电池应用史上的巨大突破。

电解液的方向基本确定后，就需要寻找合适的正极材料，也就是寻找能够容纳锂离子的高容量材料。科学家们在摸索的过程中发现了两条途径：一条途径是具有层状结构的电极材料，另一条途径是以二氧化锰为代表的过渡金属氧化物。过渡金属氧化物率先获得成功。1970 年，美国科学家采用硫化钛作为正极材料，金属锂作为负极材料，在壳体内充入非水电解质制成首个锂原电池样品。日本三洋公司率先使锂原电池从概念变成了商品。1976 年，锂、碘原电池出现。接着，许多用于医疗领域的专用锂电池应运而生，其中锂银钒氧化物电池最为畅销，它占据植入式心脏设备用电池的大部分市场份额。

锂原电池以其安全性能高、能够持久平稳供电的性能获得了巨大成功。但是，它们还是一次电池，也就是不可以充电的电池。

现在普遍使用的锂原电池的正极材料是二氧化锰或亚硫酰氯，负极是金属锂。电池组装完成后电池即有电压，不需充电。值得注意的是，锂电池也可以充电，但循环性能不好，在充放电循环过程中容易形成锂枝晶，造成电池内部短路，所以这种电池是禁止充电的。

锂原电池获得了巨大成功，但是这种电池有一个缺点，就只能使用一次，电耗完就要扔掉，既浪费资源又污染环境。研发出像铅酸电池那样能够反复充电、多次使用的锂电池，也就是二次电池成了科学家们追求的目标。如何实现锂元素的可逆性便成为制造锂二次电池的关键点。要实现锂元素的可逆性就要求电池的正极和负极材料既能够容纳锂元素，又能够容许锂元素脱离电极材料而游向另一极。也就是放电时锂离子游向一个电极并嵌入到电极材料的晶格结构中（还原+嵌入），充电时（氧化+脱嵌）锂离子又游向另外一个电极并嵌入其中。形象一点说，二次电池的两个电极不是两堵实体墙，而是两个具有许多房间的宾馆，锂元素就好像是游客，它出了一个宾馆就住进了另外一个宾馆，不会没有房间住，不会集聚在宾馆外面。这种锂元素在两个电极之间来回游动的电池，也被形象地称为摇椅电池。

寻找允许锂元素嵌入和脱嵌的电极材料是发明二次锂电池的关键问题，另外一个关键问题就是寻找有效的电解质，这种电解质可以与两个电极片密切接触，可以使锂离子在充电和放电过程中能够很容易地从电极材料中跳入电解质而游向另外一个电极。电极材料的可逆性源于材料的层状结构。层状结构材料的特点可以使微粒嵌入和脱出，而电极材料的晶粒结构不发生大的改变。如果这个反应足够稳定，那么锂二次电池就算研发成功了。

20世纪60年代，学术界对这种"嵌入化合物"理解还是模糊不清的，只知道它与硫（或氧）族化合物有关，具有电化学活性，在电化学反应中的可逆性良好等。沿着这一思路深入研究，1972年时，Exxon公司终于研发出第一块商品化锂金属二次电池。Exxon公司用TiS_2作正极、锂金属作负极，并采用非水电解液的电池体系。实验表明，Li/TiS_2性能表现良好，与锂金属负极搭配，TiS_2的稳定性允许它深度循环近1000次，每次循环锂金属损失低于0.05%。1985年，Moli Energy的加拿大公司，推出了AA型的电池，用二硫化钼作为正极，金属锂作为负极。当时"大哥大"手机就是使用这种电池。然而，这种电池问世不到半年，就发生了多起爆炸事故，被全球召回。后期充放电机理的研究表明，锂枝晶的生成正是"罪魁祸首"，它会刺穿电池隔膜，连接正负极，形成内短路，从而导致热失控，使电解液起火燃烧。所谓锂枝晶，可以简单理解为锂电池在充电过程中锂离子还原时形成的树枝状金属锂。一方面，锂枝晶生长到一定程度会刺穿隔膜，导致内部短路，从而导致起火等情况发生；另一方面，如果发生锂枝晶折断又会产生"死锂"，影响电池容量。锂枝晶形成原因非常复杂，一种说法是负极表面不平整，会给锂枝晶的形成提供便利，还有一种说法是负极嵌入的锂含量超过其承受范围，多余的锂离子不能进入电极材料，在负极表面沉积形成枝晶。形成原因复杂，也就意味着难以控制，锂枝晶成为锂电池发展中最大的障碍。

　　科学家们又进行了多次地改良，但是都不奏效，自此锂金属二次电池研究停滞不前，采用液态电解质的二次金属锂电池的探索宣告失败。此时，科学家们意识到要制造出锂二次电池必须另辟蹊径。锂电池的发展道路上出现了两条技术路线：一条技术路线放弃锂金属负极的思路，采用相对安全的锂的嵌入化合物代替纯锂金属，诞生了锂离子电池；而另一条技术路线则是采用固态电解质代替液态电解质方案，继续采用锂金属作负极。

　　第一条技术路线上出现了改变历史的人物——Michel Armand。他为锂离子电池的诞生做出了巨大贡献。贝尔实验室和斯坦福大学的 Armand 团队同时都在研究嵌入化合物。1972 年，在以"离子在固体中快速迁移"为论题的学术会议上，Steel 和 Armand 等学者对嵌入机理进行了详细说明，这奠定了"电化学嵌入"概念的理论基础。1980 年，Armand 又提出了"摇椅电池"概念，即通过锂离子在正极和负极之间移动来工作。在充放电过程中，Li^+ 在两个电极之间往返嵌入和脱嵌：充电时，Li^+ 从正极脱嵌，经过电解质嵌入负极，负极处于富锂状态，放电时则相反。锂离子电池的好处是负极中的锂元素以离子态被嵌入碳材料中，再在碳材料中获得电子而成为锂原子，正常情况下在负极外面的电解液里不存在锂原子。因此，采用金属锂负极时出现的锂枝晶情况大大改善，在安全性方面得到有效提升，率先进入产业化阶段。

　　1992 年，日本索尼公司发明了以碳材料为负极，以含锂的化合物作正极的锂电池，因为在充放电过程中没有金属锂存在，只有锂离子，这就是锂离子电池。随后，锂离子电池革新了消费电子产品的面貌。当前，此类以钴酸锂作为正极材料的电池，不但成为便携式电子器具的主要电源，而且也成为电动自行车和电动汽车的电源。锂离子电池的开发是对人类移动电源的重大贡献。瑞典皇家科学院将 2019 年诺贝尔化学奖授予美国化学家斯坦利惠廷厄姆、约翰古德伊纳夫和日本化学家吉野彰，以表彰他们在锂离子电池领域的开创性贡献。

　　锂离子电池具有高电压特性，一般的镍氢电池和镍镉电池的电压只能达到1.2V，铅酸电池的电压只能达到2V，而锂离子电池的电压可以达到 3.5~4.2V。通过多电池串、并联的方式，可以得到更高的输出电压和更大的输出电流。由于能量密度大，它们能够比任何同体积传统电池组存储更多能量，这使得锂离子电池非常适用于便携式电子产品和车辆等。它们没有镍镉电池所具有的记忆效应，锂离子电池在深度放电应用中比镍镉电池或镍氢电池表现更佳。锂离子电池比镍镉电池更环保，因为它们不会污染水源。锂离子电池低温效应不好，在-40℃时锂离子电池的最大容量是其室温容量的12%。锂离子电池安全性比较差，所以锂离子电池都必须通过保护电路控制其输入和输出电压、电流。如果保护电路出了问题，电池可能会发生热失控而起火。

　　纵观电池发展的历史，可以看出当前世界上电池工业发展的六个特点：一是绿色环保电池迅猛发展，包括锂离子蓄电池、镍氢电池等；二是一次电池向蓄电池转化；三是电池向小、轻、薄方向发展，最薄的锂聚合物电池厚度不足 1mm；四是向大能量密度和高比能量方向发展，国家工信部《汽车产业中长期发展规划》要求 2020 年动力电池单体能量密度达到 300Wh/kg，到 2025 年达到 500Wh/kg。国内有的电池企业已经开发出了高能量密度的电池，电芯单体比能量达到 302Wh/kg，体积能量密度达到 642Wh/L；五是追求锂离子电池更高的安全性能，目前已经开发出可以在煤矿使用的锂离子电池；六是开发寿命更长的锂离子电池。当前的锂离子电池可以充放电 1000 次左右，世界上已经出现了使用寿命可达 70 年之久的锂离子电池。目前试制出的长寿锂离子电池，体积为 8cm³，充放电次数可达 2.5 万次。

正因为锂离子电池的体积比能量和质量比能量高，可充电且无污染，因此增长很快。手机、平板电脑、数码相机、笔记本电脑等手持电动设备主要使用锂离子电池，就连上太空的"嫦娥"月球车、下海的"奋斗者"深海潜航器、天上飞的无人机也用锂离子电池做动力源。煤矿因为存在发生瓦斯爆炸的危险性，历来是锂离子电池使用的禁区，但是现在已经开发出了煤矿用锂离子电池，既用于矿灯照明，也用于矿车动力。太阳能路灯已经越来越普遍，尤其在电网不健全的偏远农村和欠发达国家，太阳能路灯有其独特的便利性，既免去了拉电网的投资，也大大降低了运营成本。太阳能路灯的普及就是得益于电池的发展，太阳能电池板在有太阳的时候产生电能，电能储存在锂离子电池包里面，晚上用来点亮 LED 路灯。

近日有媒体称："国家电网公司完成了系统内华东、华北、华中、西北（含西藏）及东北（含蒙东）五个区域网、省（自治区、直辖市）电网智能化规划评审工作，这将作为智能电网的顶层设计，是国家电网建设坚强智能电网的重要依据。"智能电网能够把火力发电、水力发电、核能发电、风力发电、光伏发电等各种电能统筹起来，使能源得到最有效的利用。虽然还只是规划阶段，但如此庞大的方案，可以想象锂电池业的远景。

煤炭、石油等化石燃料会对地球造成巨大的污染，人们普遍认为这是地球变暖的主要因素。1986 年 4 月 26 日苏联切尔诺贝利核电站爆炸事故、1979 年 3 月 28 日美国三里岛核电站爆炸事故、2011 年 3 月 12 日日本福岛第一核电站事故把本来认为是干净能源的核电的危险性暴露在人们面前。日本福岛核电站事故发生后，德国等国家严格限制核能发展，甚至把已有的核电站拆除。这样人们就把目光转向了能够取之不竭、用之不尽的干净能源，即光伏发电、风力发电、潮汐发电等新能源。但是这些新能源都有一个致命的弱点，就是不能够实现平稳、恒定发电。风力一会儿大一会儿小，白天有太阳晚上没有太阳，这就使得发电一会儿有一会儿无，一会儿大一会儿小。锂离子蓄能电站可以把大风时产生的风力发电和白天有太阳时的太阳能发电储存起来，等风力变小和晚上没有太阳时，再把电能放出来，使得供电系统能够平稳供电。

不但新能源发电的不稳定性需要储能技术，而且电网负荷的不稳定性也需要储能技术。电网的负荷有时大有时小，一般情况是白天用电量大，晚上用电量小，白天的电不够用，晚上的电用不了。发电厂，尤其是核电站不能一会儿开机，一会儿停机，这就需要储能技术。目前普遍使用高、低位水库来储能。台湾的日月潭就是一个很大的储能发电站，白天日月潭的水带动发电机补充电能，晚上再利用多余的电能把山下水库的水抽到日月潭，把电能变成水的势能。日月潭虽然是一个高山湖泊，它却是有潮汐的。现在有的国家用锂离子电池来建设供电系统的蓄能电站。用电低谷时进行储能，峰值时释放电能，智能电网和锂电池的有效衔接，是资源利用最高效的模式。甚至有人设想，对一些地处偏远，电网布局成本过高的地方，依靠运送充满电的电池来解决用电问题也是一个方案。

锂离子电池的容量，小到蓝牙耳机、电子手表、手环等可穿戴设备用的只有十几毫安时的微型电池，大到电动大巴的 400Ah 的电池包，现在又发展出了更大的由电池簇组成的蓄能电站。聚合物锂离子电池以其安全性的独特优势，将逐步取代液态电解液锂离子电池，成为锂离子电池的主流。聚合物锂离子电池被誉为"21世纪的电池"，将开辟蓄电池的新时代，未来锂电池的市场空间十分巨大，发展前景十分乐观。

国家工信部于 2015 年 9 月 7 日发布的《锂离子电池行业规范条件》要求：

（1）消费型单体电池能量密度≥150Wh/kg，电池组能量密度≥120Wh/kg，聚合物单体电池体积能量密度≥550Wh/L。循环寿命≥400 次且容量保持率≥80%。

（2）动力型电池分为能量型和功率型，其中能量型单体电池能量密度≥120Wh/kg，电池组能量密度≥85Wh/kg，循环寿命≥1500 次且容量保持率≥80%。功率型单体电池功率密度≥3000W/kg，电池组功率密度≥2100W/kg，循环寿命≥2000 次且容量保持率≥80%。电动自行车用电池组循环寿命≥600 次且容量保持率≥80%，电动工具用电池组循环寿命≥500 次且容量保持率≥80%。

（3）储能型单体电池能量密度≥110Wh/kg，电池组能量密度≥75Wh/kg，循环寿命≥2000 次且容量保持率≥80%。

动力和储能锂电池市场空间很大，2019 年全球动力储能市场空间 1217 亿元，预计 2025 年约为 6274 亿元，约为 2019 年的 5 倍。

表 1.1 为近年来几个大厂的锂电池产能和市场占有率。

国内外的标准关于电池、单个电池、电池组、电池包这些名词的定义比较混乱，国外的标准把单个电池叫做电芯（cell），把一个以上的电芯通过串、并联的方式组成的电池组叫做电池（battery）。Battery 本身的词义就有一排、一系列的含义，所以在英文系统里，这样定义不会产生歧义。我国的标准关于电池的定义比较混乱，有的是按照国外的标准定义的，单个电池叫做电芯，多个电芯组成的电池组叫做电池。有的是按照中国人的习惯定义的，把单个电池叫做电池，把多个电池组成的电池组叫做电池堆、电池包、电池组。为了避免称谓上的混乱，本书一律把单个电池叫做电池，把多个电池组成的电池组叫做电池组。也就是电池等效于 cell，电池组等效于 battery，电池组包含了它的外壳和控制线路及其元件。

表 1.1　近年来几个大厂的锂电池产能和市场占有率

2017 年			2018 年			2019 年		
企业	装机量/GWh	市场占有率/%	企业	装机量/GWh	市场占有率/%	企业	装机量/GWh	市场占有率/%
宁德时代	10.5	29	宁德时代	23.5	41	宁德时代	32.3	52
比亚迪	5.6	16	比亚迪	11.4	20	比亚迪	10.8	17
国轩高科	2.0	6	国轩高科	3.1	5	国轩高科	3.2	5
比克电池	1.7	5	力神	2.1	4	力神	2.0	4
孚能科技	1.1	3	孚能科技	1.9	3	亿纬锂能	1.8	3

第二节　锂电池的安全现状

锂离子电池能量密度大，比能量高（单位体积或者单位质量电池所载有的电能），因而体积小，质量轻，这些都是锂离子电池的优点，但是也成了锂离子电池容易发生火灾爆炸事故的缺点。自从锂离子电池投入商业应用以来，锂离子电池引发的火灾、爆炸事故不绝于耳。有的火灾、爆炸事故甚至发生在世界著名的科技公司生产的产品上。

在消费级锂离子电池应用方面，2005 年 11 月，日本尼康公司紧急召回一款数码相机锂离子电池，原因是遇到了电池爆炸、过热和熔化问题。

中国惠普公司于 2009 年 5 月和 2010 年 5 月曾经先后两次召回电池有问题的笔记本电脑。2011 年 5 月，该公司又向国家质检总局提交了主动召回报告，召回 2007 年 7 月至 2008 年 5 月期间生产的部分笔记本电脑的电池组，涉及数量约 78740 个。召回的笔记本电脑的电池组使用了 LG 公司生产的锂离子电池。在使用中，电池过热熔化或烧焦产品外壳，进一步导致自燃，存在安全隐患。

2006 年 8 月，计算机生产商戴尔和苹果公司分别宣布回收数以百万计的存在安全问题的笔记本电脑锂离子电池。

2007 年，广东省的一次手机电池抽查中，部分样品在安全测试时发生了爆炸或起火。2016 年，韩国三星旗舰智能手机 Galaxy Note 7 在首次发布后短短一个多月，发生三十多起因电池缺陷造成的爆炸和起火事故，直接导致这款新手机停止生产，损失惨重。

锂离子电池在运输过程中也多次发生起火爆炸事故。2017 年 5 月 7 日，深圳市一辆载有 18650 锂离子电池的货车到华南城发物流，疑因行驶中颠簸引起电池碰撞引发火灾。2018 年 5 月 11 日下午，一辆运送锂离子动力电池的货车，工人卸下每块重 25kg 的锂离子电池包时操作不当，锂电池受挤压摩擦发生自燃。2006 年，美国某快递公司一架货机因运输的笔记本用锂离子电池着火，在机场紧急迫降，货机火灾持续燃烧 4h，大部分货物燃烧殆尽，3 名机组成员受伤。2010 年，该公司一架波音 747 货机在迪拜坠毁，原因也是装载的锂离子电池起火。

近年来，锂离子电池大量应用于电动汽车和电动自行车的动力电池组，发展速度很快。国家《汽车产业中长期发展规划》明确指出，到 2020 年，我国新能源汽车年产量将达到 200 万辆。我国电动自行车保有量已超过 2 亿辆，这些电动车辆安全问题更为突出。2011 年初，杭州一辆电动出租车发生燃烧，车辆烧毁。即使进口的某名牌电动汽车也曾经发生过锂离子电池引发的火灾。2018 年 5 月 17 日早上 8 时左右，深圳市某地美团外卖电动车在店铺门口等外卖过程中电池着火爆炸。

电动汽车和电动自行车在充电的过程中最容易发生火灾事故。2016 年 8 月 29 日，深圳市宝安区一栋楼房发生火灾。这次火灾由放在一楼楼道里的电动自行车充电引发，致使 7 人遇难，4 人重伤住院。2019 年 9 月 9 日 6 时 31 分，宝安区一间室外电动自行车集中停放充电点发生火情，明火于 7 时许被扑灭，无人员伤亡，共烧毁电动自行车 68 辆、小轿车 3 辆。电动自行车和电动汽车的充电问题现在已经到了亟须解决的时候。深圳市已经规定电动自行车不准进楼房、不准进车间，只能在楼房和车间以外建立集中充电棚。现在新建的高层楼宇在地下室都有集中充电桩。这些大量车辆集中在一起进行充电的情况，如果没有有效的灭火措施，一辆电动车发生火灾，将会引起大量电动车烧毁。而且因为地下停车场只有一两个出口，电动汽车燃烧产生的有毒气体和浓烟，使得救援人员很难进入现场进行扑救，因此，地下停车场的电动汽车充电区域的火灾预防和火灾扑救问题应该引起高度重视。

电动滑板车也会发生火灾，2018 年 7 月 29 日，江西省某区一名男子在家休息，正在旁边充电的电动滑板车突然发出一声巨响并伴有白色浓烟。所幸男子反应及时，立即上前切断电源，但浓烟越来越大，该男子立即携带孩子和宠物迅速逃离，躲过这一劫，身后的平衡车发生爆炸，浓烟和火光充满了整个房间。

有的人会认为电子烟和蓝牙耳机等体积很小的锂离子电池没有火灾危险性，这是一种错误的认识。因为虽然这种电池的体积很小，电容量也很小，但是它的结构、材料和性质与大电池是一样的，火灾危险性也是一样的。2019 年 11 月，深圳某比较大的电子烟厂成品仓库就发生了火灾。

锂离子电池在生产过程的火灾主要发生在化成、老化和仓储环节。利用外购的锂离子电池组装锂离子电池组的企业叫做锂离子电池加工企业，利用外购的锂离子电池或者锂离子电池组给本企业生产的产品提供动力源的企业叫做锂离子电池使用企业。这两类企业的锂离子电池火灾主要发生在外购来的离子电池的仓储和本公司产品的储存环节。退货、不良电池的存放地方更容易发生火灾。2015 年 3 月 29 日晚，深圳市龙岗区某锂离子电池生产企业仓库发生火灾，据分析这起火灾是仓库存储的电池自燃引起。当地政府出动 8 辆消防车、50 名救援人员，奋战两个小时才把火扑灭。这起火灾事故虽然没有造成人员伤亡，但是经济损失接近 800 万元。2016 年 7 月 10 日上午 9 时许，深圳市龙华区某电子厂锂离子电池老化房发生爆炸，这是这个企业 4 个月来第 2 次发生火灾爆炸事故。本次事故没有造成人员伤亡，但是 3 名消防队员受伤，经济损失达 2000 万元以上。

据统计，2018 年我国的锂离子电池已经生产了 1242 亿瓦时，销售收入达到 1727 亿元，比 2017 年增长 23.1%。这么快速的增长，主要由新能源汽车动力电池和储能电池市场的快速增长引起的。现在我国的锂离子电池产能正在向 2000 亿瓦时冲刺，再过几年，将有大量的锂离子电池处于退役报废状态。安全处理废旧回收的锂离子电池也是一个大问题。2009 年 11 月 7 日发生在加拿大特雷尔市的锂离子电池回收仓库火灾，是迄今影响最大的该类火灾事故。火灾持续 30 多个小时，过火面积 6500m^2。该公司刚刚从美国能源部获得 950 万美元专项补贴，用于研发锂离子电池回收处理技术。火灾时仓库内存有大量回收待处理的锂电池和锂离子电池，既包括小型的手机、笔记本电脑电池，也包括使用的大功率电池的电动汽车。

发生火灾事故的锂离子电池在投产前都通过了国家的型式试验，通过了 UL 认证，以及联合国标准《关于危险货物运输的建议书　试验和标准手册》第 38.3 节的试验。使用中发生着火事故的锂离子电池在出厂时都是合格品。据统计，2013 年至 2018 年，全国发生的锂离子电池火灾已经使 230 多人死亡。屡屡发生的事故使人们对锂离子电池的安全性产生担忧，甚至有人认为"受控的放电就是电池，不受控的放电就是炸弹。"锂离子电池生产和使用的安全问题应当引起人们高度重视。图 1.1 是一起锂离子电池火灾事故的照片。

图 1.1　锂离子电池老化房火灾

第三节　术语及其定义

（1）电池（cell）：把化学能直接转变为电能的基本功能单元，由电极、电解质、容器、极端，通常还有隔离层组成。英文文献统称为 cell，中文文献有的称为单电池，有的称为电池芯，有的称为电芯，本书一律称为电池。

（2）蓄电池（storage cell）：按照可以重复充放电设计的电池（rechargeable cell），也称为二次电池（secondary cell）。

（3）蓄电池组（accumulator; storage battery）：用可以重复充放电的元件电池组成的电池组或者电瓶。

（4）电池模块/组件（battery module）：电池单体采用串联、并联和串并联连接方式，且只有一对正负极输出端子的电池组合体，还包括外壳、管理与保护装置等部件。

（5）电池组（battery）：由以永久性电连接方式装配在一个外壳中的一个或多个单体电池，也可能由多个电池模组通过串联、并联和串并联连接方式组成，配有使用时所需的极端、标志和保护装置等。英文文献一律称为 battery，中文文献有的称为电池包，有的称为电池组，也有的文献直接使用英文的概念，称为电池。本书一律称为电池组。

（6）单一元件电池组（single cell battery）：仅由一个元件电池和标志、保护装置组成的电池组。

（7）电池簇/群（battery cluster）：电池模组采用串联、并联或串并联方式，且与储能变流器及附属设施连线后实现独立运行的电池组合体，还包括电池管理系统、监测和保护电路、电气和通信接口等部件。

（8）电池管理系统（battery management system）：监测电池的电压、电流、温度等参数信息并对电池的状态进行管理和控制的装置。

（9）元件电池（component cell）：装入一个电池组内的电池。

（10）原电池（primary cell）：按不可以充电设计的电池。

（11）原电池组（primary battery）：由原电池构成的电池组。

（12）锂原电池（lithium primary cell）负极为锂金属或者锂合金，正极为二氧化锰等其他材料，使用含有锂盐的非水电解质的电池。

（13）锂原电池组（lithium primary battery）：由锂原电池构成的电池组。

（14）锂离子电池（lithium ion cell）：以锂的化合物为正极、以碳材料为负极、以掺有锂盐的非水溶剂作为电解液的电池，可以重复充电，所以称为二次电池（secondary cell）。因为锂离子在充、放电过程中在正极和负极之间游动，像坐摇椅一样，所以也称为摇椅电池。本书一律称为锂离子电池。

（15）锂离子电池组（lithium ion battery）：以锂离子电池及保护线路组成的电池组。

（16）锂电池和锂电池组：许多人分不清锂原电池和锂二次电池，统称为锂电池，这是一种不正确的叫法。本书为了叙述的方便，在讲述锂原电池和锂二次电池的共同特性时，就使用"锂电池"和"锂电池组"这两个名词，以免使叙述显得冗长繁琐。当分别介绍锂原电池和锂二次电池各自的特点时，才分别使用"锂原电池""锂原电池组""锂二次电池"和"锂二次电池组"。

（17）纽扣电池（button cell；coin cell）：总高度小于直径的圆柱形单体电池，形似纽扣或硬币。

（18）圆柱形电池（cylindrical cell）：总高度等于或大于直径的圆柱形状的电池。

（19）矩形电池（rectangle cell）：侧面和底部为矩形的电池。

（20）锂含量（lithium content）：在未放电时即完全荷电状态下金属锂电池或合金锂电池负极中锂的质量。

（21）当量锂含量（lithium equivalent content）：以 A 表示锂离子电池可以提供的额定电流，以 h 表示在额定电流工作时电池可以工作的小时数，则锂离子电池或电池组中所含锂的相当量，可由下式得出：

$$m = 0.3Ah$$

式中 m——单个锂离子电池中的当量锂含量，g。

锂离子电池组的当量锂含量为该电池组内所有单个电池的当量锂含量之和。

（22）小电池（small cell）：含锂量或当量锂含量不超过12g的单体电池。

（23）大电池（large cell）：锂含量或当量锂含量超过12g的单体电池。

（24）小电池组（small battery）：总锂含量不超过500g的电池组。

（25）大电池组（large battery）：总锂含量超过500g的电池组。

（26）容量（capacity）：它表示在一定条件下（放电率、温度、终止电压等）电池放出的电量，通常以安培小时（Ah）为单位，在电池上一般用毫安时（mAh）表示。现在逐渐向瓦时（Wh）过渡。

（27）理论容量（theoretical capacity）：把活性物质的质量按法拉第定律计算而得的最高理论值。为了比较不同系列的电池，常用比容量的概念，即单位质量或者单位体积电池所能给出的理论值，单位为 Ah/kg（mAh/kg）或者 Ah/L（mAh/L）。

（28）质量能量密度（gravimetric energy density）：在规定试验条件和试验方法下，电池的初始充电能量、初始放电能量分别与电池质量的比值。

（29）体积能量密度（volumetric energy density）：在规定试验条件和试验方法下，电池的初始充电能量、初始放电能量分别与电池体积的比值。

（30）标称能量（nominal energy）：以 Wh 表示，指制造商公布的、在规定条件下测得的电池和电池组的能量值，标称能量通过标称电压乘以以 Ah 表示的额定容量计算得出。

（31）实际容量（actual capacity）：指电池在一定条件下所能输出的电量。它等于放电电流与放电时间的乘积，单位为安培小时（Ah）。

（32）额定容量（rated capacity）：在规定条件下测得的并由制造商标称的电池的容量值，也叫保证能量。是按国家和有关部门颁布的标准，保证电池在一定的放电条件下，应该放出的最低限度的容量。电池的实际容量取决于电池中活性物质的多少和活性物质的利用率，在活性物质的量一定的情况下，影响因素有放电率、终止电压、温度、电极端的几何尺寸等。给一个充满电的电池以恒流放电，放出多少电量就是这个电池的容量，铅酸电池、镍氢电池都是这样。但是锂电池就不能这样计算，因为锂电池都有一个最低放电电压，也就是终止电压，低于终止电压以下的电压叫做保护电压。比如一个钴酸锂电池，额定容量 4500mAh，指由充满电时的 4.2V 放电到 3.0V 时的电容量，3.0V 以下的容量不算。

（33）荷电率（capacity ratio）：电池实际容量与额定容量的比率。

（34）能量型电池（energy type battery）：根据能量型应用需求设计，以大于 1h 额定功率工作的电池，也就是放电电流小于 1C 工作的电池。

（35）功率型电池（power type battery）：根据功率型应用需求设计，以小于或等于 1h 额定功率工作的电池，也就是放电电流大于 1C 工作的电池。

（36）额定功率（rated power）：在规定试验条件和试验方法下，电池可持续工作一定时间的功率，包括额定充电功率、额定放电功率。

（37）额定充电功率（rated charging power）：在规定试验条件和试验方法下，电池可持续工作一定时间的充电功率。

（38）额定放电功率（rated discharging power）：在规定试验条件和试验方法下，电池可持续工作一定时间的放电功率。

（39）额定充电能量（rated charging energy）：在规定试验条件和试验方法下，初始化放电的电池以额定充电功率充电至充电终止电压时的充电能量。

（40）额定放电能量（rated discharging energy）：在规定试验条件和试验方法下，初始化充电的电池以额定放电功率放电至放电终止电压时的放电能量。

（41）额定充电容量（rated charging capacity）：在规定试验条件和试验方法下，初始化放电的电池以额定充电功率充电至充电终止电压时的充电容量。

（42）额定放电容量（rated discharging capacity）：在规定试验条件和试验方法下，初始化充电的电池以额定放电功率放电至放电终止电压时的放电容量。

（43）能量效率（energy efficiency）：在规定试验条件和试验方法下，电池的放电能量与充电能量的比值，用百分数表示。

（44）能量保持率（retention rate of energy）：在规定试验条件和试验方法下，电池的充电能量、放电能量分别与初始充电能量、初始放电能量的比值，用百分数表示。

（45）能量恢复率（recovery rate of energy）：电池储存后，在规定试验条件和试验方法下测得的充电能量、放电能量分别与初始充电能量、初始放电能量的比值，用百分数表示。

（46）开路电压（open-circuit voltage）：放电电流为零时电池的电压。也就是电池不放电时，电池达到平衡时正、负极之间的电位差。电池的开路电压会因电池正、负极与电解液的材料不同而异，如果两个电池的正负极的材料完全一样，那么不管电池的体积有多大，几何结构如何变化，其开路电压都是一样的。

（47）工作电压（operating voltage）：也叫做额定电压或者放电电压，指电池接通负载以后在放电过程中显示的电压。电池在接通负载以后，由于欧姆电阻和极化过电位的存在，电池的工作电压低于开路电压。

（48）初始电压（initial voltage）：电池放电初始的工作电压称为初始电压。不同的电池的放电平台差异很大，有的电池在开始放电时电压比较高，叫做电压昂头现象，也有的电池在开始放电时电压比较低，叫做电压低头现象，过一段时间电压才能平稳。为了克服初始电压不稳定的现象，需要采用相应的技术措施。图 1.2 是两种不同的放电曲线。

（49）终止电压（final voltage）：电池放电时，电压下降到电池不宜再继续放电的最低工作电压。不同的电池类型，或者同一类型电池的放电条件不同，电池的容量和寿命也不同，电池放电的终止电压也不相同。锂离子电池的终止电压一般规定为 2.7~3.0V。

（50）标称电压（nominal voltage）：为标明电池或者电池组电压所取的电压近似值，相当于电池的平均工作电压，电池以这个电压工作的时间最长。各个类型的电池有不同的放电曲线，有的放电曲线有明显的放电平台，有的则没有放电

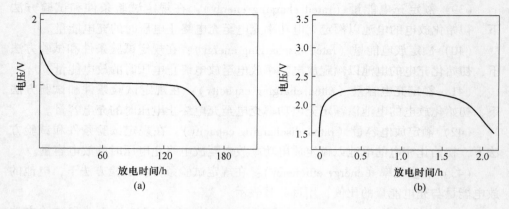

图 1.2 不同的放电曲线

(a) 放电昂头现象；(b) 放电低头现象

平台，所以，不同类型电池的标称电压是不一样的。锂离子电池的标称电压为 3.6V 或者 3.7V。

(51) 放电平台（discharge platform）：锂离子电池完全充满电以后，放电过程中放电曲线中电压比较平稳的一段。例如钴酸锂电池充满电的电压是 4.2V，放电至 3.7V 的电压变化很慢，表现比较平稳。过了 3.7V 以后，电压下降很快，那么 3.7V 就是这款电池的放电平台。

对于比较好的锂电池，在 3.7V 以前电压下降很慢，在 3.7V 以后电压下降得很快，3.7V 以后放的电量就很少。相反，不好的电池在 4.2~3.7V 之间放电的时候，电压下降得很快，而在 3.7V 以后电压又下降得很慢。这种电池性能不好，容量也非常低。电池充电时，先是以恒流充电，充电到一定程度，改为恒压条件下充电至电压 4.2V，充电电流小于 0.01C 时停止充电。然后搁置 10min，在任何倍率的放电电流下，放电至 3.7V 时，电池放电所经历的一个时间长度是衡量电池好坏的重要指标。

不过，不要一味地追求高放电平台，有时候平台电压高，容量却下降了，因为不同倍率条件下，平台电压是不同的。因此，放电平台的问题应从多方考虑。既要容量高，又要在指定电压下持续时间长，才算真正的好电池。行业标准 1C 放电平台为 70% 以上。图 1.3 是不同类型电池的放电曲线。

(52) 倍率充/放电（rated charging/discharging）：在规定试验条件和试验方法下，以额定功率的倍数对电池进行充放电的方式。

(53) 放电倍率 nC（discharge multiplying power）：一个具体的锂电池充放电时电流的大小，用 nC 表示。比如，一枚 4000mAh 的电池，用 1C 放电就是用电流 4000mA 放电，可以放 1h；用 2C 放电就是用电流 8000mA 放电，可以放半个小时；用 0.1C 放电就是用电流 400mA 放电，可以放 10h。

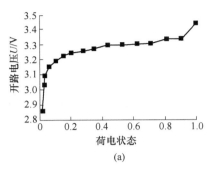

(a)

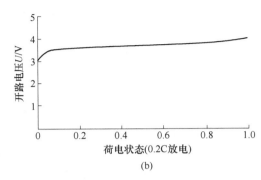

(b)

图 1.3　不同类型电池的放电曲线

（a）磷酸铁锂电池；（b）钴酸锂电池

（54）C5 安培倍率（C5 AMP RATE）：电池或者电池组放电 5h 达到制造商指定的放电停止电压时可以放出的电容量，以 A 为单位。如果一枚电池容量是 4000mAh，C5 安培倍率就是 800mA，即 0.8A，相当于 0.2C 放电倍率。

（55）充电限制电压（limited charging voltage）：制造商规定的电池或电池组的额定最大充电电压。例如，单节钴酸锂电池的充电限制电压一般为 4.20V。

（56）充电上限电压（upper limited charging voltage）：制造商规定的电池或电池组能承受的最高安全充电电压。例如，单节钴酸锂电池的充电上限电压一般为 4.25V。

（57）过压充电保护电压（over voltage for charge protection）：制造商规定的大电压充电时的保护电路动作电压。

（58）放电截止电压（discharge cut-off voltage）：制造商规定的放电终止时电池或电池组的负载电压。

（59）欠压放电保护电压（low voltage for discharge protection）：制造商规定的低电压放电时的保护电路动作电压。

（60）未放电（undischarged）：原电池放电深度为 0% 时的荷电状态。

（61）初始化充电（initial charge）：在规定试验条件和试验方法下，使电池的充电状态初始化的过程。

（62）初始化放电（initial discharge）：在规定试验条件和试验方法下，使电池的放电状态初始化的过程。

（63）初始充电能量（initial charging energy）：电池在规定试验条件和试验方法下测得的充电能量。

（64）初始放电能量（initial discharging energy）：电池在规定试验条件和试验方法下测得的放电能量。

（65）完全充电（fully charged）：电池放电深度为 0% 时的荷电状态。

（66）推荐充电电流（recommendation charging current）：制造商推荐的恒流充电电流。

（67）最大充电电流（maximum charging current）：制造商规定的最大的恒流充电电流。

（68）过充电（over charge）：电池在充电时已经达到充满电的状态后还继续充电，可能导致电池内压升高、电池变形、电解液泄漏等情况发生，电池的性能也会显著降低甚至损坏。

（69）过流充电保护电流（over current for charge protection）：制造商规定的大电流充电时的保护电路动作电流。

（70）推荐放电电流（recommendation discharging current）：制造商推荐的持续放电电流。

（71）最大放电电流（maximum discharging current）：制造商规定的最大持续放电电流。

（72）过流放电保护电流（over current for discharge protection）：制造商规定的大电流放电时的保护电路动作电流。

（73）上限充电温度（upper limited charging temperature）：制造商规定的电池或电池组充电时的最高环境温度，这个温度不是电池或电池组的表面温度。

（74）上限放电温度（upper limited discharging temperature）：制造商规定的电池或电池组放电时的最高环境温度。这个温度不是电池或电池组的表面温度。

（75）放电深度 DOD（depth of discharge）：在电池使用过程中，电池放出的容量占其额定容量的百分比。放电深度的高低和二次电池的充放电寿命有很大的关系，二次电池的放电深度越深，其充电寿命就越短，因此，在使用时要尽量避免深度放电。

（76）完全放电（fully discharged）：电池放电深度为 100% 的荷电状态。

（77）自放电（oneself discharged）：电池不管在有没有被使用的状态下，由于各种原因都会引起电量损失的现象。电池完全充满电以后的初始容量记为 C_0，放置一个月，然后用 1C 放电至 3.7V，其容量记为 C_1，$1-C_1/C_0$ 即为该电池的月自放电率。行业标准认为锂离子电池的月自放电率应当小于 12%。自放电与电池的放置性能有关，自放电率大小与电池内部结构和材料性能也有关。

（78）过放电（over discharge）：电池若是在放电过程中，超过电池放电的终止电压值还要继续放电，就有可能造成电池内压升高、正负极活性物质可逆性遭到破坏，使电池的容量明显减少，甚至会引起电池着火。

（79）充放电速率（rate of charge or discharge）：有时率和倍率两种表示法。时率是以充放电时间表示的充放电速率，数值上等于电池的额定容量（Ah）除以规定的充放电电流（A）所得的小时数。倍率是充放电速率的另一种表示法，其数值为时率的倒数。原电池的放电速率是以经过某一固定电阻放电到终止电压的时间来表示。放电速率对电池性能的影响较大。

（80）负载能力（load capacity）：当电池的正负极两端连接在用电器上时，带动用电器工作时的输出功率，即为电池的负载能力。

（81）循环（cycle of a secondary（rechargeable）cell or battery）：对电池或电池组以相同顺序有规律重复进行的一组操作，该操作包含在规定条件下的一连串的放电后充电或充电后放电，也可包含搁置。

（82）循环寿命（cycle life）：电池在完全充电以后完全放电，循环进行，直到容量衰减为初始容量的 75%，这个循环次数就是这个电池的循环寿命。循环寿命与电池充放电条件有关，锂离子电池在室温下，以 1C 充放电循环寿命可达 300~500 次，最高可达 800~1000 次。

（83）阻抗（impedance）：电池内具有很大的电极-电解质界面面积，可以将电池等效为一个大电容和小电阻、电感组成的串联线路。但实际情况要复杂得多，尤其是电池的阻抗随时间和直流电平而变化，所测得的阻抗只对具体的测量状态有效。

（84）内阻（internal resistance）：电流以锂离子的形式通过电池内部时受到阻力，使电池的电压降低，此阻力称为电池的内阻。在放电过程中随时间的推移，电池活性物质的组成、电解液浓度和温度都在不断地变化，所以电池的内阻不是常数。电池存在内阻，也是电池发热的一个原因。静态电阻指放电时电池的内阻；动态电阻指充电时电池的内阻。

（85）内压（internal pressure）：指电池内部的气压，是密封电池充放电过程中产生的气体引起的，主要受电池材料、制造工艺、电池结构等因素影响。产生原因主要是由于电池内所含的水分和有机溶剂分解产生的气体在电池内部积聚所致。内压过大将会使电池有爆裂危险，所以电池设计时都设置有泄压安全阀。

（86）锂离子电池的库仑效率（coulombic efficiency of lithium cell）：锂离子电池放电容量与同循环充电容量之比，跟其他效率一样，锂离子电池的库仑效率也是小于 1。

（87）保护装置（protective devices）：诸如保险丝，二极管或其他电的或电子的限流器，用以中断电流、在某一方向阻止电流或限制电路中的电流。

（88）短路（short circuit）：指电池或电池组的正极和负极之间直接连接，连接线路的电阻小到 $100m\Omega$ 以下，为电流提供一个几乎零阻力的通路。

（89）便携式电子产品（portable electronic equipment）：不超过 18kg 的可由使用人员经常携带的移动式电子产品。

（90）手持式电子产品（hand-held electronic equipment）：在正常使用时要用手握持的便携式电子产品，例如手机、掌上电脑、掌上游戏机、便携式视频播放器等。

（91）用户可更换型电池组（user replaceable battery）：应用于便携式电子产品中且允许用户直接更换的锂离子电池组。

（92）非用户更换型电池/电池组（non-user replaceable cell /battery）：内置于便携式电子产品中且不允许用户直接更换的锂离子电池或锂离子电池组。

（93）壳体（case）：将电池单体内部部件封装并防止与外部直接接触的保护部件，是电池单体的容器。

（94）着火（fire）：电池任何部位发生持续时间大于 1s 的燃烧，火花及拉弧不属于燃烧。

（95）爆炸（explosion）：电池壳体破裂，伴随剧烈响声且有固体物质等主要成分抛射。

（96）漏液（leakage）：电池内部液体漏到电池壳体外部。

（97）排气（venting）：按照设计的方式将电池或电池组内部产生压力过高的气体排出，防止电池破裂或者解体。

（98）热失控（thermal runaway）：电池单体内部放热反应引起不可控温升的现象。

（99）热失控扩散（thermal runaway diffusion）：电池模块内的电池单体发生热失控后触及其相邻或其他部位的电池单体发生热失控的现象。

（100）绝热温升（adiabatic temperature rise）：电池单体处于绝热环境中，由其内部产生或从外部吸收的热量使电池单体温度升高的现象。

参 考 文 献

[1] 李佳，何亮明，杜翀. 锂离子电池高温储存后的安全性能 [J]. 电池，2010，40（3）：158~160.

[2] 刘浩文. 浅析影响锂离子电池安全性的主要因素 [J]. 自然科学，2018，6（5）：391~394.

[3] 王守源，蒋京鑫，刘伟. 手机锂离子电池安全性能解析 [J]. 现代电信科技，2008（7）：61~62.

[4] 肖顺华，章明方. 水分对锂离子电池性能的影响 [J]. 应用化学，2005，22（7）：764~767.

[5] 刘斌斌，杜晓钟，闫时建，等. 制片工艺对动力锂离子电池性能的影响 [J]. 电源技术，2018，42（6）：788~791.

[6] 麻友良，陈全世，齐占宁. 电动汽车用电池 SOC 定义与检测方法 [J]. 清华大学学报（自然科学版），2001，41（11）：95~97.

第二章 锂原电池及其安全

第一节 锂原电池的原理

锂原电池又称锂一次电池，即不可充电的锂电池。这种电池可以连续放电，也可以间歇放电，一旦电能耗尽便不能再用。锂原电池与我们日常所熟知的原电池（如干电池、碱性电池、碳性电池等）相比，具有技术含量高、能量密度高、自放电率低、密闭性好、使用寿命长、适温范围广等优点。根据电解液和正极材料的不同，锂原电池有好几个品种，每一个品种都应用于不同的领域，甚至不可互相替换。在心脏起搏器、仪表的记忆电池、照相机电池等特殊场合，锂原电池使用非常普遍。

一、原电池的工作原理

从能量转化角度看，原电池是将化学能转化为电能的装置。从化学反应角度看，原电池的原理是氧化还原反应中的还原剂失去的电子经外接导线传递给氧化剂，使氧化还原反应分别在两个电极上进行的过程。目前市场可见的原电池反应一般属于氧化还原反应的放热反应，但是，非氧化还原反应一样可以设计成原电池。原电池的氧化还原反应不同于一般的氧化还原反应，电子转移不是通过氧化剂和还原剂之间的有效碰撞完成的，而是还原剂在负极上失去电子发生氧化反应，电子通过外电路输送到正极上，氧化剂在正极上得到电子发生还原反应，从而完成还原剂和氧化剂之间电子的转移。两极之间溶液中离子的定向移动和外部导线中电子的定向移动构成了闭合回路，使两个电极反应不断进行，发生有序的电子转移过程，产生电流，实现化学能向电能的转化。

二、锂原电池的构成原理

锂原电池的构成原理有：

（1）电极材料由两种活泼性不同的金属或者由金属与其他导电的材料（非金属或某些氧化物等）组成。

（2）由固态的或者液态的电解质构成锂离子在电极间移动的通道。

（3）两电极之间有导线连接做电子的通道，形成闭合回路。

（4）正负极片之间用允许锂离子通过而不允许电子通过的隔膜隔开，防止产生内短路。

（5）发生的反应是自发的氧化还原反应。

只要具备前三个条件就可构成原电池。而化学电源因为要求可以提供持续而稳定的电流，所以除了必须具备原电池的三个构成条件之外，还要求有自发进行的化学反应。也就是说，化学电源必须是原电池，但原电池不一定都是化学电池。

无论是原电池还是二次电池，都要研究四个问题：一块电池、两个电极、三个流向、四种材料。一块电池就是要搞清楚是什么电池，是铅酸电池？镍镉电池？锂电池？一次电池还是二次电池？两个电极就是要搞清楚哪个是正极、哪个是负极。三个流向就是搞清楚离子的流向、电子的流向和电流的流向。四种材料就是要研究用什么做正极材料、用什么做负极材料、用什么做隔膜材料、用什么做电解液。

三、原电池电极的构成

原电池电极材料的构成包括：

（1）活泼性不同的金属。锌铜原电池用锌作负极，铜作正极。

（2）金属和非金属（非金属必须能导电）。锂亚电池用锂做负极，亚硫酰氯作正极兼正负极之间的活性材料，石墨作正极集流体。

（3）金属与化合物。锂锰电池用锂作负极，二氧化锰作正极。

（4）惰性电极。氢氧燃料电池的电极均为铂。

锂原电池的极性材料基本上都选锂金属或者锂合金做负极，因为锂元素的标准电极电位是$-3.045V$，在金属中最低。以金属氧化物或其他氧化剂作正极活性物质。常用的锂原电池的正极活性物质有：固态卤化物如氟化铜（CuF_2）、氯化铜（$CuCl_2$）、氯化银（$AgCl$）、聚氟化碳（$(CF)_4$）；固态硫化物如硫化铜（CuS）、硫化铁（FeS）、二硫化铁（FeS_2）；固态氧化物如二氧化锰（MnO_2）、氧化铜（CuO）、三氧化钼（MoO_3）、五氧化二钒（V_2O_5）；固态含氧酸盐如铬酸银（Ag_2CrO_4）、铋酸铅（$Pb_2Bi_2O_5$）；固态卤素如碘（I_2）；液态氧化物如二氧化硫（SO_2）；液态卤氧化物如亚硫酰氯（$SOCl_2$）。因此锂一次电池有很多系列，常见的有锂-二氧化锰、锂-硫化铜、锂-氟化碳、锂-二氧化硫和锂-亚硫酰氯等。

四、电解液的选择

选择电解液的原则是其能够与负极材料自行发生氧化还原反应。固体盐类或溶解于有机溶剂的盐类可以作原电池的电解质，有些溶剂，如亚硫酰氯等还兼作正极活性物质。电解液通常由有机溶剂和无机盐组成。常用 $LiClO_4$（高氯酸锂）、$LiAsF_6$（六氟砷酸锂）、$LiPF_6$（六氟磷酸锂）、$LiAlCl_4$（四氯铝酸锂）、$LiBF_4$（四氟硼酸锂）、LiBr（溴化锂）、LiCl（氯化锂）等无机盐作锂原电池的电解质。而有机溶剂则一般是用碳酸乙烯酯（EC）、碳酸二乙酯（DEC）、碳酸二甲酯（DMC）、碳酸甲乙酯（EMC）、碳酸丙烯酯（PC）、二甲醚（DME）、聚乙烯（BL）、四氢呋喃（THF）、丙烯腈（AN）、三聚氰胺（MF）中的两三种混合物作为有机溶剂使用。

由于金属锂是一种活泼金属，遇水会激烈反应释放出氢气，所以这类锂电池必须采用非水电解质。

锂金属与水的化学反应式：

$$2Li + 2H_2O \Longrightarrow 2LiOH + H_2\uparrow$$

反应过程会生成氢气，氢气是极易燃烧的物质，极易引发火灾。

扫一扫，看视频

五、正负极判断

通常情况下，在原电池中某一电极若不断溶解或质量不断减少，该电极发生氧化反应，就是原电池的负极。若原电池中某一电极上有气体生成、电极的质量不断增加或电极质量不变，该电极发生还原反应，为原电池的正极。负极发生氧化反应，失去电子。正极发生还原反应，得到电子。电子由负极流向正极，电流由正极流向负极。溶液中，阳离子移向正极，阴离子移向负极。

负极：电子流出；化合价升高；发生氧化反应；活泼性相对较强（有时候也要考虑到电解质对两极的影响）的金属。

正极：电子流入；化合价降低；发生还原反应；相对不活泼（有时候也要考虑到电解质对两极的影响）的金属或其他导体。

在原电池中，外电路为电子导电，电解质溶液中为离子导电。有一个口诀"离子不上岸，电子不下水"，意思就是离子只能走内电路，电子只能走外电路。如果电子走了内电路就形成了内短路，电池就有发生热失控的危险。所以，无论是原电池还是二次电池，正负极之间都有一层阻止电子通过的隔膜。锂原电池的模型如图2.1所示。

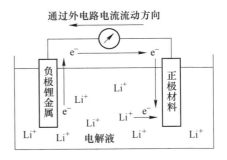

图2.1 锂原电池模型示意图

六、锂原电池的可充电性

锂锰电池中金属锂作为电池的负极，二氧化锰作为电池的正极，两者均要参

加锂原电池内部的化学反应。电池放电时的反应为

$$Li + MnO_2 \longrightarrow MnOOLi$$

放电过程中，金属锂不断被消耗，生成化合物过氧化锂锰 MnOOLi。当金属锂被消耗殆尽之后，放电结束，电池的开路电压也由 3.3V 降为 2.8V。

用外部电源对电池充电时，电池内部会发生放电反应的逆反应，部分 MnOOLi 开始分解，重新生成 Li 和 MnO_2。随着充电的继续，电池的开路电压也开始上升，最高可达 4.2V。充完电的电池静置一段时间后，电池内部达到平衡，电池的开路电压可恢复为正常的 3.2~3.5V。由于充电过程生成的 MnO_2 和 Li 的微观结构与原来的纯物质不完全相同，活性也不相同。对充过电的电池放电时就会发现其容量比新电池低许多。以常见的 CR123A 电池为例，一只新的电池用 50Ω 电阻连续放电，容量可以达到 110mAh，约合 130min。而对首次充电的电池，用 50Ω 电阻连续放电，容量不超过 40mAh，约合 40min。随着充电次数的增加，MnOOLi 的转化率越来越低，大约 10 次之后，电池便很难再充电了。有时给锂原电池充电还会发生火灾事故，所以锂原电池上都有提示"禁止充电"。

第二节 锂原电池的结构及分类

一、锂原电池的结构

锂原电池的结构形式常见的有圆柱碳包式、圆柱叠片式、圆柱卷绕式（见图2.2）、方形卷绕式、方形叠片式、单层扣式、多层扣式等多种结构。

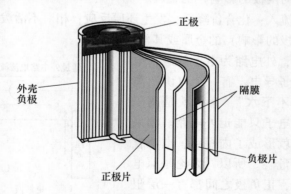

图 2.2 圆柱卷绕式锂电池结构图

图 2.3 是软包叠片式锂电池结构图，图 2.4 是圆柱碳包式锂电池结构图，图 2.5 是纽扣式锂电池结构图。无论什么结构，都由五大构件组成：负极、正极、电解液、隔膜和壳体。

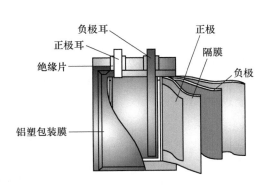

图 2.3　软包叠片式锂电池结构图

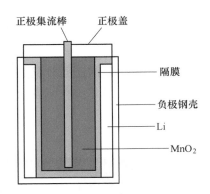

图 2.4　圆柱碳包式锂电池结构图

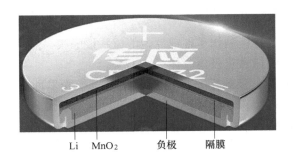

图 2.5　纽扣式锂电池结构图

（一）负极

　　无论是哪一种电池结构和电池类型，其负极都是锂金属或者锂合金片。卷绕式和叠片式电池的负极制作方法是在两层锂片之间夹一层镍网，用镍网来做集流体。镍网头上有镍片做的极耳，如图 2.6 所示。图 2.7 是电池的电消耗完了以后的负极片，锂已经消耗光了，剩下镍网和极耳。碳包式锂电池的负极是把锂片贴在负极壳里面。纽扣式锂电池是把锂片压在负极半壳里，上面放一层吸满了电解液的隔膜。

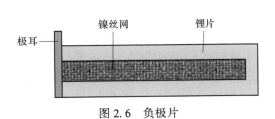

图 2.6　负极片

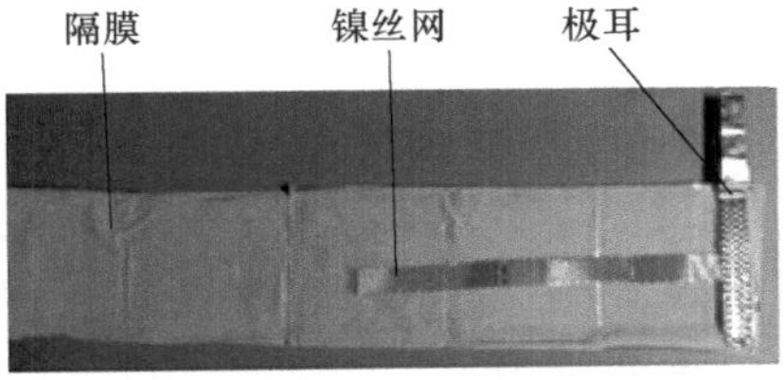

图 2.7　放完电的负极片

（二）正极

卷绕式和叠片式电池的正极片制作方法是把正极材料涂布在镍丝网上，用镍网做集流体，镍网头上有镍片做的极耳，如图 2.8 所示，能够看到里面的镍丝网，这是为了说明问题而故意把局部正极材料擦掉了。图 2.9 是放完电之后的正极片，看起来正极片没有明显变化，其实，负极的锂元素全部进入了正极片。

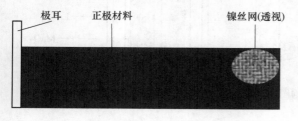

图 2.8　正极片　　　　　　　　　　　图 2.9　放完电的正极片

碳包式锂电池的正极制作是在锂片内侧放一层隔膜，然后把正极材料粉末灌进去，中间插一根镍棒做正极集流体。

纽扣式锂电池的正极是把正极材料装在正极半壳里面，上面盖一层不锈钢网，如图 2.10 所示。与其他锂电池不同的是，因为纽扣式电池太小，组装好后灌注电解液比较困难，所以，正极半壳制造好后，要在规定的温度下泡电解液。电解液有起火的危险，温度过低，正极材料吸入的电解液可能过量，使用中可能产生漏液。与负极半壳在一起的隔膜也浸泡电解液，正、负半壳组装起来就有电了。在所有的锂电池结构里面，正极材料占据的空间要明显大过负极材料，以便在放电过程中能够充分容纳通过还原反应进入正极的锂元素。

图 2.10　纽扣式锂电池正极半壳

（三）电解液

前面曾讲过电解液有许多种选择，与正极材料有正确的配合，才能得到最好的效益。一般是将几种非水电解液混合使用。这是一种正在使用的锂一次电池的电解液组分：乙二醇二甲醚（DME，CAS 号：110-71-4）、碳酸丙烯酯（PC，CAS 号：108-32-7）、1，3 二氧五环（DOL，CAS 号：646-06-0）、高氯酸锂

（LiClO$_4$，CAS 号：7791-03-9）。高氯酸锂离子的亲和力比较好，有利于锂离子从电解液中通过。

由于锂原电池的特殊性，国家工业和信息化部专门颁布了标准《锂原电池用电解液》（SJ/T 11724—2018），标准主要内容包括锂原电池（锂-二氧化锰、锂-二硫化亚铁、锂-氟化碳聚合物体系）用电解液的要求、试验方法、检验规则、标志、包装、储存。其中，技术指标包括色度、水分、密度（20℃）、电导率（20℃）、金属杂质含量、硫酸根离子和氯离子含量等。锂原电池用电解液的技术指标应符合表 2.1 的规定。

表 2.1　技　术　指　标

项　目		指　标
色度 Hazen		≤50
水分/mg·kg^{-1}		≤50.0
密度（20℃）/g·cm^{-3}		标准值±0.010
电导率（20℃）/mS·cm^{-1}		标准值±0.3
金属杂质含量/mg·kg^{-1}	钾（K）	≤5.0
	铁（Fe）	≤5.0
	钠（Na）	≤5.0
	钙（Ca）	≤5.0
	铅（Pb）	≤5.0
	铜（Cu）	≤5.0
	锌（Zn）	≤5.0
	镍（Ni）	≤5.0
	铬（C）	≤5.0
氯离子（Cl$^-$）/mg·kg^{-1}		≤5.0
硫酸根离子（SO$_4^{2-}$）/mg·kg^{-1}		≤10.0

注：1. 特殊组分的电解液色度由供需双方协商决定；
　　2. 特殊组分的电解液中氯化物含量由供需双方协商决定。

锂原电池用电解液中限用物质的限量要求应该符合《电子电器产品中限用物质的限量要求》（GB/T 26572）规定。这个标准是中国的环保标准，被称为中国的 ROHS。电解液用水应符合《分析实验室用水规格和试验方法》（GB/T 6682—2008）中三级水的要求。

有下列情况（包含但不限于）之一时，应进行鉴定检验：

（1）新产品定型时。

（2）产品转厂生产时。

（3）原辅材料、生产设备或生产工艺发生较大变动时。

（4）停产恢复生产时。

（5）质量一致性检验结果与鉴定检验结果有较大差异时。

（6）质量技术监督机构提出鉴定检验要求时。

电解液产品包装上应有牢固清晰的标志，标明生产企业名称、地址、产品名称、牌号、净重、批号、注意事项等，同时应符合《化学品安全标签编写规定》（GB 15258）的要求。每批产品都应附有合格证或质量证明书，内容包括：生产厂名、产品名称、牌号、净重、批号、生产日期、保质期等。

锂原电池用电解液应用不锈钢桶（带快速接头）包装，充入 0.015 ~ 0.025MPa 的高纯氮气或氩气作为保护。如有特殊要求，由供需双方协商决定。

产品运输时应轻装轻卸，避免日晒、雨淋，防止包装破损，在按照 GB 13690 及相应标准归类为危险化学品时应符合《危险化学品安全管理条例》和其他相关规定。

锂原电池电解液应储存于密封良好的高纯氮气或氩气保护容器内，存放于阴凉、通风、干燥的仓库，储存温度为 0~30℃（含特殊组分除外）之间。远离火源、热源。保质期为 6 个月（自生产日期开始，含特殊组分除外）。

（四）隔膜

一次锂电池和锂离子电池的隔膜材料基本是一样的。隔膜材料主要是以聚乙烯（polyethylene，PE）、聚丙烯（polypropylene，PP）为主的聚烯烃（polyolefin）类薄膜。PP 与 PE 相比更耐高温、密度小、熔点和闭孔温度高、比较脆，PE 比较耐低温、对环境应力更敏感。

主要的隔膜材料产品有单层 PP、单层 PE、PP 陶瓷涂覆、PE 陶瓷涂覆、双层 PP/PE、双层 PP/PP 和三层 PP/PE/PP 等。其中前两类产品主要用于小电池领域，后几类产品主要用于动力锂电池领域。

（五）壳体

锂电池的壳体有硬包壳体和软包壳体两大类。软包壳体使用铝塑膜，可以做成不同的形状和大小。硬包壳体有不锈钢壳体和铝合金壳体，受加工方法的限制，硬壳只能制成方形和圆柱形。因为硬壳壳体是使用伸拉工艺冲压成型的，要求不锈钢的塑性好。如果不锈钢的塑性比较差，在拉伸过程中容易拉裂，尤其细长比比较大的壳体更容易拉裂，也会影响生产效率。

二、锂原电池的分类

锂原电池的分类十分复杂，通常按所选电解质的性质来分类，可分为以下四类：锂有机电解质电池、锂无机电解质电池、锂固体电解质电池、锂熔盐电池。

锂原电池的标称电压有 1.5V 级和 3.0V 级两种。锂电池的型号和种类繁多，它们各自有其特点和应用范围，不能互相取代。大体上锂-二氧化锰（Li/MnO$_2$）电池主要应用于照相机以及电子仪器设备的记忆电源，锂-二氧化硫（Li/SO$_2$）电池或锂-亚硫酰氯（Li/SOCl$_2$）电池主要应用于需要较大功率的无绳电动工具的电源，锂-氧化铜（Li/CuO）电池、锂-二硫化铁（Li/FeS$_2$）电池可与常规电池互换使用，应用领域非常广泛。

（一）锂-二氧化锰电池

锂-二氧化锰电池是使用最普遍的锂一次电池。具有较高的比能量，其比能量为其他原电池的 5~10 倍（约 275Wh/kg 或 550Wh/L）；平均工作电压高；锂-二氧化锰电池的电压高达 3V 以上，是普通电池的 2 倍。可以提供从微电流、小电流、甚至大电流的放电输出；可在 -20~50℃ 的温度范围内工作；有良好的密封性和储存性能；每年容量约降 2%，3 年以后容量损失才比较明显。

1. 锂-二氧化锰电池的化学反应

负极反应：$Li - e^- \rightleftharpoons Li^+$（被氧化，失去电子）

正极反应：$MnO_2 + e^- + Li^+ \rightleftharpoons LiMnO_2$（被还原，得到电子）

总放电反应：$Li + MnO_2 \rightleftharpoons LiMnO_2$

2. 锂-二氧化锰电池的结构

以金属锂为负极，以经过热处理的二氧化锰为正极。隔离膜采用 PP 或 PE 膜，圆柱形电池与锂离子电池的隔膜是一样的。电解液为高氯酸锂的有机溶液。电池需要在湿度 ≤1% 的干燥环境下生产。特点：低自放电率，年自放电率 ≤1%，全密封电池可满足 10 年寿命，半密封电池寿命一般是 5 年。

3. 锂-二氧化锰电池的应用

锂-二氧化锰电池主要用于小型用电器具，如带耳机的立体声收音机、小型收录机、照相机、多功能电子表、助听器等。一般在台式电脑的主板上，有一个纽扣式的锂电池，提供微弱的电流，可以正常使用 3 年左右。一些宾馆的门禁卡、仪器仪表等也使用锂-二氧化锰电池。

4. 锂-二氧化锰电池的市场

锂-二氧化锰电池是目前用量最大、价格最便宜的锂电池，市场在逐渐扩大，有很好的发展前景。正极材料用电解法二氧化锰或化学法二氧化锰，价格低廉。负极材料为金属锂，我国锂储存量较丰富。

（二）锂-碘电池

锂-碘（Li/I$_2$）电池是一种以微电流放电为主要形式的固体电解质电池，具有体积小、比能量高、可靠性好、寿命长等特点。主要用于埋藏式心脏起搏器，使用寿命可达到 7~10 年。

1. 锂-碘电池的化学反应式

负极反应：$Li - e^- \mathrm{\!=\!\!=\!} Li^+$（被氧化，失去电子）

正极反应：$I_2 + 2e^- + 2Li^+ \mathrm{\!=\!\!=\!} 2LiI$（被还原，得到电子）

总放电反应：$2Li + I_2 \mathrm{\!=\!\!=\!} 2LiI$

2. 锂-碘电池的结构

以金属锂为负极材料，正极材料是聚2-乙烯吡啶（简写为P2VP）和I_2的复合物，不断有新的正极材料被开发出来。电解质是固态薄膜状碘化锂。

3. 锂-碘电池的特殊要求

因为锂碘电池主要用于心脏起搏器，关系到使用者的生命安全，国家在1988年就制定了《心脏起搏器用锂碘电池》（GB 10078—88），于1993年制定了电子行业标准《锂碘电池质量分等标准》（SJ/T 9550.24—93）。因为心脏起搏器用锂碘电池是埋入人体的，所以，GB 10078—88规定电池的额定容量是在温度（37±1）℃条件下以额定电流连续放电到终止电压2V时的容量。电池的工作寿命是在温度（37±1）℃条件下，电池在心脏起搏器中以平均电流（不得大于额定电流）连续工作的时间不少于五年。因为电池要埋入人体，所以除了各方面的尺寸有严格要求以外，对质量也有严格的限定。表2.2是锂-碘电池的质量标准。

表 2.2　锂-碘电池的质量标准

电池型号	ID25	ID24	ID16
最大质量/g	31	28	20

电池在人体内产生电池内物质泄漏将造成严重的医疗事故，用氦质谱仪检测密封性能，泄漏率应不大于$6.1 \times 10^{-6} Pa \cdot dm^3/s$。电池在温度（37±1）℃条件下，开路电压为（2.795±0.015）V。负载电压必须保持稳定，在温度（37±1）℃条件下，以额定电流放电30天以后，负载电流与电压应符合表2.3的规定。

表 2.3　负载电流与电压

电池型号	ID25	ID24	ID16
额定电流/μA	20	25	20
负载电压/V	≥2.770	≥2.765	≥2.760

电池必须有足够的电容量才能够维持正常工作寿命。锂-碘电池的额定容量如表2.4所示。

表 2.4　锂-碘电池的额定容量

电池型号	ID25	ID24	ID16
额定容量/Ah	2.5	2.4	1.6

为了保证电池在心脏起搏器的使用安全，还要对电池进行耐机械振动冲击能力试验。电池在频率为 $10\sim55Hz$，加速度为 $50m/s^2$ 的正弦波条件下，每一轴线的循环扫频次数 10 次，振动时间 45min。并在加速度 $500m/s^2$，脉冲持续时间 11ms 的半正弦波条件下，主要轴向冲击 500 次，电池应无机械损伤，电性能应不变。

《锂-碘电池质量分等标准》（SJ/T 9550.24—93）规定的分等标准如表 2.5 所示。

表 2.5 锂-碘电池质量分等标准

编号	项目	计量单位	优等品	一等品	合格品
1	外观尺寸		符合详细规范规定，美观、无缺陷	符合详细规定	符合现行标准
2	泄漏率应不大于	$Pa \cdot dm^3/s$	1.3×10^{-5}	1.3×10^{-5}	
3	工作电流	μA	$1\sim100$	$1\sim100$	
4	138kΩ 老化一个月后电压应不低于	V	2.764	2.760	
5	1000Hz 交流阻抗不大于	Ω	400	400	
6	10 年自放电率不大于	%	5	5	

（三）锂-亚硫酰氯电池

锂-亚硫酰氯电池（$Li/SOCl_2$，简称锂-亚电池），是以金属锂 Li 为负极，以液态亚硫酰氯（$SOCl_2$）为正极活性物质，以多孔碳电极作为正极集流体和催化剂的锂一次电池。锂-亚电池具有最高的比能量（>500Wh/kg），最宽的使用温度范围（-55~85℃，通过优化设计最高可以达到 125℃），最小的自放电率(<1%/年) 和最长的使用寿命（在有的用电制度下最长可以达到 15 年以上）。锂-亚电池有低速率电池和高速率电池两类。在锂-亚硫酰氯电池中所有材料和零件均不含有 ROHS 规定的有毒元素，具有绿色电池的本质特征。ROHS 是《电气电子设备中限制使用某些有害物质指令》的缩写，也叫做环保认证，是欧美标准。该标准规定如果电子电器产品中含有 6 价铬、多溴二苯醚和多溴联苯等有害物质，欧盟禁止进口。

1. 锂-亚电池的化学反应式

负极反应：$4Li \Longrightarrow 4Li^+ + 4e^-$

正极反应：$2SOCl_2 + 4Li^+ + 4e^- \Longrightarrow 4LiCl + S + SO_2$

电池总反应：$4Li + 2SOCl_2 \Longrightarrow 4LiCl + S + SO_2$

放电反应过程中，SO_2 全部溶解于 $SOCl_2$ 中，S 大量析出，沉积在正极炭黑中，LiCl 是不溶的。

2. 锂-亚电池的结构

锂-亚电池以金属锂 Li 为负极，以液态亚硫酰氯为正极活性物质加上添加剂 $LiAlCl_4$，以多孔碳电极作为正极集流体和催化剂。$SOCl_2$ 是一种液态的共价无机化合物，既可作为正极反应物，又可作为电解质溶液中的溶剂。$SOCl_2$ 是一种淡黄色至红色液体，相对密度 1.638，沸点 78.8℃，熔点 -105℃。能与苯、氯仿、四氯化碳等混溶，在水中分解成亚硫酸和盐酸，受热分解成为二氧化硫、氯气和一氯化硫。

锂-亚电池隔膜绝大部分采用由玻璃纤维丝制作的一种非编织的玻璃纤维膜，厚度为 0.1~0.2mm。由于有机物隔膜在 $LiAlCl_4$ +$SOCl_2$ 电解液中不稳定而不被使用。

因为 $SOCl_2$ 添加 $LiAlCl_4$ 溶液与水的作用十分激烈，甚至十分微量的水也容易与之发生作用，产生 HCl 气体，造成严重腐蚀，电池最终失效。因此，这种电池很少采用扣式结构或半密封的卷边结构。此种电池外壳材料一般采用不锈钢（1Cr18Ni9Ti），这是因为在全密封无水的 $SOCl_2$ 加 $LiAlCl_4$ 电解液中不锈钢是稳定的，聚乙烯、聚丙烯、尼龙等均不能抵挡电解液的腐蚀。

最常用的壳体是金属/玻璃或金属/陶瓷绝缘氩弧焊或激光焊接的全密封结构。保证全密封结构的质量关键有两个方面：

（1）金属/玻璃绝缘珠处。一般采用可伐材料做上盖和注液管，因为它们的线膨胀系数与玻璃最相近。上盖内玻璃与可伐材料之间的烧结是一项关键工艺，烧结之后温度应尽可能地慢慢下降，不然会造成过大的内应力，使电池在使用或存放一定时间后突然破裂。

（2）激光焊接处。锂-亚电池有一个独特的地方是正极材料 $SOCl_2$，它也是给锂离子提供通道的电解液，电池的正负极直接接触，却没有产生短路现象。因为在锂-亚电池中 Li 片与 $SOCl_2$ 液体直接接触，会发生如下反应：

$$8Li + 4SOCl_2 \longrightarrow 6LiCl + Li_2S_2O_4 + S_2Cl_2$$

或

$$8Li + 3SOCl_2 \longrightarrow 6LiCl + Li_2SO_3 + 2S$$

正因为有这种反应，虽然 $Li/SOCl_2$ 电池的正极活性物质 $SOCl_2$ 紧紧包围着负极，但是负极表面形成了一层极薄的致密的 LiCl 保护膜（一次膜），这层膜具有电子绝缘性，但离子可以穿透，从而防止了外部的 $SOCl_2$ 与锂的进一步反应，使锂离子在 $SOCl_2$ 电解液中变得十分稳定。随着环境温度的升高和电池储存时间的延长，一次膜会逐渐变厚，形成所谓二次膜，电池也就具有很好的贮存寿命。这种保护膜使得锂-亚电池产生比较严重的电压滞后现象，这种滞后现象使电压一般在几分钟后才能回到峰值电压的 95%。25℃存放两年后的锂-亚电池，由于锂表面形成 LiCl 钝化层，使用时初始电压较低。如果使电池短路或多次用大电流瞬间放电，可以将 LiCl 膜冲破，使工作电压恢复。

锂-亚电池分功率型电池和容量型电池。容量型电池是碳包式，结构简图如图 2.11 所示。功率型电池的结构为卷绕式，结构简图如图 2.12 所示。

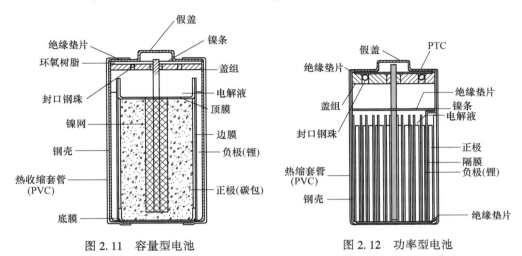

图 2.11 容量型电池　　　　　　图 2.12 功率型电池

3. 锂-亚电池的特点

锂-亚电池比能量很大。由于 $SOCl_2$ 既是电解液又是正极活性物质，其比能量一般可达 420Wh/kg，低速率放电时最高达 650Wh/kg；电压高，电池装配完成即有电压 3.65V，是工作电压最平稳的电池种类之一，也是单位体积（质量）容量较高的电池。适合在不能经常维护的电子仪器设备上使用，提供细微的电流，以 $1mA/cm^2$ 放电时，电压可保持在 3.3V，而且在 90% 的容量范围内电压保持不变；比功率大，可以 $50mA/cm^2$ 高速率放电；电压精度高，常温中等电流密度放电时放电曲线极为平坦，有一个很理想的放电平台。图 2.13 是一种锂-亚电池的放电曲线；高低温性能好，一般可在 $-40 \sim 50℃$ 内正常工作，甚至在 $-50 \sim 150℃$ 内也能工作；$-40℃$ 时的容量约为常温容量的 50%；贮存性能好，一般可搁置 5 年或更长时间；全密封设计，不会泄漏电解液；电池无内压，开始时无内压，直到放电终了时，才出现一定的压力。

锂-亚电池有其固有缺点。电压滞后，长期高温或常温储存后，再以较大电流放电时，工作电压急剧下降，然后缓慢恢复到正常。这种现象尤其在高温储存之后再在常温下使用时表现更为严重，严重时最低电压会降到 2V 甚至更低；安全性问题，尽管采取了某些安全措施，仍有可能在放电态储存时间较长，高温放电时发生无法控制的热量喷发而发生爆炸；反应产物 LiCl（白色）及 S（黄色）在正极碳材料内沉积出来，部分堵塞了正极内的微孔道。一方面使正极有些膨胀，另一方面阻碍了电解质的扩散，增大了浓差极化，使电池逐渐失效；价格较贵；环境污染，$SOCl_2$ 吸水后分解成盐酸和二氧化硫，腐蚀性极强，所以生产地点必须通风良好。

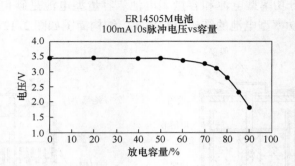

图 2.13　一种锂-亚电池的放电曲线

4. 锂-亚电池的应用

锂-亚硫酰氯电池的型号有 AA 型、C 型、DD 型及派生的 1/2A 型、1/3C 型、1/6D 型等。在军事、工业和民用方面都得到了应用。如军用的电码设备、无线电选频器、水下检测器、夜视仪、反坦克电子设备、鱼雷动力电源等；工业用的各种测量仪表、应急备用电源、石油钻井、工业钟表等；民用的电子玩具、记忆电路、新兴的智能流量表和汽车电子轮胎气压监测系统（TPMS）、需要较大功率的无绳电动工具的电源。其传统的应用是作为备份电源来支持适时时钟（RTC）和记忆体，用电电流小于 10μA。

5. 锂-亚电池的电压滞后

锂-亚电池的电压滞后对用户会带来影响，以下几种方法可以消除锂-亚电池电压滞后的影响：

（1）定时放电法。在上面已经讲过电压滞后的形成原理，可知电压滞后是由于钝化膜形成而产生的。由于钝化膜是随时间增加而逐渐加厚，电池电压滞后也随之加重，如果使钝化膜保持一定的厚度，就能使电池电压滞后的程度保持在可接受的范围内。电池每隔五天左右进行一次 5～10s 的大电流（2～3mA/cm²）脉冲放电，能使电池滞后的最低电压控制在 3V 以上。

（2）电容贮能法一。以一个足够大容量的电容作为主电路的电源，电池通过一个二极管给电容充电。平时电池给电容充电，负荷动作时，电路由电容供电。要求电容的电能可以使电路正常工作数分钟以上，这样即使电池有几分钟的电压滞后，也不会影响电路的正常工作。

（3）电容贮能法二。以一个较大电容作为主电路的电源，电池通过一个二极管给电容充电，平时电池给电容充电，负荷动作时，电路由电容供电。电路检测电容的电压，当电容电压低于设定值时，电池开始给电容充电，当电压达到设定值时停止充电。

（4）电容贮能法三。以一个足够大容量和电流的电容作为负荷动作时的电源，电池通过一个二极管对电容进行充电，当负荷动作时，以电池对主电路供电，用电容对负荷供电，电容所贮能量应能使负荷正常工作。

（四）锂-聚氟化碳电池

锂-聚氟化碳电池表示为 $Li\text{-}(CF_x)_n$，正极为聚氟化碳材料 $(CF_x)_n$，负极为金属锂。基于最优氧化还原体系氟和锂的一次电池，是目前性能最佳的一次电池体系。锂-聚氟化碳电池（$Li\text{-}(CF_x)_n$）体系的理论能量密度高达 2189Wh/kg，是第一个采用固体正极材料的商业化锂电池。锂-氟化碳电池的开路电压为 3.0~3.2V，工作电压为 2.4~2.8V（中低倍率 0.01~0.2C 放电），放电终压为 2.0V。

1. 锂-氟电池的化学反应式

负极反应： $$Li \longrightarrow Li^+ + e^-$$

正极反应： $$CF + e^- + Li^+ \longrightarrow C + LiF$$

总反应式： $$Li + CF \longrightarrow C + LiF$$

2. 锂氟电池的结构

锂氟电池以金属锂为负极，以固态聚氟化碳为正极。氟化碳系列有氟化碳纤维、氟化石墨和氟化焦炭之分，近年来还出现添加氟化碳纳米管。电池在放电过程中，氟与锂离子结合生成 LiF，在正极结晶沉淀。电解液通常是有机溶剂与锂盐的组合体。有机溶剂里面添加锂盐的作用是锂盐与锂离子有亲和力，使锂离子能够更容易地通过电解质到达正极。常用的电解质有以下几种：锂盐四氟硼酸锂+混合溶剂碳酸丙烯酯（PC）、锂盐四氟硼酸锂+1,2-二甲氧基乙烷（DME）有机溶剂、锂盐六氟砷酸锂+单溶剂亚硫酸二甲酯（DMC）有机溶剂、锂盐四氟硼酸锂+混合溶剂丁内酯（GBL）与四氢呋喃（THF）有机溶剂。

3. 锂-聚氟化碳电池的特点

锂-聚氟化碳电池在放电过程中，CF_x 会从外电路得到电子而转变成碳，碳元素的产生有助于放电过程中正极的导电性，使得电池放电平稳、放电平台较高，有助于电池性能的发挥；电池活性物质利用率高；年自放电率<1%，所以储存寿命长达 10 年以上；氟化碳正极材料具备优异的物理和化学稳定性，不超过 600℃不分解，低温不结晶；在短路、挤压、碰撞、过放、高温等情况下仍然具有很高的安全性；氟化碳系列电池在生产、使用、报废等各个环节都不会产生重金属，绿色环保。

锂-聚氟化碳电池在放电过程中有发热和体积膨胀的现象。产生体积膨胀现象的原因是随着聚氟化碳材料放电的进行不断产生非晶态的 LiF，LiF 在活性炭内表面沉积，在电解液中溶解、沉淀并重新结晶。LiF 产生的速度与放电倍率有关，而晶体的生成速度由 LiF 溶解、沉淀平衡速度决定。而这两个过程能够在碳内孔和极板自由孔中发生。LiF 在碳表面的沉积是导致电极膨胀的直接原因，全容量放电体积膨胀预计为 41%。一只电池放电不留膨胀间隙时内部压强可高达 1.194MPa，这就产生了电池壳体的强度设计问题。为确保电池组也有较高的比能量，必须限制电池壳体的厚度，但是壳体厚度降低，抗拉强度也会减小。测试及计算结果表明锂-氟化碳电池放电过程会产生很大的内应力，该内应力会引起电池壳的变形。因此，需要根据内应力测试结果设计合适的电池膨胀间隙和电池壳尺寸。

当前，锂-聚氟化碳电池需要克服三个问题：低温放电性能和高倍率放电性能较差以及放电初期存在电压低头的现象。

在锂原电池中，由于钝化等原因导致电池工作电压不能立即达到所需的工作状态的现象，称之为"电压滞后"。而在锂-聚氟化碳电池中，由于聚氟化碳材料的导电性比较差，使得电池在一定的放电倍率下，放电初期存在电压低头的现象，放电初期的电压最低点称之为"低波电压"。聚氟化碳材料的导电性比较差还带来大电流放电时发热量大的问题，因此，提高氟化石墨的导电性就显得极其重要。

锂-聚氟化碳电池电压滞后效应是由于金属锂与电解液间产生的化学反应形成钝化膜，在电池启动后，钝化膜减缓了锂与聚氟化碳的反应速度，产生了电压滞后现象。目前，解决电压滞后效应的方法可以按照解决途径分为物理方法和化学方法两大类。

（1）物理方法一般就是将氟化碳电池正极材料与 MnO_2 或 MoO_3 或 $Ag_2V_4O_{11}$ 等具有更高放电电压的材料混合充当正极。当电池开始放电后，首先还原所添加的掺杂材料，当所添加的掺杂材料全部反应完后，聚氟化碳才开始被还原。通过添加具有更高放电电压的材料就避免了电压滞后现象。

还有一种更为简便的方法就是在锂-聚氟化碳电池使用前进行预放电，使电池在正式使用前越过电压滞后区域。这种方法在电池控制过程中会增加额外的预放电步骤并且会损失约 10% 的电池容量。

（2）化学方法就是让正极 CF_x 与 KI 等还原剂以及烷基碱金属化合物反应，以去除 CF_x 表面的部分 F，使得 CF_x 变为超氟化碳。

锂-聚氟化碳电池低温使用效果差。当电池使用温度较低时，锂-聚氟化碳电池正极的电子导电性变差，电极反应动力学变得缓慢，导致电池低温放电性能差，活性物质利用率低，限制锂-聚氟化碳电池的使用范围。解决这个问题的途径在于改变电解液添加剂的种类及其配比，已经取得了相当不错的成效。

锂-聚氟化碳电池高倍率放电性能差。解决这个问题的途径在于改变正极材料和电解液添加剂的种类及其配比。通过在电解液添加适量的添加剂溶解电池放电过程中产生的电子绝缘体 LiF，防止 LiF 沉积堵塞电池正极孔隙结构，以保证正极具有足够的表面积来完成放电反应，从而有效提高电池的高倍率放电性能。

4. 锂-聚氟化碳电池的应用

锂-聚氟化碳电池通常应用于其他电池不能应用的领域，广泛应用于小型计算器、存储器、收发报机、电子浮标、电子手表、汽车胎压计、电脑主板、便携电子设备、电子仪表、应急电源、芯片电源和军工、航天等领域。据报道，2014年12月3日发射的小行星探测器"Hayabusa2"号安装了正极使用氟化石墨的锂原电池，同时作为信标信号发射机、撞击取样器、可配置摄像机和飞行数据测量仪的电源。太空探险证明这款锂原电池除了具备极佳的安全性之外，还具备较长的储存寿命，而且工作温度范围宽、自放电率低。

随着单兵作战武器的智能化程度越来越高，电池的容量要求也越来越大。技术比较发达的国家都把眼光放在了锂-聚氟化碳电池，加大了研究的力度，估计不久的将来，锂-聚氟化碳电池将成为单兵作战武器的主力电源。锂-聚氟化碳电池所具备的高能量密度、高可靠性、高安全性、自放电小以及应用固体电解质，可以全密封等特点，可替代其他体系电池，使植入式医疗设备的工作环境得到更好的保障。

（五）锂-铬酸银电池

锂-铬酸银电池是一种体积小、比能量高达1700Wh/kg、储存寿命长的电池。应用在高可靠、搁置寿命长和工作时间超过10年的场合，如工业电器、电子表、导航系统、神经镇痛器等。

1. 锂-铬酸银电池的化学反应式

负极反应：$\qquad Li == Li^+ + e^-$

正极反应：$Ag_2CrO_4 + 2Li^+ + 2e^- == 2Ag + Li_2CrO_4$

总反应式：$\qquad 2Li + Ag_2CrO_4 == Li_2CrO_4 + 2Ag$

2. 锂-铬酸银电池的结构

锂-铬酸银电池以锂片为负极，以铬酸银为正极材料，以高氯酸锂有机溶液做电解液。

（六）锂-氧化铜电池

锂-氧化铜电池早在1967年被法国的Gaban首先获得专利。R6型的电池首先由Lehman等人在1975年提出。在1980年，Takashi等人发明了纽扣式电池。锂-氧化铜电池的工业规模生产已超过十年的历史。锂-氧化铜电池的开路电压在2.4V左右，负荷电压为1.5V，可以和常规电池互换。

1. 锂-氧化铜电池的化学反应式

负极反应：$\qquad Li == Li^+ + e^-$

正极反应：$\quad CuO + 2Li^+ + 2e^- == Cu + Li_2O$

总反应式：$\qquad 2Li + CuO == Li_2O + Cu$

2. 锂-氧化铜电池的结构

锂-氧化铜电池以锂片为负极材料，以氧化铜为正极材料。电解液有不同的配方。一种电解液是 LiClO$_4$（高氯酸锂）／DO（二氧戊环）或 PC（碳酸丙烯酯）+ DME（二甲醚）等，也有 LiClO$_4$ 溶于 PO（丙二醇碳酸酯）和 DG（乙二醇二甲醚）混合溶剂中形成电解液。锂-氧化铜电池放电的产物有铜，而铜的量随放电的深度而增加，在完全放电后的阳极仅是铜和氧化锂。

3. 锂-氧化铜电池的特点

锂-氧化铜电池具有较好的储存性能，通常条件下可储存 10 年以上。锂-氧化铜电池电压是 1.5V，工作电压平稳、放电容量大。图 2.14 是锂-氧化铜电池的放电曲线，可以看到放电平台是平稳的，但是有放电昂头现象。

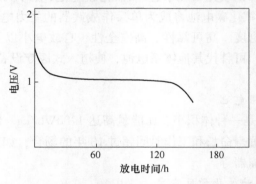

图 2.14　锂-氧化铜电池的放电曲线

锂-氧化铜电池可以部分代替锂-铬酸银电池，从而节省贵金属。具有高体积比容量，锂-氧化铜电池的比容量可以达到 1285Ah/kg 或者 3140Wh／L。有比较好的高低温性能，锂-氧化铜电池能在 −20～150℃ 的宽广温度范围内工作，甚至可在 −55℃ 下工作。据测试，若在 −20℃ 以 1mA/cm^2 放电时，能放出 2.54Ah，是常温的 75% 容量。在 −55℃ 以 10μA/cm^2 放电时，能放出 1.3Ah，是常温的 38% 容量。锂-氧化铜电池具有良好的储存性能，这是因为电池的正极氧化铜在电解质溶液中的溶解度比较低，可以抑制通过直接化学反应的自放电。另外，铜-锂膜封着电极，防止氧化铜进一步溶解，使自放电减少至最小的程度。如 R6 型电池在 30℃ 储存 2 年，容量无损失。安全性比较高，锂-氧化铜电池能承受物理破坏，如用导电针刺穿引起电池内短路、用子弹射穿及挤压等都没有发生爆炸。电池在温度高到 50℃ 时仍然能够正常进行低、中等电流的放电而不会发生锂自发的剧烈破坏。若串联成高电压的电池组时，可接二极管加以保护，就能克服任何可能发生的问题。密封性能好，锂-氧化铜电池不像碱性的锌-氧化汞、锌-二氧化锰和锌-氧化银等电池那样存在电化学爬漏的机理，故电池易密封，只要进行较好的机械密封，就能达到良好的密封效果。

4. 锂-氧化铜电池的用途

锂-氧化铜电池可用于军事和民用两个领域。军事应用的范围从武器的引信、雷管引火装置、步话机、单兵作战装备等方面的电源。在民用方面用途十分广泛，从油井数据的记录到录音机、收音机、助听器、电子钟表、小型计算器、记忆储存器、灯具、手电筒、照相机、闪光灯、电动工具、液晶显示计算器、心脏起搏器、通信产品和小型用电器具中可大量采用。亦可作太阳能收音机与计算机的备用电源等。随着科学技术的发展，新的用电器具将不断问世，锂-氧化铜电池自身的功效将进一步发展。这些都使锂-氧化铜电池应用领域越来越广。

锂-氧化铜电池存在一些不足之处。实际使用时，这种电池存在开路电压过高、放电初期电压低下、放电后电池高度增加等问题。现在通过在氧化铜正极中添加黄铜矿，可以使这些问题得到解决。

（七）锂-二硫化铁电池

常规的锂-二硫化铁电池是以二硫化铁（FeS_2）为正极活性物质、金属锂（Li）为负极活性物质并以有机溶剂为电解液的一次电池。锂-二硫化铁电池的开路电压1.78V，使用电压可以达到1.5V，与目前市场上广泛使用的碱性一次电池具有互换性，因此其作为新一代的高功率电池，正越来越受到人们的欢迎，市场前景非常广阔。

1. 锂-二硫化铁电池的化学反应式

负极反应：
$$Li \Longrightarrow Li^+ + e^-$$

正极反应：
$$FeS_2 + 4e^- \Longrightarrow Fe + 2S^{2-}$$

总反应式：
$$FeS_2 + 4Li \Longrightarrow 2Li_2S + Fe$$

2. 锂-二硫化铁电池的结构

锂-二硫化铁电池以压在镍丝网上的锂片做负极材料，正极材料以二硫化铁为主，添加少量石墨粉和乙炔黑涂布在铝箔上，以铝箔做集流体。正极、负极和隔膜采用卷绕的方式或者叠片方式组合在一起，也有做成纽扣电池的。电解液由添加了高氯酸锂和碘化锂等锂盐的有机溶剂组成，有机溶剂一般使用乙二醇二甲醚10%~90%与1，3-二氧戊环10%~90%，按合适的比例进行搭配。有机溶剂比较稳定，电解电位比水的电解电位高，电池在被错误使用的情况下也不容易发生电解液泄漏。

3. 锂-二硫化铁电池的特点

锂-二硫化铁电池是目前研制的一次电池中综合性能最好的一种电池，其质量比能量、体积比能量和贮存性能等均比较优良。放电容量大，AA型锂-二硫化铁电池以200mA放电至1.0V的平均电容量为2900mAh。电压平稳，有一个比较理想的放电平台。图2.15是某款锂-二硫化铁电池的放电曲线。

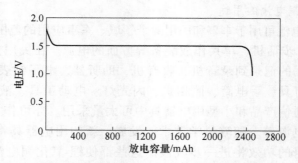

图 2.15 某款锂-二硫化铁电池的放电曲线

锂-二硫化铁系统正极生成物是铁,随着反应的进行,系统的正极由于单质铁的生成使得电池正极的导电性能会越来越好,电池正极的电阻会降低。这也是锂-二硫化铁电池可以高功率输出性能的原因。

锂-二硫化铁电池工作温度范围可达-40~60℃,低温性能优良。比能量大、容量高。比功率高,可以高达2A大电流输出,能够承受高脉冲负荷。储存时间长,在常温下可储存10年,可以在60℃环境储存。

在同型号电池产品中,锂-二硫化铁电池的质量最轻,其中AA型电池只有16.5g。有良好的防漏液性能,电池无汞、无镉、无铅,符合环保要求。

锂-二硫化铁电池从设计开发时就非常注重电池的安全性能,系统的正极端设有防爆阀和热敏电阻。防爆阀有采用刻伤结构,它可以通过刻伤的深度来控制防爆阀的强度。当电池由于生产或使用不当造成电池内压增大,防爆阀就会启动,释放出电池内部压力,避免发生爆炸事故。

4. 锂-二硫化铁电池的应用

锂-二硫化铁电池广泛应用于笔记本电脑、摄像机、数码照相机等移动电子设备中。

现在已经开发出以正极材料区分的多种锂原电池。表2.6是GB/T 8897.1—2003/IEC 60086—1:2000所列的几种原电池的性能标准,表2.7是目前世界上锂原电池的性能汇总。

表 2.6 几种原电池的性能标准

体系字母代码	负极	电解质	正极	标称电压 V_n/V	终止电压 EV/V	开路电压 OCV/V	
						最大值	最小值
B	锂（Li）	有机电解质	一氟化碳（CF）$_x$	3.0	2.0	3.70	3.00

续表2.6

体系字母代码	负极	电解质	正极	标称电压 V_n/V	终止电压 EV/V	开路电压 OCV/V	
						最大值	最小值
C	锂（Li）	有机电解质	二氧化锰（MnO_2）	3.0	2.0	3.70	3.00
L	锌（Zn）	碱金属氢氧化物	二氧化锰（MnO_2）	1.5	1.0	1.68	1.50
S	锌（Zn）	碱金属氢氧化物	氧化银（Ag_2O）	1.55	1.2	1.63	1.57

表2.7　锂原电池性能汇总表

电池名称	电池分类	电池组成			开路电压/V	工作电压/V
		正极	电解质	负极		
有机电解质电池	锂-聚氟化碳电池	$(CF_x)_n$	$LiClO_4$-PC	Li	3.14	2.6
	锂-聚氟化四碳电池	$(C_4F_x)_n$	$LiAsF_6$-PC-THF	Li	3.14	2.9
	锂-氯化银电池	AgCl	$LiAlCl_4$-PC	Li	2.84	2.5
	锂-二氧化锰电池	MnO_2	$LiClO_4$-PC+DME	Li	3.5	2.8
	锂-五氧化二钒电池	V_2O_5	$LiAsF_6$+$LiBF_4$-MF	Li	3.5	3.2
	锂-三氧化钼电池	MoO_3	$LiAsF_6$-MF	Li	3.3	2.6
	锂-二氧化铜电池	CuO_2	$LiClO_4$-PC+DME	Li	2.4	1.5
	锂-二氧化硫电池	SO_2	$LiBr$-SO_2+AN+PC	Li	2.95	2.7
	锂-硫化铜电池	CuS	$LiClO_4$-THF+DME	Li	3.5	1.8
	锂-二硫化铁电池	FeS_2	$LiClO_4$-PC+THF	Li	1.8	1.5
	锂-铬酸银电池	Ag_2CrO_4	$LiClO_4$-PC	Li	3.35	3.0
	锂-铋酸银电池	Ag_2BiO_4	$LiClO_4$-DIO	Li	1.8	1.5
无机电解质电池	锂-亚硫酰氯电池	$SOCl_2$	$LiAlCl_4$-$SOCl_2$	Li	3.65	3.3
固体电解质电池	锂-碘电池	$P_2V_p \cdot nI_2$	LiI	Li	2.8	2.78
高温电池	锂-二硫化铁电池	FeS_2	LiCl-KCl（450℃）	LiAl	2.53	1.7

第三节　锂原电池的型号

　　锂电池的型号多种多样，以圆柱形、方形、纽扣式或硬币形为主，电池容量从几十毫安时到几百安时不等。为了保证电池的标准化、通用化和互换性，《原电池　第 2 部分：外形尺寸和电性能要求》（GB/T 8897.2—2008/IEC60086—2：2007）对原电池的外形尺寸和电性能要求提出了标准规定。标准按照电池的外形分为六类，其中常用圆柱形电池按其直径和高度分为四类，第五类是其他杂类圆柱形电池，第六类是其他杂类非圆柱形电池。

　　用来表示电池各种尺寸的符号是：A，电池的最大总高度；B，正、负极接触面之间的最小距离；C，负极接触面的最小外径；D，负极接触面的最大内径；E，负极接触面的最大凹进值；F，在规定的凸起高度内，正极接触面的最大直径；G，正极接触面凸起的最小值；K，负极接触面凸起的最小值；L，在规定的凸起高度内，负极接触面的最大直径；M，负极接触面的最小直径；N，正极接触面的最小直径；Φ，电池的最大和最小直径；ΦP，正极接触件的同心度。

　　如果将电池首尾相接串联放置，使之相互电接触，并且接触间隔为单个电池接触间隔的整数倍，必须满足下列条件：

　　（1）$C>F$；

　　（2）$N>D$；

　　（3）$G>E$。

原电池型号的命名规则：

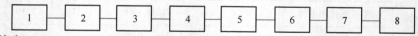

　　其中：

　　第一位，串联的单体电池数或者串联的并联电池组数。

　　第二位，电池电化学体系的字母，见表 2.6。比如 C 代表锂锰电池。

　　第三位，电池形状的代码，R 表示圆柱形。

　　第四位，最大直径的代码。

　　第五位，以毫米为单位的最大直径的十分位代码。

　　第六位，以 0.1mm 为单位的最大高度代码。

　　第七位，以毫米为单位的高度的百分位符号，必要时使用。

　　第八位，修饰符。

　　各个位置的具体数值和符号参看标准 GB/T 8897.1—2003 附录 A。例如：3CR12 表示由三个 R12 尺寸锂-二氧化锰电芯组成的串联电池。

　　随着石英手表普及和智能手表的兴起，需要用到手表专用电池。《原电池　第

3 部分：手表电池》（GB/T 8897.3—2013）对手表用电池的尺寸和电池的质量及其检验方法做出了规定。

手表电池的型号命名也有其独特的规定，手表电池的命名规则：

其中：

第一位，电池电化学体系的字母，见表 2.6。比如 C 代表锂锰电池。

第二位，电池形状的代码，R 表示圆柱形。

第三位，最大直径的代码十位数，以 mm 为单位；

第四位，最大直径的代码个位数，以 mm 为单位

第五位，高度尺寸的代码个位数，以 mm 为单位；

第六位，高度尺寸的代码十分位数，以 mm 为单位。

例如：CR2354，表示锂锰电池，圆柱形，直径 23.0mm，高度 5.4mm；BR3032，表示锂氟电池，圆柱形，直径 30.0mm，高度 3.2mm。

为了保证手表电池的质量和使用安全性，标准规定了尺寸（直径、总高度）、外形、外观、开路电压、抗接触压力、耐漏液性能、容量或放电时间、变形（直径、总高度）、容量保持率等共九项检测项目。

第四节　锂原电池的生产安全

锂原电池的电解液是易燃液体，其安全性将在第八章统一讲述。因为锂金属遇水极易产生化学反应，在生产过程中不注意生产环境的水分，就有可能引起火灾，如果电池里面水分超标，就有可能在使用过程中着火。所以，锂原电池无论是使用还是生产过程，对水分的控制是十分必要的。无论是电极材料、隔膜材料和电解液都可以吸收空气中的水分，因此，在生产过程中要处处注意空气中的水分含量，要用许多技术手段来控制水分。

一、生产环境的空气水分含量控制

（1）要经常检查电解液的水分。《锂原电池用电解液》（SJ/T 11724—2018）规定电解液出厂时的水分含量必须低于 50mg/kg。虽然出厂时电解液桶里面有干燥的高纯氮气或者氩气进行保护，但在使用过程中因为各种原因电解液总会与空气接触，尤其在把回收的电解液与电解原液进行掺兑使用时，电解液里的水分就会增加。所以在使用前要先测定电解液里的水分含量。电解液里的水分含量超过 350mg/L 就不能直接使用，必须先萃取水分，使其达到标准才能使用。

（2）控制正极材料的水分含量。制作正极片的碳粉、二氧化锰粉等材料在配料搅拌以前要进行充分的烘干。

（3）控制手套箱内的水分含量。生产线内的露点保持在 $-35℃$ 以下，要定时检测。生产线发生故障，不允许去掉手套维修。如果必须去掉手套才能维修，就先将电解液和正极片装入密封容器中，防止吸潮。清洗电池的水不许溅到传送带上，以免增加生产线内的湿度。

（4）控制生产环境的湿度。生产车间要按洁净厂房的要求建设，空气要进行干燥处理。非生产车间人员不应该出入车间，车间内人数要进行控制，因为人体排出的水分会严重影响空气湿度。

二、正电极制作

（一）卷绕或者叠片式电池正极片制作

以碳电极为例，先将碳材料进行充分地烘干，去除其中的水分。然后将 80% 碳材料和 20% 的聚四氟乙烯乳液混合，加入乙醇，充分搅拌成膏状物。将搅拌好的正极材料在一定温度下不断碾压，做成薄片，再切成所需的尺寸，压在带极耳的镍丝网上，就成了正极片。把制成的正极片放在电热真空箱中加热脱水。作为导电骨架，镍网和镍片极耳之间的形状对提高电池电流密度有很大的影响。但在卷绕式或者叠片式结构中往往不是问题，因为这种电池的电流一般输出均不大，只有在螺旋式高功率锂-亚硫酰氯电池中才是必须考虑的一个问题。

（二）纽扣电池的正极制作

锂锰电池的正极片是把二氧化锰粉装在电池的半壳里制成的，除去二氧化锰粉里的水分是一个关键工序。这个工序分三步：预烘、烘干和浸片，每一步工序都有严格的要求。预烘干是将正极片放入（195+10）℃ 的烘箱里烘 10h，烘干时要用水银温度计校正烘干箱内的温度。预烘干结束以后，要迅速将正极片放入真空箱，不可长时间在空气中暴露，否则，就要重新进行预烘干。

装正极片的盘在真空烘干箱里的摆放位置要保证盘与盘之间留有适当的空隙，要严格执行六步完成真空烘干过程：

第一步，干燥 1h；

第二步，抽真空 2h；

第三步，干燥 1h；

第四步，抽真空 2h；

第五步，干燥 1h；

第六步，抽真空 3h。

在干燥期间真空烘干箱内必须充满干燥的空气或者是氮气，要定期检查气源的干燥度，露点不高于 $-35℃$。

烘干工序结束，极片在真空烘干箱内随烘干箱降温到不低于 140℃，取出装入真空瓶保存。如果完成烘干的正极片在真空箱内温度低于 140℃，必须重新加热到140℃以上才可取出。烘干好的正极片必须真空保存，如果不是真空保存，空气中的水分就有可能被正极片吸收，影响烘干效果。为了保证真空瓶的真空度，装入真空瓶内的正极片不可太多，盖子盖好后，打开抽气阀抽真空，抽至-0.08MPa，保持3min。

浸片工艺在真空瓶中进行，真空瓶中残留的电解液遇高温有着火的危险，所以，在浸片之前必须把真空瓶中残留的电解液清理干净。烘干好的正极片温度必须降到60~65℃才能装入真空瓶，温度过高易出安全问题，温度过低易吸入过量的电解液。吸入电解液过量，电池在使用中发热，电解液膨胀，电池内压增高，就有漏液的可能性。装入真空瓶的电解液必须保证能够一次性完全浸没正极片，不可中途停留或者二次加注电解液。装浸好的正极片的玻璃瓶的瓶口和塞子擦干净，以防粘上残留的正极粉使瓶塞塞不严密，漏气或进去水分。

三、负极片制作

负极片是将锂片压在镍丝网上制成，负极片只能在干燥的环境制作。一般负极极化很小，锂片利用率接近100%。

四、电解液的制备

一般锂原电池的电解液都是由购买现成的非水有机溶剂+锂盐构成。锂-亚硫酰氯电池的电解液 $LiAlCl_4$ 的制备方法：

（1） $LiAlCl_4$ 制备。将无水 $LiCl$ 和无水 $AlCl_3$ 在干燥空气中研碎并充分混合，再在氩气气氛里加热到180℃，此时，粉末溶成 $LiAlCl_4$。冷却后，在干燥箱内粉碎装瓶备用。

（2） $LiAlCl_4$ + $SOCl_2$ 电解液制备。在干燥气氛中往 $SOCl_2$ 溶剂中缓慢加入一定量的 $LiAlCl_4$，不断搅拌，以免放热太快沸溢。当电解液浓度为1.73mol/L时，电导率可达20.4mS/cm。为了除去可以与锂作用的杂质，在玻璃器皿中放入光亮锂带和配制好的电解液后密封，在70℃以上温度加热相当长时间，让杂质和锂带充分作用，才能达到要求。

五、锂原电池清洗

纽扣电池组装好以后要经过清洗表面才能出货，其他电池组装好以后要经过清洗表面才能够进行封装。因为原电池的电解液和锂片都是密封在电池里面的，不用担心外面的水会进去，所以电池都是用普通的自来水以喷淋的方式进行清洗。锂原电池组装好就已经有了电，在喷淋清洗过程中正负极之间会有水，各种型号的电池正负极面积不同，正负极之间的距离也不同，可以计算出的导通电的水的面积和厚度差异很大，可以根据下式计算出电阻值：

$$R = \rho L/S$$

式中　R——电阻值，Ω；

ρ——电阻率，$\Omega \cdot cm$；

L——正负极之间的距离，cm；

S——导通正负极之间水的截面积，cm^2。

根据分析，正负极之间的电阻的量级应该在欧姆级，几欧姆至几十欧姆。根据欧姆定律：

$$I = U/R$$

式中　I——电流，A；

U——电压，V；

R——电阻，Ω。

在电池清洗过程中，通过水的导电作用流通的电流的量级在毫安级，清洗时间又很短，洗完很快就吹干了，所以清洗过程不会对电池造成损害。《便携式电子产品用锂离子电池和电池组　安全要求》（GB 31241—2014）第 6.1 和 6.2 节关于电池短路试验的要求是用导线连接电池正负极端，并确保全部外部电阻为 $(80\pm20)\,m\Omega$，可见，两个电极之间的电阻值远远大于造成短路的电阻值，所以水洗不会造成电池短路。

第五节　锂原电池的安全检测

锂电池不同于传统的使用水溶液电解质的原电池，因为他们含有易燃物质。因此，在设计、生产、销售、使用锂电池和处理废旧锂电池时认真考虑安全性是非常重要的。基于锂电池的特殊性，作为消费品的锂电池最初是小尺寸和低功率的，而高功率电池被用于特殊工业和军事上，这类电池必须由专业人员进行更换。20 世纪 80 年代以后，高功率的锂电池开始广泛应用于消费领域，主要用作照相机电源。随着对高功率电池需求的显著增长，不同的生产厂开始生产高功率锂电池。在这种情况下，国家标准增加了对高功率锂电池的安全要求。目前，我国制定的锂原电池的安全标准有《原电池　第 4 部分：锂电池的安全要求》（GB/T 8897.4/IEC 60086-4）和《锂原电池和蓄电池在运输中的安全要求》（GB 21966/IEC 62281），随着时间的推移和新的问题出现，这些标准也与时俱进，进行修订。

《锂原电池和蓄电池在运输中的安全要求》（GB 21966/IEC 62281）相关内容将在第十四至十七章与其他国际国内关于锂电池的安全运输标准一起介绍。本节仅介绍《原电池　第 4 部分：锂电池的安全要求》（GB/T 8897.4/IEC 60086-4）有关内容。

一、锂原电池的设计

锂电池按其化学组成（阳极、阴极和电解质）、内部结构（碳包式和卷绕式、叠片式）以及实际形状（圆柱形、纽扣形、棱柱形）来分类。在电池的设计阶段就必须考虑各个方面的安全问题，要认识到不同的锂体系、不同的容量和不同的电池结构其安全性有很大的差异。

以下有关安全的设计理念对所有的锂电池均适用：

（1）通过设计防止温度异常升高超过制造商规定的临界值。

（2）通过设计限制电流，从而控制电池的温度升高。

（3）锂电池应设计成能释放电池内部过大的压力或能排除在运输、预期的使用和可合理预见的误用情况下的严重破裂。

二、检验项目

检验项目如表2.8所示。具体检验方法和判定标准将在第十一和十二章结合其他相关标准要求介绍。

表2.8 锂电池检验项目

电池组构成类型	检验项目												
	A	B	C	D	E	F	G	H	I	J	K	L	M
s						√①	√①					√②	√③
m						√①,④	√①,④	√④				n/a	n/a

检验描述		电池组构成类型
预期使用的检验 A：高空模拟 B：热冲击 C：振动 D：冲击	可合理预见的误用的检验 E：外部短路 F：重物冲击 G：挤压 H：强制放电 I：非正常充电 J：自由跌落 K：热滥用 L：不正确安装 M：过放电	s：单个 m：多个 适用性 √：适用 n/a：不适用

①只适用一个检验，检验F或检验G。

②只适用于CR17345、CR15H270和具有卷绕式结构的、有可能发生不正确安装并被充电的相似类型的电池。

③只适用于CR17345、CR15H270和具有卷绕式结构的、有可能过放电的相似类型的电池。

④检验适用子单元电池。

检验时的抽样数量如表2.9所示。

表 2.9 锂电池检验样品数量

检验	放电状态	单体电池和单电池[①]	组合电池
检验 A 至检验 E 的样品数	未放电	10	4
	完全放电	10	4
检验 F 或检验 G 的样品数	未放电	5	5 个单元电池
	完全放电	5	5 个单元电池
检验 H 的样品数	完全放电	10	10 个单元电池
检验 I 至检验 K 的样品数	未放电	5	5
检验 L 的样品数	未放电	20	n/a
检验 M 的样品数	50%预放电	20	n/a
	75%预放电	20	n/a

注：1. 4 只相连接的电池需保留 1 只（5 组）。

2. 4 只相连接的电池，其中 1 只预放电 50%（5 组）。

3. 4 只相连接的电池，其中 1 只预放电 75%（5 组）。

4. n/a 意为"不适用"。

①只含一个被检单元电池的单电池（single cell）不需要重新检验，除非其差异可能导致检验结果的失败。

按照公认的统计学方法在产品批次中抽取样品。用相同的样品按顺序进行检验 A 至检验 E。从检验 F 至检验 M 每一项检验都要求用新电池。检验过程要采取适当的防护措施，按程序进行检验，否则有可能造成伤害。拟定这些检验项目时，假定检验是由有资格、有经验的技术人员在采取适当防护措施下进行的。

锂电池在预期的使用情况下的安全检验项目（检验 A 至检验 D），以及可合理预见的误用情况下的安全检验项目（检验 E 至检验 M）见表2.10。

表 2.10 锂电池检验项目及要求

检验项目代号		项目名称	要 求
预期使用的检验	A	高空模拟	NL/ NV/ NC/ NR/ NE/ NF
	B	热冲击	NL/ NV/ NC/ NR/ NE/ NF
	C	振动	NL/ NV/ NC/ NR/ NE/ NF
	D	冲击	NL/ NV/ NC/ NR/ NE/ NF

检验项目代号		项目名称	要 求
可合理预见的 误用检验	E	外部短路	NT/NR/NE/NF
	F	重物撞击	NT/NE/NF
	G	挤压	NT/NE/NF
	H	强制放电	NE/NF
	I	非正常充电	NE/NF
	J	自由跌落	NV/NE/NF
	K	热滥用	NE/NF
	L	不正确安装	NE/NF
	M	过放电	NE/NF

用相同的电池依次进行检验 A 至检验 E。

检验 F 和检验 G 为选做项，两者应选其中一项进行检验。

注：NC，无短路；NE，无爆炸；NF，不着火；NL，无泄漏；NR，无破裂；NT，不过热；NV，不泄放。

第六节　锂原电池的发展前景

锂离子电池在电子产品上使用已经很普遍，这种电池足够轻巧，又能携带足够的电量。但是随着锂离子电池用到了电动汽车上，人们开始对它挑剔起来，能量密度能不能再提高？寿命能不能更长？尤其是能不能更安全？于是，人们想起了当初的固态锂金属电池，并将它作为最有可能接替锂离子电池的下一代电池技术。固态锂金属电池正在迎接新的发展机会，不少动力电池企业、电动汽车企业都试图在这一次技术迭代中占有一席之地。

根据中国物理和化学电源行业协会数据，截至 2014 年，我国的锂一次电池产量已达到 30 亿只，总销售收入达到 22.2 亿元。到 2020 年国内锂一次电池的产量达到 80 亿只，总销售收入达到 39.3 亿元。总体来看，行业复合增速达 20%左右，收入增速略低于产量增速。锂原电池产量未来规划增速在 20%左右。

智研咨询发布的《2019~2025 年中国锂原电池行业市场竞争现状及未来发展趋势研究报告》指出，2015 年之前，锂原电池下游最大的用途是智能电表（判断可能在 30%左右），锂原电池的收入增速趋势基本等同于电表招标量增速。2015 年后，国内智能电表基本更新完成，招标量大幅下滑，锂原电池收入增速有所放缓，但是依然维持增长，主要是烟雾报警器、共享单车等新兴用途不断崛起。智能电表虽然已广泛普及，但更新、替换需求即将到来。未来几年锂原电池的增量可以来自以下几个方面：

（1）智能交通卡兴起。传统的高速公路收费卡只有简单的物理计量功能（进出口的位置），新型的 CPC 智能交通卡则可以记录 GPS 轨迹，对于收费的准确性和安全性保障更好。未来全国高速公路省界收费站将逐步取消，ETC 更进一步普及，将全国所有高速公路纳入一个封闭的收费系统中，实现"统一收费，系统分账"，各省份逐渐并入联网区域。

（2）E-Call 系统（紧急呼叫系统）普及。欧洲、俄罗斯的紧急呼叫服务工作原理如下：E-Call 使用移动电话和卫星定位功能，在发生车外事故后，系统自动或手动与最近的救援中心的统一号码 112 建立电话连接。除了语音连接之外，车载 E-Call 系统还可传输有关事故地点、事故类型和车辆的信息。E-Call 能够极大地保障乘客的安全，目前欧盟正在大范围推广。E-Call 系统需要使用独立的锂原电池。

（3）烟雾报警器、物联网的逐步兴起。随着 5G 和物联网的推广，对锂原电池的各种需求逐步兴起，潜在利用空间越来越大。在欧洲多数国家和美国多数州已经立法，强制要求烟雾报警器使用长寿命的锂电池。中国市场对于烟雾报警器使用长寿命的锂电池立法也在启动中，这将带来智能安防市场需求的增长。

（4）智慧医疗和健康管理推广。5G 技术在物联网的应用中有一个十分重要的场景是智慧医疗、健康管理和初步诊断将家居化，医生与患者可以实现更高效的分配和对接。5G 时代，传统医院将向健康管理中心转型，质量提高。患者使用的终端设备需要长寿命的锂原电池。

（5）共享单车等共享设备的使用。共享设备需要随时与其控制总台保持联系，共享设备的特点决定了它不能使用可充电电源，必须使用寿命长锂原电池供电，这将是很大的一块市场。

参 考 文 献

［1］国家轻工业电池质量监督检测中心，福建南平南孚电池有限公司，中银（宁波）电池有限公司，等 . GB/T 8897.1—2003 原电池　第 1 部分：总则［S］. 中华人民共和国国家质量监督检验检疫总局，中国国家标准化管理委员会，2003.

［2］重庆电池总厂，浙江野马电池有限公司，上海白象天鹅电池有限公司，等 . GB/T 8897.2—2008 原电池　第 2 部分：外形尺寸和电性能要求［S］. 中华人民共和国国家质量监督检验检疫总局，中国国家标准化管理委员会，2008.

［3］轻工业化学电源研究所（国家化学电源产品质量监督检验中心），广东正龙股份有限公司，力佳电源科技（深圳）有限公司，等 . GB/T 8897.3—2013 原电池　第 3 部分：手表电池［S］. 中华人民共和国国家质量监督检验检疫总局，中国国家标准化管理委员会，2013.

[4] 成都建中锂电池有限公司，福建南平南孚电池有限公司，轻工业化学电源研究所（国家化学电源产品质量监督检验中心），等.GB/T 8897.4—2008 原电池 第4部分：锂电池的安全要求 [S].中华人民共和国国家质量监督检验检疫总局，中国国家标准化管理委员会，2008.

[5] 武汉力兴（火炬）电源股份有限公司，广东出入境检验检疫局，成都建中锂电池有限公司，等.GB 21966—2008 锂原电池和蓄电池在运输中的安全要求 [S].中华人民共和国国家质量监督检验检疫总局，中国国家标准化管理委员会，2008.

[6] 张家港市国泰华荣化工新材料有限公司，工业和信息化部电子工业标准化研究院.SJ/T 11724—2018 锂原电池用电解液 [S].中华人民共和国工业和信息化部，2018.

[7] 北京智研科信咨询有限公司.2019～2025 年中国锂原电池行业市场竞争现状及未来发展趋势研究报告 [OL].智研咨询，[2020-3-20] http//www.ZhiYan.org.

[8] 李诚芳.锂-氧化铜电池 [J].电池，1987（67）：32～35.

[9] 吕殿君，祝树生，仇公望，等.锂-氟化碳电池的研究进展及应用分析 [J].电源技术，2018，42（1）：147～148.

[10] 乔学荣，任学颖.锂-氟化碳电池内应力研究及电池壳设计 [J].电源技术，2017，41（7）：1013～1016.

[11] 邢雪坤，肖明，李川，等.锂-氧化铜电池及其反应机理 [J].化学学报，1984，42（3）：220～225.

[12] 李亚寅，张晶.锂一次电池的新发展——锂-二氧化锰电池 [J].中国电子商情，2007（8）：66～67.

[13] 锂亚硫酰氯电池知识 [DL] 精品文档 https：//max.bock118.com/html/2016/0825/52814156.shtm.

[14] 赵新乐，田坚.小型锂/亚硫酸氯电池密封性能研究 [J].长春光学精密机械学报，1995，18（1）：23～25.

第三章　锂离子电池及其构成

第一节　锂离子电池的工作原理

锂离子电池的工作原理如图 3.1 所示。用锂的金属氧化物，比如 $LiCoO_2$ 作为正极，用石墨等碳材料作为负极，正负极之间有一层可以让锂离子通过的有机隔膜。电池里灌满了非水有机化合物做成的电解液，为了提高电解液的电导率，电解液里混有与锂离子亲和性强的六氟磷酸锂锂盐。

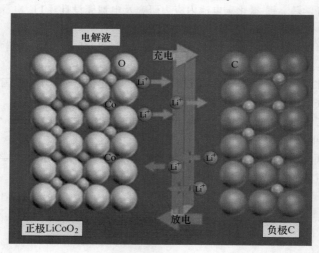

图 3.1　锂离子电池原理图

正负极之间导电有三种情况。在导体里面是通过电子导电，在半导体里面是通过空穴导电，在电解液里面是通过离子导电。锂离子电池充电的时候，在外加电动势的作用下，正极的锂原子失去电子，变成锂离子。锂离子跳入电解液，穿过有微孔洞的隔膜，来到了负极，嵌入碳材料的微孔洞里面。电子通过外电路也来到负极，与锂离子结合，重新形成锂原子，这个过程叫做"嵌入"。在负极里面，锂原子与碳材料形成了层间化合物 Li_xC_6，改变了碳材料原有的晶体结构。负极的石墨材料里面微空洞越多，可以嵌入的锂离子就越多，那么电池可容纳的电量就越多。充电时的电路示意图如图 3.2 所示。

放电时，因为没有外加电动势，电子又通过外加负载重新回到了正极，锂原子失去电子又变成了锂离子，重新跳入电解液，穿过了隔膜，回到了正极，这个过程叫做"脱嵌"。锂离子电池就是这样通过锂离子在正负极之间"嵌入"和"脱嵌"使电池充电或者放电，所以锂离子电池形象地叫做"摇椅电池"。放电时的电路示意图如图 3.3 所示。

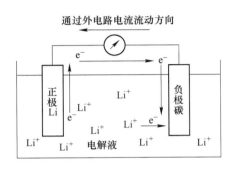

图 3.2　充电时电子和锂离子的转移

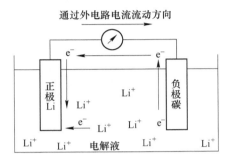

图 3.3　放电时电子和锂离子的转移

为了帮助大家理解锂离子电池充放电过程，可以将电子形象地比喻为一辆汽车，在发动机（外电动势）的作用下向坡上爬（充电过程）。到了坡顶（嵌入负极），发动机熄了火（充电结束，外电动势取消）。由于没有连接外载荷，电子停留在负极里，相当于汽车轮胎被三角木垫块垫住，滑不下来。当电池被接上了外载荷，电子就通过外载荷又回到了正极，相当于汽车被取掉三角垫木，滑下坡来。这个过程就做了功，也就是给外载荷提供了电力。因为电子不能够单独存在，所以，离子就在电池里面来回移动，在正、负极与电子结成了锂的原子。

钴酸锂电池内部的电化学反应。

正极反应（氧化反应）：　　　$LiCoO_2 \longrightarrow Li_{1-x}CoO_2 + xLi^+ + xe^-$

负极反应（还原反应）：　　$6C + xLi_{1+x} \longrightarrow Li_xC_6$

电池总反应：

$$LiCoO_2 + 6C \longrightarrow Li_{1-x}CoO_2 + Li_xC_6$$

锂离子电池的结构如图 3.4 所示。锂离子电池一般包括：正极、负极、电解质、隔膜、正极引线、负极引线、中心端子、绝缘材料、安全阀、密封圈、PTC（正温度控制端子）、电池壳等。其中正极材料、负极材料、电解质以及隔

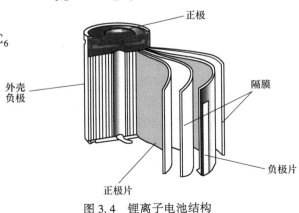

图 3.4　锂离子电池结构

膜的不同或者工艺的不同，对电池的性能和价格有着决定性的影响。

图 3.5 是 18650 锂离子电池的电芯组件实物，左图是电芯组件的正极、负极、隔膜之间的相互关系，右图是入壳前的电芯组件成品。

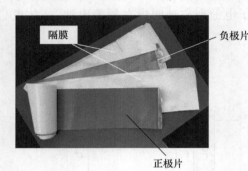

图 3.5 锂离子电池电芯组件

第二节 锂离子电池的特点

锂离子电池作为一种新型的蓄能电池，与铅酸电池、镍氢电池、镍镉电池相比，有很多显著的特点：

（1）能量密度高。锂离子电池有比较高的能量密度或者比能量，即单位体积所具有的能量或者单位质量所具有的能量，也就是体积能量密度和质量能量密度。铅酸电池的质量能量密度一般为 50~70Wh/kg，体积能量密度达到 642Wh/L。镍氢电池的质量能量密度为 40~70Wh/kg，因为镍氢电池比镍镉电池重，所以镍氢电池的体积能量密度是镍镉电池的 1.5~2 倍，能够达到 140~180Wh/L。目前国内有的电池企业已经开发出了高能量密度的锂离子电池，电芯单体比能量达到 302Wh/kg。锂离子电池是铅酸电池体积能量密度的 1.5 倍，是高容量镍镉电池体积能量密度的 1.5 倍，质量能量密度的 2 倍。锂离子电池具有高能量密度的特性使得它的体积和质量比具有相同能量的镍镉电池和镍氢电池小得多。预计到 2025 年，锂离子电池的能量密度能达到 500Wh/kg 以上，充一次电，电动汽车就可以跑更远的距离，甚至可以实现电动汽车跑长途的梦想。

（2）工作电压高。铅酸电池的电压只能达到 2V，镍氢电池和镍镉电池的电压能够达到 1.2V。而锂离子电池的电压可以达到 3.6V 甚至 4.2V。这就意味着在组成更高电压时需要串联的电池数更少，所以，组成的电池包可以更轻巧。

（3）循环寿命长。铅酸电池一般可以充放电 500 次左右，镍镉电池可以充放电 700 次左右，镍氢电池可以充放电 800 次左右。而锂离子电池可以充放电超过

1000 次以上，现在正在向充放电超过 1 万次的方向努力。

（4）电化学特性稳定。锂离子电池的电化学性能主要包括首次装机容量、首次充放电效率、充放电平台容量比率、充电速度、倍率性能（不同放电电流下的放电性能）、循环寿命等都比镍氢电池高。

（5）荷电保持能力强，自放电率低。镍镉电池自放电率为 15% ~ 30%/月，镍氢电池为 25% ~ 35%/月，锂离子电池为 2% ~ 5%/月。在三种电池中，镍氢电池的自放电率最高，锂离子电池的自放电率最低。

（6）工作温度适应范围宽。锂离子电池工作温度范围为 -20 ~ 60℃，镍氢电池的工作温度 -40 ~ 45℃。

（7）无污染。锂离子电池没有铅酸电池那样的铅和硫酸对环境的污染，也没有镍镉电池中重金属镉对环境的污染。

（8）无记忆效应。锂离子电池没有记忆效应，可以随时充放电。这个特性对于蓄能电站、电动汽车等动力电池特别有意义。因为蓄能电站要随时把剩余的电量储存起来，需要使用时随时可以放出。电动汽车的电池在汽车制动时有能量回收功能，随时都要充电。如果有记忆效应，电池会逐渐失去效能。

第三节　锂离子电池的类型及主要性能参数

一、锂离子电池的分类

锂离子电池的种类很多。可以分为液态锂离子电池（lithium ion battery，LIB）和聚合物锂离子电池（polymer lithium ion battery，LIP）两大类。聚合物锂离子电池所用的正负极材料与液态锂离子电池相同，电池的工作原理也基本一致。它们的主要区别在于电解质的不同，液态锂离子电池使用的是液体电解质。液态锂离子电池可以分为两种，一种是用金属外壳做包装的硬壳电池，另一种是铝塑膜做外包装的软包电池。有人也把软包电池称为聚合物电池，其实它只是外包装使用了聚合物材料，内部结构与普通的硬包液态锂离子电池的结构完全一样。

聚合物锂离子电池以固体聚合物电解质来代替电解液，这种聚合物电解质可以是"干态"的，也可以是"胶态"的，目前大部分采用聚合物胶体电解质。聚合物锂电池可分为三类：

（1）固体聚合物电解质锂离子电池。电解质为聚合物与盐的混合物，这种电池在常温下的离子电导率低，适于高温使用。

（2）凝胶聚合物电解质锂离子电池。即在固体聚合物电解质中加入增塑剂等添加剂，从而提高离子电导率，使电池可在常温下使用。

（3）聚合物正极材料的锂离子电池。采用导电聚合物作为正极材料，其能量密度是现有锂离子电池的 3 倍，是最新一代的锂离子电池。

由于用固体电解质代替了液体电解质，与液态锂离子电池相比，聚合物锂离子电池具有可薄形化、任意面积化及任意形状化等优点，最薄的聚合物锂离子电池厚度不足 1mm，甚至能够组装进信用卡中。质量轻，采用聚合物电解质的电池无需金属壳作外包装，电池质量较同等容量规格的钢壳锂离子电池轻 40%，较铝壳锂离子电池轻 20%。容量大，聚合物电池较同等尺寸规格的钢壳电池容量高 10%~15%，较铝壳电池高 5%~10%。内阻小，聚合物电池的内阻较一般液态电解质电池小，目前国产聚合物电芯的内阻甚至可以做到 35mΩ 以下，极大地降低了电池的自耗电，延长手机的待机时间，完全可以达到与国际接轨的水平。这种支持大放电电流的聚合物锂离子电池更是遥控模型的理想选择。低温下的性能比较稳定，一般-40℃ 可以放到额定容量的 80%。

聚合物电池可根据客户的需求增加或减少电芯厚度，开发新的电芯型号，价格便宜，开模周期短，有的甚至可以根据手机形状量身定制，以充分利用电池外壳空间，提升电池容量。放电特性佳，聚合物电池采用胶体电解质，相比液态电解质，胶体电解质具有平稳的放电特性和更高的放电平台。保护板设计简单，由于采用聚合物材料，电池不起火、不爆炸，电池本身具有足够的安全性，因此聚合物电池的保护线路设计可考虑省略 PTC 和保险丝，从而节约电池成本。

聚合物锂离子电池不足之处：与液体电解质锂离子电池相比能量密度和循环次数都有所下降，造价昂贵，没有标准外形，大多数电池为高容量消费市场而制造。

按照容量和外形来分，锂离子电池的种类很多，但是单体电池不能做成很大尺寸。体积过大的电芯组件用来散热的外表面与其体积相比过小，不利于散热。同时，体积过大的电芯组件中心位置距离电池表面比较远，虽然由铜箔和铝箔构成的正负极片是热的良导体，但是正负极片之间还有热的不良导体隔膜，热传导比较困难，容易产生电芯组件中心位置的热量集聚。热量传递的三种方式：热对流、热辐射和热传导，在电池内部只有热传导这一种方式能够把电池中心产生的热量传递到电池外表面，所以要充分考虑电芯体积大小的问题。动力电池都是许多个电池通过串、并联的方式得到需要的电压和电流，这个叫做电池包或者电池堆。各种电池如图 3.6 所示。

按锂电池外包材料分，有铝壳锂离子电池、钢壳锂离子电池、软包锂离子电池。

按锂离子电池的正极材料来分，有钴酸锂、镍酸锂、锰酸锂、镍锰酸锂、磷酸铁锂和三元复合材料镍钴锰酸锂（$LiNi_xCo_yMn_{1-x-y}O_2$）、镍钴铝酸锂（$LiNi_xCo_yAl_{1-x-y}O_2$）电池等。

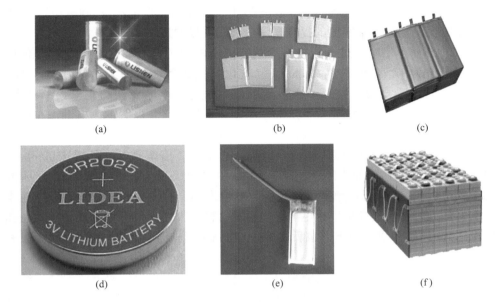

图 3.6　各种型号的锂离子电池

（a）圆柱电池；（b）软包电池；（c）方形电池；（d）纽扣电池；（e）微型电池；（f）动力电池

二、锂离子电池的主要性能参数

（1）容量。容量就是一块电池拥有多少电量，也就是充满电以后能用多久？容量的单位一般为 mAh（毫安时）或者 Ah（安时）。在使用时又有额定容量和实际容量的区别。额定容量是充满的电池在实验室条件下（比较理想的温、湿度环境）以某一特定的放电倍率（C-rate）放电到截止电压时，所能够提供的总的电量。实际容量一般都不等于额定容量，它与温度、湿度、充放电倍率等直接有关。一般情况下，实际容量比额定容量偏小一些，有时甚至比额定容量小很多。北方的冬季在室外使用手持电器，电池容量就会直线下降。

（2）能量密度。指的是单位体积的电池或者单位质量的电池，能够存储和释放的能量，单位分别为 Wh/kg 和 Wh/L，分别代表质量比能量和体积比能量。这里的能量是上面提到的容量与工作电压的乘积。实际应用的时候，能量密度这个指标比容量更具有指导意义。

当前的锂离子电池能量密度水平已经到 250～300Wh/kg。电池能量密度对电动汽车的意义特别重大，在体积和质量都受到严格限制的情况下，电池的能量密度决定了电动汽车单次充电最大行驶里程。现在，用电动汽车跑出租的司机出现了"里程焦虑症"，就是充一次电不能跑很远的路，比较远的旅客不敢拉，充电时间又很长，充电桩设置又不像加油站那么普遍，对经济收入有很大影响。如果要使电动汽车单次充电行程达到 500km 以上，需要能够稳定保持 300Wh/kg 以上的能量密度。电池能量密度的提升是一个长期缓慢的过程。

（3）充放电倍率。这个指标会影响锂离子电池工作时的连续电流和峰值电流。其单位为 C，C 就是英文 charge（充电）的缩写，比如 0.1C、0.5C、1C、5C 等。充电和放电都是按照一个设定的倍率进行。电池允许的充电倍率越大，充电速度越快，充电时间越短，这对于电动汽车的意义是巨大的。电动汽车的电池包很大，能不能在最短的时间内安全地充满电，直接影响到电动汽车的使用效率。比如一块手机电池标称容量是 4500mAh，用 1C 倍率放电就是用 4500mA 的电流放电可以放 1h；如果用 5C 倍率放电，可以放 12min；如果用 0.1C 倍率放电，就可以放电 10h。高倍率放电会引起电池发热，有安全隐患，就要看电池本身的性能允许不允许高倍率放电。充电也是这样计算，如果标称容量是 4500mAh 的电池允许以 2C 倍率充电，也就是以 9000mA 的电流充电，半个小时就可以充电结束。

充、放电倍率对应的电流值乘以工作电压，就可以得出锂离子电池的连续功率和峰值功率指标。充放电倍率指标定义得越详细，对于使用时的指导意义越大。尤其是作为电动交通工具动力源的锂离子电池，需要规定不同温度条件下的连续倍率和脉冲倍率，以确保锂离子电池在合理的范围内使用。

（4）电压。锂离子电池的电压有开路电压、工作电压、充电截止电压和放电截止电压等。

1）开路电压：顾名思义，就是电池外部不接任何负载或电源，测量电池正负极之间的电位差，就是电池的开路电压。

2）工作电压：电池外接负载或者电源，处在工作状态，有电流流过时测量所得的正负极之间的电位差。一般说来，由于电池存在内阻，放电状态时的工作电压低于开路电压，充电时的工作电压高于开路电压。

3）充电截止电压：是指电池充电时允许达到的最高电压，比如钴酸锂电池可以充电到 4.2V，镍锰酸锂电池可以充到 4.7V，磷酸铁锂电池可以充到 3.6V。到了这个最高电压，电池充电控制线路就会断开电源。

4）放电截止电压：就是电池的最低工作电压，超过了这一限制，就会对电池产生一些不可逆转的损害，导致电池性能的降低，严重时甚至造成起火爆炸等安全事故。一般电池放电到 2.5V，控制线路就会停止放电。

电池的开路电压和工作电压与电池的容量存在一定的对应关系。

（5）寿命。锂离子电池的寿命分为循环寿命和日历寿命两个参数。循环寿命以次数为单位，表示电池可以充放电的循环次数。当然这也是有条件的，是在理想的温、湿度条件下，以额定的充放电电流进行深度的充、放电（100%DOD 或者 80%DOD）（DOD：Depth of discharge，放电深度），计算电池容量衰减到额定容量的80%时所经历的循环次数。有研究资料表明，电池循环过一定的次数以后，正负极材料的晶格发生塌陷、畸变，使电池承受过充、过放、过电流等滥用危险性的能力降低，存在热失控的风险。

锂离子电池的日历寿命比较实用，但是，日历寿命不好确定。在电池使用过程中，多长时间用一次？用一次多长时间？使用环境的温度、湿度是什么样的？充放电的深度是多少？这些因素都影响到电池的日历寿命，所以测量起来很困难，也很不好定义。

（6）内阻。锂离子电池的内阻是指电池在工作时，电流流过电池内部所受到的阻抗，它包括欧姆内阻和极化内阻。极化内阻是指电化学反应时由极化引起的内阻，包括电化学极化内阻和浓差极化内阻。欧姆内阻由电极材料、电解质、薄膜电阻以及各部分零件的接触电阻组成。

内阻的单位一般是毫欧姆（$m\Omega$），内阻大的电池在充放电的时候，内部功耗大，发热严重，会造成锂离子电池的加速老化和寿命衰减，同时也会限制大倍率的充放电应用。所以内阻做得越小，锂离子电池的寿命和倍率性能就会越好。

（7）自放电。电池在放置的时候，其容量是在不断下降的，容量下降的速率称为自放电率，通常以百分数表示：%/月。一个充满电的电池放了几个月，电量就少了很多，不是一个好现象，所以锂离子电池的自放电率越低越好。需要特别注意的是，如果锂离子电池的自放电导致电池出现过放，对电池性能的影响通常是不可逆的，即使再充电，电池的可用容量也会有很大的损失，寿命会很快衰减。过放也会引起电池的热失控。所以，长期放置不用的锂离子电池一定要定期充电，避免由于自放电导致过放，电池性能受到很大影响。在日常应用中把不能再充电的锂离子电池叫电池干了，其实这是久不充电，过放引起的电池的性能失效。

自放电率也是检验电池内部微短路的方法，如果电池在制造过程中内部产生制造瑕疵，形成微短路，自放电率就会很大，这种电池就要当废品处理。

（8）工作温度范围。锂离子电池内部化学材料的特性要求锂离子电池有一个合理的工作温度范围（常见的数据在-40~60℃之间），如果超过了合理的温度范围使用，会对锂离子电池的性能造成较大的影响。

不同材料的锂离子电池工作温度范围也是不一样的，有些具有良好的高温适应性，有些能够适应低温环境。锂离子电池的工作电压、容量、充放电倍率等参数都会随着温度的变化而发生非常明显的变化。长时间的高温和低温使用，使得锂离子电池的寿命加速衰减。应努力创造一个适宜的工作温度范围以最大限度地保持锂离子电池的性能。

除了工作温度有限制，锂离子电池的存储温度也是有严格约束的，长期高温或低温存储会给电池造成不可逆转的影响。

第四节　常见的六种锂离子电池的特点

一、钴酸锂电池 LCO

电压：4.2V。

比能量：150~200Wh/kg　特种电池可达 240Wh/kg。

充电：充电倍率 0.7~1C，充电至 4.2V 时长约 3h。1C 以上的充电电流会缩短电池寿命。

放电：放电倍率 1C，放电截止电压 2.5V，1C 以上的放电电流会缩短电池寿命。

循环寿命：500~1000 次，与放电深度、负荷、温度有关。

热失控：150℃（302℉），满充状态容易带来热失控。

应用：手机、平板电脑、笔记本电脑、照相机。

特点：非常高的比能量，有限的比功率，被用作能量型电池。钴的价格很昂贵。

二、锰酸锂电池 LMO

电压：4.2V，典型工作电压范围 3.0~4.2V。

比能量：100~150Wh/kg。

充电：充电倍率 0.7~1C，最大 3C，最高可充电至 4.2V。

放电：放电倍率 1C，某些电池可以达到 10C，5s 脉冲放电可达 30C。2.5V 截止放电。

循环寿命：300~700 次，与放电深度、负荷、温度有关。

热失控：典型值 250℃（482℉），满充状态容易带来热失控。

应用：电动工具、医疗设备、电动动力传动系统。

特点：功率大但容量少，安全性比钴酸锂电池高。

三、镍锰钴锂三元电池 NMC

电压：标称 3.6V，典型工作电压范围 3.0~4.2V 或更高。

比能量：150~220Wh/kg。

充电：充电倍率 0.7~1C，3h 一般可充电至 4.2V，最高可充电至 4.3V。1C 以上的充电电流会缩短电池寿命。

放电：放电倍率 1C，某些电池可以达到 2C，2.5V 截止放电。

循环寿命：1000~2000 次，与放电深度、负荷、温度有关。

热失控：典型值210℃（410℉），满充状态容易带来热失控。

应用：电动自行车、医疗设备、电动汽车、工业用途。

特点：具有高功率和高容量，混合电芯，受到多种用途的欢迎。

四、磷酸铁锂电池 LFP

电压：标称3.2V，典型工作电压范围2.5~3.65V。

比能量：90~120Wh/kg。

充电：充电倍率0.7~1C，3h一般可充电至3.65V。

放电：放电倍率1C，某些电池可以达到25C，2s脉冲放电可达40C，2.5V截止放电，低于2V导致损坏。

循环寿命：1000~2000次，与放电深度、负荷、温度有关。

热失控：典型值270℃（518℉），满充状态也很安全。

应用：便携式和固定式需要高负载电流和耐久性的设备。

特点：非常平坦的放电曲线平台，容量比较低，安全性最好，自放电率高。

五、镍铝钴锂三元电池 NCA

电压：标称3.6V，典型工作电压范围3.0~4.2V。

比能量：200~260Wh/kg，预测可达300Wh/kg。

充电：充电倍率0.7~1C，3h一般可充电至4.2V，某些电池可快速充电。

放电：放电倍率1C，3.0V截止放电，高速率放电会缩短电池寿命。

循环寿命：500次，与放电深度、负荷、温度有关。

热失控：典型值150℃（302℉），满充状态容易带来热失控。

应用：医疗设备、电动车、工业用途。

特点：与钴酸锂电池相似，属于能量型电池。

六、钛酸锂电池 LTOA

电压：标称2.4V，典型工作电压范围1.8~2.85V。

比能量：50~80Wh/kg。

充电：充电倍率0.7~1C，最大可达5C，可充电至2.85V。

放电：放电倍率可达10C，5s脉冲放电可达30C，截止电压1.8V。

循环寿命：3000~7000次，与放电深度、负荷、温度有关。

热失控：没有热失控，最安全的锂离子电池。

应用：UPS、电动汽车、太阳能路灯。

特点：寿命长、充电快、温度范围宽、比能量低、价格昂贵，是最安全的锂离子电池。

表 3.1 是几种锂离子电池正极材料性能对比。

表 3.1　几种锂离子电池正极材料性能对比

性　能	钴酸锂	锰酸锂	磷酸铁锂	三元材料
比容量/mAh·g^{-1}	140~150	100~120	130~140	150~220
循环寿命/次	500~2000	500~1000	>2000	1500~2000
安全性	较差	较好	好	较好
成本	高	低	低	适中
材料优点	电池能量密度高	成本低	寿命长、成本低、安全性高	成本较低、电池综合性能好
材料缺点	成本高	电池能量密度低	低温性能差	成本较高
主要应用领域	3C 数码产品	低端 3C 数码产品，电动工具等	新能源客车储能等	新能源乘用车

第五节　锂离子电池材料的结构与性能

一、正极材料的结构与性能

锂离子电池的正极是在铝箔上面涂覆了能够产生锂离子和电子的锂的化合物，用黏结剂黏结在集流体上面，当前使用的含锂化合物如上节所述。正极片的结构如图 3.7 所示。

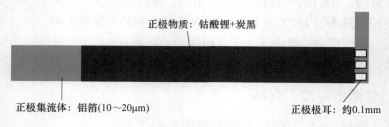

正极物质：钴酸锂+炭黑

正极集流体：铝箔(10~20μm)　　　　正极极耳：约0.1mm

图 3.7　正极片

锂离子电池这种化学能转化为电能的电化学电池，正极的电位比较高，所以正极集流体要用铝箔。铝的氧化电位高，铝箔表面有致密的氧化层，对内部的铝材有很好的保护作用，氧化膜下面的铝金属不会继续产生氧化。铝的氧化膜厚了，电阻比较大，甚至大到成为绝缘体的程度，所以，使用前要有减薄氧化膜的措施。在一定氧化膜厚度的情况下，电子可以利用隧道效应穿过氧化膜，进入集流体。铝比较软，容易压延成型，所以铝箔的厚度可以做得相当薄，当前甚至可以做到 4~5μm 厚。企业里正在使用的正极集流体是厚度 8~9μm 的双面光铝箔。

利用超声波焊接或者激光焊接技术把极耳与集流体焊接在一起，集流体里面的电流通过极耳导入、导出。

作为锂离子电池的正极材料，锂离子的脱嵌与嵌入过程中使晶体结构变化的程度和可逆性决定了电池稳定地重复充放电性能。正极材料制备中，其原料性能和合成工艺条件都会对最终结构产生影响，当前使用的锂离子电池正极材料各有优劣。以钴酸锂为正极的锂离子电池具有开路电压高、比能量大、循环寿命长、能快速充放电等优点，但安全性差；镍酸锂较钴酸锂价格低廉，性能与钴酸锂相当，具有较优秀的嵌锂性能，但制备较困难；锰酸锂价格更为低廉，制备相对容易，而且其耐过充安全性能好，但其嵌锂容量低，并且充放电时尖晶石结构不稳定；磷酸铁锂动力电池具有超长寿命、安全、可大电流 2C 快速充放电、大容量，是当前普遍使用的动力电池。

正极材料的热力学稳定性也是一个重要问题，热力学稳定性和放热量顺序依次为 $LiFePO_4 > LiMn_2O_4 > LiNiCoMnO_2 > LiCoO_2$。$LiCoO_2$ 和三元化合物热稳定性差，放热量远高于 $LiFePO_4$ 和 $LiMn_2O_4$ 的发热量，目前认为 $LiFePO_4$ 是安全性最好的正极材料。三元化合物具有容量高、成本低、环境污染小、可以大电流充放电等优势，相比电导率小的 $LiFePO_4$ 和容量低、循环性能差的 $LiMn_2O_4$，是最有希望大规模应用的正极材料。然而三元化合物放热量高，热稳定性差。充电超过 4.4V 时，Ni 和 Co 离子不再被氧化，与之结合力不强的氧将失去，发生析氧反应。这些析出的以原子状态存在的"初生态氧"，活泼，与电解质、锂和碳的化合物反应放热，进一步加剧电极的分解，产生更多的氧气和热量，形成高内压，引发一系列链式反应，温度升高，超过电池设定的安全值，就出现燃烧甚至爆炸等危险情况。这些副反应产生的气体 90% 以上是氧气，因此，抑制析氧反应，是改善三元化合物安全性能的一个关键。

炭黑在正极材料里面起导电作用。常用的导电剂是乙炔黑，一般认为乙炔黑晶格化程度低，锂离子在其中嵌、脱的吉布斯自由能变化不大。又因乙炔黑的导电率较大，电阻放热较小，故其影响电池安全性的程度较小。有人以纳米不锈钢纤维作导电剂与乙炔黑进行比较后，认为导电剂对锂离子电池的大电流充放电能力有较大的影响，采用纳米不锈钢纤维能降低电极的电阻，提高导电性，达到减少充放电过程中放热量的效果。

二、负极材料的结构与性能

负极集流体使用铜箔，厚度 $8 \sim 12\mu m$，表面状态有双面光、单面毛、双面毛等，用黏结剂将石墨等各种碳材料黏结在铜箔上面。碳材料包括天然石墨、人造石墨、碳纤维、软碳、中相碳微球等，还有硬碳、碳纳米管、巴基球 C60 等多种碳材料。负极片的结构如图 3.8 所示。

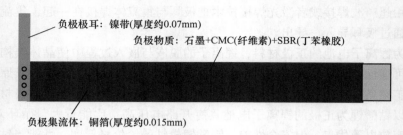

负极极耳：镍带(厚度约0.07mm)

负极物质：石墨+CMC(纤维素)+SBR(丁苯橡胶)

负极集流体：铜箔(厚度约0.015mm)

图 3.8　负极片

充放电过程就是锂离子在碳颗粒中的嵌入和脱出。碳是层状结构，层间距约0.34~0.38nm，当锂离子嵌入碳层后，层间距约为0.371nm，在锂离子的嵌入和脱出过程中，碳的层间结构会产生变形。碳层的间距影响着锂离子扩散速率，碳层间距越小，锂离子扩散阻力越大，极化越强。在过度放电时，电解液与嵌锂碳反应放热，其中嵌锂人造石墨反应的放热速率明显高于嵌锂的焦炭、碳纤维和碳微球等的反应放热速率。不同的碳材料影响到在负极表面生成的固体电解质界面膜（SEI）的质量。而且，充放电过程中，固体电解质界面膜在高温下受热分解，从而增加了负极的"燃烧"速度。

通常负极材料热稳定性是由其材料结构和充电负极的活性决定的。球形碳材料，如中间相碳微球（MCMB）相对于鳞片状石墨具有较低的比表面积、较高的充放电平台，所以其充电态活性较小，热稳定性相对较好，安全性高。而尖晶石结构的 $Li_4Ti_5O_{12}$ 比层状石墨的结构稳定性更好，其充放电平台也高得多，因此热稳定性更好，安全性更高。因此，目前对安全性要求更高的动力电池中通常使用 MCMB 或 $Li_4Ti_5O_{12}$ 代替普通石墨作为负极。通常负极材料的热稳定性除了材料本身之外，对于同种材料，特别是石墨来说，负极与电解液界面的固体电解质界面膜的热稳定性更受关注，通常认为热失控是从 SEI 膜发生的。提高 SEI 膜的热稳定性途径主要有两种：一是负极材料的表面包覆，如在石墨表面包覆无定形碳或金属层，另一种是在电解液中添加成膜添加剂。在电池活化过程中，它们在电极材料表面形成稳定性较高的 SEI 膜，以利于获得更好的热稳定性。

利用超声波焊接或者激光焊接技术把极耳与集流体焊接在一起，集流体里面的电流通过极耳导入、导出。

三、黏结剂

在电极中，黏结剂是用来将电极活性物质黏附在集流体上的高分子化合物。它的主要作用是黏结和保持活性物质，增强电极活性材料与导电剂以及活性材料与集流体之间的电子接触，更好地稳定极片的结构。锂离子电池的正负极在充、放电过程中体积会膨胀、收缩，黏结剂在此能够起到一定的缓冲作用。选择一种合适的锂离子电池黏结剂，要求其欧姆电阻要小，在电解液中性能稳定，不膨胀、不松散、不脱粉。一般而言，黏结剂的性能，如黏结力、柔韧性、耐碱性、亲水性等，直接影响着电池的性能。加入最佳量的黏结剂，可以获得较大的容量、较长的循环寿命和较低的内阻，这对提高电池的循环性能、快速充放电能力以及降低电池的内阻等具有促进作用，因此选择一种合适的黏结剂非常重要。

黏结剂的作用有：

（1）保证活性物质制浆时的均匀性和安全性。

（2）对活性物质颗粒间起到黏结作用。

（3）将活性物质黏结在集流体上。

（4）有利于在碳材料表面形成 SEI 膜。

对黏结剂的性能要求：

（1）在干燥和除水过程中加热到 130~180℃时能保持热稳定性。

（2）能被有机电解液润湿。

（3）具有良好的加工性能。

（4）不易燃烧。

（5）具有比较高的电子、离子导电性。

由于锂离子电池中使用电导率低的有机电解液，因而要求电极的面积大。电池性能的提高不仅对电极材料提出了新的要求，由于电池装配采用卷绕式结构或者折叠结构，所以对电极制造过程中使用的黏结剂也提出了机械强度要求。目前，工业上普遍采用聚偏氟乙烯（PVDF）作锂离子电池的黏结剂，用 N-甲基吡咯烷酮（NMP）做分散剂。

四、隔膜

隔膜作为电池的"第三极"，是锂离子电池中的关键内层组件之一。隔膜吸收电解液后，不允许电子通过，可以隔离正、负极，以防止电池内短路。隔膜的孔隙允许锂离子通过，形成内导通。在过度充电或者温度升高一定值时，隔膜关闭孔隙，阻隔锂离子传导，降低温度，防止爆炸。隔膜性能的优劣决定电池的界面结构和内阻，进而影响电池的容量、循环性能、充放电电流密度等关键特性。性能优异的隔膜对提高电池的综合性能起着重要的作用。

锂离子电池隔膜以聚烯烃材料为首选。聚烯烃材料具有强度高、防火、耐化学试剂、耐酸碱腐蚀性好、生物相容性好、无毒等优点。聚烯烃化合物可以提供良好的机械性能和化学稳定性，具有高温自闭性能。生产中使用聚烯烃微多孔膜如 PE（聚乙烯）、PP（聚丙烯）或它们复合膜，尤其是 PP/PE/PP 三层隔膜不仅熔点较低，而且具有较高的抗穿刺强度，起到了热保险作用。汽车动力锂电池使用的隔膜以三层 PP/PE/PP、双层 PP/PE 以及 PP 陶瓷涂覆、PE 陶瓷涂覆等隔膜材料产品为主。

据研究，石墨和隔膜是影响电池燃烧行为的主要因素，锂离子电池火灾的主要危险源是电解液和隔膜，其次是负极、正极。隔膜性能有以下要求。

（一）厚度均匀性

隔膜的厚度均匀性直接影响隔膜卷的外观质量及内在性能，是生产过程严加控制的质量指标之一。锂离子电池生产企业对隔膜的分切有其特殊的要求，使用特殊的隔膜分切机，与隔膜自身的厚度均匀性关系最为密切。隔膜的厚度均匀性包括纵向厚度均匀性和横向厚度均匀性，其中横向厚度均匀性尤为重要。一般均要求控制在±1μm以内。

（二）力学性能

隔膜生产过程中的蜷曲缠绕和包装，电池的组装和拆卸，以及实际使用中反复充放电、温度变化等因素，要求隔膜必须具备一定的物理强度以克服上述过程中的物理冲击、穿刺、磨损和压缩等作用带来的损坏，因此隔膜的力学性能是影响其应用的一个重要因素。如果隔膜破裂，就会发生短路，有着火的风险。隔膜的机械强度可用抗穿刺强度和拉伸强度来衡量。

拉伸强度是反映隔膜在使用过程中受到外力作用时维持尺寸稳定性的参数，若拉伸强度不够，隔膜变形后不易恢复原尺寸会导致电池短路。隔膜纵向拉伸强度比较大，横向强度不能太大，过大会导致横向收缩率增大，这种收缩会加大锂电池正、负极接触的概率。

抗穿刺强度是指施加在给定针形物上用来戳穿隔膜样本的力，用它来表示隔膜在装配过程中发生短路的可能性。因为隔膜是被夹在凹凸不平、表面粗糙的正、负极片间，需要承受很大的压力。为了防止短路，隔膜必须具备一定的抗穿刺强度。混合穿刺强度测试的是电极混合物刺穿隔膜造成短路时隔膜所受到的力。混合穿刺强度一般用于电池发生短路概率的评估。

（三）透过性能

透过性能可用在一定时间和压力下透过隔膜气体的量的多少来表征，主要反映了锂离子透过隔膜的通畅性。隔膜透过性的大小是隔膜孔隙率、孔径、孔的形状及孔曲折度等隔膜内部孔结构综合因素影响的结果。隔膜微孔在整个隔膜材料中的分布应当均匀。孔径一般在$0.03 \sim 0.12 \mu m$之间。孔径太小增加电阻，孔径太大易使正负极接触或被枝晶刺穿短路。

透气率是指特定的空气在特定的压力下通过特定面积隔膜所需要的时间。孔隙率是单体膜的面积中孔的面积百分率，它与原料树脂及膜的密度有关。锂离子电池隔膜的孔隙率在40%～50%之间。

（四）理化性能

1）润湿性和润湿速度：较好的润湿性有利于提高隔膜与电解液的亲和性，扩大隔膜与电解液的接触面，从而增加离子导电性，提高电池的充放电性能和容量。隔膜对电解液的润湿性可通过测定其吸液率和持液率来衡量。

2）化学稳定性：隔膜在电解液中应当保持长久的稳定性，不与电解液和电极物质反应。其化学稳定性是通过测定耐电解液腐蚀能力和胀缩率来评价的。

3）热稳定性：电池在充放电过程中会释放热量，尤其在短路或过充电的时候，会有大量热量放出。因此，当温度升高的时候，隔膜应当保持原有的完整性和一定的力学性能，发挥隔离正、负极、防止短路的作用。

（五）安全保护性能

随着锂电池应用范围的逐渐扩大，尤其在动力电池领域，锂离子电池的安全性能成为锂电池厂家最为重视的环节。作为锂电池最为关键的核心材料，对隔膜也提出了更高的要求。锂离子电池用隔膜的安全保护功能就是热关闭，该功能主要参数为闭孔温度和破膜温度。

闭孔温度是引起微孔闭合时的温度。电池内部发生放热反应、内部短路、过充或者电池外部短路，这些情况都会产生大量的热量。由于聚烯烃材料的热塑性，当温度接近聚合物熔点时，微孔闭合形成热关闭，从而阻断离子的继续传输而形成断路，起到保护电池的作用。一般 PE 的闭孔温度为 $130 \sim 140℃$，PP 为 $150℃$。

破膜温度是指电池内部温度进一步上升，造成隔膜破裂、电池内短路。破裂时的温度即为破膜温度。要求隔膜有较低的闭孔温度和较高的破膜温度。

闭孔温度和破膜温度均与隔膜材料的种类有很大关系。任何单层的隔膜都将难以满足锂离子电池对隔膜的安全性要求。为了满足锂电池厂家的这种要求，PP（聚丙烯）+PE+PP 三层复合膜融合了 PE 的低温闭合和 PP 的高温破膜温度两种特性。单层隔膜的厚度一般为 $0.016 \sim 0.020mm$，三层一般厚度为 $0.020 \sim 0.025mm$。

五、电解质

电解液号称锂离子电池的"血液"，在电池中正负极之间起到传导离子的作用，是锂离子电池获得高电压、高比能等优点的保证。电解质分为液态电解质和固态电解质。

液态电解质一般由高纯度的有机溶剂、锂盐和必要的添加剂等原料在一定条件下按一定比例配制而成的。

不含水分有机溶剂是电解液的主体部分，电解液的性能与溶剂的性能密切相关。锂离子电池电解液中常用的溶剂有碳酸乙烯酯（EC）、碳酸二乙酯（DEC）、碳酸二甲酯（DMC）、碳酸甲乙酯（EMC）等。一般不使用碳酸丙烯酯（PC），PC 用于二次电池，与锂离子电池的石墨负极相容性很差。充放电过程中，PC 在石墨负极表面发生分解，同时引起石墨层的剥落，造成电池的循环性能下降。但在 EC 或 EC+DMC 复合电解液中能建立起稳定的 SEI 膜。EC 与一种链状碳酸酯的混合溶剂是锂离子电池优良的电解液，如 EC+DMC、EC+DEC 等。PC 与相关的添加剂用于锂离子电池，有利于提高电池的低温性能。

有机溶剂是不会导通锂离子的，在有机溶剂里面要添加与锂离子有很强亲和力的电解质锂盐，以提高锂离子在电解质里面的通过性。电解质锂盐的品种很多，当前最普遍的还是 $LiPF_6$。目前商用锂离子电池所用的电解液大部分采用含有 $LiPF_6$ 的 EC/DMC，它具有较高的锂离子导电率与较好的电化学稳定性。

为了改善电解液的性能，在电解液里还添加有不同的添加剂。添加剂的种类繁多，不同的锂离子电池生产厂家对电池的用途、性能要求不一，所选择的添加剂的侧重点也存在差异。一般来说，所用的添加剂主要作用：降低不可逆反应、提高黏附力、提高浆料黏度、防止浆料沉淀、改善 SEI 膜的性能、降低电解液中的微量水和 HF 酸、防止过充电、过放电。电解液的性能要求有：

（1）离子电导率高，锂离子迁移数应接近于 1。

（2）电化学稳定的电位范围宽，必须有 0~5V 的电化学稳定窗口。

（3）热稳定性好，使用温度范围宽。

（4）化学性能稳定，与电池内集流体和活性物质不发生化学反应。

（5）安全低毒，最好能够生物降解。

（6）适合的溶剂应该是介电常数高，黏度小。

使用属于易燃液体的电解液是锂离子电池发生火灾的主要原因。使用固态电解质可大大降低锂离子电池火灾发生概率，还可把电池做成更薄（厚度仅为 0.1mm）、能量密度更高、体积更小的高能电池。破坏性实验表明，固态锂离子电池使用安全性能很高，经钉穿、加热（200℃）、短路和过充（600%）等破坏性实验，液态电解质锂离子电池会发生漏液、爆炸等安全性问题，而固态电池除内温略有升高外（低于 20℃）并无任何其他安全性问题出现。固态聚合物电解质具有良好的柔韧性、成膜性、稳定性、成本低等特点，既可起到正负电极间的隔膜作用又可导通锂离子。

固体聚合物电解质一般可分为干形固体聚合物电解质（SPE）和凝胶聚合物电解质（GPE）。固体聚合物电解质主要还是基于聚氧化乙烯（PEO），其缺点是离子导电率较低。在 SPE 中离子传导主要是发生在无定形区，借助聚合物链的移动进行传递迁移。此外加入无机复合盐也能提高离子导电率，在固体聚合物电解质中加入高介电常数、低相对分子质量的液态有机溶剂如 PC，则可大大提高导电盐的溶解度，所构成的电解质即为凝胶聚合物电解质，它在室温下具有很高的离子导电率，但在使用过程中会发生析液而失效。凝胶聚合物锂离子电池正在加速商品化。

六、其他材料

(一) 电池外壳

电池都要有一个外壳，电池的外壳有软包装和硬包装两种。硬包装外壳就是铝壳或者钢壳，软包装外壳是夹层铝塑膜包装。电池在工作中会由于各种原因而发热，电解液就会膨胀，产生气体。如果不能及时将气体放出，就会引起电池爆炸。软包装外壳在电池胀气时可以膨胀变形，不使电解液漏出。硬包装外壳就要设置一个安全阀，当电池胀气时，内压达到一定的压力，安全阀打开放气。有的安全阀就是一个可以打开的阀体，有的是在壳体上刻痕，造成局部薄弱环节，电池胀气时，气体就冲破这个薄弱环节放出来，当然，这个电池也就报废了。

(二) 单体电池的保护电路板

锂离子电池的过充、过放、过电流、过热都会有使电池发生爆炸的危险性。

如果电池电压超过额定电压后继续恒流充电，电池电压仍会继续上升。以钴酸锂电池为例，当电池电压被充电至超过 4.3V 时，电池的化学副反应将加剧，会导致电池损坏，出现安全问题，所以，锂离子电池需要保护电路。如图 3.9 所示，电池内部的保护措施由过充、过放保护电路芯片（以下简称芯片）、芯片控制的两个充放电开关，外加一些电阻、电容元件构成。电路监控电池电压和回路电流，并控制两个充、放电开关的"开"和"闭"状态。在正常充电状态下，两个开关都处于导通状态，电池的充放电过程不受影响。

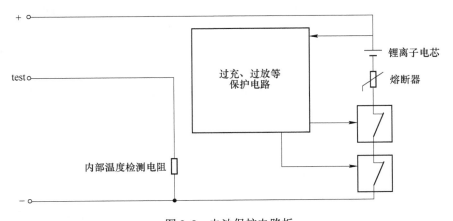

图 3.9　电池保护电路板

电路板的保护性能有：

（1）电池的过充保护。在充电状态下，当电路检测到电压达到 4.25 V（该值由芯片决定，不同的芯片有不同的值）时，芯片控制充电开关断开，从而切断了充电回路，使充电器无法再对电池充电，起到了充电保护作用。

（2）电池的过放保护。电池在对外部负载放电过程中，其电压会随着放电过程逐渐降低，当电池电压降至 2.5V 时，其容量已经基本消耗完，此时如果让电池继续放电，将造成电池的永久性损坏。在电池放电过程中，当芯片检测到电池电压低于 2.75V（该值由控制芯片决定，不同的芯片有不同的值）时，芯片控制放电开关断开，由导通转为关断，从而切断了放电回路，使电池无法再对负载进行放电，起到过放电保护作用。

（3）电池中的过热保护。电池中的隔膜可起到过热保护作用。当电池在充放电过程中，内部温度检测电阻 T 实时检测电池温度大于厂家规定值时，电池将关闭充、放电，消除温度过高导致的爆炸等危险发生的可能性。

（4）过流保护措施。除了以上过充、过放、过热保护等外，还有过流保护，当该电路中出现过电流时，熔断器会熔断而使电路断路，防止过电流的发生。

（三）电池包的保护电路板

一般锂离子动力电池包都是由几十节甚至几千节单体电池构成，个别单体电池发生热失控，引燃相邻的其他电池，就会带来灾难性后果。采用多通道监测IC，并在其内部集成监测与均衡电路的电池管理控制器，在管理单体电池上具有相当大的优势。在可靠性、抗干扰能力、提高蓄电池组容量有效利用率以及控制效率上表现尤为突出。

单体电池控制系统由被控电池、检测电路、均衡电路和单片机系统组成。单片机的任务是实现对被控电池的数据采集和荷电状态的偏差计算，根据中央控制器 CECU 对控制指标的要求做出控制决策，产生相应的控制信号，对被控的单体电池进行电压均衡控制。在实际应用中，数个单体电池组成的电池组由一个单体电池管理控制器 LECU 统一管理。单体电池管理控制器 LECU 内部集成检测电路与均衡电路。

电池包中的电池管理电路可以监控锂离子电池的运行状态，包括了电池阻抗、温度、单元电压、充电和放电电流以及充电状态等，为系统提供详细的剩余运转时间和电池健康状况信息，确保系统做出正确的决策。此外，为了改进电池的安全性能，即使只有一种故障发生，例如过电流、短路、单元和电池包的电压过高、温度过高等，系统也会关闭两个和锂离子电池串联的背靠背（back-to-back）保护场效应晶体管，将电池单元断开。

对于电池管理单元来说，电池包永久性的失效保护很重要的一点是要为非正常状态下的电池包提供趋于保守的关断。永久性的失效保护包括了过电流的放电及充电故障状态下的安全、过热的放电及充电状态下的安全、过电压的故障状态（峰值电压）以及电池平衡故障、短接放电晶体管故障、充电场效应晶体管故障状态下的安全。当检测到任意的此类故障，保护设备将熔断化学保险丝，使得电池包永久性的失效。如果任意充电或放电 MOSFET 短路，化学保险丝也将熔断。

外壳封闭处理过程中，金属微粒及其他杂质有可能污染电池内部，从而引起电池内部的微小短路。锂离子电池在过充的状态下也可能形成金属锂枝晶，比较大的枝晶也可以刺破隔膜形成短路。内部的微小短路将极大地增加电池的自放电速率，使得开路电压比正常状态下的电池单元的电压有明显降低。电路元件监测开路电压，从而检测电池单元的非均衡性。当不同电池单元的开路电压差异超过预先设置的限定值时，将产生永久性失效的告警并断开场效应晶体管，化学保险丝也熔断，从而防止了灾难的发生。

第六节　锂离子电池的生产工艺

锂离子电池的生产工艺过程如图 3.10 所示。

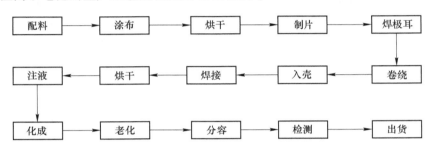

图 3.10　锂离子电池生产工艺过程

某型号锂离子电池生产工序及工艺条件见表 3.2。

表 3.2　某型号锂离子电池工艺条件

工序名称	温度标准/℃	湿度标准/%RH	洁净度/级
正极搅拌	15~30	<30	≤300000
负极搅拌	15~30	<50	≤300000
正极涂布	15~30	<30	≤300000
负极涂布	15~30	机尾<30，机头<50	≤300000
辊压	15~30	<30	≤300000
模切	15~30	<30	≤300000
叠片	15~30	<30	≤100000
冲型	15~30	—	≤100000
顶侧封	15~30	<30	≤100000
烤箱	≤-45℃（露点）		≤100000
注液手套箱	≤-45℃（露点）		≤100000

工序名称	温度标准/℃	湿度标准/%RH	洁净度/级
化成	15~35	—	—
夹具	15~35	—	—
二封	15~30	—	—
分容	22~30	—	—
OCV 静置	25±3	—	—

各个生产企业的生产工艺随企业规模大小的不同和电池种类的不同而差异很大。比如注液工序，小厂是手套箱人工注液，大的生产厂已经是机械化自动注液。一只 18650 电池大约需要注入 5g 电解液，有的生产厂的工序是分 5 次注入，4 次抽真空，还要按质量来进行检验。有的厂的注入工序就不一定是这么严格。化成工序的工艺差异更大了，老化工序也是各厂有各厂的高招，有的是长时间常温静置，有的是先常温静置，然后再高温静置。

参 考 文 献

[1] 李凡群，赖延清，张治安，等. 石墨负极在 $Et_4NBF_4+LiPF_6/EC+PC+DMC$ 电解液中的电化学行为 [J]. 物理化学学报，2008，24 (7)：1302~1306.

[2] 吴雪平. 锂离子电池生产过程中的重要质量管控点 [J]. 电池，2008，38 (5)：305~308.

[3] 衣思平，许宝忠，李梅，等. 锂离子蓄电池极耳的激光自动焊接 [J]. 电源技术，2005，29 (2)：80~81.

[4] 胡广侠，解晶莹. 影响锂离子电池安全性的因素 [J]. 电化学，2002，8 (3)：245~250.

[5] 崔少华. 圆柱形锂离子电池注液工艺的优化 [J]. 电池，2008，38 (5)：303~304.

第四章　电动汽车用锂离子电池

传统的以汽油、柴油为动力的内燃机车辆排放的尾气是造成空气污染的一个重要原因，1955 年 9 月，美国洛杉矶发生了最严重的汽车尾气排放引起的光化学烟雾污染事件，两天内因呼吸系统衰竭死亡的 65 岁以上的老人达 400 多人。随着人们环境保护意识越来越强，对传统汽车的诟病也越来越强烈。随着锂离子电池技术的逐渐成熟，以锂离子电池为动力的新能源汽车不但为解决传统汽车尾气污染的问题提供了一条有效的途径，也为使用太阳能、风能、核能等清洁能源开动车辆提供了一条有效的途径。鉴于新能源汽车前途远大，得到各国政府的大力扶持，除了乘用车辆和小型货运车辆以外，叉车、泥头车等特种车辆也越来越普遍使用锂离子电池作为动力，越来越多的车企进入了新能源汽车制造的行列。

第一节　电动汽车对锂电池的要求

新能源汽车在使用中需要克服安全性问题、一次充电的续航里程问题、充电速度问题、电池寿命问题、在寒冷地区使用的耐低温问题、电池包与汽车的空间匹配问题和电池质量问题等。第一代电池包是异型电池包，为了节省成本，采用了标准模组，但是成组效率都比较低。第二代电池包也是异型电池包，为了提高成组效率，选择了和电池结构匹配的非标准模组，使成组效率有明显的提升。以上两种电池包都是基于传统乘用车平台。

电动汽车，尤其是小型乘用汽车车体比较小，能够安装电池的空间有限，汽车动力电池包不能做得很大，所以充一次电的续航里程受到限制。相同体积的电池包容量受到限制的原因之一是用质量能量密度 Ah/kg 计算的电池组装成电池组件时，由于电池形状的原因，电池与电池之间留有比较大的空隙，还有支撑件等结构件占用空间，所以电动汽车电池包以体积计算的体积能量密度 Ah/L 就显得比较小。图 4.1 是使用 18650 锂离子电池组装成的电动汽车电池组件，可以看到电池与电池之间有比较大的空隙。冷却件以及支撑构件也占用一定的空间，电池本身的空间利用率就只能达到 40% 多。图 4.2 是用 18650 锂离子电池组装成的电池模组集成的电池包。

在纯电电动车 BEV 领域，一直存在使用三元锂电池和磷酸铁锂电池两条技术路线。为了充分挖掘三元锂电池续航里程的潜力，通过提升正极化学体系的镍

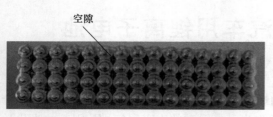

空隙

图 4.1　电池模组中的空隙

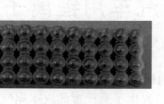

图 4.2　电池包

比例来提高三原锂电池的能量密度，把电池正极材料里面镍酸锂、钴酸锂、锰酸锂的比例从 5：2：3 提高到 6：2：2 再提高到 8：1：1，将单体电池能量密度提升到 300Wh/kg。但是，过高的镍含量增大了安全风险。有资料表明，发生自燃事故的电动车里面 86% 使用三元锂离子电池，7% 使用磷酸铁锂电池，7% 使用其他类型电池。与电池相关的自燃事故大多与电池热失控密切相关。电池的热失控是指电池内部化学反应的产热速率远高于散热速率，大量热量在电池内部积聚导致电池温度急速上升，最终引起电池起火或爆炸。为了规避高镍电池的安全风险，必须限制高镍电池的荷电状态 SOC（state of charge）的使用范围，这实际上让高镍电池的能量密度打了折扣。

三元锂离子电池能量密度高，基本可以满足续航里程需求，但是电池使用寿命不尽如人意，安全性能不如磷酸铁锂电池好，价格也比较贵。磷酸铁锂电池使用寿命较长、安全性能比较好、价格比较便宜，但是能量密度不如三元电池，续航能力不能令人满意，现阶段的磷酸铁锂电池能量密度已经快接近理论极限。为了充分利用磷酸铁锂电池优点，又能够使磷酸铁锂电池包的续航里程不输于三元电池，工程师们寻找一条在以质量计算的能量密度 Ah/kg 不能改变的情况下，提高电池包的体积能量密度 Ah/L 的技术路线。也就是最大限度减小单一电池之间的空隙、减少支撑构件和冷却件的占用空间，增加电池的有效空间，这就是第三代电池包。第三代电池有三种不同的发展趋势，分别采用了 590 标准大模组技术、无模组技术和刀片电池技术，它们有一个共同点，都是平板型的电池包，多应用于纯电电动车平台。当前，具有代表性的是宁德时代研发出的 CTP（cell to pack）电池技术与比亚迪研发出的刀片电池及其 GCTP（grand cell to pack）电池包集成技术。

第二节　590 大模组技术

单体电池尺寸太多的弊端很明显，一方面电池的制造工艺多而杂，不能进行更长久的技术积累。另一方面对上下游而言，将导致大量的市场冗余，不利于新能源汽车持续做大做强。为了解决动力单体电池尺寸、形状太多的问题，德国汽车工业协会推出电池 VDA 标准尺寸，提出了大模组概念，大众公司研发出 VDA标准 355 模组。在 355 模组发展壮大的过程中，出现了一些市场热捧的其他电池模组，如 390 模组和 590 模组。

590 标准模组的长度是 590mm，所用的软包单体电池长度一般至少在550mm，宽度 100mm，厚度 10mm 左右。这种电池尺寸相对较大，叠片需要的制造工艺和设备的精细化程度高，保证电解液注入的均匀性要求智能化水平高，制造难度显然大很多。

590 电池模组单体比能量超过 275Wh/kg，充电倍率可高达 2.2C，循环寿命超过 2000 次，还能保证 90% 以上的保持率。

590 模组的电流密度和极化反应等存在均匀性差等风险，技术指标多，制造难度高，这些都是 590 模组需要改进的地方。

第三节　CTP 电池技术

宁德时代研发出的 CTP 电池技术与比亚迪研发出的刀片电池及其 GCTP 电池包集成的技术路线是相似的，即在原有的电池化学体系不变的基础上，通过电池单体设计和电池包集成形式的优化，将原有的单体电池—电池模组—电池包的三层结构，改进为由大电池、大模组构成的单体电池—电池包两层结构。

图 4.2 是由若干模组（module）构成的电池包（pack），每一个电池模组由若干电池单体组成，如图 4.1 所示。电池模组里面除了电池单体外，还包括金属盖板、端板、线束、黏合剂、导热胶、模组控制单元等零部件。电池包里面的零部件除了电池模组还包括热管理系统、线束、控制器、外壳等。这样的三层结构是典型的动力电池包结构。模组一方面保护、支撑、集成了单体电池，另一方面各个模组分别独立管理了部分电池，有助于温度控制，防止热失控传播，而且便于维修。但是，模组的存在使得整个电池包的空间利用率下降，成组效率不高，模组越多，零部件越多，成组效率也就越低。在单体电池能量密度突破 300Wh/kg 的同时，受限于传统电池包的成组方式，电池包的能量密度仍处于 160Wh/kg左右，体积能量密度更低。

电池包能量密度低是磷酸铁锂电池推广应用的一个拦路虎，使其高安全性得不到发挥。为了提高磷酸铁锂电池包的体积能量密度，努力的方向就是少模组化甚至去模组化。一个方法是把模组做大，每个模组管理的电芯更多。另一个方法是像宁德时代的 CTP 技术那样把模组做大的同时也把电池做大，一个单体电池内包括了多个电芯组件，在电池内部实现电芯组件并联以代替模组。将这种一次性成型的电池模组通过固定件穿过套筒或者利用安装梁直接装在整车内。这种技术可以起到减少零部件数量，从而达到优化空间利用率、减轻电池包总质量、达到提升电池包能量密度的效果。

去模组化的思路看起来简单，但实现起来却并不容易。模组起着保护电池、降低风险、便于维修的作用，无模组化对单体电池的质量和一致性的要求更高，保证电池包整体刚度和强度的工程难度更高。因此，宁德时代和比亚迪的无模组技术，不仅是电池单体设计制造技术水平的突破，更体现了电池系统设计的创新。

宁德时代的 CTP 电池包技术实现了无热蔓延安全设计、全天候温控、高度集成化 CTP、基于 5G 技术的端云融合 BMS。体积利用率提升 19.8%、能量密度提升 10%~15%、热管理性能提升 17.5%、制造装配简化 40%。在实现电池包轻量化的同时，也提高了电池包与整车的连接强度，对优化电池包利用空间和提升能量密度以及降成本有积极作用，比较适用于标准电池箱，有助于车企和电池企业降低制造成本。动力电池 CTP 技术目前主要应用于小型乘用汽车方面，随着动力电池 CTP 技术发展，将来也会出现在各类电动汽车上面。成组效率的提升，使得 CTP 具备了多方面的优点：

（1）续驶里程长。电池包整体能量密度的提升，直接让整车一次充电续航里程得到改善，这一技术提升了 LFP 电池的应用潜力。

（2）安全性能高。使用安全性能高的磷酸铁锂电池，在同样的行驶里程效果下，整车的安全性无疑得到改善。

（3）制造成本低。从成本来看，由于省去了模组环节的线束、盖板等零部件，整个电池包零件数量减少了 40%，生产效率提升了 50%，CTP 电池包的物料成本与制造成本将得到降低。由于使用成本更低的磷酸铁锂电池，相较于传统的三元电池包，整个电池包的成本还将进一步下降。

（4）各方面性能提升。有一组数据可以比较第二代电池包与第三代电池包的差异，同样的荷电量，第二代电池包，即用传统的单体电池组装成电池模组，再组装成电池包，使用零件数量 1236 件，体积能量密度 202~259Wh/L，体积利用率约为 40%。第三代电池包，即使用 CTP 超级集成技术的电池包，使用零件数量 756 件，减少 40%；体积能量密度达到 237~275Wh/L，提升 10%~15%；体积利用率约为 60%，增长 50%。可以看到 CTP 超级集成技术的明显优势。

第四节　刀　片　电　池

比亚迪的刀片电池技术在实现去模组化的道路上走的是另外一条路线。"刀片"只是单体电池的形状，本质采用的还是磷酸铁锂电池，电池的极性材料、电解液、电池结构原理都与磷酸铁锂电池没有区别，电芯层面的能量密度提升不大，所以，刀片电池也叫超级磷酸铁锂电池。刀片电池将单个电芯通过叠片工艺进行"扁平化"处理，在电池极片总面积不变以保证电池的能量密度不变的情况下，将电池极片的宽度加大，叠片层数减少，厚度也变得更薄。刀片电芯长度从 435mm、905mm、960mm、1280mm、2000mm 到 2500mm 不等，宽度为 90mm，厚度减薄到 13.5mm。其单体容量有 95Ah、202Ah、286Ah、448Ah 和 561Ah 的区分。因其长而薄的形状酷似刀片，因此得名刀片电池。图 4.3 是比亚迪小汽车刀片电池包。

刀片电池因为其薄而长的结构形式，使得电池注液质量难以保证，电池内阻增大。电池内阻增大就意味着电池效率下降、内部能耗增大、电池发热等不良后果。比亚迪公司通过集流路径的优化等方式降低单体电池的内阻，通过注液工艺的改进解决单体电池尺寸较长带来的注液时间较长的问题。电池两端或一

图 4.3 比亚迪小汽车刀片电池包

端设有泄压阀，防止电池在充放电过程中内部发热而使电解液膨胀引起电池爆炸。

由于去掉了模组，直接由电池组成电池包，电池失去了模组的支撑作用，电池包的支撑强度和刚度都受到影响。比亚迪主要是通过成型工艺、结构设计等方面的改进提高外壳的支承强度，同时将外壳的长宽比控制在预定范围内。比亚迪电池结构设计借鉴了蜂窝铝板的原理，通过结构胶把电池固定在两层铝板之间，让电池本身充当结构件，来增加整个系统的强度和刚度。刀片电池包内有 100 个电池，每一个电池都相当于一个梁，100 个电池就是 100 个梁，传统电池只有 4~5 个梁。固定电池的铝板也不是普通铝板，在 100 个电池组成的电池包的上下两面粘贴两块高强度铝板，形成了类似蜂窝铝板的结构，使强度再次升级。

通过大而长的电池设计，刀片电池直接被固定在电池包的边框上，作为能量体的同时又变成结构件。这样，不但从电芯到模组和从模组到电池包过程中的结构件都可以省去许多，而且成组后的结构强度大，成组后的电池还可以作为结构件、承重件，电池底部发生碰撞的时候，电池可以直接承受一定程度的冲击力，安全性得到高。

刀片电池散热性能好。锂离子电池对温度特别敏感，也是制约电池快充性能的主要原因，所以散热条件对电池是一项很重要的指标。刀片电池又长又宽又薄的特点使其具有较大的散热面积，面积与体积之比远远大于普通电池。刀片电池比较薄的特性使其中心到表面之间热传导的距离大大缩小。刀片电池在集成时把

单个电池固定在两块铝板之间，铝是热的良导体，散热性能本身就很好。这三个因素决定了刀片电池具有优良的散热性能。

刀片电池的热管理也有其独特的地方。比亚迪有两种冷却方案：水冷设计和风冷设计。水冷方案是把水冷板放在整个电池包的上面，与模组顶板直接接触，对电池侧面窄边进行冷却。为提高导热效率，模组顶板与电池侧面之间有导热板，整个包的温度差控制在1℃以内，而传统电池普遍是5℃。电池的另一侧面与模组底部之间有隔热层，以隔绝电芯与外界的热交换，起到保温作用。刀片电池包正对着防爆阀设计有进气孔，将热失控发生后产生的气体、火焰等引导到排气通道，经排气通道排向周围环境。如果一台汽车有多个电池包，电池包之间会设置物理隔离。

另外一个为风冷设计，是在电池包上面设置风道，风道位于电池上盖与车底盘之间，设计有导热翅片，用于增强上盖的散热面积，以提高导热板与单体电池之间的热传导效率。底板和电池之间设置有导热绝缘层，增大底部散热效果。

无论是水冷还是风冷，位置都是在电池包的上面，即介于电池包与车底盘之间，要处理好电池包与车身底盘的紧固问题。风冷还要处理好进风口的问题。

因为电池包集成使用的单体电池少了，刀片电池在一定程度上缓解了电池包一致性差的问题。刀片电池使电池包结构非常灵活，刀片电池长度可以在435～2500mm之间变换，再加上是标准的平板式电池包，电池的长度成组后就是电池包的宽度，电池的高度成组后是电池包的厚度，电池包的长度由集成的刀片电池的数量决定。刀片电池可以根据整车空间，灵活变化电池包 X、Y 方向的尺寸，开发出不同规格的电池，可以根据需要自由定制长短，降低车内电池布局难度，充分利用底盘空间。这种平台化的电池有效地降低了开发费用和时间。

电池包高度降低有效地改善了整车的人机工程。传统电池包的高压线束和温度、电压传感器都在电池的上方，都要占据一定的空间，上箱体要与这些零部件保持至少5mm的距离。而刀片电池的高压线束和传感器都在电芯包的侧面，所以上箱体可以直接与电池包接触。这样使用刀片电池可以比同样规格的传统电池的高度节约10～20mm。

刀片电池最明显的优势就是高空间利用率。电池整体排列之后，空间利用率高达60%，实现了同等能量密度下体积降低50%。作用到电动汽车上，相当于原来跑400km的车，现在可以跑600km。其综合工况下的续航里程达到605km，百公里加速仅需3.9s。电池质量轻，克服自身阻力消耗的能量降低，是续航里程增加、加速性能好的原因之一。刀片电池可以实现循环充放电3000次以上，行驶里程超过120万公里。

大规模量产也将有利于降低刀片电池成本，降低幅度达30%。目前普通磷酸铁锂电池成本报价约0.6元/Wh左右，刀片电池可将电池包成本做到0.42元/Wh。

以汉 EV 续航里程在 550km 的版本为例，电池包带电量不会超过 85kWh，百公里耗电量为 15.4kWh。这样算来，若电池包的成本能够降低 30%，比亚迪未来就有机会将电动车的成本减少 1.5 万元左右，缩小与燃油车的差距。

刀片电池的安全性能更好。在高温、过充、挤压、针刺等情况下，电芯发生起火爆炸的概率极低。为了验证刀片电池的安全性能，比亚迪选取当下纯电动汽车最为流行的三元锂电池和磷酸铁锂电池作为试验比照对象，按照 GB/T 31485—2015 第 6.2.8 的针刺试验方法进行试验。此次针刺试验的电池样品都是比亚迪生产的车用动力电池，单体电池容量都在 100Ah 以上。普通磷酸铁锂电池和 NCM622 三元锂离子电池在外形和结构设计上没有太大的区别，刀片电池则与上述两者区别明显。

试验过程首先将电池充满电，用直径 5mm 的耐高温钢针，以（25±5）mm/s 的速度从垂直于电池极板的方向贯穿，贯穿位置靠近所刺面的几何中心。钢针停留在电池中，观察 1h，不起火、不爆炸才算合格。

三元锂离子电池的效果最差。当钢针刺穿电池导致三元锂离子电池内部短路后，温度迅速达到 200℃，三元正极材料快速分解产生大量游离态氧，这些游离态氧会进一步加速电池内部的各种化学反应，提高电池内部升温速率，同时也使电池内部压力迅速上升。迅速升高的电池内部压力很快打开了泄压阀，内部高压电解液喷出，外部空气此时进入到电池内部，新鲜的空气+极高的温度+残留在电池内部的可燃电解液，立即起火爆炸。钢针刺入之后，放在电池上面的鸡蛋被炸飞，电池自身发生剧烈的燃烧，电池表面的温度超过 500℃。

普通磷酸铁锂电池表现比较温和。钢针刺透电池以后，电池电压开始下降，电池外壳有一定程度的鼓胀，显示内部短路导致电池内部压力迅速上升。随后泄压阀打开，电池内部高压电解液蒸汽喷出。之后电压迅速下降，电池外壳温度迅速攀升，最高达到 239℃。随着电池内容物通过泄压阀喷出，电池外壳温度开始慢慢回落。直至观察期结束，打在穿孔位置附近的鸡蛋已被电池的高温壳体煎熟了，但没有烧焦，表明试验过程中电池外壳温度虽然较高，却还没有达到烧焦鸡蛋的程度。

磷酸铁锂电池热失控反应之所以没有三元锂离子电池剧烈，主要是因为其正极材料分解温度在 500℃ 以上，热失控温度比三元锂离子电池高，其热失控风险相对较低。电池正极分解是触发热失控的一个主因，磷酸铁锂正极分解时产生的氧气量较少，缓解了电池内部的化学反应，减缓温度升高及压力。磷酸铁锂电池在热失控测试中，其升温速率比三元锂离子电池要低得多，这也是其安全系数较高的重要原因之一。

刀片电池在此次实验中表现最为出色。钢针从刀片电池中央刺穿其极板后，电池电压下降和表面温度上升都非常轻微，刺穿位置没有火花、烟雾或电解液喷出，电池壳体也没有出现鼓胀。刺穿后的 1h 内，刀片电池的电压和表面温度都非常稳定，表面的温度在 30~60℃ 之间。打在穿孔位置附近的鸡蛋没有任何要被煎熟的迹象，肉眼观察到的鸡蛋形状变化不大，电池没有冒烟，更没有出现明火爆炸。

刀片电池也有一些需要改进的地方：

（1）低温环境充放电性能差。这是磷酸铁锂的"职业病"，在冬季寒冷地区电池电量会大打折扣。磷酸铁锂的低温下限值为 -20℃，而三元电池可以达到 -30℃。三元电池低温衰减 10% 左右，磷酸铁锂电池达到了 20%。在 -30℃ 时三元电池的放电容量为 86%，磷酸铁锂仅有 70%。刀片电池是磷酸铁锂体系，它的低温性能更差，这也是刀片电池需要面对的一个问题。

（2）电池被碰撞后修复困难。因为刀片电池省去了支撑电池的结构，利用每个电池自身作为支架，在外力冲击下，很难保证电池的完整性。一个电池受损，其余串联的电池也会受到波及。刀片电池所有电池是通过结构胶固定在一起，意味着后期某个电芯坏了，需要维修的时候，只能通过整个电池包更换维修，维修的成本较高。

（3）因为刀片电池是用磷酸铁锂电池制造的，该电池的衰退特性没有得到解决，充电续航里程每年衰减达 100km。

第五节 快充电池

当前的电动汽车有一个亟待克服的问题就是充电时间太长，对于出租汽车行业来说，充电时间占用时间太多，就会影响司机的收入。充电时间太长也是影响电动汽车跑长途的一个重要限制条件。当前技术界在尽力解决快速充电方式问题，包括制造允许快速充电的电池和快速充电的方法及设备。

一、快充电池概述

快充电池指的是能够在短时间内充满 80% 或者 100% 电量的电池。锂离子电池在大电流、高电压情况下充电会引来电池发热、锂枝晶快速增长的问题。电池发热主要是在大电流、高电压充电时，引起电池内部欧姆极化、电极极化和电解液浓度极化，增大了电池内阻，情况严重时在充电过程中电池就会着火。

欧姆极化是电池充电过程中正负离子向两极迁移，在离子迁移过程中不可避免地受到一定的阻力，称为欧姆内阻。为了克服这个内阻，外加电压就必须额外施加一定的电压，以克服阻力推动离子迁移。该电压以热的方式转化给环境，出现所谓的欧姆极化。随着充电电流急剧加大，欧姆极化将造成电池在充电过程中的高温。

　　浓度极化是电流流过电池时，为维持正常的反应，最理想的情况是电极表面的反应物能及时得到补充，生成物能及时离去。实际上，生成物和反应物的扩散速度远远比不上化学反应速度，从而造成极板附近电解质溶液浓度发生变化。也就是说，从电极表面到中部溶液，电解液浓度分布不均匀，就出现了浓度极化现象。浓度极化给电池内部的电化学反应带来了阻力，增大了电池内阻，是电池在充电过程中发热的原因之一。

　　电化学极化是由于电极上进行的电化学反应的速度落后于电极上电子运动的速度造成的。电池的负极放电前表面带有负电荷，其附近溶液带有正电荷，两者处于平衡状态。放电时，电极立即有电子释放给外电路，电极表面负电荷减少，而金属溶解的氧化反应进行缓慢，不能及时补充电极表面电子，电极表面带电状态发生变化。这种表面负电荷减少的状态促进金属中电子离开电极，金属离子进入溶液，加速反应进行，总有一个时刻达到新的动态平衡。但与放电前相比，电极表面所带负电荷数目减少了，与此对应的电极电势变正。也就是电化学极化电压变高，从而严重阻碍了正常的充电电流。同理，电池正极放电时，电极表面所带正电荷数目减少，电极电势变负。电极极化现象也是引起电池内阻增加，电池发热的原因之一。

　　过电压大电流充电时，由电池正极过来的锂离子数量大，来不及进入负极碳材料，堆积在负极外面，与外电路供给的电子结合变成锂原子。这些不能进入电池负极材料的锂原子连接在一起形成针芒状的锂枝晶。比较长的锂枝晶会刺穿电池隔膜，引起电池内短路，严重时会使电池着火。如果锂枝晶断裂在电解液里，形成"死锂"，电池的能量密度就会下降。

　　这些原因都是电池实现快充的拦路虎。快充电池跟普通电池的差别主要体现在以下方面：

　　（1）极速充电。一般认为以 1.6C 速率充电 30min 充满 80% 算是入门级快充；以 3.2C 速率充电 15min 充满 80% 以上的电量就算是极速充电。

　　（2）超长耐用。快速充电 500 次后，仍保持 80% 以上的容量。

　　（3）安全可靠。符合国际上 IEC、UL、PSE、UN 38.3 等锂离子电池安全标准和国家标准 GB 31241、GB 21966、GB 19521.11、GB/T 31485 等标准安全要求。

　　（4）应用广泛。可根据实际需求进行定制开发，可以广泛应用于动力电池、消费电子产品等不同的领域。

　　（5）电利用率高。充电机放出来的电量尽可能多地充到电池里，热损失尽量小。

二、快速充电的理论基础

　　直接决定锂离子电池快速充电能力的是锂离子电池内部正负极材料性质、微观结构、电解液成分、添加剂、隔膜性质等，这些问题都有具体的深入的研究。电池的充放电过程中是电子和离子的运动过程，有其在物理上的运动规律。在理论上，锂离子电池存在最优充电电流，锂离子电池最大可接受的充电电流除了需要考虑锂电池内部各个因素，还需要考虑系统级别的因素，比如温升、散热能力、极板弯曲、气化、充电设备能力等。

1972 年，在第二届世界电动汽车年会上，美国科学家马斯提出了著名的马斯充电三定律。即

（1）对于任何给定的放电电流，电池供电时的电流接受比 a 与电池放出的容量的平方根成反比：

$$a = K_1/C^{1/2}$$

式中 K_1——放电电流的常数，视放电电流的大小而定；电池的初始接受电流

$I_0 = aC$，所以，$I_0 = aC = K_1C^{1/2}$；

C——电池放出的电容量。

（2）对于任何给定的放电量，电池充电电流接受比 a 与放电电流 I_d 的对数成正比：

$$a = K_2 \lg KI_d$$

式中 K_2——放电常数，视放电量的多少而定；

K——计算常数。

（3）电池在以不同的放电率放电以后，其最终的允许充电电流 I_t（也就是电池的接受能力）是各个放电率下的允许充电电流的总和。

马斯充电三定律说明，在充电过程中，当充电电流接近电池固有的微量析气充电曲线时，适时地对电池进行反向大电流瞬间放电，就可以消除电池的极化现象，提高电池的充电接受能力。图4.4 是电池最佳充电曲线。如果充电电流超过这条最佳充电曲线，不但不能提高

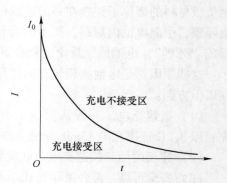

图 4.4 电池最佳充电曲线

充电速率，反而会增加电池的析气量。如果小于此最佳充电曲线，虽然不会对电池造成伤害，但是会延长充电时间，降低充电效率。

这条曲线揭示的电池充电接受能力就是在特定环境条件下，不会产生不应有的副反应，不会对电池的寿命和性能造成不良影响时最大充电电流。马斯第一定律表示在电池放出一定电量以后，其充电接受能力与当前荷电量有关，荷电量越低，其充电接受能力越高；第二定律表示充电过程中，出现脉冲放电，有助于帮

助电池提高实时的可接受电流值；第三定律表示充电接受能力会受到充电时刻以前的充放电情况的叠加影响。

马斯关于蓄电池充电规律的研究是基于铅酸电池进行的，如果马斯理论也适用于锂离子电池，可以作为对脉冲充电法的支撑。马斯理论也是智能充电方法，即跟踪电池参数，使得充电电流值始终遵循锂离子电池的马斯曲线变化，使得在安全边界以内充电效率达到最大化的理论基础。

在锂离子电池允许快速充电理论的基础下，已经开发出了好几种快速充电的方式。

三、脉冲充电快速充电法

图 4.5 是脉冲充电曲线，主要包括三个阶段：预充、恒流充电和脉冲充电。在恒流充电过程中以恒定电流对电池进行充电，部分能量被转移到电池内部。当电池电压上升到上限电压 4.2V 时，进入脉冲充电模式，用 1C 的脉冲电流间歇地对电池充电。在恒定的充电时间 T_c 内电池电压会不断升高，充电停止时电压会慢慢下降。当电池电压下降到上限电压（4.2V）后，以同样的电流值对电池充电，开始下一个充电周期，如此循环充电直到电池充满。

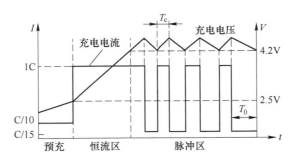

图 4.5　脉冲充电曲线

在脉冲充电过程中，电池电压下降速度会渐渐减慢，停充时间 T_0 会变长，当恒流充电占空比（即在一个脉冲充电时间周期内，充电时间占时间周期的百分数）低至 5%～10% 时，即认为电池已经充满，终止充电。与常规充电方法相比，脉冲充电能以较大的电流充电，在停充期电池的浓差极化和欧姆极化会被消除，使下一轮的充电更加顺利进行，充电速度快、温度的变化小对电池寿命影响小，因而目前被广泛使用。提供脉冲充电电源的充电器制造比较复杂。

脉冲充电中的负电流放电时间对充电快慢有一定影响，放电时间越长，充电越慢，保持相同平均电流充电时，放电时间越长。不同占空比对效率和充入电量有明确的影响趋势，但数值差异不是很大。具体选择占空比值需要重点考虑电池温升和充电时间。

四、间歇充电法

锂电池间歇充电法包括变电流间歇充电法和变电压间歇充电法。

（一）变电流间歇充电法

变电流间歇充电法是将恒流充电改为限压变电流间歇充电，图 4.6 是变电流间歇充电曲线。变电流间歇充电法的第一阶段先采用较大电流值对电池充电，在电池电压达到截止电压 V_0 时停止充电，停止充电后电池电压急剧下降。保持一段停充时间后，采用减小的充电电流继续充电。当电池电压再次上升到截止电压 V_0 时停止充电。如此往复数次（一般约为 3~4 次）充电电流将减小到设定的截止电流值，然后进入恒电压充电阶段，以恒定电压对电池充电，直到充电电流减小到下限值，充电结束。

变电流间歇充电法的主充阶段在限定充电电压条件下，采用了电流逐渐减小的间歇方式加大了充电电流，即加快了充电过程，缩短了充电时间。但是这种充电模式电路比较复杂、造价高，一般只有在大功率快充时才考虑采用。

（二）变电压间歇充电

在变电流间歇充电法的基础上，又出现了变电压间歇充电法。两者的差异就在于第一阶段的充电过程，将间歇恒流换成间歇恒压，图 4.7 是变电压间歇充电曲线。比较上面图 4.5 和图 4.6，可见变电压恒压间歇充电更符合最佳充电的充电曲线。在每个恒压充电阶段，由于电压恒定，充电电流自然按照指数规律下降，符合电池电流可接受率随着充电的进行逐渐下降的特点。

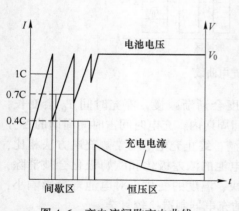

图 4.6　变电流间歇充电曲线

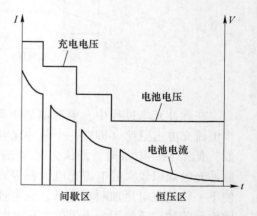

图 4.7　变电压间歇充电曲线

五、反射充电（reflex）快速充电法

Reflex 快速充电方法，又被称为反射充电方法或"打嗝"充电方法。该方法

的每个工作周期包括正向充电、反向瞬间放电和暂停充电三个阶段。它在很大的程度上解决了电池极化现象，加快了充电速度，但是反向放电会缩短锂电池寿命。图 4.8 是 Reflex 快速充电曲线，在每个充电周期中，先采用 2C 的电流充电，时间为 10s，用 T_c 表示；然后暂停充电，时间为 0.5s，用 T_{r1} 表示；接着以 -2C 的电流反向放电，时间为 1s，用 T_d 表示；停充时间为 0.5s，用 T_{r2} 表示。每个充电循环时间为 12s。随着充电的进行，充电电流会逐渐变小。

六、智能充电法

智能充电是目前较先进的充电方法，如图 4.9 所示，其主要原理是应用 du/dt 和 di/dt 控制技术，通过检查电池电压和电流的增量来判断电池充电状态，动态跟踪电池可接受的充电电流，使充电电流自始至终在电池可接受的最大充电曲线附近。这类智能方法，一般结合神经网络和模糊控制等先进算法技术，实现系统的自动优化。

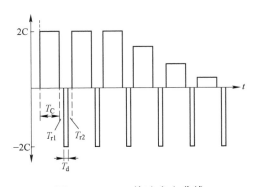

图 4.8　Reflex 快速充电曲线

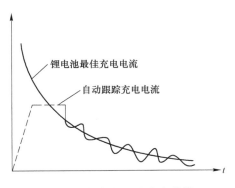

图 4.9　智能充电法充电曲线

参 考 文 献

[1]　中国汽车技术研究中心，北京理工大学，中国电子科技集团公司第十八研究所，等 . GB/T 31485—2015 电动汽车用动力蓄电池安全要求及试验方法 [S]. 中华人民共和国国家质量监督检验检疫总局，中国国家标准化管理委员会，2015.

[2]　国际电工技术委员会（IEC）. IEC 62660-1—2010 电动道路车辆用二次锂离子电池 第 1 部分：锂离子电池性能试验 [S]. IX-IEC，2010.

[3]　国家高技术绿色材料发展中心，北方汽车质量监督检验鉴定试验所，中国电子科技集团公司第十八研究所 . QC/T 743—2006 电动汽车锂离子蓄电池 [S]. 国家发展和改革委员会，2006.

[4]　比亚迪汽车工业有限公司，中国汽车技术研究中心有限公司，北京新能源汽车股份有限公司 . GB 18384—2020 电动汽车安全要求 [S]. 国家市场监督管理总局，国家标准化管理委员会，2020.

［5］宁德时代新能源科技股份有限公司，中国汽车技术研究中心有限公司，合肥国轩高科动力能源有限公司，等 . GB 38031—2020 电动汽车用动力蓄电池安全要求［S］. 国家市场监督管理总局，国家标准化管理委员会，2020.

［6］中国汽车技术研究中心，中国电子科技集团公司第十八研究所，深圳市比亚迪汽车有限公司 . GB/T 31467. 3—2015 电动汽车用锂离子动力蓄电池包和系统 第 3 部分：安全性要求与测试方法［S］. 中华人民共和国国家质量监督检验检疫总局，中国国家标准化管理委员会，2015.

［7］国际电工技术委员会（IEC）. IEC 62660-3 Secondary lithium-ion cells for the propulsion of electric road vehicles-Part 3：Safety requirements［S］. IX-IEC，2016.

［8］Underwriters Laboratories Inc. UL2271—2018 Outline of Investigation for Batteries for use in Light Electric Vehichle（lev）Applications［S］. 2010.

［9］Underwriters Laboratories Inc. UL2580-3 Batteries for use in Electric Vehicles［S］. 2020.

［10］王玮江 . 电动汽车锂离子动力蓄电池单体电池管理控制器 LECU 设计［J］. 电气自动化，2010，32（6）：66~68.

第五章　热电池和耐高低温电池

第一节　热　电　池

热电池（thermal battery）又称热激活储备电池（heat activated reserve battery），储存时电解质为不导电的固体，使用时用电发火头或撞针机构引燃其内部的加热药剂，加热元件产生热量，使热电池内部温度快速上升到 500℃ 左右。电解质熔融成液态导电状态并输出电能，给武器系统的用电设备供电。它具有激活时间短、输出功率高、工作温区宽（−50~70℃）、储存时间长、抗力学环境能力强、可靠性高、激活迅速可靠、结构紧凑、工艺简便、造价低廉、不需要维护等优点，广泛应用于核武器、导弹、鱼雷、火炮等多个领域。不同类型的热电池使用在不同的领域：

（1）快速激活型，0.2s 内激活的救生电池。

（2）短工作寿命功率型，常规战术短程导弹。

（3）中长寿命高能量密度型，水下武器动力源。

（4）高电压型、高过载型，炮弹、导弹用。

在未来战争中，防空导弹将面临高空、超低空、超音速、多目标及具有电子干扰、隐身的高机动性的空袭兵器的严重威胁，这就要求防空导弹应具有快速发射、抗电子干扰、反隐身的性能。防空导弹的这些性能对热电池的技术水平提出了很高的要求。热电池必须包括正极材料、负极材料、电解质材料和加热材料，因为热电池要在 500℃ 左右工作，电池外面还要有保温隔热材料。这些材料都是特殊研制的，要求工作性能稳定、质量要轻、能量密度和功率密度要大，要能够承受超大的惯性力，要能够抗静电干扰和电子干扰。因为导弹在飞行过程中的姿态是不断变化的，有的导弹在飞行中是不旋转的，也有的需要高速旋转，热电池要能够适应各种安装姿态。

早期的热电池属于钙系热电池，主要采用杯型结构。负极材料使用 WO_3/V_2O_5 等，正极材料使用 Ca、Mg 等，电解质材料是吸附在玻璃丝布上的 LiCl-KCl 低共熔物，加热材料为 $Zr-BaCrO_4$ 引燃纸。这种电池结构复杂，放电时间短，而且有严重的电噪声，大大限制了它的使用。20 世纪 60 年代发展起来的 $Ca/CaCrO_4$ 热电池，采用先进的片型结构，以 LiCl-KCl 作电解质，$Fe-KClO_4$ 混合物作加热材料。这种电池不但大大简化了制备工艺，而且延长了工作寿命，提高了热电池的总体性能，但热电池存在的电噪声仍未得到克服。为满足高速发展的现代化武器需要，20 世纪 70 年代发展起来的 LiM_x/FeS_2 热电池（LiM_x 为锂合金）不但克服了热电池长期存在的电噪声，而且能量密度、功率密度得到很大提高。它是一个理想的热电池体系，是热电池研制工作的重大技术进步。锂硅-二硫化铁热电池具有内阻小，特别适合大电流脉冲放电、使用方便，不需维护、可靠性高、不受安装姿态的限制、使用环境温度范围广、储存寿命长达 10~15 年以上、承受力学环境能力强等特点。热电池的工作原理如图 5.1 所示。单体热电池的结构分为三合一结构

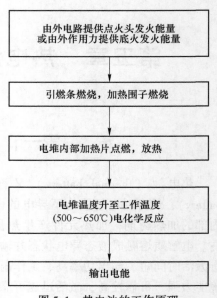

由外电路提供点火头发火能量
或由外作用力提供底火发火能量

↓

引燃条燃烧，加热围子燃烧

↓

电堆内部加热片点燃，放热

↓

电堆温度升至工作温度
(500~650℃)电化学反应

↓

输出电能

图 5.1 热电池的工作原理

和四合一结构，三合一结构主要由镍网、阻流环、正极粉、电解质粉和负极粉组成。四合一结构主要由阻流环、正极粉、铁加热粉、电解质粉和负极粉一次压制组成。四合一单体电池结构因其具有内阻小、制造工艺简单、可检测性好，成为单体热电池首选结构。单体电池在装配之前必须经过检验，其绝缘电阻、外观合格方可使用。

第二节 锂热电池

一、锂热电池与其他电池的区别

热电池与常温电池在性能上有很大的差异，表 5.1 将常温锂电池和锂热电池的电性能作了比较。

表 5.1 常温锂电池和锂热电池的电性能

指标	常温锂电池		锂热电池	
电池体系	$Li/SOCl_2$	Li/SO_2	$LiSi/FeS_2$	$LiSi/CoS_2$
能量密度 /Wh·kg^{-1}	300~400	200~280	20~45	20~75
功率	中、高	中	高	高
工作电压/V	3.0~3.9	2.7~2.9	1.6~2.1	1.6~2.1

早期的热电池以钙作为电池的负极材料，现在的电池基本上都是以锂合金作为电池的负极材料，表 5.2 对相同荷电量的钙系热电池和锂系热电池的性能作了对比，可以看出，锂系热电池的性能在各方面都明显超过钙系热电池。

表 5.2　钙系热电池和锂系热电池的性能对比

指标	单位	钙系热电池	锂系热电池
体积	cm^3	2344	400
工作电压	V	25.5~34	28~44
工作电流	A	1	3~5
激活时间	s	2	2
工作时间	s	600	720
使用环境	℃	−40~50	−40~50
储存寿命	a	10	25
能量密度	Wh/cm^3	53	70

二、锂热电池的化学反应式

锂热电池的负极材料是锂金属或者锂合金，所以它的正、负极判断及正、负极反应与锂原电池相似。

负极反应：
$$Li \longrightarrow Li^+ + e^-$$

正极反应：
$$FeS_2 + 4e^- \longrightarrow Fe + 2S^-$$

电池总反应：
$$3Li + 2FeS_2 \longrightarrow Li_3Fe_2S_4$$
$$Li_3Fe_2S_4 + Li \longrightarrow 2Li_2FeS_2$$
$$Li_2FeS_2 + 2Li \longrightarrow Fe + 2Li_2S$$

大多数锂热电池只使用第一个公式的反应过程。

三、锂热电池的结构

热电池外形尺寸和形状受总体结构等条件限制，通常选用圆柱形结构。热电池的单体电池主要有杯型结构和片型结构之分，早期的单体热电池采用杯型结构，杯型结构又分为封闭杯型和开敞杯型两种。热电池的杯型结构在热电池发展的初期占主导地位，杯型热电池与片型热电池相比，具有许多不足之处。随着片型工艺技术的发展，国内外大多数热电池产品均采用片型结构设计方案，其突出的结构优势无可替代。单体锂热电池的结构如图 5.2 所示。

在制造时，单体电池常用结构有两种：一种是由正极粉、电解质粉、负极粉及阻流环经多次压制成型的三层片结构，如图 5.3 所示。这种结构工艺简单，适合于小直径单体电池的生产。另一种是将铁加热粉、正极粉、电解质粉和负极粉一次压制成型的四合一结构，如图 5.4 所示。这种结构操作简便，适合于大直径（40mm 以上）单体电池生产。设计时，可根据规格选用不同结构的单体电池。

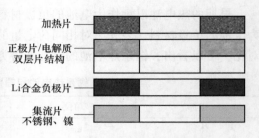

加热片

正极片/电解质双层片结构

Li合金负极片

集流片不锈钢、镍

图 5.2 单体锂热电池的基本结构

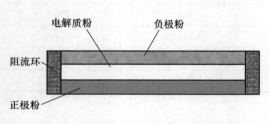

图 5.3 单体电池的三层片结构

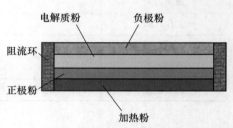

图 5.4 单体电池的四合一结构

在点燃系统激发以后，热电池的温度迅速升高到 500℃ 以上，所以，热电池的正极片、负极片、电解质片和加热片的体量不能很大，所用材料也很少，都是做成薄片状。一款用四合一结构成型的单体电池厚度仅约 2.1mm，正极粉用量 0.96g，负极粉用量 0.4g，加热粉用量 1.06g。单体电池的电压仅有 2V 左右，为了达到需要的容量和电压，就要通过串、并联的方式把许多单体电池组装成电堆。电堆是热电池特殊的组装方式，如图 5.5 所示。例如，采用 16 个单体电池串联，电堆高度约为 47mm，得到 32V 电压。把几个这样的电堆并联，就可以得到需要的能量。

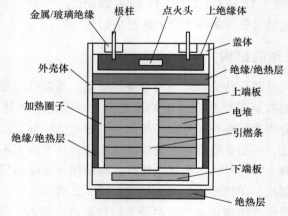

图 5.5 热电池电堆结构示意图

四、锂热电池的材料

热电池自从问世以来，正极材料、负极材料、电解质材料、加热片材料都发生了很大的变化。当前普遍使用的各方面性能都比较好的是锂合金-硫化物锂热电池，各种材料如下。

（一）正极材料

目前常用的正极材料有 FeS_2、CoS_2 和 $NiCl_2$ 等。FeS_2 材料具有放电时间长、容量大、资源丰富、价格便宜、电性能稳定性好等特点，广泛用于不同规格的热电池。FeS_2 开始分解温度为 350℃，如果在 500℃ 搁置 20min，容量损失高达 62%。使用 FeS_2 作热电池正极材料的主要问题是热电池在激活时存在瞬间电压尖峰，降低了电压精度，限制了使用范围。CoS_2 材料具有良好的导电性、极化小，较 FeS_2 具有更高的热稳定性，更适合高能量密度热电池。$NiCl_2$ 材料是一种高电位材料，负载能力强，热稳定性好，适合于大功率热电池。

（二）负极材料

负极材料有锂金属和锂合金，常用的有 LiAl、LiSi 和 LiB 合金等，几种锂合金材料的性能如表 5.3 所示。

表 5.3　几种锂合金负极材料的性能

合金材料		LiAl	LiSi	LiB
锂含量（质量分数）/%		19.3	44.0	70.0
对锂的电动势/V		0.30	0.15；0.27	0.10
理论活性锂含量（质量分数）/%		14.4	37.8	47.6
理论质量能量密度/Ah·g^{-1}		0.56	1.46	1.84
理论体积能量密度/Ah·L^{-1}		0.75	1.36	1.97
利用率/%	100mA/cm^2	85	86	90
	300mA/cm^2	45	52	67
最高工作温度/℃		700	730	1200

Li-Al 合金是由一个含锂量为 20%的（质量分数）单一固溶相合金，因此它的放电机理比较简单，仅显示一个电压平台。

Li-Si 合金是一个多放电平台负极材料，利用 Li-Si 合金多电压平台放电特性，热电池设计时，可以利用几个电压平台，故其总容量要比 Li-Al 合金大，且其大电流放电能力强，电极电位比 Li-Al 合金低，因此其综合性能大大优于 Li-Al 合金。

针对性能不同的热电池需要，近年来开发出了新型负极锂合金活性材料，如

LiSiMg 合金、LVO 合金、LiSi 合金制作工艺成熟，性能优良，已广泛用于各种型号的热电池。

LVO 是一种含有+4、+5 价的氧化钒混合物，经过特殊加工后，生成掺和锂的氧化钒化合物，为隧道式结构。它的分解温度超过 700℃，远远高于现有热电池工作温度，而且自放电很小，在开路情况下经过 20min 后，LVO 损失容量 21%，同样条件下，FeS_2 损失容量 62%。

由于热电池的电流是由锂离子的流动形成的，所以，负极材料里面锂的含量至关重要，直接关系到电池的能量密度和功率密度。Li-B 合金的含锂量高达 70%（质量百分比），因此容量密度大，大电流放电能力强，以 $8A/cm^2$ 放电时仍无明显极化，非常适合于质量能量密度高、输出功率大、工作寿命长的热电池。但是由于材料制备困难，生产成本偏高等原因，Li-B 合金至今未得到大规模应用。

（三）电解质材料

目前常用的电解质材料有 LiCl-LiBr-LiF 和 LiCl-LiBr-KBr、LiCl-KCl。

LiCl-KCl 是热电池电解质使用最多的产品，其优点是价格便宜，容易制备。它是一种低熔点共熔物，属于二元阳离子电解质。当热电池高速放电时，Li^+ 很容易形成很大的浓度梯度，易引起电池严重极化。同时还会因 Li^+/K^+ 的比例失调，导致电解质熔点升高，造成热电池过早失效。在电性能要求不高的场所，采用 LiCl-KCl 二元电解质制作单体电池较为普遍。这种电解质适于高温小电流放电，放电峰值电压最高，放电时间最长。但不宜大电流放电，因为大电流放电时负极容易生成 J 相 $LiK_6Fe_{24}S_{26}Cl$，严重影响负极利用率，电极极化较严重，而且由于电导率较小，离子迁移速度慢，Li^+/K^+ 比值变化导致负极附近过早出现电解质凝固，缩短了工作寿命。

采用 LiF-LiCl-LiBr 三元电解质制造的单体电池，能够满足大电流放电的要求。这是因为其电导率较大，且不存在 Li^+/K^+ 比值变化问题，消除了 J 相生成的可能性。但是，因为具有共同锂阳离子的共晶熔体，使锂的溶解度增大，从而降低了正极利用率，并且其熔点较高，对保温材料的性能要求较为苛刻，因此不宜用于长寿命电池。

LiBr-KBr-LiF 三元电解质熔点较低，允许 Li^+/K^+ 比值较大偏移而不出现提前凝固现象，因此适于低温、长时间放电。但由于电导率较低，而不宜大电流放电。几种比较成熟的电解质的物理性能见表 5.4。

表 5.4 热电池常用电解质主要性能参数

电解质名称	MgO 质量含量/%	熔点/℃	电导率/S·cm⁻¹
CsBr-LiBr-KBr	30	238	0.30
LiBr-KBr-LiF	25	313	1.25

电解质名称	MgO 质量含量/%	熔点/℃	电导率/S·cm⁻¹
LiCl-LiBr-KBr	30	321	0.86
LiCl-KCl	35	352	1.0
LiCl-LiBr-LiF	35	436	1.89

（四）隔膜材料

在锂热电池里面，电解质材料片同时担当隔膜的作用。隔膜在热电池中直接受到硫化物、电解质和锂（或锂合金）的侵蚀，因此，要求隔膜材料在具有良好耐腐蚀性的同时，必须具有长寿命、耐高温的特点。隔膜还要求能够允许锂离子通过而不允许电子通过，即使在高温熔融状态，隔膜也是锂离子的导体而是电子的绝缘体。使用石棉纤维纸做隔膜的热电池比较多，有的型号热电池使用陶瓷纤维隔膜。氮化硼纤维具有耐高温、耐化学腐蚀、电绝缘性好等优良特性，有广阔的使用前景。

隔膜既是电子的绝缘体、锂离子的导体，同时也是电解质的骨料，电解质材料是吸附在隔膜上的，这就要求隔膜对电解质有良好的吸附性。吸附了电解质的隔膜在高温状态保持了几何形态的稳定性，隔膜内部让锂离子通过的微通道要保持畅通，不能堵塞。氧化镁是提高薄膜对电解质吸附性能和在高温状态保持微通道畅通的理想材料。氧化镁是典型的碱土金属氧化物，白色粉末，熔点为2852℃，沸点为3600℃，常常用来生产高温耐火材料。用各种耐高温纤维编织的隔膜薄片在浸入电解质材料之前，都要先浸泡镁的化合物，经过煅烧变成了氧化镁。

（五）保温材料

热电池正常的工作温度范围为 400~550℃，必须靠优质的保温材料维持工作温度才能使电池正常工作。保温材料的作用既要保证电池内部保持在工作温度，在电池工作期间，电解质不降温、不凝固，也要保证电池内部的高温不传导到电池外面而对其他元器件的工作造成危害。对短寿命热电池来说，一般的保温材料如云母片、石棉等可满足要求。但对于中等寿命或长寿命热电池来说，必须使用高性能保温材料才能满足要求，寿命越长，需要保温材料的性能越好。对于 1h 左右工作寿命的热电池，通常使用硅酸铝陶瓷纤维或纤维板。

更长寿命的热电池工作时间甚至长达 4h，需要高性能的隔热材料保持温度，降低热量散失，才能长时间维持电池工作所需的温度条件。目前市场上的隔热材料是一种含有 SiO_2、TiO_2 和石英纤维的铸造复合材料板，或者直接根据设计铸造成特定电池尺寸的隔热套。气凝胶隔热材料最有开发前景，其热导率只有现用材料的 1/3，这种材料的主要缺点是波长 3~7μm 的红外光可以穿透，这正好对应热电池的工作温度，需要掺加遮光剂（如炭黑）。另外，这种材料太脆，需要添加一些强化剂，如陶瓷或碳纤维，这无疑使隔热性能降低。

（六）加热片

热电池主要的激活方式有两种，一种是电激活，使用外电源引爆电点火头发火，引燃加热片，激活热电池。另一种是机械激活，使用撞击、惯性等机械能使火帽发火，引燃加热片，激活热电池。无论是哪一种激活方式，最终都是要通过加热片来把电池加热，加热片寿命与电池设计寿命相一致。每一个单体电池都有一层加热片，加热片要求发热迅速、升温快，热能消失后不能减薄，也不能增厚。如果发热片的厚度发生变化，就会影响各个单体电池的位置，引起电池故障。

为了延长热电池的使用寿命，就要寻找高性能铁粉。对这种铁粉的要求是燃烧速度快、燃烧时释放出的热量大、释放热量的时间长、燃烧后变形小等。热电池用超细铁粉因为拥有较大的比表面积、高反应活性，有电、磁、光及催化、吸附等许多优良特性，常作为热电池的发热材料。

热电池常用的加热剂还有 Zr-BaCrO 和 Fe-KClO。其中 Fe-KClO 具有机械强度好，燃烧后不变形，点火灵敏度和燃速适中，安全性和稳定性好等特点，适合充当热电池的加热片材料。Zr-BaCrO 的特点是生产简便，工艺成熟，性能稳定，点火灵敏度高，燃速快，适合充当快速激活热电池的引燃条材料。

第三节　耐高温电池

联合国标准《关于危险货物运输的建议书　试验和标准手册》第 38.3 节规定："试验电池和电池组在试验温度等于（75±2）℃下存放至少 6h，接着在试验温度等于（-40±2）℃下存放至少 6h，两个极端试验温度之间的最大时间间隔为 30min。这一程序须重复 10 次，接着将所有试验电池和电池组在环境温度（20±5）℃下存放 24h。对于大型电池和电池组，暴露于极端试验温度的时间至少应为 12h。电池应当无质量损失、无渗漏、无排气、无解体、无破裂和无燃烧，并且每个试验电池或电池组在试验后的开路电压不小于其在进行这一试验前电压的 90%"。《便携式电子产品用锂离子电池和电池组安全要求》（GB 31241）等国家标准关于锂离子电池和锂原电池的温度循环要求基本都是按照 UN 38.3 的要求规定的。这些要求说明，锂离子电池和锂原电池在温度 -40~75℃ 范围内使用，其安全性是应该得到保证的。但是在很多情况下，锂电池的使用环境温度高于 75℃，这就对电池各部位的材料和制造工艺提出了更高的耐高温特殊要求。

一、耐高温电池和热电池

耐高温电池和热电池里面的电池材料所面临的问题基本相似，但是其设计目的有明显差异。热电池是用在导弹等兵器上面，寿命只有一次。储存寿命达到几年甚至十几年，工作寿命短的以秒计算，中长寿命的以分计算，长寿命的也只是以小时计算。所以，热电池的设计以追求高可靠性为原则，无论是储存期间还是工作期间都必须非常可靠。如果在储存期间意外产生电流，或者在工作期间突然没有了电流，其后果的严重性是可想而知的。另外，导弹的特殊性对电池的质量和体积也有严格的限制。热电池的电解质在不工作时是固态绝缘性的，在工作时要通过电池内部的发热材料给电池加温，电池才能工作。热电池的高温是主动加热形成的，是热电池能够工作的必要条件。

耐高温电池的高温是工作环境造成的，是被动的、不得不适应的高温，因此，高温电池应当叫做耐高温电池比较贴切。耐高温电池一般都是民用产品，对电池的体积和质量要求不像热电池那样严酷。热电池必须在电解液达到500℃以后才能开始正常工作，耐高温电池要求在常温和高温都能够正常工作。耐高温电池有一次性的原电池，也有可充电的二次电池。目前已经投入使用的耐高温电池有锂系电池和钠系电池。

二、耐高温电池的用途

（1）石油工业。油田勘探开发仪器的不断发展，计算机的普遍应用，对仪器数据保持电源提出了较高的要求。特别是一些井下仪器在井下时间较长，不但要求电池有较大的容量，有较稳定的工作电压，且能以较大的脉冲放电、耐冲击、耐振动，还要承受150℃以上的高温。电池性能的好坏直接影响仪器使用效果，例如井下电子压力计如果电压不稳定，就会造成压力计数据采集不准确。如果电池容量不足，就会造成压力计在井下工作时间缩短，达不到预期的测试效果。

（2）汽车行业。汽车在行驶中，会受到太阳的暴晒，尤其在夏季，车载设备会承受比较高的温度。

（3）太阳能露天灯具。太阳能路灯的电池在太阳暴晒下会产生高温，发生过太阳能路灯电池着火的案例。

（4）高压线巡线机器人和监测设备。

（5）锅炉使用设备。

（6）地热行业使用的仪器仪表。

（7）太阳能和风能发电设备的仪器仪表。

（8）无线通信基站设备。

（9）军事领域。战时使用高可靠性的一次性耐高温电池，平时训练都要用到可以重复充电的二次耐高温电池。

（10）其他需要在高温环境使用电池的设备等。

三、耐高温电池适应的温度范围

锂离子电池对 0～40℃这个区间的温度并不敏感，然而一旦温度超过这个区间，寿命和容量就会大打折扣。耐高温锂离子电池最高可承受 800℃的高温。耐高温锂离子电池在承受高温的测试中，有 200℃、500℃和 800℃等，但是，在平常的工作和生活中根本不会接触到如此高温。可以把耐高温电池适应的温度范围分为四个级别：

（1）低于或等于 100℃使用的锂离子电池，不需要特殊设计，普通锂离子电池经适当改进即可使用。

（2）低于 125℃使用的锂离子电池，只要在常规电池生产工艺基础上作适当调整和控制，就可生产出合格产品。

（3）125～180℃使用的锂离子电池需要特殊设计，目前可见的耐高温电池大部分属于 150℃级。

（4）180℃以上使用的锂离子电池，因为锂的熔点为 180.5℃，已不适合于作负极，此种锂离子电池必须采用锂合金为负极。由于国内的需求并不强烈，加之这种合金生产需安全保护措施投入较高，因此，国内对这种电池的研究投入还不很大。

四、耐高温电池需要满足的因素

（1）电池内部电极材料、电解质材料、隔膜材料、集流体材料的热力学特性。

（2）电池壳体的力学性能。

（3）适应于高温环境的抗短路、抗极性翻转、抗过充电、抗冲击、抗振动等安全设计。

（4）适应于高温环境下的正负极活性物质比例、电极厚度、添加剂等电性能设计。

（5）耐高温电池在使用中避免不了要经历从低温到高温的变化过程，有的电池在刚开始使用时要有加热过程，有的在使用到一定程度需要有降温措施。

（6）耐高温二次电池还要满足一定的循环次数，一般要求能够充放 300～500 次。

五、锂系耐高温电池

现在新开发的或通过改造升级的耐高温电池基本都是耐高温锂电池，为了确保锂电池的寿命及安全可靠性，耐高温锂电池的电池组内都会采用先进的保护管理系统，防止过充电、过放电、高温运行、低温充电或短路而被破坏，甚至出现安全问题。锂系耐高温电池主要有：

（1）耐高温三元电池。三元电池适应的工作温度很广，其电热峰值可达到350~500℃。温度升高后，锂金属的化学特性是非常活泼的，电池的耐热温度不超过180℃。当温度达到耐热温度后，三元锂材料的化学反应会更加的剧烈，电解质会迅速燃烧，需要特殊设计。

（2）耐高温聚合物锂离子电池。聚合物锂离子电池的工作温度为-20~70℃之间，温度过高或过低都会使放电容量降低。同时电池内部材料化学结构还会遭到破坏和改变，严重影响电池使用寿命。

（3）耐高温磷酸铁锂电池。耐高温磷酸铁锂电池组一般可分为100℃、125℃、150℃、175℃和200℃及其以上环境下使用五个级别。

（4）锂-亚硫酰氯耐高温电池。目前大量使用的高温电池所采用的电化学体系为锂-亚硫酰氯和锂-硫酰氯两种。锂-亚硫酰氯是目前能量密度最高的电化学体系，它有如下优点：电压高且平稳，额定电压为3.6V，高温负载电压为3.4~3.6V，放电平台比较平稳，直到接近放电终点2.0V时曲线才发生突变；能量密度高达600Wh/kg；使用温度范围广，高温电池为-20~125℃、中高温电池为-20~155℃、高温125~180℃，特殊设计可达200℃。锂-亚硫酰氯电池属于一次电池，不可充电，常温贮存寿命可达十年以上。

六、钠系耐高温电池

钠也是一种活泼金属，钠的熔点为98℃，比锂低，用钠做电极时也会出现与锂电极类似的问题。研究发现，在高温条件下，某些陶瓷材料在熔融钠中稳定性较高，同时又具有良好的钠离子导电性，这样就可以更可靠地制作钠基电池。在一些钠高温电池中，液态金属钠是装在密封的陶瓷容器中的，而在其他钠电池中钠则装在钢质容器之中。金属钠与水的反应比金属锂还要强烈，必须利用特殊装置在真空状态下将熔融钠加入电池中，以免金属钠与氧气和水蒸气的接触。

负极材料金属钠是装在电解质管内的，这样就可以使用直径较小的电解质管而且电池能量密度可以更高。随着放电的进行，钠从正极室中迁移出去，为了保证钠电解质界面电阻低，必须在放电全过程中保持电解质表面都被钠浸润。可以采用两种途径来实现这种浸润：芯带的毛细管作用或是在β-Al_2O_3管中插入增压管。芯带常采用金属铂，可以承受1000℃左右的高温，在玻璃封装之前插进β-Al_2O_3管中。增压管压力是氮化钠在300℃分解成金属钠和氮气时产生的。两种方法中，绝大部分钠金属是被装在底部开有小孔的金属容器中的，这种设计较为安全，既可以迅速控制与硫电极反应的钠金属的数量，又可控制剩余金属钠参与反应的速度。

当用在电动汽车上时，钠硫电池商业目标应是循环寿命1000次，即可连续使用5年，能量密度为100Wh/kg。此外，电池设计应有足够的安全措施，最大限度地减少碰撞或其他事故的影响。

钠基高温电池用的电解液 β-Al_2O_3 是一种固态电解质，它允许钠离子在固体晶格中快速运动。β-Al_2O_3 在室温时其导电性也很好，多晶材料电导率约为 1S/m，但其使用温度常在 300℃以上，此时其电导率超过 10S/m。最常用的相是 β-Al_2O_3 本身，其成分为 Na_2O-$11Al_2O_3$，电解质里面往往含有过量的 Na_2O，使钠离子呈现快速运动性。

（1）β-Al_2O_3 电解质钠硫电池。β-Al_2O_3 电解质钠硫电池由钠正极和硫负极两个液体电极组成，电极用烧结多晶 β-Al_2O_3 管隔开。由于硫不导电，所以含有硫电极的负极室内装有碳毡集流体。电池工作温度为 300~400℃，此时反应物和放电产物为液态，而 β-Al_2O_3 管的离子电导率很高。电池放电时，钠原子在 β-Al_2O_3 表面离子化并穿过管壁形成钠的多硫化物。350℃时电压为 2.08V，理论能量密度为 790Wh/kg。在电池工作温度下 Na_2S_5 和硫不互溶，所以负极室中这两种液相共存，而电池电压保持不变。随着放电的进行，化合物中的硫被消耗并发生了一系列的化学反应，一部分负极液成分由 Na_2S_5 变为 Na_2S_3，这些化合物是互溶的。电池电压也从 2.08V 逐渐降至 1.78V。通常反应不会形成含硫比 Na_2S_3 更低的化合物，因为如果形成 Na_2S_2 或 Na_2S，它们会结晶析出。

正如所有高温体系一样，钠硫电池在使用前必须加热，一旦达到工作温度后，充放电产生的内阻损耗以及放电过程的反应热足以维持这一工作温度，在某些工作状态下有时还需要冷却降温。用于电动车上时，隔热系统以及内部加热器引起的微弱自放电就可以让开路钠硫电池好几天保持在工作温度范围内。

（2）钠-三氯化锑电池。硫易挥发且不导电，而钠的多硫化物熔点较高。为解决这些问题，用 β-Al_2O_3 作固态电解质，钠作负电极，而采用溶于氯铝酸钠（$NaAlCl_4$）中的三氯化锑（$SbCl_3$）作正极。电池工作温度为 210℃，电池理论能量密度为 752Wh/kg，开路电压为 2.90V。实际中电池充满电时，可能是由于形成了 $SbCl_5$，电池电压会稍稍高一点。电池组装后即呈完全充电状态，正极混合物中包含有 29% 的 $SbCl_3$、15% 的 NaCl、48% 的 $AlCl_3$、8% 的炭黑及少量硫，添加硫可提高平均放电电压。

（3）Zebra 电池。β-Al_2O_3 电解质钠硫电池在循环过程中内阻会升高，其中部分原因是 β-Al_2O_3 与酸性氯铝酸钠熔体反应引起的。为解决这一问题，用过渡金属氯化物作正极，用碱性的氯铝酸钠熔体作液体电解质。这种体系与 β-Al_2O_3 相容性较好，因此依据钠金属和过渡金属氯化物的反应，就形成了一种新型二次电池，这类电池统称为 Zebra 电池。

第四节   耐低温电池

锂离子电池的低温性能，特别是在 -30℃ 以下低温环境中的工作性能较差，抑制了其在特殊领域的应用。我国西北、华北、东北地区冬天的气温很低，有的地方甚至会低于-40℃，到了冬天，纯电动汽车会出现充电困难、行驶里程短等问题。磷酸铁锂系的动力电池安全性能比较好，可是，在低温下的充放电性能不佳，尤其是低温条件下充电无法满足我国北方地区的市场要求。除了电动汽车以外，其他需要在冬季户外使用的电气设备，比如照相机、极地探险设备等也遇到电池低温性能不好的问题。市场的需要催生出了耐低温锂离子电池。电池在低温环境下使用是一种被动的、不得不适应的状态，并不是电池只有在低温条件下才能正常用，所以低温电池叫做耐低温电池比较贴切。

一、耐低温锂电池的用途

（1）耐低温储能型锂电池被广泛用于军用平板电脑、伞兵装置、军用导航仪、无人机后备启动电源、特种飞行仪器电源、卫星信号接收装置、海洋数据监测设备、大气数据监测设备、极地探险设备、室外视频识别设备、石油勘探检测设备、铁路沿线监测设备、电网室外监测设备、军用保暖鞋、车载后备电源等。

（2）耐低温倍率型锂电池可用在红外线激光装备、强光型武警装备、声学武警装备中。

二、耐低温锂电池的级别

（1）-20℃民用耐低温锂电池：在-20℃环境中，电池以0.2C电流放电可以得到额定容量的90%以上；在-30℃环境中，电池以0.2C电流放电可以得到额定容量的85%以上。

（2）-40℃特种低温锂电池：在-40℃环境中，电池以0.2C电流放电可以得到额定容量的80%以上。

（3）-50℃极端环境低温锂电池：在-50℃环境中，电池以0.2C电流放电，可以得到额定容量的50%以上。

三、影响电池耐低温性能的因素

（一）电解液对电池耐低温性能的影响

电解液对低温性能的影响主要体现在其对电导率、电解液黏度和固体界面膜SEI性质的影响：

（1）对电导率的影响。电导率是衡量电解液性能的一个重要参数，它决定了电池的内阻和倍率特性。较高的电导率是实现锂离子电池良好耐低温性能的必要条件。影响电导率的主要因素是电解液的介电常数和黏度。电解液介电常数越大，锂离子与电子间的静电作用力越弱，自由锂离子的数目就多。

（2）电解液黏度的影响。电解液黏度主要影响自由锂离子的迁移率，黏度越大，迁移率越小，电导率越小。因此要求电解液介电常数（介电常数是指物质保持电荷的能力）高，黏度低，要有适当的液态温度范围（熔点低，沸点高），并且锂盐在其中的溶解度要高，以保证足够高的电导率。环状碳酸酯 EC 具有较高的介电常数及沸点，但黏度及熔点也较高；而线性碳酸酯（DMC、DEC、EMC）具有较低的黏度及熔点，但介电常数及沸点也较低。基于单一电解液的优缺点，实际使用时往往采用 EC 与其他电解液组成二元及多元混合溶剂。通过优化电解液配比，能有效提高电解液低温电导率，从而可达到改善锂离子蓄电池耐低温性能的目的。

（3）对 SEI 膜的影响。电解液的组成不仅决定电解液的离子电导率，还影响着 SEI 膜的形成。SEI 膜的性质，如孔隙率、电子和离子电导率对电池的不可逆容量、耐低温性能、循环性能和安全性能都有重要影响。优良的 SEI 膜应具有有机溶剂不溶性，允许锂离子比较自由地进出电极而溶剂分子却无法穿越，从而阻止溶剂分子与锂离子共同嵌入对电极破坏，提高电极循环寿命。有研究发现，SEI 膜的电阻远远大于电解液电阻，而且当温度低于-20℃时，SEI 膜的电阻随着温度的降低而骤增，是电池性能迅速恶化的重要原因。因此，在锂离子电池的电解液中加入适量的成膜添加剂，降低 SEI 膜电阻，可以改善电池的低温性能。

（二）电极材料颗粒度对电池耐低温性能的影响

锂离子蓄电池充放电过程就是锂离子在石墨负极颗粒、电解液及 $LiMn_2O_4$、$LiCoO_2$ 等正极材料中的传输过程。虽然正负极材料的颗粒粒径一般在 $5 \sim 15\mu m$ 之间，降低了锂离子在固相材料中的扩散长度，但是由于锂离子在电极材料中的固相扩散系数很小，如在石墨负极材料的扩散系数在 $10cm^2/s$ 左右，在尖晶石 $LiMn_2O_4$ 正极材料的扩散系数在 $10cm^2/s$ 左右，而锂离子在电极材料中的同相扩散将影响电池的放电行为。低温条件下，电池放电平台的降低，说明正、负极颗粒内外层极化增大，即锂离子在正、负极固体颗粒间传输阻抗增大，导致放电过程中电池电压过早达到放电终止电压，放电容量也相应减小。研究发现，在低温条件下，锂离子的嵌入/脱出过程是不对称的。对于全充态的石墨电极在低于-20℃可以相对容易释放嵌入的锂离子，然而在相同温度下，对于全放态的石墨电极嵌入锂离子却遇到严重的阻碍。这种不对称过程是由锂离子在石墨内部的扩散造成的。通过减小电极材料的粒径，电池耐低温性能可以得到明显地改善。

（三）电荷传递电阻对低温性能的影响

锂离子电池充放电过程包括锂离子在固相-液相的传输过程，还包括电极与电解液界面的电荷传递过程，表征该过程所受的阻力大小称为电荷传递电阻，又称为电化学反应电阻。电化学反应电阻愈大，说明电化学反应愈不容易进行，或者说产生同样的电流，电化学反应电阻愈大，所需要的过电位愈大，即需要的推动力愈大。对锂离子电池低温性能进行的研究结果表明，在室温及低温条件下，电化学反应是锂离子电池充、放电速度的决定因素，当温度低于−10℃时，其决定性更为明显。

影响锂离子电池低温性能的因素较为复杂，目前也没有统一定论。SEI膜电阻、界面电荷传递电阻和锂离子在电极内部的扩散系数等，在特定电池体系中都可能成为影响锂离子电池低温性能的主要因素。另外，如电极表面积和孔隙率、电极密度和厚度、黏结剂对电解液的亲和力、隔膜的孔隙率和润湿性等因素在特殊情况下都有可能成为影响锂离子电池低温性能的主要因素。

参 考 文 献

［1］ GJB 2629—1996 热电池分类和命名规则［S］. 北京：国防科学技术工业委员会，1995.

［2］ 刘岁鹏，白银祥，杨正才，等. 锂系热电池的设计［J］. 电源技术，2015，39（1）：92~94，100.

［3］ 黄伦，沈惠龙. 锂系热电池技术的发展［J］. 上海航天，1993（4）：51~52.

［4］ 王胜华. 热电池激活方式综述［J］. 探测与控制学报，2011，33（4）：51~55.

［5］ 唐杰，张铭霞，栾强，等. 热电池用氮化硼纤维基复合隔膜的研制及性能研究［J］. 现代技术陶瓷，2017，38（3）：197~203.

［6］ 樊龙龙. 热电池的安全性设计探讨［J］. 山东工业技术，2016（7）：220~221.

第六章 空气电池和全固态电池

第一节 水系锂-空气电池

目前电动汽车受到电池容量和充电站分布的限制，很难实现长途行驶。要解决电动汽车跑长途问题，电池的密度需要提高到目前的 6~7 倍，而且还需要实现快速充电或者快速换电。因此，理论上能量密度远远大于锂离子电池的金属锂-空气电池备受关注。由于锂-空气电池的正极使用空气中的氧做活性物质，理论上正极容量无限大，因此可实现大容量。可以通过更换卡盒的方式，快速充入锂金属，通过换水的方式更换正极电解质，使电池重新获得活力，不需要充电过程，使用锂-空气电池电动汽车跑长途指日可待。

一、锂-空气电池的原理

锂-空气电池是一种用金属锂作负极，以空气中的氧气作为正极反应物的电池。放电过程负极的锂释放电子后成为锂的正离子 Li^+，Li^+ 穿过电解质材料，在正极与氧气以及从外电路流过来的电子结合生成氧化锂或者过氧化锂，并留在正极。锂-空气电池的开路电压为 2.91V。图 6.1 是锂-空气电池的原理模型。

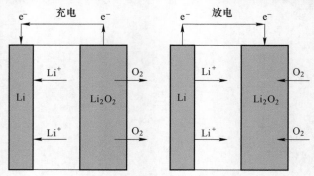

图 6.1 锂-空气电池理论模型

二、水-有机双液体系锂-空气电池及其化学反应式

图 6.2 是一种正极使用水性电解液、负极使用有机溶剂电解液的水-有机双液体系锂-空气电池结构模型。

　　这种电池结构的特点是使用金属锂作为负极，用空气可以自由穿过的多孔碳材料作为正极，在负极一侧使用有机溶剂作为电解液，在正极一侧使用水作为电解液。在负极的有机电解液和空气极的水性电解液之间用只能通过锂离子的固体电解质，即超级锂离子导通玻璃膜 LISICON（lithium super-ionic conductor glass film）隔开。电池放电反应生成的不是固体氧化锂，而是易溶于水性电解液的氢氧化锂，这样不会引起空气极的碳孔堵塞。由于水和氮等无法通过固体电解质隔膜，因此不存在和负极的锂金属发生反应的危险。配置了充电专用的正极，可防止充电时空气极发生腐蚀和劣化。

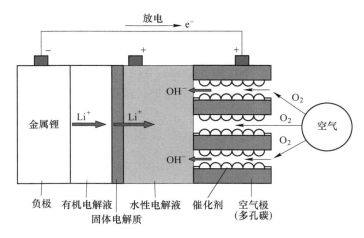

图 6.2　锂-空气电池的结构原理

　　负极用电解液组合使用的是含有锂盐的有机电解液。正极使用碱性水溶性凝胶，与微细化后的碳和低价氧化物催化剂形成正极组合。在锂-空气电池中，由于放电反应生成的并非是固体的 Li，而是容易溶解在水性电解液中的 LiOH。氢氧化锂在空气电极堆积后，不会导致工作停止。

　　水-有机电解质体系锂-空气电池的化学反应式：

　　（1）充电时电极反应如下：

　　负极反应：　　　　　　　　　　$Li^+ + e^- \longrightarrow Li$

　　充电时外电路通过导线给负极供应电子，锂离子由正极的水性电解液穿过固体电解质到达负极表面，在负极表面发生还原反应，生成金属锂。

　　正极反应：　　　　　　$O_2 + 2H_2O + 4e^- \longrightarrow 4OH^-$

　　（2）电池放电时的反应：

　　负极反应：　　　　　　　　　　$Li \longrightarrow Li^+ + e^-$

　　放电时负极产生的电子通过导线由外电路到达正极，锂离子由负极的有机电解液穿过固体电解质再通过水性电解液到达正极表面，在正极表面发生还原反应，生成氢氧化锂和过氧化锂。

正极反应比较复杂：

$$O_2 + 4e^- + 2H_2O \longrightarrow 4OH^-$$

负极产生的电子通过导线到达正极，空气中的氧气和水在微细化碳表面发生反应后生成氢氧根离子。氢氧根离子在正极的水性电解液中与锂离子结合生成水溶性的氢氧化锂 LiOH。锂与氧气发生反应生成氧化锂和过氧化锂（Li_2O_2）：

$$4Li + O_2 + 2H_2O \longrightarrow 4LiOH$$
$$4Li + O_2 \longrightarrow 2Li_2O$$
$$2Li + O_2 \longrightarrow Li_2O_2$$

因为空气中存在氮气和二氧化碳气体，同时还可能发生如下反应：

$$6Li + N_2 \longrightarrow 2Li_3N$$
$$Li_2O + CO_2 \longrightarrow Li_2CO_3$$

这些反应物有可能堵塞固体电解质的通道，阻碍锂离子通过，也可能会堵塞微细化碳孔隙，阻碍空气通过。

放电过程中 Li、H_2O 和 O_2 被消耗，在 Li 表面生成了一层保护膜而阻碍电化学反应的快速进行。在开路或低功率的状态下，Li 的自放电率很高，并伴随着 Li 的腐蚀反应：

$$2Li + 2H_2O \longrightarrow 2LiOH + H_2$$

在水系电解液中，金属 Li 极易和水反应，因此对锂离子隔膜的阻水性有很高要求，目前还没有商业化的产品。综合考虑实用性和安全性，水系锂-空气电池投入实际应用还有很长的路要走。

三、锂-空气电池的特点

锂-空气电池的优点主要体现在以下几个方面：

（1）能量密度高。正在研发中的金属-空气电池的种类很多，相对于其他的金属-空气电池，锂-空气电池具有更高的能量密度，如表 6.1 所示。理论上，锂-空气电池的能量密度可以达到 5200Wh/kg，在实际应用中，氧气来自外界环境，排除氧气后的能量密度高达 11430Wh/kg。

表 6.1　各种金属空气电池的性能对比

金属-空气电池	理论开路电压/V	理论能量密度（含氧气）/kWh·g⁻¹	理论能量密度（不含氧气）/kWh·g⁻¹
$Li-O_2$	2.91	5.210	11.140
$Na-O_2$	1.94	1.677	2.260

金属-空气电池	理论开路电压/V	理论能量密度（含氧气）/kWh·g⁻¹	理论能量密度（不含氧气）/kWh·g⁻¹
Ca-O_2	3.12	2.990	4.180
Mg-O_2	2.93	2.789	6.462
Zn-O_2	1.65	1.090	1.350

锂-空气电池比锂离子电池具有更高的能量密度，因为其以多孔碳为主的负极很轻，氧气从环境中获取而不用保存在电池里，这种电池的能量密度仅取决于锂电极。有的研究认为，锂-空气电池比锂离子电池的能量密度大一个数量级甚至两个数量级。

（2）成本低。正极活性物质采用空气中的氧气，不需要存储，也不需要购买成本，正极电极材料使用细微化碳，价格低廉。

（3）绿色环保。锂空气电池不含铅、镉、汞等有毒物质，是一种环境友好型电池体系。

（4）锂-空气电池可以是二次电池，反复进行充放电。也可以是一次电池，没电时无需充电，只需更换正极的水性电解液，通过卡盒等方式更换负极的金属锂就可以连续使用。这是一种新型燃料电池，名为"金属锂燃料电池"。理论上30kg金属锂释放的能量与40L汽油释放的能量基本相同。如果从用过的水性电解液中回收空气极生成的氢氧化锂，很容易重新生成金属锂，可作为燃料进行重复利用。

（5）锂-空气电池技术极有望用于汽车电池，使汽车不依赖于充电站而能够长途行驶。在军事应用方面有很大潜力。如果锂-空气电池在商业上可行，这可能意味着内燃机的终结。

锂-空气电池的缺点主要体现在以下几个方面：

（1）固体反应生成物氢氧化锂会在正极堆积，使电解液与空气的接触被阻断，从而使放电电流受到影响，甚至停止放电。

（2）锂-空气电池反应产物中存在大比例不可逆成分。二氧化碳能和放电产物反应生成碳酸锂，而碳酸锂的电化学可逆性非常差。这是各种技术路线都无法回避的问题，必须正面解决。

（3）锂-空气电池放电过程中氧化还原和充放电产物分解反应过程很难发生，需要催化剂协助。催化效果较好的金、铂等贵金属催化剂成本太高；大环化合物也能发挥近似作用，但由于生产过程复杂，成本也不低。高效低价的催化剂是重要的研究对象。

（4）由于锂-空气电池在敞开环境中工作，空气中的水蒸气以及二氧化碳等气体对锂空气电池危害极大。水蒸气渗透到负极腐蚀金属锂，从而影响电池的放电容量、使用寿命，因此，需要研制氧气选择性好的膜来防止水蒸气的渗透以及电解液的挥发。

（5）正极材料形貌、孔径、孔隙率、比表面积等因素对锂-空气电池能量密度、倍率性能以及循环性能都有很大影响。有机电解液系锂-空气电池放电产物存在堵塞氧气扩散通道的风险，可能因此导致放电电流不足甚至结束。空气电极载体的物理特性优化可能是解决这方面问题的方向。

（6）电解质中有机溶剂稳定性问题。碳酸酯和醚等有机溶剂虽然具有较宽的电化学窗口，但是在有活性氧的条件下，很容易被氧化分解，反应生成烷基锂、二氧化碳和水等物质。有机溶剂的分解直接导致电池容量衰减以及循环寿命迅速下降。因此，寻找稳定、兼容性好的有机溶剂是锂-空气电池的一个迫切问题。

（7）发展高性能导电聚合物电解质来提高锂-空气电池的倍率性能以及循环性能。电解质应具有更高的锂离子电导率、更好的阻氧能力、阻水能力以及宽的电化学窗口。

（8）最大的问题是如何确保在经过了许多次的充放电过程后仍能保持其电容量水平。还需要详细研究充放电过程的化学问题，如产生了哪些化合物，在哪里产生，以及它们之间如何相互反应等，目前这方面的研究还处于初级阶段。

锂-空气电池研究进展体现在以下几个方面：

（1）针对目前锂-空气电池用电解液在电池反应中均有不同程度的分解，造成不可逆产物的生成和自身的消耗，严重限制电池循环寿命的难题。空气电极催化剂催化效率低、用于过氧化锂等不溶放电产物存储和反应物传输的孔道结构不合理、导电性差是制约锂-空电池性能的关键因素。基于此，有人首次提出了石墨烯一体化空气电极的概念，成功地在泡沫镍基体中构筑了三维多孔石墨烯。泡沫镍所具有的高导电性，结合多孔石墨烯合适的孔道结构，使得锂-空气电池表现出优异的倍率性能。

（2）通过借助和发挥稀土钙钛石型复合氧化物优异的电催化性能，有效降低了锂-空气电池充、放电的过电位，进一步提高了能量转化效率和倍率性能。

（3）主要的创新包括用氢氧化锂结晶代替过氧化锂颗粒和添加碘化锂作为中介化合物。

（4）使用大孔还原氧化石墨烯作为正极材料，而不是普通的中孔碳材料。正极材料孔径从 $10\sim100nm$ 提高到 $10\sim100\mu m$，变大千倍，有助于防止电池在工作期间因为孔洞堵塞而形成氢氧化锂结晶。

（5）利用具有溶解能力的乙二醇二甲醚来帮助消除充电和放电时形成的氢氧化锂结晶。

第二节 其他类型的锂-空气电池

在锂-空气电池开发过程中，不同的研发机构采取了不同的技术路线，虽然一个共同点都是以金属锂作为负极材料，但是，电解液、隔膜材料、正极材料有不同的选择。在此作简单介绍。

一、全固态锂-空气电池

如图 6.3 所示，电池中间的电解质由三部分组成，最中间一层比例最大的是耐水性很好的玻璃陶瓷，靠近锂负极和氧气正极分别是两个薄层不同的高分子材质。全固态锂-空气电池不存在漏液问题，具有安全性比较高、稳定性好、循环性能好、防止形成锂枝晶等优点。但是，固态电解质与锂负极、空气电极、包括固态电解质内部的接触，不会像液体电解质那样紧密，这就可能造成电池内阻增大，其低导电性、容量和能量密度限制了其发展。相对有机体系锂空气电池，固态电解质体系构造也较复杂。

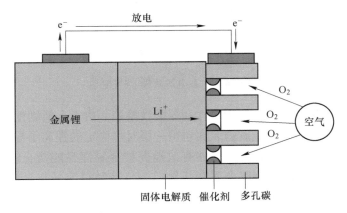

图 6.3 全固态锂-空气电池

全固态锂-空气电池的发展经历了工作温度由高温到中温和室温、电池结构从复杂到简单、电池反应从基于氧离子传输，在负极生成放电产物，到基于锂离子传输，在正极产生放电产物的过程。尽管如此，由于倍率性能上的巨大差距，目前基于锂离子传输的固态锂-空气电池有待在电池结构、界面调控、充放电机理等方面取得更进一步的突破。

二、水系电解质锂-空气电池

水系电解质锂-空气电池如图 6.4 所示。水系锂-空气电池的概念提出的较早，它不存在有机体系中空气电极反应产物堵塞空气电极的问题。使用水性电解质的锂空气电池往往放电容量不高，而且电池可充性也不好。但对于空气正极而言，它的优势却很突出。在水性电解质中氧气的扩散率和溶解度要比在有机电解质中大很多，而且也不存在氧气堵塞正极材料孔道阻碍反应进行的问题。水系电解质锂-空气电池的电解质是不同酸碱度的各种水溶液，在酸性和碱性不同的电解质中，电池发生的化学反应也不同，如下式所示：

$$4Li + O_2 + 4H^+ \longrightarrow 4Li^+ + 2H_2O \text{（酸性溶液）}$$

$$2Li + O_2 + 2H_2O \longrightarrow 2LiOH + H_2O \text{（碱性溶液）}$$

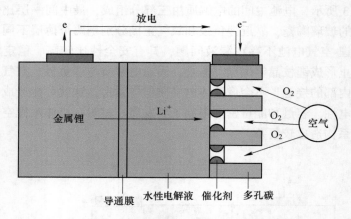

图 6.4 水系电解质锂-空气电池

目前水性电解质溶液主要为中性和弱酸性溶液。由于金属锂能与水发生剧烈氧化还原反应，故需要在金属锂表面包覆一层对水稳定的锂离子导通膜。研究比较多的憎水性 LTAP 系列导通膜能够有效地保护金属锂且能防止锂枝晶的生成，但是，由于 LTAP 不能直接跟金属锂接触，一旦接触很容易与金属锂发生反应，造成界面阻抗剧增。LTAP 在水中的稳定性问题仍然作为该体系研究的方向，锂负极保护问题还没有得到较好地解决。另外，锂金属在水系电解质中腐蚀严重，自放电率特别高，使得电池循环性和库仑效率都非常低。

有资料介绍，使用新开发的碱性水性电解质凝胶的锂空气电池在空气中以 0.1A/g 的放电率放电时，放电容量约为 9000mAh/g，充电容量也约达到 9600mAh/g，放电容量大幅提高。使用碱性水溶液代替碱性水溶性凝胶后，在空气中以 0.1A/g 的放电率放电时，可连续放电 20 天，放电容量约为 50000mAh/g。

三、有机系锂-空气电池

有机系锂-空气电池如图 6.5 所示。

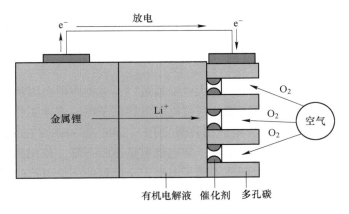

图 6.5　有机系锂-空气电池

有机系锂-空气电池用聚丙烯腈（PAN）基聚合物作为电解质（溶剂 PC、EC），掺入六氟磷酸锂以增加电解液与锂离子的亲和力。电池开路电压 3V 左右，能量密度为 250~350Wh/kg。有机电解质能够降低负极锂的不良反应，电池开路电压、能量密度和总放电容量均要略高于水性电解质并且热稳定性较高。但氧气在这类电解质中的溶解度和扩散率不高且负极上氧化还原反应机制至今仍存在着众多的复杂性和不确定性。另外一个很大缺陷就是电池放电时产生的氧化物和过氧化物不溶于电解质，会堵塞多孔碳正极，阻止氧气的扩散，最终导致电池停止工作。

四、离子液体体系锂空气电池

离子液体是由正离子和负离子共同组成的盐溶液。目的是利用电解质中的正离子在锂负极和氧正极之间传递电荷。离子液体因具有低可燃性、疏水性、低蒸气压、宽电化学窗口和高热稳定性而被引入到锂空气电池中，但其黏度高、价格较高，在一定程度上限制了离子液体的进一步应用。

第三节　全固态锂电池

随着锂离子电池的大规模应用，给人们的生活带来了很大的方便，但是频频发生锂离子电池引起的火灾，也使人们产生了对锂离子电池安全性能的疑虑。锂离子电池容易发生火灾的原因主要是使用有机溶剂作为电解液，这些有机溶剂大部分属于甲类可燃物，极易燃烧。另外，锂离子电池在充放电过程中产生的枝晶在液态电解液里容易不受阻力地刺穿隔膜，引起电池内短路，也是锂离子电池容易发生火灾的一个重要原因。为了不断提升电池能量密度，隔膜就会做得越来越薄，锂枝晶刺穿隔膜的风险也大大提升。虽然目前对电池、电池包做了一系列安全设计，但是电解液的可燃本质风险依然存在。电解液还容易被氧化分解，限制了电池更高电压的应用。液体电解质电化学窗口有限，难以兼容金属锂负极和新研发的高电势正极材料。

锂离子并非唯一的载流子，在大电流通过时，电池内阻会因离子浓度浓差极化的出现而增加，电池性能下降。液体电解液锂离子电池安全工作温度有限。液体电解液与负极材料反应会生成固体界面层（solid electrolyte interphase，SEI），造成电解液和负极材料的持续消耗，使电池容量不断下降。使用固体电解质，制成全固态电池是解决液态电解质锂离子电池安全问题的一个可行的思路。

一、全固态锂电池的特点

全固态锂电池是相对液态锂电池而言，是指电池结构中不含液体，所有材料都以固态形式存在的储能器件。具体来说，它由正极材料、负极材料和电解质组成，而液态锂电池则由正极材料、负极材料、电解液和隔膜组成。

全固态锂离子电池有一些明显的优点：一是固体电解质可燃性差，在事故中电池损坏不易发生爆炸或者起火。二是固体电解质有更宽的电化学窗口，电压平台可以做高，有利于进一步提升电池的比能量。三是固态电解质可以采用金属锂作负极，由于固态电解质硬度较大，锂枝晶难以刺透电解质，因此可以在一定程度上抑制枝晶的生长。四是金属锂电池的能量密度要明显高于锂离子电池。固态的电解质所具有的密度和结构可以让更多带电离子聚集在一端，而且固态电解质以锂离子作为单一载流子，不存在浓差极化，因而可工作在大电流条件，提高电池的功率密度。目前已经有机构制造出能量密度达 1100Wh/L 的电池，这一能量密度几乎是目前液态电解质锂离子电池的 2 倍。电池的能量密度达到这种程度，电动汽车的购买和使用成本就有可能与普通汽车相同。五是因固态电池没有液态电解质，封装将会更加容易，可以降低生产成本。六是在汽车上使用时，不需要额外增加冷却装置和电子控制件等，有效地减少质量。七是固态材料内在的高低温稳定性为全固态电池工作在更宽的温度范围提供了基本保证。八是固态电池还具有结构紧凑、规模可调、设计弹性大等特点。固态电池既可以设计成厚度仅几微米的薄膜电池，用于驱动微型电子器件，也可制成宏观体型电池，用于驱动电动车、电网储能等领域，并且在这些应用中，电池的形状也可根据具体需求进行设计。

固态电池的原理与液态电解液锂离子电池相同，只不过其电解质为固态。固态电池的需求主要来自动力电池、消费电池以及储能电池三个领域，基于固态电池的安全与柔性优势，率先可能的应用会是成本敏感度较小的微电池领域，例如植入式医疗设备、无线传感器等。技术成熟以后，才逐渐向高端消费电池渗透。

有一家公司推出一款采用软性电路板为基材的固态电池，其厚度可以达到惊人的2mm，还可以随意折叠弯曲，展开弄平整再进行使用。这么一块看似不起眼的电池，其容量可以达到1000mAh，可以应用于智能可穿戴设备上。

二、全固态锂电池的电解质

锂离子固体电解质材料是实现全固态锂离子电池高性能的核心材料，也是影响其实用化的瓶颈之一。其性能很大程度上决定了电池的功率密度、循环稳定性、安全性能、高低温性能和使用寿命。固体电解质的发展历史已经超过一百年，被研究的固体电解质材料有几百种，而固体电解质只有在室温或不太高的温度下的电导率大于 10^{-3}S/cm 时才有可能应用于电化学电源体系，而绝大多数材料的电导率值要比该值低几个数量级，这就使具有实际应用价值的固体电解质材料很少。评判电解质的指标一般有：

（1）离子电导率。离子电导率会影响所组装的电池的本体电阻大小，对于固体电解质来说，离子电导率一般要求达到 10^{-4}S/cm 以上。

（2）迁移数。指通过电解质的电流中锂离子贡献的比例，理想状态下，迁移数为1。迁移数过低，负离子会在电极表面富集，导致电池极化加剧，电阻增大。

（3）电化学窗口。电池的工作电压范围内电解质需要有较高的电化学稳定性，否则会在工作过程中发生分解，一般要求电化学窗口高于4.3V。

固态电解质材料可分为聚合物、氧化物和硫化物三种，三者性能参数各有优劣。

（1）聚合物电解质。其组成与有机电解液比较接近，只是聚合物电解质以固体形式存在。聚合物固态电池优点是：安全性能好，热稳定性好，可以长期在60~120℃下工作不会发生燃烧爆炸，可以制成柔性薄膜电池。

固态聚合物电解质存在界面阻抗高、离子电导率低等问题。聚合物固态电解质在室温下离子电导率低，一般需要在高于其融化温度以上的温度下工作，但温度升高后机械强度又下来了。聚合物电解质急需解决的问题是高离子电导率和高机械强度之间的矛盾。此外，固态聚合物电解质在实际应用中需要加热系统维持一定的温度范围，固态电池能量密度大的优势就被抵消。提高电池功率密度、扩展电池工作温度主要依赖于电解质电导率的提高。

（2）氧化物固态电解质。分为晶态电解质和玻璃态（非晶态）电解质，也分为薄膜型和非薄膜型。薄膜型容量很小，只能满足微型电池的使用，不适用于汽车。非薄膜型的综合性能表现优异，已经解决了生产工艺问题，可以给手机电池使用。但是界面接触差、电阻高。用氧气作电极材料存在的问题是放电产物过氧化锂 Li_2O_2 堵塞氧气通道，导致放电过电势增加，电池能量效率降低。Li_2O_2

为绝缘体，在后续的充电过程中无法被完全分解，致使电池容量逐渐下降。

（3）硫化物电解质。由于硫对锂束缚作用比氧弱，有利于锂离子的迁移，因此硫化物的电导率往往显著高于同种类型的氧化物。许多主族元素与硫能够形成更强的共价键，所得到的硫化物更稳定，不与金属锂反应，使得硫化物电解质具有更好的化学和电化学稳定性。硫化物电解质对空气中的水汽敏感，吸收了水汽后金属锂不稳定，在大电流时仍有被锂枝晶刺穿的可能，与电极的接触状况在卸去外加压力时迅速恶化。

硫化物技术难度最高，但潜力很大，对环境要求较高，氧气太多不行，容易被氧化，遇到水也不行，容易产生有害气体。为了保证生产环境氧气含量和空气中水分含量，需要人工在手套箱内生产硫化物固态电池，要大规模量产，难度很大。硫化物本身也存在与氧化物电极材料及金属锂不兼容的问题。与氧化物电极的兼容问题，目前的解决办法是在电极表面包裹一层氧化物。硫化物在 5V 高电压下会令作为电子导电添加剂而加入正极的乙炔黑分解。在使用金属锂用作负极的大容量极性材料时，单质硫本身的绝缘性和嵌锂后较大的体积膨胀效应等问题仍无法得到较好解决。硫化物电解质和氧化物电解质都包含有玻璃、陶瓷及玻璃-陶瓷（微晶玻璃）三种不同结晶状态的材料。聚合物、硫化物和氧化物电解质在大电流密度时都有可能会被锂枝晶刺穿，使电池发生内短路。

三、全固态锂电池的构造

全固态锂电池的构造可分为三类：薄膜全固态电池、三维薄膜型全固态电池和体型全固态电池。

（1）薄膜全固态电池。将电池的各组成部分通过适当的薄膜制备技术（如气相沉积、离子溅射、溶胶-凝胶、激光脉冲沉积等）制成薄膜，并按照电池结构顺序堆叠在基底之上，即可形成薄膜全固态电池。采用工艺温度较低的薄膜制备技术，可在保证电极与电解质接触良好的情况下有效避免二者间发生反应。已经出现电极厚度约 $10\mu m$ 的电池原型，此款薄的全固态锂离子电池可以为智能卡片提供动力。

薄膜全固态电池具有比较高的体积能量密度和质量能量密度，可以广泛用于便携式移动设备、电动代步工具、医疗器械、航天及军事工业。

（2）三维薄膜型全固态电池。平面状的二维薄膜全固态电池的电极与电解质接触面积小，在有限的接触面积内难以同时提高其能量密度和功率密度。借助模板法、光刻技术、气凝胶法、等离子刻蚀等技术将薄膜电池制成三维结构，也就是把界面刻成手风琴那样的折皱，在有限的宽度内把接触面加大，可以进一步提高电池的功率密度和单位面积能量密度。三维薄膜锂电池通过独特的构架设计，在增大单位接触面积活性物质负载量的同时，通过三维纳米结构的构建缩短锂离子扩散路径，可提高电池的容量和充放电速率，是解决未来微电子器件能量需求的一种有效方式。对于用金属锂作负极的全固态薄膜锂电池而言，正极材料三维纳米结构的构建尤为重要，其性能直接决定了电池的性能。然而，三维正极材料构建上的困难一直制约着三维固态薄膜电池的研究与发展。目前，由于薄膜电池的制备技术成本较高，一时难以实现大规模应用。三维薄膜锂电池的研究仍处于初期阶段，大部分研究还处在概念设计、电极制备的状态，针对三维薄膜锂电池报道极少。

（3）体型全固态电池。与薄膜型电池不同，体型全固态电池的电极层承载更多的电极活性物质，因而能提供更大的输出功率和单位面积能量密度。由于电极层较厚，为充分利用电极活性物质，电极的设计采用液态电池电极的理念，即由锂离子导电材料、电子导电材料和电极活性物质混合组成复合电极。

体型电池可以采用自支撑，而不需要额外的支撑基体。起支撑作用的部分既可以是较厚的复合电极，也可以是较厚的电解质，或者是二者共同组成的电池整体。对于复合电极支撑的情况，仍可采用薄膜电解质以最小化电解质电阻对电池总阻抗的贡献。

对于固态电解质起支撑作用的情况，要求电解质材料具有高的电导率和足够的机械强度。体型电池一般采用各部分材料的粉体制备，便于规模化生产。

使用多层重叠电极，提升电池能量密度。使用多层重叠电极，减少电极间的距离，可以提升电池能量密度，也可以做成大容量电池。有研究机构开发出了在一节电池内重叠 150 层电极和固体电解质的全固体电池。这种电池的正极为锰酸锂类化合物，负极为钛酸锂类复合金属氧化物，尺寸为 $3.2mm \times 2.5mm \times 2.5mm$。由于体积小，多层叠加后的储电容量大幅提升。

为拓展全固态锂电池的应用领域，例如用于电网储能和电动汽车，必须开发出低制造成本、高能量密度和功率密度的体型电池结构。

四、待解决的问题

（1）使用锂金属作负极材料，进一步提高锂离子电池的能量密度和功率密度。液态电解质锂离子电池的正极是锂的化合物，负极材料是碳。如果用锂金属作负极材料，将会大大提高电池的能量密度。但是，采用锂金属作负极的难度还是很大：一是产生锂枝晶的问题还没有彻底解决；二是固体接触界面电阻仍然较大；三是锂枝晶即使不能刺穿隔膜，也可能会折断，从而导致"死锂"情况发生，降低电池容量；四是锂金属循环过程中出现多孔，体积会无限制地膨胀，这些都是金属锂的应用难题。

（2）解决固态电解质成型问题。一条技术路线是原位固态化，就是先加入液体电解质，液体能够将固体颗粒很好的浸润包覆，然后再将液态转化为固态，这样就能做到原子尺度的结合，而不是把电极材料和固态电解质强行压在一起，解决电极材料和固态电解质的接触严密性问题。另外一条技术路线是通过胶态的电解质进行过渡，目前胶态电解质在电池中的体积占比小于 10%，质量占比小于 4%。

（3）解决固-固界面接触质量问题。大概有几种方式：一是工艺层面改进，采用类似于热压的方式，使界面结合更加紧密，来减小固体间的间隙；二是材料层面改进，选择电极和电解质相容性较好的材料来降低界面电阻；三是增加电极和电解质接触面，在正极和负极上设置若干凹槽，以增大活性物质与固态电解质的接触面积，从而增大锂离子脱嵌速率；四是一体化成型的技术，在成型过程中使界面紧密接触。

（4）抑制锂枝晶生长。一是采用表面涂层；二是在金属锂负极一侧的电解质采用陶瓷等方式；三是对电池材料进行改性，在材料中加入铜氮化物，抑制锂枝晶生长。当然这些都属于改善方式，而不能从根本上解决界面及锂枝晶的问题。

解决全固态电解质问题还有很长的路要走，分步推进，先是半固态电池，然后是准固态电池，再到全固态电池。

参 考 文 献

[1] 李军，陶熏，黄际伟. 锂-空气电池的研究进展与展望 [J]. 电源技术，2013，37（4）：686~688.

[2] 王芳，梁春生，徐大亮，等. 锂空气电池的研究进展 [J]. 无机材料学报，2012，27（12）：1233~1240.

[3] 顾大明，王余，顾硕，等. 锂空气电池非水基电解液的优化与研究进展 [J]. 化学学报，2013（71）：1354~1364.

[4] 李杨，丁飞，桑林，等. 全固态锂离子电池关键材料研究进展 [J]. 储能科学与技术，2016，5（5）：615~626.

[5] 宋杰，吴启辉，董全峰，等. 全固态薄膜锂离子电池 [J]. 化学进展，2007，19（1）：66~73.

[6] 许晓雄，邱志军，官亦标，等. 全固态锂电池技术的研究现状与展望 [J]. 储能科学与技术，2013，2（4）：331~341.

第七章　几种新型电池

第一节　石墨烯电池

石墨烯是至今发现的最薄、最坚硬、导电导热性能最强的一种新型纳米材料。石墨烯电池是利用锂离子可以在石墨烯表面和电极之间快速大量穿梭运动的特性，开发出的一种新能源电池。石墨烯优异的物理、化学性能，可以提高锂离子电池能量密度，被用作锂离子电池负极材料及导电剂的添加剂。

一、石墨烯材料在锂离子电池中的作用

与传统电极材料相比，石墨烯有四大突出优势：其一，高比表面积有利于产生高能量密度。第二，超高导电性有利于保持高功率密度。第三，化学结构丰富有利于引入赝电容，提高能量密度。赝电容是在电极表面或体相中的二维或准二维空间上，电活性物质进行欠电位沉积，发生高度可逆的化学吸附、脱附或氧化、还原反应，产生和电极充电电位有关的电容。赝电容不仅在电极表面，而且可在整个电极内部产生，因而可获得比双电层电容更高的电容量和能量密度。在相同电极面积的情况下，赝电容可以是双电层电容量的 10～100 倍。第四，特殊的电子结构有利于优化结构与性能关系。

有实验表明，用石墨烯复合物作负极材料的锂离子电池，分别以 0.05C、1C 及 5C 在 2.5～4.4V 充放电，首次充电比容量分别为 188mAh/g、178mAh/g 和 161mAh/g，首次放电比容量分别为 185mAh/g、172mAh/g 和 153mAh/g，明显高于不使用石墨烯复合负极材料的锂离子电池。这是因为石墨烯的电子导电性强，减少了电极活性材料与电解质之间的界面电阻，有利于锂离子传导。同时，石墨烯层包覆在电极材料表面，抑制了金属氧化物的溶解和相转变，保持了充放电过程中电极材料的结构稳定。

二、石墨烯电池优点

（1）实现车辆轻量化。现在的电动汽车一次充电行驶里程受限，是因为电池的电容量不够，要想让电动汽车实现较长的航驶里程，减少充电次数，就要增加电池的体量，同时也就增加了汽车的自重。车辆搭载数百公斤甚至半吨重的动

力电池，牺牲了有限的空间，增大了消费者对车辆安全性和充电便利性的担心，还会抬高车辆价格。应用石墨烯材料制成的新型电池，尺寸和质量均将变小，能量储存密度得到了数十倍的提高，减轻了车辆的自重，延长了车辆的行驶里程，减少了充电次数，为电动汽车跑长途提供了可能性。

（2）减少电动汽车充电时间。石墨烯电池充电非常快，可以把电动汽车充电时间由以前的几小时缩短为数分钟甚至数十秒。使得电动汽车充电的速度几乎可以与传统汽车的加油速度相媲美，甚至比汽车加油的时间还短。

（3）石墨烯是当今世界上导电性能最好的材料，在传统手机锂离子电池中添加了石墨烯复合材料，增强了电池的充放电性能指标，寿命是普通锂离子电池的 2 倍。

三、石墨烯电池缺点

（1）石墨烯制备工艺自身还存在问题。兼容性不好，石墨烯比表面积过大，会对现有锂离子电池的分散均浆等工艺流程造成困难，目前还没有达到批量生产的程度。

（2）价格昂贵。当前生产锂离子电池负极所用的碳材料比较便宜，全部都是论吨卖的，而石墨烯很贵，每克超过一千元，远超黄金首饰价格，普及石墨烯电池还需时日。

（3）人类摄入石墨烯，会对人体造成伤害。

四、石墨烯电池需要解决的问题

（1）解决锂离子在石墨烯表面积聚的问题。由于石墨烯层嵌锂的能量势垒较高，与锂的结合能较低，吸附的锂离子有聚集在石墨烯表面的倾向，因此本征石墨烯并不适合作为锂存储的优良载体。而且本征石墨烯还存在较低的功率密度和循环稳定性差等缺点，针对以上问题，通过杂原子掺杂能够有效优化锂在石墨烯中的存储和扩散的平衡，达到容量和能量密度的提升。

（2）解决石墨烯的压实密度问题。石墨烯的压实密度及振实密度偏低，降低了电池的能量密度。但石墨烯具有良好的导电、导热性能，让锂离子在石墨烯表面与电极间快速穿梭，让功率密度变强，这也是石墨烯电池能够做到快充的原因。

（3）解决无序碳材料的某些基本电化学问题。石墨烯也存在传统碳材料的一些基本电化学问题，比如首次循环的库仑效率偏低、充放电平台过高、电位滞后严重以及循环稳定性较差等缺点，而这些问题其实都是高比表面无序碳材料的基本电化学特征。

（4）解决石墨烯在锂离子电池负极碳材料中所占比例优化问题。碳纳米材料单独作为负极材料存在不可逆容量高、电压滞后等缺点，与其他负极材料复合使用是目前比较实际的方案选择。把石墨烯当作增益材料，优化石墨烯材料在电池负极材料中的比例，是打开锂电池技术一条新的道路。

（5）开辟石墨烯在锂离子电池材料中的新用途。目前只在导电剂、隔膜及负极材料上找到发展方向，在正极材料上还没有取得技术突破。

第二节　石墨烯在锂电池上的应用

一、在锂-硫电池中的应用

锂-硫电池比传统的锂离子电池的能量密度约高 3~5 倍，有更低的原料成本以及良好的环境友好性，它是新一代绿色二次电池技术的重要代表。目前锂-硫电池主要采用硫、碳复合物作为正极，金属锂作为负极。然而，这类锂-硫电池体系在实际的生产与应用中还有许多问题需要解决：

（1）锂-硫电池反应过程中，硫反应生成的多硫化物易溶于电解液，形成飞梭效应，导致电池容量衰减严重，从而缩短了电池的循环寿命。锂-硫电池充放电时的中间产物被称为多硫化物，高价的多硫化物因在电解液中具有较好溶解性，从而会在浓度梯度推动下扩散，正负极材料间多硫化物往复扩散统称为飞梭效应，就像织布时的梭子那样两边来回飞。这种飞梭效应消耗了负极表面的还原性金属锂，并会在隔膜等处产生活性物质的不可逆沉积，进而导致充放电循环效率降低、容量迅速衰减。

（2）硫的极差的导电性严重降低了电池的电子传输效率及电化学反应效率，所以对于传统硫电极的制备，必须加入大量起导电作用的碳材料。碳材料的加入很大程度上降低了电池的实际能量密度，阻碍了电池的实际应用。因此，如何有效提高正极材料硫的负载量并且实现高效利用是推动锂-硫电池技术实际应用的关键。

具有微观石墨烯结构的纳米笼状碳结构，也称为石墨烯笼，有效地解决了这个问题。研究发现，在石墨烯笼的空心孔隙内有效地嵌入了大分子硫 S_8，同时还实现了只有 0.36nm 的石墨烯层间间隙固定了小分子硫 S_2 和 S_4。石墨烯笼充分利用多孔碳材料的孔道结构以提高硫分子的负载量，同时有效抑制了多硫化物的溶解，提高了电极库仑效率，改善了电池容量衰减的问题。

从微观的角度看蓄电池的充放电过程，实际上是一个锂离子在电极中嵌入和脱嵌的过程。所以，如果电极材料中的孔洞越多，这个过程进行的越迅速，电池充放电的速度越快。石墨烯的微观构造是一个由碳原子所组成的网状结构，由石墨烯网状结构所制成的电极材料也拥有充分的孔洞，因为只有一层原子的厚度，所以锂正离子的移动所受限制很小，从这个方面看，石墨烯无疑是一种非常理想的电极材料。使用石墨烯作正极材料的电池，其充放电速度将超过普通锂离子电池的 10 倍，可把数小时的充电时间压缩至不到 1min。可以期盼，未来 1min 快充石墨烯电池实现产业化以后，将带来电池产业的变革，从而也促使新能源汽车产业的革新。

二、在钛酸锂电池中的应用

钛酸锂电池能量密度只有 91Wh/kg，但是可以实现 6min 快速充电、30000 次循环，在 -45℃ 条件下可以正常充放电，在 240℃ 高温下仍能平稳工作并且无过热现象。可以看出，钛酸锂电池的功率密度高，但能量密度差。钛酸锂作为负极材料拥有脱嵌锂前后几乎零应变，嵌锂电位较高，达到 1.55V 的特点。钛酸锂电池避免锂枝晶产生，安全性较高。具有平坦的放电平台，化学扩散系数和库仑效率高。这些优点决定了钛酸锂电池具有优异的循环性能和较高的安全性。然而其导电性不高、大电流充放电时容量衰减严重，通常采用表面改性或掺杂其他元素来提高其电导率。实验表明，以石墨烯微片包覆钛酸锂具有较小的粒径和良好的分散性，表现出更优的电化学性能，主要归因于碳包覆提高了钛酸锂颗粒表面的电子电导率，较小的粒径缩短了 Li^+ 的扩散路径。

三、在磷酸铁锂电池中的应用

磷酸铁锂电池比钴酸锂等正极材料更具安全性和循环充放电稳定性，更好的耐过充电性能。但是，磷酸铁锂电池较低的电导率常会影响锂离子电池的容量，需要添加导电剂来提高锂电池的电化学性能，一种技术路径是用石墨烯包覆磷酸铁锂作正极材料。没有进行石墨烯包覆的磷酸铁锂正极材料在 0.1C 电流密度下首次放电能量密度为 94.4mAh/g，仅达到理论能量密度 170mAh/g 的 56%。而以质量分数 8% 的石墨烯包覆磷酸铁锂正极材料的首次放电能量密度达到 143.6mAh/g，提高了 52%。

包覆了石墨烯材料的充放电平台比较平稳，有利于电子器件更加稳定的工作。因为包覆在材料表面的石墨烯膜可以充当导电桥的作用，将交流阻抗从 140Ω 降到 90Ω，在脱、嵌锂的过程中极大地提高电子导电性。另外，随着循环次数的增加，石墨烯包覆的磷酸铁锂正极材料能量密度的衰减率较小，表明稳定性能也较好。

石墨烯全部致密包覆使活性物质和电解液隔离，减慢了离子扩散，导致该复合材料电化学阻抗升高，氧化还原反应活性降低，锂离子的嵌入和脱出过程受阻。解决这个问题的办法就是只对电极材料进行部分石墨烯包覆，从而使其电化学性能得到提高。

四、用石墨烯改性硅基负极

硅基负极材料中的硅和锂发生合金化反应，最大能量密度可以达到

4200mAh/g，是石墨负极材料的 10 倍以上。硅基负极还具有电化学嵌锂电位低、无析锂、储量丰富等优点，是下一代高能量密度锂离子电池极具潜力的负极材料。

硅基负极材料主要有三个缺点：

（1）剧烈的体积变化。在充放电过程中，硅锂合金的形成和分解伴随着巨大的体积变化，最大膨胀达到 320%，而碳材料只有 16%。

（2）硅基负极电导率和锂离子扩散系数低。

（3）形成不稳定的 SEI 膜。

用石墨烯改性硅基负极克服了硅负极材料的这些缺点。石墨烯稳定的骨架结构缓冲了硅晶格的膨胀，减少了锂离子嵌入、脱嵌过程对材料晶格的破坏，从而延长材料的循环寿命。另一方面，网状结构的石墨烯在复合材料中起到导电网络的作用，极大地提供高了锂离子在材料的迁移速率。用石墨烯微片包覆负极的碳可以避免锂枝晶形成，有效延长电池寿命，并可实现快速充电。

第三节　超级电容电池

超级电容电池和氢燃料电池虽然不是锂电池，但是也属于有发展前景的新型电池，有时候还要与锂电池合作，在此也做一下简单的介绍。

超级电容电池是另一种高速充电技术。其早期应用是在相机闪光灯、电击棒这样的产品上，可以在短时间内积蓄极大的能量，并支持大电流快速放电。但由于它是一种短时间储存电荷的装置，电量难以保存长久。利用电容器快速充电、高倍率快速放电的性能，进一步提高电容器大量、长期储电能力，制成功率型储电器，称为超级电容电池。以锂离子电池作为能量型储电器，二者结合起来在电动汽车上面使用，能在汽车加速时高功率放电，并能够在汽车减速时回收汽车的动能。这种超级电容电池加锂离子电池构成的复合电源特别适合城市公共交通工具，因为公交车会频繁地遇到红绿灯，要不断地加速、减速、制动。能量型电源要能够长期地稳定地供给汽车动力，功率型电源又能够在汽车加速时提供超大功率，两者很难同时在同一个锂离子电池上实现。如果汽车在刹车减速时的动能不能被回收，大量的能量就会被浪费掉。超级电容电池与锂离子电池的完美配合，解决了这个问题。

一、超级电容电池工作原理

超级电容电池又叫双电层电容器（electrical double-layer capacitor），是建立在德国物理学家亥姆霍兹提出的界面双电层理论基础上的一种全新的电容器。亥姆霍兹发现插入电解质溶液中的金属电极表面与液面两侧会出现符号相反的过剩电荷，从而使相间产生电位差。那么，如果在电解液中同时插入两个电极，并在其间施加一个小于电解质溶液分解电压的电压，这时电解液中的正、负离子在电场的作用下会迅速向两极运动，并分别在两个电极的表面形成紧密的电荷层，即双电层。它所形成的双电层和传统电容器中的电介质在电场作用下产生的极化电荷相似，从而产生电容效应。紧密的双电层近似于平板电容器，但是，由于紧密的电荷层间距离比普通电容器电荷层间的距离小得多，因而具有比普通电容器更大的容量。

传统物理电容中储存的电能来源于电荷在两块极板上的分离，两块极板之间为真空（相对介电常数为 1）或一层介电物质，比如云母片（相应的介电常数为 ε）所隔离，电容值为

$$C = \varepsilon A / 4\pi k d$$

式中 　A——极板面积；

　　　k——静电力常数，与介电物质的介电常数有关；

　　　d——介质厚度。

所储存的能量为

$$E = 0.5CV^2$$

式中 　C——电容值；

　　　V——极板之间的电压。

由以上可见，若想获得较大的电容量，储存更多的能量，必须增大极板面积 A 或增大介电物质的介电常数 ε。减少介电物质的厚度 d 是增大电容量的有效途径。普通电容器介电物质都是有一定厚度的，为防止电容器两块极板短路，介电物质不可能无限缩小，导致电容器的储电量和储能量不会太大。超级电容采用活性炭材料制作成多孔电极，在相对的碳多孔电极之间充填电解质溶液，当在电极两端施加电压时，相对的多孔电极上分别聚集正、负电子。由于电场作用，电解质溶液中的正、负离子分别聚集到与正负极板相对的界面上，从而形成两个集电层，相当于两个电容器串联。由于活性炭材料具有 $\geq 1200\text{m}^2/\text{g}$ 的超高比表面积（即获得了极大的电极面积 A），而且电解液与多孔电极间的界面距离不到 1nm（即获得了极小的介质厚度 d）。这种双电层电容器比传统的物理电容的容量要大很多，比容量可以提高 100 倍以上，从而使单位质量的电容量可达 100F/g，所以叫做超级电容器。因为超级电容器具有这么大的容量，可以当做电池使用，所以就有了超级电容电池。

二、超级电容电池的特点

（1）单体容量范围通常为 0.1～3400F。

（2）功率密度高。可达 300～5000Wh/kg，相当于普通电池的数十倍。能量密度大大提高，超级电容电池目前已可达 10kWh/kg。

（3）充电速度快。双电层电容器与可充电电池相比，可进行不限流充电，只要充电几十秒到几分钟就可达到其额定容量的95%以上。

（4）循环使用寿命长。深度充放电循环使用次数可达50万次以上，如果对超级电容每天充放电20次，连续使用可达68年。

（5）大电流放电能力超强。能量转换效率高，过程损失小，大电流能量循环效率≥90%。

（6）安全性能高。双电层电容器与铝电解电容器相比内阻较大，因此，可在无负载电阻情况下直接充电。如果出现过电压充电的情况，双电层电容器将会开路而不致损坏器件，这一特点与铝电解电容器的过电压击穿不同。

（7）没有"记忆效应"。

（8）充放电线路简单，长期使用免维护。

（9）超低温特性好。使用环境温度范围宽达-40~+70℃。

（10）检测方便，剩余电量可直接读出。

（11）绿色环保。产品原材料构成、生产、使用、储存以及拆解过程均没有污染，是理想的绿色环保电源。

（12）价格便宜。电极所用的碳材料资源丰富，价格便宜，制造成本低。

三、超级电容电池的注意事项

（1）超级电容器具有固定的极性。在使用前，应确认极性。

（2）超级电容器应在标称电压下使用。当电容器电压超过标称电压时，将会导致电解液分解，同时电容器会发热，容量下降，而且内阻增加，寿命缩短，在某些情况下，可导致电容器性能崩溃。

（3）超级电容器不可应用于高频率充放电的电路中。高频率的快速充放电会导致电容器内部发热，容量衰减，内阻增加，在某些情况下会导致电容器性能崩溃。

（4）安装超级电容器后，不可强行倾斜或扭动电容器，这样会导致电容器引线松动，导致性能劣化。

（5）在焊接过程中避免使电容器过热。若在焊接中使电容器出现过热现象，会降低电容器的使用寿命。

（6）将电容器串联使用时要注意电压均衡问题。当超级电容器串联使用时，存在单体间的电压均衡问题，单纯的串联会导致某个或几个单体电容器过压，从而损坏这些电容器，整体性能受到影响。

四、超级电容器用途

（1）用作起重装置的电力平衡电源，可提供超大电流的电力。

（2）用作车辆启动电源，启动效率和可靠性都比传统的蓄电池高，可以全部或部分替代传统的蓄电池。

（3）用作电动汽车的动力，与锂离子电池联合使用，会取得更好的使用效果。

（4）用在军事上可保证坦克车、装甲车等战车的顺利启动，尤其在寒冷的冬季，更体现出超级电容电池的优点。

（5）作为激光武器的脉冲能源，可以瞬间大电流输出。

（6）可用于其他机电设备的储能器。

五、超级电容电池的发展前景

（1）用作手机上的石墨烯固态薄膜电池。研究人员开发出一种以石墨烯为基础的微型超级电容器，该电容器不仅外形小巧，而且充电速度为普通电池的1000 倍，可以在数秒内为手机甚至汽车充电，同时可用于制造体积较小的器件。

（2）石墨烯能助力超级电容器、锂离子电池的发展。据相关资料显示，加入石墨烯材料，同等体积的电容可扩充 5 倍以上的容量。出现了一种高性能超级电容器电极材料——氮掺杂有序多孔石墨烯，这种材料具有极佳的电化学储能特性，可用作电动车的"超强电池"，充电只需 7s，即可续航 35km。

（3）生产安全可靠的超级电容电池。将充满电的新型石墨烯聚碳电容电池用射钉器打穿，使电池内部形成短路，没有发生任何化学反应。把新型石墨烯聚碳电容电池放在火上烧，也不会发生爆炸事故。这种特殊的安全性能特别适合军事用途，即使遭到枪击也不会着火爆炸。

第四节　干电池技术

干电池技术就是干法电极工艺技术，可以提升电池能量密度和提升电池稳定性，会很明显提升续航里程和安全性，并且可以降低成本。与超级电容器配合，可以满足短时峰值功率需求和制动能量回收。干电池的功率密度可以降低，只需提高能量密度，安全性和循环寿命大幅提高。干电池技术和超级电容的组合，是行业发展的方向。

传统的锂离子电池生产工艺中，极片是湿法制造，即把正极材料或负极材料与黏结剂、分散剂混合在一起形成浆料，而后再用涂布设备涂覆在集流体上，然后烘干、压实。烘干过程中能源消耗比较大，蒸发出的 NMP 还有一定的毒性，在工艺上还要防止 NMP 蒸气着火甚至爆炸。

干法制极片没有溶剂，都是粉末状态，核心工艺是把混有电极材料的固体黏结剂（聚四氟乙烯）拉成丝，再用挤压设备将黏结剂与电极集流片压在一起。

干法电极在硅碳负极上应用解决了硅碳负极材料充电后膨胀，引起电极粉体脱落问题，循环次数可以数倍提升。干法电极不存在湿法制造中有溶剂导致锂的损失问题。

干法电极制备技术的优点：

（1）能量密度高。目前能量密度已经大于 300Wh/kg，正在向超过 500Wh/kg 努力。

（2）循环寿命长。电池寿命成倍增长。

（3）降低成本。产能密度增加十多倍，成本比湿法电极降低 10%~20%。

干法工艺的缺陷：

（1）干法电极工艺的黏结剂是含氟的，与锂会反应形成氟化锂。

（2）纤维化工艺在超级电容上应用比较容易些，因为原材料是活性炭，质量轻。电池上是硅碳，质量重，密度匹配有一定难度。

（3）在电池上应用，干法电极工序材料损耗增加 40%。

第五节　氢燃料电池

各种干电池、蓄电池，包括锂电池和锂离子电池以及超级电容电池都是先把电能存储，然后才能给用电器提供电能。氢燃料电池是使用氢元素，在电池里面直接与氧气发生化学反应而产生电能。氢燃料电池严格说起来不是电池，因为它并不直接存储电能，而是储存氢气，在使用时才把氢气和氧气变成电能。就好像内燃机一样，并不储存能量，只储存燃油，发动机工作时才把燃油变成能量。所以，更贴切地说，氢燃料电池应该是氢燃料发动机。

一、氢燃料电池工作原理

氢燃料电池的基本原理是电解水的逆反应。电池含有正负两个电极，分别充满电解液，两个电极被具有渗透性的薄膜隔开。氢气由燃料电池的正极进入电池，氧气（或空气）由负极进入电池。催化剂可使正极的氢分子分解成两个质子（proton）与两个电子（electron）。质子被氧吸引到薄膜的另一边，电子不能穿过质子交换膜，只能经过外部电路到达燃料电池负极，从而在外电路中产生电流。在负极催化剂作用下，质子、电子及氧发生反应，形成水分子。由于供应给电池负极的氧可以从空气中获得，因此只要不断地给电池正极供应氢，负极从空气中获取氧气，并及时把发电后产生的水蒸气带走，就可以不断地提供电能。

二、氢燃料电池的优点

（1）氢燃料电池对环境无污染。氢燃料电池只会产生水和热。如果氢是通过光伏发电、风能发电等用电解法产生的，整个循环就是不产生任何有害物质排放的过程。

（2）氢燃料容易获得。氢燃料不用像煤炭、石油那样需要钻探、开矿，用电解法可以从水中获得，工艺简单。

（3）贮氢材料容易获得。氢的化学特性活跃，它可同许多金属或合金化合，某些金属或合金吸收氢之后，会形成一种金属氢化物。有些金属氢化物的氢含量很高，甚至高于液氢的密度。在一定温度条件下金属氢化物会分解，把所吸收的氢释放出来，这就构成了一种良好的贮氢材料。

（4）燃料电池运行安静。运行时噪声大约只有 55dB，相当于人们正常交谈的水平。这使燃料电池也可以在室内安装，或是在室外对噪声有限制的地方安装。

（5）效率高。燃料电池的发电效率可以达到 60% ~ 80%，是内燃机的 2 ~ 3 倍。这是因为燃料电池直接将化学能转换为电能，不需要经过热能和机械能的中间变换，省去了转换过程的能量损耗。

（6）运行费用低。国内试运行的一批氢燃料电池车，最大输出功率高达 60kW，燃料消耗仅为每百公里 1.2kg 氢气，大约相当于 4L 93 号汽油。

（7）可以制造小型化清洁能源电池。一种新型电池是通过氢化钙和水之间发生的化学反应产生电力，一块体积不到 $3cm^3$ 的燃料电池可以产生 5Wh 的电力。可广泛用于包括智能手机在内的多种电子设备，或是在紧急情况下提供后备电力供应。

三、氢燃料电池需要解决的问题

（1）解决电极材料的制造技术。氢燃料电池的电极用特制多孔性材料制成，这是氢燃料电池的一项关键技术，它不仅要为气体和电解质提供较大的接触面，还要对电池的化学反应起催化作用。

（2）解决隔膜材料的制造技术。燃料电池核心材料磺酸树脂离子膜是氢燃料电池生产的重大瓶颈，长期被国外企业垄断。现在国内已经有企业解决了该问题，并具有一定的量产能力。

（3）需要在国家层面建设氢气供应网络。内燃机汽车可以到处跑而不用担心没有油的问题，因为到处都是加油站，加油也非常快捷方便，十几分钟就可以解决问题。推广使用氢燃料电池汽车不但要在汽车发动机方面下功夫解决技术问题，而且还要在全国建立氢供应站，布点密度最起码要达到现在的加油站布点的密度，当然也可以与加油站、充电站共建。在没有解决行驶中氢气供应的问题之前车辆是不敢上路的。在欧洲、荷兰、丹麦、瑞典、法国、英国与德国六国已经达成共同开发推广氢能源汽车的协议，各国将共同建设一个欧洲氢气设施网络，并协调能源传输。

（4）氢气使用安全的问题。氢气在化学元素周期表里面排在第 1 位，化学性质非常活跃，极易发生火灾爆炸问题，石油炼化行业加氢工序常常发生大爆炸事故。氢气对钢铁会产生腐蚀作用，称为"氢爆"，所以对氢气容器、氢燃料电池壳体材料的选择都要进行深入研究。

（5）价格和质量。氢燃料电池轿车比同类型内燃机车重 200 多公斤，贵 5 倍以上。

（6）与锂离子电池和超级电容电池的协调使用问题。在寒冷地区，氢燃料电池启动需要使用耐低温锂离子电池。在城市道路行驶，因为人流和红绿灯的影响，使得氢燃料电池汽车必须变功率行驶，需要使用超级电容电池来提供大功率输出和回收制动时的汽车动能。

（7）成本问题。成本问题依然是阻碍氢燃料电池汽车发展的最大瓶颈，氢燃料电池的成本是普通汽油机的 100 倍，这个价格是市场难以承受的。

四、氢燃料电池的应用

（1）做火箭推进器。20 世纪 60 年代，氢燃料电池就已经成功地应用于航天领域。往返于太空和地球之间的"阿波罗"飞船就安装了这种体积小、容量大的装置。液氧液氢大推力火箭发动机已经是成熟的火箭推进器。

（2）做航空器动力。波音公司于 2008 年 2 月至 3 月 3 次在西班牙奥卡尼亚镇成功试飞了氢燃料电池飞机。小型飞机起飞及爬升过程使用传统电池与氢燃料电池提供的混合电力。爬升至海拔 1000m 巡航高度后，飞机切断传统电池电源，只靠氢燃料电池提供动力。飞机在 1000m 高空飞行了约 20min，时速约 100km。这一技术让航空工业的未来充满绿色希望。小型飞机内安装了质子交换膜燃料电池和锂离子电池，翼展 16.3m，机身长 6.5m，重约 800kg，可容纳两人。试飞过程中，机上只有飞行员一人。

（3）做车辆动力。燃料电池发出的电经逆变器、控制器等装置给电动机供电，再经传动系统、驱动桥等带动车轮转动，就可在路上行驶。国内已经有小批量制造的城市公共交通用氢燃料电池汽车、景区氢燃料游览车投入试运行。氢燃料电池轿车加一次氢可跑 300 多公里，时速达 140~150km。

（4）发电。位于韩国瑞山的大山工业综合体建成了世界上最大的工业氢燃料电池发电厂，也是第一个仅使用从石化生产中回收的氢气的发电厂，已经投入使用。这座 50MW 的发电厂每年能够产生高达 40 万兆瓦时的电力，足以为 16 万户韩国家庭供电。这家氢燃料电池发电厂包含 114 个燃料电池，韩华总石化工厂每小时可生产多达 3t 的氢气，回收的氢气通过地下管道泵入新电厂并直接输入燃料电池。过程中没有温室气体、硫氧化物（SO_x）或氮氧化物（NO_x）的排放。这个氢燃料发电厂既把以前放空燃烧的氢气回收利用，节约了大量的能源，又使工厂产生了新的经济效益，实现了安全、环保、经济效益三丰收，给非化石燃料能源利用带来了新的示范效应。

第六节 全钒液流电池

钒电池，全称是全钒液流电池（vanadium redox flow battery，VRB），是一种活性物质呈循环流动液态的氧化还原电池。钒系的氧化还原电池是在 1985 年由澳大利亚新南威尔士大学的 Marria Kacos 提出，经过二十多年的研发，钒电池技术已经趋近成熟。在日本，用于电站调峰和风力储能的固定型（相对于电动车用而言）钒电池发展迅速，大功率的钒电池储能系统已投入使用，并全力推进其商业化进程。

一、工作原理

钒电池的电能以化学能的方式存储在不同价态钒离子的硫酸电解液中，通过外接泵把电解液压入电池堆体内，在机械动力作用下，使其在不同的储液罐和半电池的闭合回路中循环流动。质子交换膜作为电池组的隔膜。电解质溶液平行流过电极表面并发生电化学反应，通过双电极板收集和传导电流，从而使得储存在溶液中的化学能转换成电能。全钒液流电池的工作原理如图 7.1 所示。

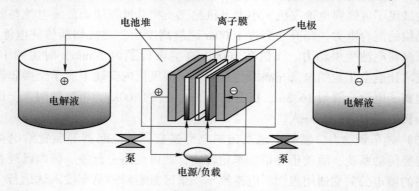

图 7.1 全钒液流电池工作原理

这个可逆的反应过程使钒电池顺利完成充电、放电和再充电。其反应如下：

正电极的 V 由+5 价的 VO_2^+ 变成+4 价的 VO^{2+}，发生得到电子的还原反应，电极反应式为

$$VO_2^+ + e^- + 2H^+ \Longrightarrow VO^{2+} + H_2O$$

负电极上 V^{2+} 变成 V^{3+}，发生失去电子的氧化反应。电极反应式为

$$V^{2+} - e^- \Longrightarrow V^{3+}$$

电池总反应为

$$V^{2+} + VO_2^+ + 2H^+ \Longrightarrow VO^{2+} + V^{3+} + H_2O$$

原电池工作时，电子由负极经过用电器移向正极，溶液中的 H^+ 由负极经过质子交换膜移向正极。充电时，正极失去电子，发生氧化反应。反应式为

$$VO^{2+} + H_2O - e^- \Longrightarrow VO_2^+ + 2H^+$$

钒电池系统主要分三部分：电堆部分、电解液、控制系统，其中开发难点是电堆和电解液技术。

二、电堆技术

电堆对储能系统的成本、功率、循环寿命、效率、维护等性能有很大的影响。电堆是提供电化学反应的场所，是实现储能系统电能和化学能相互转换的场所，是钒电池系统的核心部分。电堆研究开发重点是密封设计、流场设计、集流体的研究、隔膜的研究和电堆的集成等关键技术。

目前，集流体一般选用石墨板，其具有导电性好、能够大电流充放电等优点，但是石墨板易腐蚀，尤其在过充的条件下，容易被电化学腐蚀，石墨板正极表面被腐蚀，形成凹坑，严重时被电化学腐蚀穿透，导致钒电池正、负极电解液串液，这严重影响了钒电池的使用寿命。同时石墨板价格贵、脆性大，这些缺点严重影响了石墨板在钒电池中的应用。导电塑料代替钒电池中的石墨集流体正成为研究的热点，虽然导电塑料板的导电性能不如石墨板，但是它具有密度小、加工成型容易、成本低、适合大规模连续生产等特点，因此导电塑料集流体是未来研究发展的热点。

三、钒电池的隔膜

钒电池的隔膜必须抑制正负极电解液中不同价态的钒离子的交叉混合，而不阻碍氢离子通过隔膜，传递电荷。这就要求选用具有良好导电性和较好选择透过性的离子交换膜，最好选用允许氢离子通过的阳离子交换膜。对阳离子交换膜进行处理，提高亲水性、选择透过性和增长使用寿命，是提高钒电池效率的途径之一。全氟磺酸型离子交换膜是目前性能最好的一种离子交换膜。Nafionl17 隔膜具有电阻低、钒离子不能通过的特点，具有良好的离子导电性和化学稳定性，有一定的机械强度，但会有部分透水，价格贵，隔膜成本占了整个电堆的 60% ~ 70%，因此隔膜的国产化和其他隔膜的改性处理是钒电池隔膜的发展方向和解决重点。

四、电解液技术

电解液中不同杂质元素的含量对电解液的长期稳定性和充放电效率有影响，

如某些杂质离子会导致电解液对温度敏感、产生沉淀、堵塞电堆管路等。因此，确定电解液的纯度并对关键杂质的含量进行控制是非常重要的。此外，还需要向电解液中加入某些适量的稳定剂，以提高电解液的长期稳定性、温度适应范围等。

五、控制系统

控制系统主要包括充放电控制系统和泵循环系统。充电控制系统主要由直流变换模块和均流控制电路组成，将太阳能光伏发电系统发出的电能转换成钒电池系统的化学能。放电控制系统是通过逆变器将钒电池输出的直流电转换成 220V、50Hz 的交流电，供用电系统使用。

泵循环系统主要包括泵的选择和循环管路设计。最好选用直流泵且耐酸腐蚀。循环管路设计要求密封性好，管路耐酸腐蚀。泵循环系统为钒电池提供基本的运行条件。

六、电极材料

全钒液流电池要达到大容量的储能，必须实现若干个单电池的串联或者并联，这样除了端电极外，基本所有的电极都要求制成双极化电极。由于 VO^{2+} 的强氧化性及硫酸的强酸性，作为钒电池的电极材料必须具备耐强氧化和强酸性、电阻低、导电性能好、机械强度高、电化学活性好等特点。钒电池电极材料主要分为三类：金属类，如 Pb、Ti 等；炭素类，如石墨、炭布、炭毡等；复合材料类，如导电聚合物、高分子复合材料等。

七、钒电池的优势

（1）电池的输出功率取决于电池堆的大小，储能容量取决于电解液储量和浓度，因此它的设计非常灵活。当输出功率一定时，要增加储能容量，只要增大电解液储存罐的容积或提高电解质浓度。

（2）钒电池的活性物质存在于液体中，电解质离子只有钒离子一种，故充放电时无其他电池常有的物相变化，电池使用寿命长。

（3）充、放电性能好，可深度放电而不损坏电池。

（4）自放电低，在系统处于关闭模式时，储罐中的电解液无自放电现象。

（5）钒电池选址自由度大，系统可全自动封闭运行，无污染，维护简单，操作成本低。

（6）电池系统无潜在的爆炸或着火危险，安全性高。

（7）电池部件多为廉价的碳材料、工程塑料，材料来源丰富，易回收，不需要贵金属作电极催化剂。

（8）能量效率高，可达 75%~80%，性价比非常高。

（9）启动速度快，如果电堆里充满电解液可在 2min 内启动，在运行过程中充放电状态切换只需要 0.02s。

八、钒电池的劣势

（1）能量密度低，目前先进的产品能量密度大概只有 40Wh/kg，铅酸电池大概有 35Wh/kg。

（2）因为能量密度低，又是液流电池，所以占地面积大。

（3）目前国际先进水平的工作温度范围为 5~45℃，过高或过低都需要调节。

九、应用前景

（1）风力发电。目前风力发电机需要配备功率大约相当于其功率 1% 的铅酸电池用于紧急情况时风机保护风叶用。另外每一台风机还需要配备功率大约相当于其功率 10%~50% 的动态储能电池。对于风机离网发电，则需要更大比例的动态储能电池。拥有众多杰出优点的钒电池完全可以充当风力发电机的储能电池。

（2）光伏发电。光伏发电需要太阳光，一旦到了晚上和阴雨天就发不了电，因而需要储能电池为其储存电力，集众多杰出优点于一身的钒电池将作为光伏发电储能电池的优先选项之一。

（3）电网调峰。电网调峰的主要手段一直是抽水蓄能电站，由于抽水蓄能电站需建上、下两个水库，受地理条件限制较大，在平原地区不容易建设，而且占地面积大，维护成本高。钒电池储能电站不受地理条件限制，选址自由，占地少，维护成本低。可以预期，随着钒电池技术的发展，钒电池储能电站将逐步取代抽水蓄能电站，在电网调峰中发挥重要的作用。

（4）电动汽车电源。钒电池由于自身的独特结构，充电接受能力强，适应快速大电流充电及大电流深度放电，比功率大，比能量高，适合于作电动汽车的动力电源，也可以解决汽车尾气排放而造成的空气污染问题。钒电池作为汽车驱动力的优点是能够实现"瞬间充电"（直接更换或补充电解液）。

（5）应急电源。作为 UPS 可用于办公大楼、剧院、医院等应急照明场所，也可用作计算机以及一些军事设备的备用电源。

（6）供电系统。海岛、偏远地区等地区建设常规电站或架设输电线路造价高昂，使用钒电池并配以太阳能、风能等发电装置，可保障这些地区的稳定电力供应。另外钒电池还可以作为邮电通信、铁路发送信号、无线电传输站等的供电系统。

第七节 银锌二次电池

一、银锌二次电池工作原理

银锌电池在充好电后，其正极板的活性物质是过氧化银，负极板的活性物质是锌，电解液以氢氧化钾为主，并配以锌酸盐的饱和水溶液。放完电后，正极板的活性物质变为银，负极板则变为氢氧化锌。

放电时，在负极锌与电解液中的氢氧根离子化合，生成氢氧化锌，并放出两个电子，其化学反应式为

$$Zn + 2OH^- \longrightarrow Zn(OH)_2 + 2e^-$$

在正极，化学反应分两个阶段进行。在第一阶段，过氧化银获得电子并与水化合，生成氧化银和氢氧根离子，其化学反应式为

$$Ag_2O_2 + H_2O + 2e^- \longrightarrow Ag_2O + 2OH^-$$

当放电进行到一定程度时，转入第二阶段，氧化银又获得电子，并与水化合，生成银和氢氧根离子，其化学反应式为

$$Ag_2O + H_2O + 2e^- \longrightarrow 2Ag + 2OH^-$$

与此同时，生成的银还会与过氧化银进行如下反应

$$2Ag + Ag_2O_2 \longrightarrow 2Ag_2O$$

综合以上 4 个反应式，得到放电时的化学反应式如下

$$Ag_2O_2 + 2Zn + 2H_2O \longrightarrow 2Ag + 2Zn(OH)_2$$

银锌电池的化学反应也是可逆的，故充、放电的化学反应式为

$$Ag_2O_2 + 2Zn + 2H_2O \Longleftrightarrow 2Ag + 2Zn(OH)_2$$

从上述化学反应过程可知，在放电时负极板上的锌被氧化，生成氢氧化锌，同时消耗掉氢氧根离子；正极板上的过氧化银被还原，先生成氧化银，继而生成银，同时消耗掉水，并产生氢氧根离子；电解液中的氢氧化银并无消耗掉，离子锌和离子氢氧根仅是在两极间起输送电能的作用。水则参与化学反应，不断被极板吸收，氢氧化锌的浓度越来越大。

二、银锌二次电池的优缺点

（1）由于银锌电池的电解液成分为基于水的化合物，不易燃，因此即使短路时也不会发生锂电池那样的爆炸起火，安全系数堪比碱性电池。

（2）在安全限度下，银锌电池甚至可以过充，以实现更高的容量。

（3）启用之后，银锌电池的充电电量不会发生衰减，它的衰减要从第二年开始。

（4）银锌电池有95%可以回收，因此银锌电池不会带来锂电池那样的环保问题。

（5）银锌电池的充放电循环次数比较少，约50次，使用寿命较短。

（6）银锌电池的能量密度较低（低于60Wh/kg），因此不能满足11000m全海深海域长续航能力领域的应用要求。

（7）价格比较高。

三、银锌电池的用途

（1）大容量银锌蓄电池应用于航天飞机、潜艇、导弹、鱼雷等尖端领域。

（2）高倍率型电池具有优越的大电流放电性能，可用作各类导弹运载火箭的控制系统、伺服机构、发动机等设备的主电源，也可用作靶机、各种飞机的启动及应急电源。

（3）中倍率型锌银蓄电池的工作电压非常平稳，在中、低倍率下工作时更为显著，在导弹和火箭的遥测系统、外测系统、安全自毁系统及仪器舱中，这类电池得到广泛使用。

（4）低倍率型电池不仅电压平稳，且性能可靠、适用于电压稳定度要求很高的弹上或箭上仪器，密封式的锌银电池还可用作使用寿命为几天到十几天的返回式卫星的主电源。

（5）深海潜航器和深海探测器动力电源，我国在深潜器"蛟龙"号载人潜水器上应用充油耐压银锌电池技术，潜水深度7000m，续航时间为6h。

（6）新闻摄影电池，锌银蓄电池由于其性能稳定、体积小、质量轻、使用维护简单等优点而被各电影制片厂、中央及地方电视台用作新闻摄影、电视摄影及灯光照明电源。

参 考 文 献

［1］中国电力科学研究院有限公司，国网冀北电力有限公司电力科学研究院，浙江省电力公司电力科学研究院，等．GB/T 36558—2018电力系统电化学储能系统通用技术条件［S］. 国家市场监督管理总局，中国国家标准化管理委员会，2018.

［2］高云雷，赵东林，白利忠，等．石墨烯用作锂离子电池负极材料的电化学性能［J］.中国科技论文，2012，7（3）：201~205.

［3］李嘉喆．新型石墨烯材料助力锂离子电池升级［J］.化工管理，2018（6）：164.

［4］李晶．超级电容器的制造工艺优化与性能研究［J］.电池工业，2010，15（3）：131~135.

［5］付甜甜．电动汽车用氢燃料电池发展综述［J］.电源技术，2017，41（4）：651~653.

［6］中国科学院大连化学物理研究所，大连融科储能技术发展有限公司，中国电器工业协会，等．NB/T 42006—2013全钒液流电池用电解液 测试方法［S］.国家能源局，2013.

［7］盛凤军．全钒液流电池技术及其应用［J］.广东化工，2018（20）：107~108.

［8］钱庆三．锌氧化银二次电池的湿荷电搁置性能［J］.电池，2012，42（5）：286~288.

第八章 锂电池生产场所火灾成因

锂离子电池有很多优点，使用越来越普遍。但是，锂离子电池却有一个很大的缺点，就是容易发生火灾。无论是锂离子电池的生产、储存、运输过程中，还是锂离子电池在手机、电动自行车、电动汽车的使用中，都经常发生火灾。即使一些世界知名品牌的手机和电动汽车也不能幸免于难。本章就从发生火灾所必需的可燃物和点火源两个方面来分析锂离子电池火灾的成因。

第一节 电解液周转仓库的风险及预防措施

一、电解液和乙醇的火灾危险性

目前市场上大量使用的锂金属电池和锂离子电池大部分都是液态电解液，液态电解液都是非水有机溶剂组成的，例如碳酸二甲酯（DMC）、碳酸二乙酯（DEC）、碳酸甲乙酯（EMC）、碳酸乙烯酯（EC）、碳酸丙烯酯（PC）。要求电解液的介电常数高、黏度小。PC、EC 等介电常数高，但黏度大，分子间作用力大，锂离子在其中移动速度慢。DMC、DEC 等黏度低，但介电常数也低。在生产过程中为了提高电解液的性能，并不是单独使用某一种有机溶剂作电解液，而是多种有机溶剂混合搭配。表 8.1 是一款实际生产中使用的电解液配方。生产过程中常采用乙醇进行清洗。这些物质都属于易燃液体，锂离子电池生产过程中使用到的易燃液体的火灾危险性如表 8.2 所示。

表 8.1 生产中实际使用的一款电解液配方

序号	组分	化学分子式	含量/%	CAS 号
1	碳酸乙烯酯（EC）	$C_3H_4O_3$	10~30	96-49-1
2	碳酸甲乙酯（EMC）	$C_4H_8O_3$	10~30	623-53-0
3	碳酸二甲酯（DMC）	$C_3H_6O_3$	10~40	105-58-8
4	乙酸乙酯	$C_4H_8O_2$	10~30	616-38-6
5	碳酸亚乙烯酯	$C_3H_2O_3$	1~5	872-36-6
6	六氟磷酸锂	$LiPF_6$	11~14	21324-40-3

表 8.2 锂离子电池生产中使用的有机溶剂的火灾危险性

序号	物质名称	引燃温度/℃	闪点/℃	爆炸浓度（体积分数）/%		火灾危险性分类	蒸气密度（相对空气）	临界量（参考GB 18218—2018）/t
				下限	上限			
1	碳酸二甲酯（DMC）	458	17	3.8	21.3	甲	3.1	500
2	碳酸二乙酯（DEC）	445	25	1.4	11	甲	4.07	500
3	碳酸甲乙酯（EMC）	445	23	1.2	9.8	甲	2.94	500
4	碳酸乙烯酯（EC）	455	160	3.6	16.1	甲 B	3.04	500
5	碳酸丙烯酯（PC）	455	132	1.8	14.3	甲 B	不会比空气低	500
6	乙酸乙酯	426	-4	2.0	11.5	甲	3.04	500
7	碳酸亚乙烯酯（VC）	无资料	72.8	无资料	无资料	无资料	无资料	500
8	乙醇	363	12	3.3	19.0	甲	1.59	500

按照《建筑设计防火规范》（GB 50016）的规定，这些有机溶剂均属于甲类可燃物，它们都具有极强的火灾危险性。

二、危险化学品周转仓库的安全要求

由于生产的需要，锂电池生产企业都会一次性购进大量的电解液，这些电解液都不会在一天两天内使用完，必然要有一个电解液周转仓库。周转仓库与厂房及其他建筑之间的防火间距必须满足《建筑设计防火规范》的规定。由于乙醇的灭火剂与其他甲类可燃液体的灭火剂不同，所以乙醇不能与电解液同库存放。甲类可燃液体只能存放在单层的周转仓库内，周转仓库的总面积不能超过750m²，而且要按照每个防火分区面积不超过250m²划分防火分区。周转仓库的建筑耐火等级不能低于二级，仓库内防火墙的耐火极限不能低于4h。这些规定都是强制性条款，必须认真执行。

锂电池生产企业分布在不同的工业园区，随着我国经济社会的高速发展，建成区面积不断扩大，人口密度持续增加，危险化学品的储存需求与城市空间不足的矛盾日益突出。工业园区的用地面积非常紧张，要想让每一个锂电池企业都单独建立一个危险化学品周转仓库是很困难的。所以有相当多的锂电池生产企业把电解液周转仓库设在厂房的底层，便于来料卸货。这样设置电解液周转仓库有非常大的安全隐患，万一发生火灾将危及整栋楼，这个问题亟待解决。

深圳市的锂离子电池生产企业达到 200 多家，比亚迪、比克等大型公司可以在自己的工业园区设立电解液周转仓库。但是更多的中小型电池生产企业分布在除罗湖、福田、南山区以外的各区的大大小小的工业园里，这些企业要么自己没有能力建设电解液周转仓库，要么是政府管理部门不批准建设独立的电解液周转仓库，把独立建立的电解液周转仓库当作违法建筑处理。锂电池生产必然要使用到电解液等易燃液体，不让建立符合规定的危险化学品周转仓库，企业必然要把电解液等易燃液体存放到不符合规定的地方。所以，电解液的存放问题只能疏而不能堵，不能把本来受控的危险源变成分散的、隐蔽的、失去控制的危险源。

为了解决这个矛盾，2019 年 3 月，深圳市安全管理委员会办公室印发了深圳市应急管理局等七个有关部门联合制定的《关于统筹解决危险化学品储存问题的意见》，意见明确指出，危险化学品广泛应用于各行各业，在日常的生产生活中不可或缺，多个环节均伴随着危险化学品的储存和使用行为。危险化学品具有易燃易爆、有毒有害等特点，一旦发生事故，后果极为严重，危险化学品的储存安全问题是城市安全防控工作的重要内容。意见要求各区、各部门要充分认识危险化学品储存安全的重要性，立足产业发展实际，加强统筹协调和政策支持引导，分步分类、平稳有序解决危险化学品储存安全问题，确保安全生产和社会和谐稳定。

解决问题的办法就是要坚持从实际出发，准确分析危险化学品的使用需求，充分考虑区位条件、发展基础和环境承载能力，依据辖区产业发展规划，运用系统性、多层次、多途径的方法统筹解决危险化学品的储存问题。要通过合理规划区域性的危险化学品仓储设施，最低限度满足危险品专业仓储的需求。要允许企业建立起合乎规范的自用危险化学品周转仓库，满足企业自身正常的生产需要。要充分利用辖区内危险化学品生产、经营企业以及周边城市既有的危险化学品仓储设施，多方位解决危险化学品仓储设施不足问题。各行政单位要制定符合各自辖区实际的工作方案，以市场为导向，以企业为主体，发挥政府引导和推动作用，加强组织协调，分批分阶段实施。各有关部门要按照各自的职责加强业务指导，创造有利于加快解决危险化学品储存问题的良好政策环境。

危险化学品周转仓库的选址问题解决后，仓库本身的建设要符合相关安全规定。

（一）周转仓库易燃液体的存放量

锂电池企业有大有小。一次电解液订货量有多有少。一个电解液周转仓库最多可以存放多少电解液呢？有的标准提出按照《危险化学品重大危险源辨识》（GB 18218—2018）的临界量的一半控制（参见表 8.2）。《常用化学危险品贮存通则》（GB 15603—1995）规定平均单位面积（m^2）贮存量不超过 0.7t，单一贮存区最大贮量不超过 400~600t。《化学危险物品安全管理条例实施细则》关于化学危险物品的贮量确定原则是凡规范中有数量规定的化学危险物品按规范执行，无具体规定的可根据其危险程度按库容周转量（不超过 1~3 个月的生产或销售量）计算。石油天然气行业标准《易燃和可燃液体防火规范》（SY/T 6344—2017）易燃和可燃液体储存房间存储数量限制，如表 8.3 所示。

表 8.3　易燃和可燃液体储存房间储量限制

地板总面积/m²	是否有自动灭火措施	允许的数量/L·m⁻²
≤13.5	无	84
	有	211
>13.5 且≤45	无	168
	有	422

注：1. 防火系统包括自动水喷淋器、水喷雾、CO_2、干粉等其他认可的系统；
　　2. 甲 A 类易燃液体在一个仓库里面总储量不应超过 5225L。

可见不同的标准关于储存量控制是不一样的，企业要按照自己生产需要来确定储量，在满足生产需要的前提下应该尽量减少储量。储量越大，越应该配置有效的自动灭火系统。

（二）周转仓库的通风和温度控制

电解液等易燃液体都是装在符合国家标准要求的密闭容器里面，不允许在仓库进行分装操作，所以一般情况下易燃液体不会大量泄漏。在正常存储条件下，由于各种原因，易燃液体可能会产生少量的蒸发，只有在事故状态下才会产生大量的可燃液体蒸气。可燃液体蒸气与空气形成混合气体，达到爆炸极限，遇到点火源就有可能发生爆炸或者引起火灾。

为了减少在正常仓储条件下可燃液体的蒸发量，控制仓库的温度是一个途径。《易燃易爆性商品储存养护技术条件》（GB 17914—2013）规定低闪点易燃液体仓库温度≤29℃，中高闪点易燃液体仓库温度≤37℃。有的电解液安全技术说明书甚至规定仓库温度要低于 10℃，也有的规定不超过 30℃。仓库温度低固然易燃液体就不容易蒸发，但是，要保持仓库温度低就需要安装空调，需要关闭门窗，把仓库变成密闭空间，通风条件自然就恶化，不利于已经产生的蒸气排出。如果产生泄漏，空气中的易燃液体蒸气很快就达到爆炸极限，反而增大了火灾爆炸的危险性。

科学合理地对易燃液体仓库进行通风是防止火灾、爆炸事故发生的最有效的手段。通风量是不是够？气流组织是不是合理？一个判断标准就是无论是正常状态还是事故状态，仓库通风应该能够保证易燃液体蒸气的浓度低于 5%LEL（lower explosive limit，爆炸浓度下限）。为了达到这个目的，首先要保证足够的通风量。通风量分为正常状态通风量和事故状态通风量。正常状态的通风量应当保持在每小时换气量不少于 3 次，事故状态的通风量应保持在每小时换气量不少于 12 次。事故状态下仓库内每一处的风速不应低于 0.5m/s，不能留有窝风的死角。

　　为了保证仓库内通风的有效性，合理地对气流进行组织是非常必要的。无论是电解液还是乙醇，其相对密度大于空气，所以它们的蒸气都是往下沉。因此易燃液体仓库通风要保证地面以上 60cm 以内的空气流通，进风和出风口都要设置在这个范围内，如图 8.1 所示，进风口与出风口在垂直方向上要错开，不能使进风直接从出风口出去，也就是发生空气短路。抽风机安在出风口侧，出风口连接两个抽风机，一个风机的排风量比较小，满足正常情况下每小时换气量达到 3 次的要求，另一个排风量比较大的风机满足在事故状态下换气量 12 次的要求。也有的企业在出风口侧比较高的地方安一个小的排风机，起到正常状态下排风换气的作用。事故风机要与可燃气体浓度报警器相连接，在事故状态下会自动启动。图 8.2 为乙醇仓库的进风口和排风口的位置。图 8.3 为易燃液体仓库的事故风机，这个事故风机与各个库房用通风管道连接，与可燃气体浓度探测仪连锁，若可燃气体浓度超标，在报警的同时，事故风机开启，加大排风量，稀释库房里面的可燃气体，使其浓度低于爆炸极限下限。

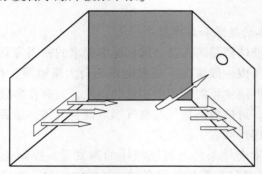

图 8.1　易燃液体仓库合理的气流组织

(a)　　　　　　　　(b)　　　　　　　　(c)

图 8.2　一个乙醇仓库的排风气流组织　　　　图 8.3　事故风机
（a）进风口；（b）出风口；（c）排风口

（三）防流散

易燃液体仓库要有防止容器破裂或者倾倒时易燃液体的流散措施。一种方法是在易燃液体仓库的门口设置防流散门槛或者防流散漫坡，如图8.4所示。也有的企业在危险化学品仓库里面设置了防流散托盘，如图8.5所示。

（a）　　　　　　　　　　　（b）

图8.4　防流散漫坡和防流散门槛
（a）防流散漫坡；（b）防流散门槛

（a）　　　　　　　　　　　（b）

图8.5　防流散池和防流散托盘
（a）防流散池；（b）防流散托盘

防流散门槛和防流散漫坡的高度在15~60cm之间。防流散托盘要能够盛得下单一容器泄漏出的液体。

另一种办法是在易燃液体仓库内应设有排液槽，仓库地面应设置成斜坡，使泄漏的液体能够收集到排液槽内。排液槽应有一定的坡度，其末端设有一集液池，方便排液槽内的液体聚集到集液池内。集液池容积约1m³，其结构应防渗漏。集液池设置在室外，便于抽取泄漏的化学液体。集液池要尽量密封，防止收集的液体挥发到空气中，对环境造成危害，同时产生火灾隐患。

电解液库房内不允许分装、改装、开箱、开桶、验收等活动，这些活动应当在室外进行。

（四）防管沟连通

使用和生产甲、乙、丙类液体的厂房及仓库，其管、沟不应与相邻厂房的管、沟相通，下水道应设置隔油设施。不然，发生事故时易造成液体在地面流淌或漏至地下管沟里，若遇火源即会引起燃烧或爆炸，可能影响地下管沟行经的区域，扩大危害范围。甲、乙、丙类液体通过下水道流失也易造成火灾或爆炸。对于水溶性可燃、易燃液体，采用常规的隔油设施不能有效防止可燃液体蔓延与流散，而应根据具体生产情况采取相应的排放处理措施。

（五）防止水浸渍

存放金属钾、钠、锂、钙、锶，氢化锂等遇水会发生燃烧爆炸的物品的仓库，要求设置防止水浸渍的设施。比如使室内地面高出室外地面以防止水意外流入、仓库屋面严密遮盖以防止渗漏雨水、窗户应该有防止雨水飘入的措施。

（六）可燃气体浓度检测报警器

《石油化工企业可燃气体和有毒气体检测报警设计规范》（GB 50493—2009）规定在生产或使用可燃气体及有毒气体的工艺装置和储运设施的区域内，对可能发生可燃气体和有毒气体的泄漏进行检测时，应按下列规定设置可燃气体检（探）测器和有毒气体检（探）测器：

（1）可燃气体或含有毒气体的可燃气体泄漏时，可燃气体浓度可能达到25%爆炸下限，但有毒气体不能达到最高容许浓度时，应设置可燃气体检（探）测器。

（2）有毒气体或含有可燃气体的有毒气体泄漏时，有毒气体可能达到最高容许浓度，但可燃气体不能达到25%爆炸下限时，应设置有毒气体检（探）测器。

（3）可燃气体与有毒气体同时存在的场所，可燃气体浓度可能达到25%爆炸下限，有毒气体也可能达到最高容许浓度时，应分别设置可燃气体和有毒气体检（探）测器。

（4）既属可燃气体又属有毒气体，只设有毒气体检（探）测器。

可燃液体仓库要安装可燃气体浓度检测报警系统。电解液这种烃类可燃液体蒸气可选用催化燃烧型或红外气体检（探）测器，若无特殊要求，选用扩散式探测器即可。由于受安装条件和环境条件的限制，无法使用扩散式检测器的场所，宜采用吸入式检（探）测器。根据《爆炸危险环境电力装置设计规范》（GB 50058—2014），锂电池生产企业电解液仓库在正常情况下不会出现或者即使出现也仅是短时存在爆炸性气体混合物，所以应当按照爆炸性气体环境危险区域划分为2区。可燃气体浓度探测仪的保护级别应该达到Ga、Gb或者Gc级，要按照相应保护级别来选择防爆型气体浓度探测仪。电解液仓库的其他电气设备也都要按照这个原则来选用。这是一条强制性条文，必须严格遵照执行。

国家质检总局颁布的《可燃气体检测报警器》（JJG 693—2004）规定可燃气体检测报警器应当定期进行检定，检定周期一般不超过一年。如果仪器经过非正常振动，或对显示值有怀疑，以及更换主要元件后应随时送检。

因为锂电池生产企业所用到的易燃液体的蒸气密度都比空气大，它们所产生的蒸气都是下沉的。因此，可燃气体浓度检测器安装的位置应在距离地面高度30~60cm之间，选择气体易于积聚和便于采样检测之处布置，如图8.6所示。检（探）测器应安装在无冲击、无振动、无强电磁场干扰、易于检修的场所，安装探头的地点与周边管线或设备、物料之间应留有不小于0.5m的净空和出入通道。库房内每隔15m可设一台检（探）测器，且检（探）测器距其所覆盖范围内的任一释放源不宜大于7.5m。

(a)　　　　　　　　　　　　(b)

图8.6　可燃气体探测器安装位置
（a）探测器位置；（b）报警器

与可燃气体探测器相连接的指示报警设备应具有以下基本功能：

（1）为可燃气体或有毒气体检（探）测器及所连接的其他部件供电。

（2）能直接或间接地接收可燃气体和有毒气体检（探）测器及其他报警触发部件的报警信号，发出声光报警信号，并予以保持。声光报警信号应能手动消除，再次有报警信号输入时仍能发出报警。

（3）可燃气体的测量范围为0~100%爆炸下限。

（4）有毒气体的测量范围宜为0~300%最高允许浓度或0~300%短时间允许接触浓度。当现有检（探）测器的测量范围不能满足上述要求时，有毒气体的测量范围可为0~30%直接致害浓度。

（5）指示报警设备（报警控制器）应具有开关量输出功能。

（6）多点式指示报警设备应具有相对独立、互不影响的报警功能，并能区分和识别报警场所位号。

（7）指示报警设备发出报警后，即使安装场所被测气体浓度发生变化恢复到正常水平，仍应继续报警。只有经确认并采取措施后，才停止报警。

（8）在下列情况下，指示报警设备应能发出与可燃气体或有毒气体浓度报警信号有明显区别的声、光故障报警信号：

1）指示报警设备与检（探）测器之间连线断路。

2）检（探）测器内部元件失效。

3）指示报警设备电源欠压。

4）指示报警设备与电源之间的连接线路的短路与断路。

5）指示报警设备应具有以下记录功能：

①能记录可燃气体和有毒气体报警时间，且日计时误差不超过 30s。

②能显示当前报警点总数。

③能区分最先报警点。

根据工厂（装置）的规模和特点，指示报警设备可按下列方式设置：

（1）可燃气体和有毒气体检测报警系统与火灾检测报警系统合并设置。

（2）指示报警设备采用独立的工业程序控制器、可编程控制器等。

（3）指示报警设备采用常规的模拟仪表。

（4）当可燃气体和有毒气体检测报警系统与生产过程控制系统合并设计时，输入/输出卡件应独立设置。

报警设定值应根据下列规定确定：

（1）可燃气体的一级报警设定值小于或等于 25%爆炸下限。

（2）可燃气体的二级报警设定值小于或等于 50%爆炸下限。

指示报警设备应安装在有人值守的控制室、现场操作室等内部。现场报警器应就近安装在检（探）测器所在的区域。

（七）防控点火源

前面几项都是从管制可燃物的角度提出的管控措施。预防火灾、爆炸的另一个方面就是防控点火源。与锂电池生产企业电解液仓库有关的点火源主要有电气火花、雷击、静电火花、摩擦碰撞火花和外来火花。

电解液仓库的排风机、照明等一切电器的保护级别都应该达到 Ga、Gb 或者 Gc 级。电气线路使用钢管配线时，钢管、接线盒等螺纹旋合连接应紧固牢靠，防爆电器设备的进出线连接或钢管布线弯曲难度较大的场所可以使用防爆挠性软管连接。

电解液仓库应当有可靠的防雷击措施。《仓储场所消防安全管理通则》（GA 1131—2014）规定仓储场所应按照《建筑物防雷设计规范》（GB 50057—2010）设置防雷与接地系统，并应每年检测一次，其中甲、乙类仓储场所的防雷装置应每半年检测一次，并应取得有资质的检测单位颁发的检测合格证书。

电解液仓库防静电是一个重要的课题。图 8.7 是电解液仓库里面防静电的措施之一。用 50mm 宽、3mm 厚的钢带在电解液仓库沿墙壁一周设置一条接地线，在室外潮湿的地方打入地下一根长度超过 60cm 的钢钎作为接地体，用导线将接地体与室内的接地线相连。《防止静电事故通用导则》（GB 12158—2006）规定静电接地体的接地电阻值一般不应大于 100Ω，在土壤电阻率较高的地区，其接地电阻值也不应大于 1000Ω。有的企业在墙上钉膨胀螺栓当做接地体是一种不可靠的方法，因为墙体的含水率是随气候变化的，夏天含水率高，冬天含水率低，所以接地电阻有时候大，有时候小。经测试，在墙上

图 8.7　电解液仓库防静电

钉的膨胀螺栓的接地电阻远远超过 100Ω，有的甚至呈现无穷大。用带夹子的导线把接地线与电解液桶连接起来，以达到可靠接地的目的。电解液仓库的门和门框也用导线与接地线连接起来。

仓库门外要设置与大地连接的泄静电桩，操作人员进入电解液仓库之前，先要用手触摸一下这个泄静电桩，自身携带的静电就被排除掉了。根据《防止静电事故通用导则》（GB 12158—2006），虽然电解液仓库火灾危险性属于 2 区，但是这些可燃液体蒸气的最低点火能量都小于 0.25mJ，所以操作人员进入电解液仓库要穿防静电服和防静电鞋。操作人员不允许把手机带进电解液仓库，危险化学品仓库外面要设置存放手机的地方。

电解液仓库的排风机要经常进行检修，排风机的轴承要润滑良好，防止轴承年久失修，润滑不良，摩擦过热引发火灾。

电解液仓库内部不应该设置办公室。汽车、拖拉机不应进入电解液仓库。进入电解液仓库的电瓶车、铲车应为防爆型。

电解液在装卸过程中，应防止振动、撞击、重压、摩擦和倒置。操作人员应穿戴防静电的工作服、鞋帽，不应使用易产生火花的工具，对能产生静电的装卸设备应采取静电消除措施。

进入电解液仓库的人员应登记，禁止携带火种及易燃易爆危险品。

电解液仓库应禁止吸烟，并在醒目处设置"禁止吸烟"的标志。

仓储场所内部和距离场所围墙 50m 范围内禁止燃放烟花爆竹，距围墙 100m

范围内禁止燃放《烟花爆竹危险等级分类方法》（GB/T 21243—2007）规定的 A 级、B 级烟花爆竹。仓储场所应在围墙上醒目处设置相应禁止标志。

（八）应急措施

易燃液体仓库和中间仓库应该具备应急防火措施，一般是在仓库的天花板上面悬挂可以在发生火灾时自动喷粉的灭火球，如图 8.8 所示。

易燃液体仓库火灾危险性大、可燃物多、起火后蔓延迅速，扑救困难，容易造成重大财产损失，其火灾危险性属于严重危险级。在仓库门外要配置几具灭火级别不低于 89B 的干粉灭火器。

为了及时处理人员眼睛被易燃液体感染的情况，在仓库门外还要配置洗眼器。

图 8.8 灭火球

三、集成式易燃液体周转仓库

图 8.9 为集成式的易燃液体周转仓库，满足对易燃液体仓库各种安全要求。这种周转仓库可以放在厂房外面的空地上，不会当作违法建筑，特别适用于中小型锂电池生产企业存放电解液。

图 8.9 集成式易燃液体周转仓库

第二节 电解液中间仓库的安全要求

为满足日常连续生产需要，避免频繁地从周转仓库领取电解液，锂电池生产企业在注液工序前端都设有一个电解液的中间仓库。中间仓库要求靠外墙设置，尽量以窗户作为泄爆口，有条件时，中间仓库还要尽量设置直通室外的人员出口。中间仓库应采用防火墙、甲级防火门和耐火极限不低于 1.50h 的不燃性楼板与其他部位分隔。

对于甲、乙类物品中间仓库一般储量不宜超过一昼夜的需要量。但是由于工厂规模和产品不同，一昼夜需用量的绝对值有大有小，难以规定一个具体的限量数据，所以规定中间仓库的储量要尽量控制在一昼夜的需用量内。需用量较少的厂房，如有的厂用于清洗的汽油，每昼夜需用量只有 20kg，则可适当调整到存放 1~2 昼夜的用量。如果需用量较大，则要严格控制为一昼夜用量。

因为中间仓库是设在厂房内，厂房本身有防雷设施，所以除防雷以外，中间仓库在安全方面的要求与周转仓库是一样的。

第三节　危险化学品储存柜的安全要求

危险化学品储存柜按等级分为黄色、红色、蓝色、绿色、白色五种。黄色柜用于存放易燃液体，红色柜用于存放可燃液体，蓝色柜用于存放腐蚀性液体，绿色柜用于存放杀虫剂和农药，白色用于存放毒性化学品，如表 8.4 所示。

表 8.4　化学品储存柜的颜色与存放物品

颜　色	存放物品类型	安全标志	可存放物品举例
黄色	易燃液体	易燃液体	白电油、酒精、天那水、汽油
红色	可燃液体	易燃液体	煤油、松节油、溶剂油
蓝色	腐蚀性液体		硫酸、盐酸、硝酸

颜 色	存放物品类型	安全标志	可存放物品举例
绿色	农药和杀虫剂	⚠️	辛硫磷、敌敌畏、敌百虫
白色	毒性化学品	⚠️	有机磷、氧化硒、三氧化二砷

我国现在还没有关于危险化学品储存柜的标准规范，目前国内对危险化学品储存柜的安全认证还是按照一般的爆炸性气体环境用电气设备的标准 GB 3836.1、GB 3836.2 来进行安全认证。市场上销售的危险化学品储存柜更多的是有美国 FM 认证、UL 认证和 EN 认证。FM 是美国工厂互保研究中心（Factory Mutual）。工业及商业产品的"FM"证书及检测报告在全球范围内被普遍承认。UL 认证是一种与安全鉴定相关的认证，起源于美国保险商实验室。UL 是美国保险商实验室的简写（Underwrites Laboratories Inc.），它是世界上相当大的从事安全试验和鉴定的民间机构之一，是一个独立的、非盈利的、为公共安全做试验的第三方检验机构。CE 标志是一种安全认证标志，被视为制造商打开并进入欧洲市场的护照。CE 代表欧洲统一（ConFORMITE EUROPEENNE）。凡是贴有"CE"标志的产品就可在欧盟各成员国内销售，无须符合每个成员国的要求，从而实现了商品在欧盟成员国范围内的自由流通。

EN 14470-1 是欧洲于 2004 年 4 月制定的针对储存化学品的安全标准。国内了解 FM 安全认证的比较普遍，对 EN 14470-1 标准了解的人很少，其实 EN 14470-1 标准比 FM 标准更加严格。

《易燃液体的安全储存柜》（EN 14470-1）标准包含了三个主要的安全基本要求。

一、防火性能

为了减少存放在安全储存柜内的化学品引致的火灾，以及在柜外发生火灾时对存放在安全柜内的化学品进行保护，这个标准对化学品安全柜制定了一个耐火时间（FR，单位：min），在发生火灾时，必须确保在不少于 15min 内，储存在安全柜内的化学品不会产生额外的风险，防止火势蔓延。

安全柜按其耐火性分为：

Type 15，安全柜的耐火性不少于 15min；

Type 30，安全柜的耐火性不少于 30min；

Type 60，安全柜的耐火性不少于 60min；

Type 90，安全柜的耐火性不少于 90min。

使用者可参考表8.5，按照储存化学品的种类选择适合的安全柜。

表 8.5　化学品安全储存柜耐火性选择

闪点/℃	易燃性	化学品	安全柜耐火性
>55	少许易燃	燃料，柴油	Type 15
21~55	一般易燃	白酒，松节油	Type 30
0~21	高度易燃	乙醇，甲醇	Type 60
<0	极度易燃	丙酮，乙醚	Type 90

二、防泄漏池

安全柜都需要配置防泄漏池，防泄漏池应该安装在安全柜水平最低位置。泄漏池大小：

(1) 不小于安全柜存储的容器总容量的 10%。

(2) 不小于所存储的最大单一容器容量的 110%，看哪一个为较大容量。

三、结构

柜体及门板均为双层结构，中间夹有隔热层，柜壁的厚度一致，柜体为钢板全焊接结构，无螺丝孔，安全性高。外喷环氧树脂表面处理，连续式无火花铰链，保证柜门开启闭合平稳安全。有的高档自动定位、自锁和自动关闭式安全柜，放开柜门后柜门将立即自动关闭。在使用过程中，熔线会使柜门保持敞开。若发生火灾，当温度达到 74℃ 时熔线熔化，并自动关闭柜门。门缝及所有连接处均备有特殊感热材料，当室内温度上升至 70℃ 时，会自动膨胀填满缝隙，以保证柜体内部处于密封状态。也有的柜体顶部设有抽风口，可选配空气滤化装置及无火花防爆风机，与通风系统相连。在安全柜的左侧下部和相对右侧上部有内置消焰器的排气口。

四、标记及标签

柜体必须贴有警示标签，标签规范需符合 ISO 3864 标准。如：

(1) "小心防火""禁止明火及吸烟"等。

（2）耐火能力，以 min 作单位，例如：15min、30min、60min 或 90min。

（3）建议柜门在不使用时必须保持关闭状态。

（4）最大单一容器的容量，防溢漏容量。

（5）最大负载量。

（6）产品名称和/或制造商的商标。

放置危险化学品储存柜的地面应平整，存放易燃液体、可燃液体时打开排气孔。柜体左下角有静电导地接线柱，待柜子放置妥当后，应连接好静电接地导线。

若有多个存放物品性质相近的危险化学品储存柜放置在一起，每个柜子之间的间距不应小于 15cm。严禁存放强腐蚀性化学品的危险化学品储存柜与存放易燃、可燃化学品的危险化学品储存柜相邻摆放。危险化学品储存柜放置的场所应远离火源或其他发热散热的仪器设备，也应当远离飞溅的化学液体或金属屑。为了避免化学品安全储存柜在内部发生火灾或爆炸时伤人以及能够及时扑灭化学品储存柜的初期火灾，化学品安全储存柜尽量靠窗户摆放，避开作业人员或者来往人员多的地方。化学品存储柜既可以防止储存柜内部的化学品火烧到柜外，也可以防止储存柜外面的火引燃柜内的化学品。储存柜上方最好有一个灭火球，可以自动扑灭危及储存柜的火灾。

第四节　其他物料的火灾危险性

除了电解液、乙醇等易燃液体外，锂电池生产过程中还要使用到很多其他的物料，这些物料的火灾危险性如表 8.6 所示。表 8.7 是判定各种物料火灾特征的依据。

表 8.6　锂离子电池主要物料的物质火灾特征表

编号	物料类别	物料名称	危险性分类
R01	原料	正极粉料、钴酸锂粉料、磷酸铁锂粉料、锂镍钴锰粉料	戊类
R02	原料	负极粉料、石墨、碳硅复合材料、钛酸锂	戊类
R03	原料	导电剂、炭粉	戊类
R04	原料	金属材料：铜箔、铝箔、铜条、铝条、镍条、导电铜排、铝镍复合带、铜镍复合带、不锈钢壳、铝壳、铝钉、铝框架、金属紧固件、金属托盘、SBR 胶液	戊类
R05	原料	隔膜、胶带、铝塑膜、导线、电路板、PVDF 胶粒、CMC、NMP 溶剂、石墨烯浆料、碳纳米管浆料、树脂胶成分	丙类

编号	物料类别	物料名称	危险性分类
R06	原料	室温饱和蒸气压所对应的蒸气浓度小于 LEL 的电解液（混合物）； 满足条件：墙壁为不燃或阻燃材料，独立通风且与烟雾或可燃气体浓度探测仪联动，事故通风能力达到每小时 12 次	丙类
		室温饱和蒸气压所对应的蒸气浓度小于 LEL 的电解液（混合物）； 缺乏条件：墙壁为不燃或阻燃材料，独立通风且与烟雾或可燃气体浓度探测仪联动，事故通风能力达到每小时 12 次	甲乙类
R07	原料	低湿度车间使用的锂金属箔； 满足条件：墙壁为不燃材料，独立通风且与烟雾或可燃气体浓度探测仪联动，事故通风能力达到每小时 12 次	丙类
		低湿度车间使用的锂金属箔； 缺乏条件：墙壁为不燃材料，独立通风且与烟雾或可燃气体浓度探测仪联动，事故通风能力达到每小时 12 次	甲类
		锂粉、储存或车辆运输的金属锂带	甲类
R08	原料	室温饱和蒸气压所对应的蒸气浓度小于 LEL 的电解液、喷码油墨、清洁用酒精、DMC	甲乙类
R09	包装材料	卡板（不可燃材质）	戊类
R010	包装材料	纸皮、塑料盒、卡板（可燃材质）	丙类
M01	半成品	水剂浆料、负极浆料、隔膜浆料、凹版水剂浆料	戊类
M02	半成品	带涂层的金属箔材、正极极片、负极极片	戊类
M03	半成品	隔膜、带涂层的隔膜	丙类
M04	半成品	极组、装入外壳的极组、注液未化成的电池	丙类
M05	成品	合格的锂离子电池、锂离子电池组	丙类
M06	次废品	没有安全缺陷的次废品电池（含浸泡盐水后的电池）	丙类
		有安全缺陷的次废品电池（如安全测试后的产品、运行发现的有安全缺陷的产品、使用中被破坏有安全缺陷的产品等）	甲类

注：1. R 代表原材料；M 代表半成品；CMC 羧甲基纤维素；SBR 丁苯橡胶；PVDF 聚偏氟乙烯；DMC 碳酸二甲酯；NMP N-甲基吡咯烷酮；

2. LEL（lower explosive limit）爆炸极限的下限；

3. R07 的材料金属锂是制造锂电池，即一次锂电池用的。

表 8.7 主要物料的物质火灾特征分类支持标准条款和数据表

编号	物料类别	物料名称	危险性分类	分类支持标准条款和数据
R01	原料	正极粉料：钴酸锂粉料、磷酸铁锂粉料、锂镍钴锰粉料	戊类	（1）GB 50016—2014 第 3.1.1 条生产物质的火灾危险性分类，第 3.1.3 条储存物品的火灾危险性分类； （2）粉料的鉴定报告，包括不和水反应的鉴定报告等
R02	原料	负极粉料：石墨、硅碳复合材料、钛酸锂粉料	戊类	GB 50016—2014 第 3.1.1 条生产物质的火灾危险性分类，第 3.1.3 条储存物品的火灾危险性分类
R03	原料	导电剂：炭粉	戊类	GB 50016—2014 第 3.1.1 条生产物质的火灾危险分类，第 3.1.3 条储存物品的火灾危险性分类
R04	原料	铜箔、铝箔等各种金属物料和 SBRT 苯橡胶	戊类	GB 50016—2014 第 3.1.1 条生产物质的火灾危险性分类，第 3.1.3 条储存物品的火灾危险性分类
R05	原料	隔膜、胶带、铝塑膜、导线、电路板、PVDF 胶粒、CMC、NMP 溶剂、石墨烯浆料、碳纳米管浆料、树脂胶成分	戊类	GB 50016—2014 第 3.1.1 条生产物质的火灾危险分类，第 3.1.3 条储存物品的火灾危险性分类
R06	原料	室温饱和蒸气压所对应的蒸气浓度小于 LEL 的电解液（混合物）。 满足条件：墙壁为不燃或阻燃材料，独立通风且与烟雾或浓度报警器联动，事故通风能力达到每小时 12 次	丙类	（1）GB 50016—2014 第 3.1.2 条文说明； （2）"通风后电解液蒸气浓度低于 5%LEL"，GB 50016—2014 第 1.0.2 条；GB 50058—2014 第 3.2.4 条不计风机故障；GB 50016—2014 第 3.1.2 条的条文说明（混合性气体浓度不大于 5%LEL）和第 9.3.16 条（事故排风换气次数不小于 12 次/小时）； （3）电解液在充填有惰性气体的结实的金属容器中存放，电解液有良好的导电性故无静电火花点燃风险，容器无泄漏，因此控制好事故通风等系列控制即可维持丙类仓库。 生产中的电解液通过超过 2m 以上的长距离的小管（典型直径 12mm）供应给每个电池，间歇灌装，每次灌装量在 20~50g（消费电子电池）或者 200~500g（动力电池），灌装通常在抽真空状态
		室温饱和蒸气压所对应的蒸气浓度小于 LEL 的电解液（混合物）。 缺乏条件：墙壁为不燃或阻燃材料，独立通风且与烟雾或浓度报警器联动，事故通风能力达到每小时 12 次	甲乙类	

编号	物料类别	物料名称	危险性分类	分类支持标准条款和数据
R06	原料		甲乙类	进行，灌装环境密封，且有湿度监控，湿度监控的换气次数高于每小时 12 次，超过事故通风换气次数每小时 12 次，可燃液体蒸气浓度小于 LEL，按丙类对待； （4）当不采用通风措施，特别是，不设事故通风，则依照电解液闪点判断为甲乙类，存在起火甚至爆炸风险
R07	原料	低湿度车间使用的锂金属箔。 满足条件：墙壁为不燃或阻燃材料，独立通风且与烟雾或浓度报警器联动，事故通风能力达到每小时 12 次	丙类	（1）公安部天津消防研究所检测报告，编号（公津消检［2017］第 9 号），依照 GA/T 536.1—2013 易燃易爆危险品火灾危险性分级及试验方法第 4 部分：遇水放出易燃气体物质分级试验方法，在遇潮、沾湿、少量滴水，不自燃，释放气体速率为 1550L/（kg·min）； （2）运输、储存遇水放气为甲类危险品，在低湿度车间防护失效，只产气体不燃烧，浓度控制≤5%LEL 和事故通风每小时 12 次，达到丙类车间要求，无需建筑防爆设计
		低湿度车间使用的锂金属箔。 缺乏条件：墙壁为不燃或阻燃材料，独立通风且与烟雾或浓度报警器联动，事故通风能力达到每小时 12 次	甲类	
		锂粉，储存或车辆运输的金属锂带	甲类	
R08	原料	室温饱和蒸气压所对应的蒸气浓度大于 LEL 的电解液、喷码油墨、清洁用酒精、DMC	甲乙类	GB 50016—2014 第 3.1.1 条生产物质的火灾危险性分类；第 3.1.3 条储存物品的火灾危险性分类
R09	包装材料	卡板（不可燃材质）	戊类	（1）GB 50016—2014 第 3.1.1 条生产物质的火灾危险性分类；第 3.1.3 条储存物品的火灾危险性分类； （2）GB 50016—2014 第 3.1.5 条可燃包装物质量比例不大于 1/4 或体积比例不大于 1/2
R010	包装材料	纸皮、塑料盒、卡板（可燃材质）	丙类	GB 50016—2014 第 3.1.1 条生产物质的火灾危险性分类； 第 3.1.3 条储存物品的火灾危险性分类

编号	物料类别	物料名称	危险性分类	分类支持标准条款和数据
M01	半成品	水剂浆料、负极浆料、隔膜浆料、凹版水剂浆料	戊类	GB 50016—2014 第 3.1.1 条生产物质的火灾危险性分类； 第 3.1.3 条储存物品的火灾危险性分类
M02	半成品	带涂层的金属箔材、正极极片、负极极片	戊类	GB 50016—2014 第 3.1.1 条生产物质的火灾危险性分类； 第 3.1.3 条储存物品的火灾危险性分类
M03	半成品	隔膜、带涂层的隔膜	丙类	GB 50016—2014 第 3.1.1 条生产物质的火灾危险性分类，第 3.1.3 条储存物品的火灾危险性分类
M04	半成品	极组、装入外壳的极组、注液未化成的电池	丙类	GB 50016—2014 第 3.1.1 条生产物质的火灾危险性分类； 第 3.1.3 条储存物品的火灾危险性分类
M05	成品	合格的锂离子电池、锂离子电池组	丙类	GB 50016—2014 第 3.1.1 条生产物质的火灾危险性分类； 第 3.1.3 条储存物品的火灾危险性分类
M06	次废品	没有安全缺陷的次、废品电池（含浸泡盐水后的电池）	丙类	GB 50016—2014 第 3.1.1 条生产物质的火灾危险性分类； 第 3.1.3 条储存物品的火灾危险性分类
		有安全缺陷的次品电池，如安全测试后的产品、运行中发现的有安全缺陷的产品、使用中被破坏有安全缺陷的产品等	甲类	GB 50016—2014 第 3.1.1 条生产物质的火灾危险性分类； 第 3.1.3 条储存物品的火灾危险性分类

注：1. R 代表原材料；M 代表半成品；CMC 羧甲基纤维素；SBR 丁苯橡胶；PVDF 聚偏氟乙烯；DMC 碳酸二甲酯；NMP N-甲基吡咯烷酮；

2. LEL（lower explosive limit）爆炸极限的下限；

3. R07 的材料金属锂是制造锂电池，即一次锂电池用的。

参 考 文 献

［1］危险化学品安全管理条例［S］. 中华人民共和国国务院令第 591 号.

［2］公安部天津消防研究所，四川消防研究所. GB 50016—2014 建筑设计防火规范［S］. 城乡建设部，2014.

［3］ 中国安全生产科学研究院，中国石油化工股份有限公司青岛安全工程研究院.GB 18218—
2018 危险化学品重大危险源辨识［S］.国家市场监督管理局，中国国家标准化管理委员
会，2018.

［4］ 中国石化江汉油田分公司盐化工总厂，中国石化江汉油田分公司石油工程技术研究院，
西安交通大学化学工程与技术学院.SY/T 6344—2017 易燃和可燃液体防火规范［S］.国
家能源局，2017.

［5］ 浙江建业化工股份有限公司，中国仓储协会，浙江省安全生产科学研究院，等.GB
17914—2013 易燃易爆性商品储存养护技术条件［S］.中华人民共和国国家质量监督检验
检疫总局，中国国家标准化管理委员会，2013.

［6］ 中石化广州工程有限公司，中国石化工程建设有限公司，深圳市诺安环境安全股份有限
公司，等.GB 50493—2019 石油化工企业可燃气体和有毒气体检测报警设计规范［S］.住
房和城乡建设部，2019.

［7］ 中国机械工业勘察设计协会，中国中元国际工程公司，五洲工程设计研究院，等.GB
50057—2010 建筑物防雷设计规范［S］.住房和城乡建设部，2010.

［8］ 北京市劳动保护科学研究所.GB 12158—2006 防止静电事故通用导则［S］.中华人民共和
国国家质量监督检验检疫总局，中国国家标准化管理委员会，2006.

［9］ 中国人民武装警察部队学院，公安部消防局.GA 1131—2014 仓储场所消防安全管理通则
［S］.公安部，2014.

［10］ 天津力神电池股份有限公司，欣旺达电子股份有限公司，比亚迪股份有限公司，等.T/
CIAPS 0002—2017 锂离子电池企业安全生产规范［S］.中国化学与物理电源行业协
会，2017.

第九章　锂离子电池火灾成因

第一节　锂离子电池发生火灾的特点

锂离子电池在投产以前都进行了型式试验，认定要投产的电池型号是安全的，才会允许投产。锂离子电池在生产过程中各道工序都有严格的检验要求，有瑕疵的、有缺陷的不合格电池都会被挑出去，出厂的、投入使用的电池应该都是合格的电池。这些经检验合格的电池在储存、使用、运输过程中发生火灾事故屡见不鲜，某知名品牌的某型号手机刚刚投放市场，就因为电池爆炸问题而被迫停产，甚至因为运输锂离子电池而烧毁运输机的事情也发生过几次。

检验合格的锂离子电池在储存、使用、运输过程中发生火灾爆炸事故的原因有内部和外部两类因素。无论内因还是外因，除了电池的外短路和外部加热原因以外，都是因为各种原因使电池内短路而引起大电流产生热量，使电池发热，电解液膨胀，电池内压过大，电解液蒸气喷出，遇到点火源发生火灾。内部温度过高，还会引起一系列副反应，这些副反应又释放出更多的热量和氧气，加剧了电池的热失控。

引起锂离子电池发生火灾爆炸事故的内因就是锂离子电池制造过程中出现的瑕疵，比如极片毛刺、隔膜质量不好、极片含有过大的痕量水分、进入杂质、极耳过长、极耳压迫卷芯等等。锂离子电池生产企业的原、材、物料进货后都要进行预检，生产过程中各个工序间都有质量检验，层层把关，出现这些瑕疵的概率很小，没有规律性。某大型锂离子电池生产企业每天生产 18650 圆柱型电池 80万~100 万粒，每年的产量就是几亿粒。虽然每一道工序都有严格的质量检验，漏检的概率很小，但是不可能做到每一粒电池都保证不会出现瑕疵。无论出现瑕疵的概率多么小，只要有一粒电池存在制造瑕疵，就有发生火灾、爆炸的隐患。所以，锂离子电池在制造过程中出现瑕疵虽然是一种极小概率事件，但是，却是防不胜防、杜绝不了的。这就是无论多么先进的企业、多么知名的品牌，只要是使用液态电解液制造的锂离子电池，都不可避免的会出现火灾和爆炸事故。区别只不过在于知名企业的产品质量更好，发生火灾爆炸事故的概率会比较小，而质量不是很过关的企业生产的锂离子电池发生火灾和爆炸事故的概率会大一些。

引起锂离子电池发生火灾爆炸事故的外部因素称为滥用危险性。这些外部因素都是可预知、可控制的，只要技术措施得当，使用条件控制得好，滥用危险性都可以得到避免。

第二节 锂离子电池着火的内因

（1）极片毛刺。极片毛刺分为两类，一类是剪切毛刺，另一类是极片上的电极材料在涂布过程中产生的微凸起。制造极片的铝箔和铜箔厚度 $10\mu m$ 左右，宽度 $300\sim650mm$。涂布机是按照规定的宽度连续作业、断续涂布，然后才按照需要的规格剪切成不同的宽度和不同的长度。裁剪宽度用的是圆盘剪，裁剪长度用的是剪板机。由于铝箔和铜箔的厚度非常小，是微米级的，所以对剪切机械刀片的锋利程度要求很高，刀片之间的间隙调整难度很大。刀片稍微变钝或者刀片之间的间隙调整稍有不合适，剪切出来的极片就会产生毛刺。虽然对剪切出的极片有检验毛刺的工序，但是不可能做到绝对不会出现漏检的极片。在涂布过程中由于辊压不实等原因会在极片表面留下微凸起。这些毛刺和微突起的长度超过隔膜的厚度就有可能刺穿隔膜，引起电池内短路。

（2）隔膜质量。如果整卷的隔膜有局部地方质量不符合要求，一方面容易被极片的毛刺和微凸起刺穿，失去隔离正极和负极极片的作用，引起内短路。质量不好的隔膜在电池内部温度升高时不能关闭通道，隔断锂离子的流通，就不能阻止温度继续升高，或者隔膜受热以后横向收缩，失去隔开正、负极片的作用。

（3）电池内部有水分。锂离子电池内部含有的水分对电池既有好处也有坏处，电池内部的各个组件都会吸附空气中的水分。正极片使用的是纳米材料，这种纳米材料具有很强的吸水性，很容易从周围的空气中吸收水分。负极片比正极片的吸水性相对低一点，但是，在没有控制湿度的环境下，从环境空气中的吸水量也是相当可观的。负极水分控制要比正极水分控制更严格，例如正极要求 0.03% 以下，负极要求 0.015% 以下。隔膜也是一种多孔性的塑料薄膜，其吸水性也是很大的。电解液虽然是液体，但是也是一种非常容易吸水的物质，它会和水进行反应，直至所有的电解液物质反应完成，也就是说，它喝水的能力是永无止境的，直到自己死掉。

水和电解液中的六氟磷酸锂反应会产生 HF（亦称为氢氟酸），水和氟化氢的含量是影响电解液性能最重要的因素。水和氟化氢的含量对锂离子电池性能的影响可分为对负极材料表面 SEI 膜（solid electrolyte interface，固体电解质界面膜）的影响和对电解液自身稳定性的影响两个方面。电池内部各组件通过各种技术手段，比如极片烘烤、环境湿度控制等，留有的水分极少，称为痕量水。痕量水和氟化氢在电池的首次充放电（化成）过程中，将负极表面的还原产物烷基碳酸锂反应生成碳酸锂和氟化锂等，或者与金属锂反应生成氧化锂、碳酸锂和氟化锂等，作为 SEI 膜的组分覆盖在负极表面上。碳酸锂不溶于有机溶剂，是形成具有优良性能的 SEI 膜的重要组分。氧化锂和氟化锂是热力学稳定的 SEI 膜组分，对稳定碳酸锂等其他 SEI 膜组分具有重要的意义。

痕量的水能够形成以碳酸锂为主、稳定性好、均匀致密的 SEI 膜。SEI 膜能够把负极材料和电解液隔开，让电解液中的锂离子能够顺利地进入负极。它又是电子的绝缘体，不允许电子通过。质量高的 SEI 膜内阻较小，对锂离子电池的不可逆容量、循环性能、嵌锂稳定性和动力学性质都有重要影响。过低的水分和氟化氢含量不利于形成优质的 SEI 膜，因此从这一方面讲，有机电解液中痕量水和氟化氢的存在是有一定好作用的。

当有机电解液中水和氟化氢的含量较高时，水和氟化氢会与锂反应，一方面消耗掉电池中有限的锂离子，从而使电池的不可逆容量增大，另一方面反应产物中大量出现的氧化锂和氟化锂对电极电化学性能的改善不利。同时，反应中会有气体产生，导致电池内压力增大，从而引起电池受力鼓胀变形。当内部压力继续增大，电池就有爆裂危险，引起火灾。随着有机电解液中水和氟化氢含量的增加，反应中产生的水和乙二醇又会和六氟磷酸锂反应生成氟化氢，该过程不断循环导致电池比容量、循环效率等不断减小，直至使整个电池被破坏。氢氟酸还是一种腐蚀性很强的酸，它可以使电池内部的金属零件腐蚀，进而使电池最终漏液。如果电池漏液，电池的性能将急速下降，而且电解液还会腐蚀使用者的机器，从而引起更加危险的失效。许多研究表明，当水含量超过 0.1% 时，锂离子电池将被完全破坏。因此在实用的锂离子电池中，一般要求有机电解液中的水和氟化氢的含量小于 0.06%。

材料中的水分含量是电芯中水分的主要来源，而且环境湿度越大，电池材料越容易吸收空气中的水分。反之，环境湿度控制越好，电池材料吸收空气中水分的能力越有限。下面是一种锂离子电池生产车间的湿度控制数据，可供参考：相对湿度≤30% 车间，如搅拌、涂布机头、机尾等；相对湿度≤20% 车间，如辊压、制片、烘烤等；相对湿度≤10% 车间，如叠片、卷绕、装配等；露点温度≤-45℃ 车间，如电芯烘烤、注液、封口等。

即使按照以上湿度梯度控制，也需要控制物料在各工序的停留时间。如果在各个区的搬运过程中需要接触湿度比较大的环境，那么对物料就要注意密封保护。

在对电池厂生产现场检查的过程中，发现相当多的企业只是在注液车间严格控制了湿度，露点控制在-38℃ 以下，其他场所，尤其是混料、涂布环节并没有严格控制湿度，对极片的含水量则在极片卷绕以后进行真空烘烤环节时控制。

（4）电池中进入杂质。杂质的来源主要是混入物料中带入的，还有盖板、注液孔等冲压时产生的毛刺掉入电池内，物料暴露在空气中也会沾染空气中的粉尘。电极涂层上脱落的活性物质、电极表面的微小突起、塑料带入的杂质、空气中的粉尘等当时没有直接刺穿隔膜，随着时间的增加会慢慢地刺穿隔膜，最终导致电池内短路。为了降低空气中的粉尘进入电池的机会，在配料、打胶、匀浆、涂布、制片、组装等电池组件有可能暴露在空气中的工序都必须保证在洁净厂房进行，厂房里的粉尘度必须≤100 万级。

铁、铬、镍、铜、锌等金属杂质混入均会造成电池高自放电。尤其是电池里面混入铁质杂质，在不与外电路连接时，也会由内部自发反应引起电池容量损失。满电储存时不但铁质会在正极上发生氧化反应，而且除负极上原有的单质铁外，其他铁离子也在负极上发生还原析出。当负极上的单质铁积累到一定程度，会形成带有尖硬棱角的颗粒，会刺穿隔膜，发生微短路，进一步导致自放电。自放电产生的热量导致电池内部温度高，就有可能引发安全问题。离子电池正负极粉料投产以前都必须经过强力磁铁除去铁质杂质。

（5）注液量。注液量不足，将引起电池容量偏低、循环寿命降低，正、负极片浸润不足。当正极片浸润不足时，就没有足够的锂离子从正极脱出，但是负极片浸润充分，只要是从电解液里游过来的锂离子，都可以嵌入负极，不会在负极出现析锂而形成枝晶。相反，当负极浸润不足而正极充足时，正极可以提供充足的锂离子给负极，但是负极没有办法接收，于是出现负极析锂而产生枝晶。但不论是哪种情况，电芯的外在表现都是低容量、高内阻、低循环。曾经将电解液严重不足的电芯拿去做循环，循环十次就可能掉10%的容量，且循环后由于严重析锂，电芯会变得异常的厚。

电解液不足引起电池内阻偏大，在充放电过程中就会产生高热量。电解液不足尤其使电池的抗过充能力下降，有实验结果表明恒流充电电压高于 4.6V 时，电解液迅速分解产气，消耗殆尽，造成电池气胀，内阻急剧增大，电池温度急剧上升，隔膜融化，造成短路爆炸。

注液量过多也不是好事，电解液在预化成时易溢出注液孔，造成注液孔密封（焊接）时容易产生焊接小孔、裂缝等问题。电解液量过多的电池在充电过程中产生的气体量大，电池内部压力大，会引起壳体破裂，电解液泄露，有引发火灾的危险。

（6）正、负极片、极耳的相对位置。正、负极片和隔膜的相对位置决定了锂离子电池的安全性能。在正常情况下，隔膜纵向要比正、负电极长，负极纵向要比正极长，这样隔膜就可包住电极，防止纵向正、负极直接接触。负极中的石墨需要吸纳来自正极的锂离子，如果负极比正极短，那么来自正极的锂离子无法被负极全部吸纳，将堆积成锂枝晶析出，最终将刺穿隔膜，造成内部短路。正、负极、隔膜横向的相对位置也很重要，如果在电芯组件缠绕或者叠片时，正极片、负极片和隔膜之间在横向不能均匀包覆，正、负极极片和它们之间的隔膜在充放电过程中受热收缩、错位，正、负极就有可能直接接触（内部短路）。封口体组件和负极罐嵌合时，正、负极耳在负极罐中的弯曲状态很重要，尤其是正极极耳在弯曲时如果形状异常，或者因为长度超标，碰到负极罐内壁或者压迫极片，将导致内部短路。极耳在弯曲时也可能出现断裂，导致内部断路，电流无法输出。

第三节　电气滥用引发锂电池火灾事故

引起锂离子电池发生火灾爆炸事故的外部因素包括三类，行内统称为滥用危险性。第一类是电气因素，包括过充、过放、过电流、过电压、外短路；第二类是机械因素，包括穿刺、冲击、跌落、挤压；第三类是环境因素，包括高温、低温、高气压、低气压（真空）、热失控。几乎所有与锂离子电池安全有关的标准都有关于这些指标的实验测试要求。

（1）过充电。锂离子电池都有一个安全的上限充电电压，钴酸锂、锰酸锂、三元材料电池都是 4.2V，磷酸铁锂电池 3.6V。充电过程分为 4 个阶段：

1）涓流充电。涓流充电用来先对完全放电的电池单元进行预充（恢复性充电）。在电池电压低于 3V 左右时，先采用最大 0.1C 的恒定电流对电池进行充电。

2）恒流充电。当电池电压上升到涓流充电阈值以上时，提高充电电流进行恒流充电。恒流充电的电流在 0.2~1.0C 之间。恒流充电时的电流并不要求十分精确，准恒定电流也可以。在线性充电器设计中，电流经常随着电池电压的上升而上升，以尽量减轻传输晶体管上的散热问题。大于 1C 的恒流充电并不会缩短整个充电周期时间，因此这种做法不可取。当以更高电流充电时，由于电极反应的过电压以及电池内部阻抗上的电压上升，电池电压会更快速地上升，恒流充电阶段会变短。但由于随后而来的恒压充电阶段的时间会相应增加，因此总的充电周期时间并不会缩短。

3）恒压充电。当电池电压上升到 4.2V（磷酸铁锂电池 3.6V）时，恒流充电结束，开始恒压充电阶段，这个阶段也是涓流充电。为使性能达到最佳，稳压容差应当优于 ±1%。

4）充电终止。连续涓流充电会使电池负极不能容纳过多的脱离正极的锂离子，这些锂离子获得从外电路到达负极的电子而恢复成锂原子，出现析锂现象，成长为锂枝晶。这些锂枝晶就可能刺穿隔膜，引起电池内短路。另外，充电过程中大约有一半的锂原子变成锂离子而脱离正极，钴酸锂晶体 $LiCoO_2$ 脱锂后结构转变为 Li_xCoO_2，其热稳定性较差，一旦温度到达其分解温度时，正极分解并释放出 O_2，与电解液发生剧烈反应，同时放出大量气体，冲破了电池的铝塑包装，使电池发生起火。过充使离开正极的过多的锂离子不但在负极形成枝晶，而且使正极失去过多的锂原子，会引起正极晶格塌陷，有可能导致电池突然的自动快速解体。

有两种典型的充电终止方法：采用最小充电电流判断或采用定时器（或者两者的结合）。最小电流法监测恒压充电阶段的充电电流，并在充电电流减小到 0.02~0.07C 范围时终止充电。第二种方法从恒压充电阶段开始时计时，持续充电 2h 后终止充电过程。

上述四阶段的充电法完成对完全放电电池的充电约需要 2.5~3h。高级充电器还采用了更多安全措施。例如如果电池温度超出指定窗口（通常为 0~45℃）时充电会暂停。

《便携式电子产品用锂离子电池和电池组安全要求》（GB 31241—2014）对过充电的实验规定：对于钴酸锂、锰酸锂、三元材料电池为 4.6V、磷酸铁锂电池为 5V，对于其他材料体系的电池的试验电压至少应为 4.6V。试验过程中监测电池温度变化，当出现以下两种情形之一时，试验终止：1）电池持续充电时间达到 7h 及制造商定义充电时间中较大值；2）电池温度下降到比峰值低 20%。要求电池应不起火、不爆炸。

（2）过放电。锂离子电池在长期的存储过程中会自放电，自放电过大可能导致锂离子电池的电压过低。当第一次化成后，正极材料中的锂离子被嵌入负极碳材料中，放电时锂离子回到正极材料中。化成之后必须有一部分锂离子留在负极碳材料中，以保证下次充放电时锂离子的正常嵌入。为了保证有一部分锂离子留在负极碳材料中，一般通过限制放电下限电压来实现。另外，电子产品都有在线检测工序，手机等比较大的电子产品，组装、检测完毕以后，可以给合格品换上新的电池。蓝牙耳机等电子产品，电池是和产品焊接在一起在线检测的，它们使用的微型电池只有不到 20mAh，在线检测就会消耗很大一部分电量。在电池放电末期，过低的电压引起负极的电位高于正极的电位，负极铜箔产生铜离子，沉积在正极表面，产生的铜枝晶可能会刺穿隔膜，引起电池内短路，因此过度放电或者电压过低都会导致锂离子电池彻底失效。在电池的循环过程中，随着负极 SEI 膜的不断生长，消耗有限的锂离子，可能会加剧负极锂离子不足，导致其在放电的过程中电势过高，引起铜的离子化。因此需要对寿命末期的锂离子电池的截止电压进行格外的关注，一般来说将放电截止电压设得高一点有利于降低形成铜枝晶的风险。

不同的锂离子电池放电曲线是不一样的，图 9.1 是几种电池的放电曲线。

从不同类型的锂离子电池的荷电图可以看出，钴酸锂电池和磷酸铁锂电池都有一个明显的放电平台，在放电末期，几乎都有一个断崖式的电压降低。放电曲线的形状提醒我们要注意两个问题，第一，要给电池或电池组设置一个合适的截止放电电压，如果放电截止电压过低，就有可能产生过放电。尤其是电动汽车的动力电池，用电量比较大，控制不好，汽车就有可能在半路断电停驶，更有可能反复出现过放电，给电池的安全性带来问题。第二，就是给电池一个合适的电池存储荷电量，不同电池的放电曲线是不一样的，有的企业以一个固定的电压值来确认不同型号电池的剩余电量，这样做是很危险的，就有可能出现电压虽然比较高，但是电池的电量已经所剩无几的现象。在储存过程中产生自放电或者在生产线上测试产品，都有可能出现过放电现象，给电池留下了安全隐患或者使电池报废。

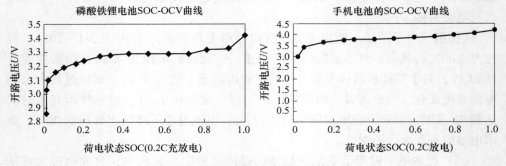

图 9.1　几种电池的放电曲线

　　无论是过充电实验还是过放电实验，都是一次性的。即使在过充电或者过放电过程中有锂枝晶或者铜枝晶产生，这些枝晶不一定能够刺破隔膜。锂离子电池在充放电过程中，由于锂离子的嵌入和脱嵌，正负极的厚度都有变化，反复的充放电，电池的厚度反复产生变化，就会压迫枝晶刺破隔膜，发生电池内短路，产生热量。内短路比较严重时，产生热量大，会使电池电解液膨胀，电池爆裂，遇热源燃烧。很多情况在充电时电池并没有爆炸燃烧，但是已经有内短路产生。如果枝晶比较细小，短路电流将其熔化，电池停止发热。如果枝晶比较粗大，没有被熔掉，热量在不断增加，电池在使用过程中会发生火灾爆炸。

　　（3）过电流。过放电和过电流充放电将会导致电池内部发生化学副反应，该副反应加剧后，会严重影响电池的性能与使用寿命，并可能产生大量气体，使电池内部压力迅速增大后爆炸而造成安全问题。有研究表明，小电流充电时，锂离子电池完成放电后电池的厚度还能够回到初始值。但是当充电电流达到 4C 以上时，电池的厚度就无法恢复到初始厚度，而这部分增加的厚度就是因为金属锂在负极表面析出造成的，并且电流越大，析出的金属锂越多，锂离子电池厚度增加的也就越多。所以保证电池不析出金属锂的电流在 3~4C 之间。大电流充电之所以能够在负极表面析出金属锂，是因为在大电流作用下，大量的锂离子进入电解液，到达负极，但是因为负极有 SEI 膜，锂离子进入负极碳材料层间需要时间，来不及进入碳材料的锂离子就会积聚在负极表面。特别是在低温下，石墨负极的动力学条件变差，更容易导致金属锂在石墨负极的表面析出。

电动汽车的动力电池大电流充放电过程特别明显，汽车启动时，电池输出的电流要比汽车正常行驶时大几倍，汽车制动时，尤其是紧急制动时，又会有比正常充电大许多的电流涌入电池。电池有内阻，大电流就会产生高热量，过量就会带来电解液受热膨胀，安全隐患是很明显的。所以电动汽车电池有高功率电池，就是为了适应大倍率充放电的特性而设计的。

（4）外部短路。电池在意外情况下会产生外部短路，外短路的后果就是产生大电流，大电流通过电池内阻在电池内部产生高热量，所产生的热量大于电池外壳散热能力，热量积聚，达到一定程度就会发生热失控，引起火灾和爆炸。电池内部产生的热量与电池外壳散热能力与电池的形状、大小都有关系，电池比较小或者比较薄，电池中心与电池外表面距离短，电池外表面积与电池体积之比比较大，散热比较容易。反过来，如果电池的体积比较大，或者比较厚，电池中心与电池表面距离比较远，电池外表面积与电池体积的比例比较小，一方面电池中心产生的热量不容易传递到电池外表面，另外电池外表面的散热能力不足，就会引起电池内部热量积聚。

（5）过电压。当充电器损坏或者充电器与电池不匹配，电池将面临高电压充电的情况。电池是有内阻的，根据欧姆定律，通过电池的电流等于电压除以电阻，高电压将产生大电流，其后果与大电流充电是一样的。

第四节　机械伤害引发锂电池火灾事故

机械伤害包括穿刺、跌落、振动、挤压、加速度冲击、重物撞击等。

（1）穿刺。在意外情况下会有外物穿刺进入电池内部，引起正负极短路。外物刺入电池是否立刻引发着火、爆炸与外物刺入电池的速度有关。美国有一次对电动汽车进行撞击试验，实验完毕的汽车当时并没有着火，放置一星期以后汽车突然着火。经检验发现，原来是固定电池的铁框上有一个铁件在撞击时的惯性的作用下刺入电池。有实验研究表明，当钢针以很快的速度刺入电池，电池并不立刻冒烟、着火，而当钢针以很慢的速度刺入电池，电池立刻冒烟着火。经分析认为，钢针快速刺入电池，隔膜的翻边来不及收缩，还能够有效的隔离正负极。被刺穿的电池放置一段时间，隔膜慢慢收缩了，正负极就短路了。当钢针慢速刺入电池，在刺入的过程中隔膜就收缩了，正负极即刻短路。

（2）跌落。产品在搬运期间可能由于粗暴装卸或者意外失手遭到跌落，起火燃烧。究其原因，对于单电池，可能是跌落冲击引起电池内部短路，对于电池组，既可能引起内短路，也可能引起外短路。

（3）振动。电池装在电动汽车或者电动自行车上面以及通过车辆进行运输，不可避免的会产生振动、颠簸，剧烈的振动会引起电池内部短路，电池组还会产生连接件形成的外短路。

（4）挤压。小型电动汽车的电池一般都装在后备箱里，发生追尾事故就容易使电池受到挤压。

（5）加速度冲击。在实际使用中野蛮装卸或者电动汽车、电动自行车撞车，电池都会受到加速度冲击，后果也是引起单电池的内部短路或者电池组的外部短路。

（6）重物撞击。重物撞击是电池在滥用状态下容易发生的一种事故，其后果也是引起电池的内短路。

第五节　环境因素引发锂电池火灾事故

环境因素包括低气压、温度急剧变化、热滥用、热喷射，军用标准 GJB 2374—1995 还提出枪击安全。

（1）低气压。2006 年 2 月，美国物流公司 UPS 的一架 DC-8 货机在 31000 英尺高空突然冒烟起火，货机上的大火烧了 4h，大部分货物被烧毁，3 名机组成员受伤。根据美国国家运输安全委员会 NTSB 的调查，事故原因就是机上所运输的笔记本电脑里面装的锂离子电池引起的。2010 年 9 月，UPS 的另一架货机在迪拜坠毁。据估计，货机上所搭载的锂离子电池引发驾驶舱起火冒烟，导致了事故的发生。失事的 UPS 货机（从香港起飞，经迪拜飞往德国）搭载了大量的家用电子产品。

带有锂离子电池的货机为什么多次发生火灾？旅客乘飞机为什么不允许将带有锂离子电池的电器托运，而允许把手机、平板电脑和充电宝带上飞机？原因就是货机的货舱没有气压调节，货仓里的气压随着飞机飞行高度的增加在不断下降。在低气压作用下，电池就会产生鼓胀，电池里面的负极片、正极片和隔膜的相对位置就有可能产生变化，存在电池产生内短路的风险。

（2）高温（热滥用）。电池在受到外部热源加热时，电池内的电解液将受热膨胀、汽化，内压增大，电解液蒸气喷出，遇火源将着火。

（3）温度冲击。电池在使用或者运输过程中经受极高温、极低温的循环变化，例如飞机在热带地区的起飞、降落过程。电池产生膨胀、收缩，电池里面的负极片、正极片和隔膜的相对位置就有可能产生变化，存在电池产生内短路的风险。电池外壳也在温度的急剧变化中产生热胀冷缩，有引起外壳破裂、电解液外漏的风险。

（4）燃烧喷射（外部火烧）。在事故状态下外部火源对电池进行燃烧热量喷射，会引起电池爆炸，产生衍生灾害。

　　电动汽车在行驶过程中会面临各种各样的工况。电动汽车正常行驶过程中电池组要受到加速度冲击、振动、汽车加速时的大功率放电、刹车时的大电流充电、温度升高等状况。电动汽车在事故状态，电池要受到挤压、穿刺、火烧、泡水、海水浸泡等危害。有时还要承受湿热循环、盐雾、高海拔等恶劣环境危害。这些危害因素对电动汽车所用的电池提出了更高的安全要求。

参 考 文 献

［1］麻友良，陈全世，齐占宁. 电动汽车用电池 SOC 定义与检测方法 ［J］. 清华大学学报（自然科学版），2001，41（11）：95~97.

［2］李佳，何亮明，杜翀. 锂离子电池高温储存后的安全性能 ［J］. 电池，2010，40（3）：158~160.

［3］刘浩文. 浅析影响锂离子电池安全性的主要因素 ［J］. 自然科学，2018，6（5）：391~394.

［4］王守源，蒋京鑫，刘伟. 手机锂离子电池安全性能解析 ［J］. 现代电信科技，2008（7）：60~62.

［5］肖顺华，章明方. 水分对锂离子电池性能的影响 ［J］. 应用化学，2005，22（7）：764~767.

［6］刘斌斌，杜晓钟，闫时建，等. 制片工艺对动力锂离子电池性能的影响 ［J］. 电源技术，2018，42（6）：788~791.

第十章　锂离子电池生产安全

锂离子电池生产离不开电解液，电解液属于易燃液体，所以锂离子生产各工序最主要的风险是火灾。一旦发生火灾，极易造成人员的群死群伤和巨大的财产损失，锂离子电池生产企业要把火灾预防作为重中之重。除了火灾以外，还会发生机械伤害、电气伤害和职业健康危害。

第一节　锂离子电池主要工艺火灾特征和健康危害

一、火灾危险性

为了做好火灾预防，应该先确认锂离子电池生产主要工艺阶段的火灾特征，如表 10.1 所示。判断各工序工艺火灾特征的依据就是《建筑设计防火规范》关于物质的火灾危险性分类。

表 10.1　锂离子电池生产主要工艺火灾特征

编号	生产工序		火灾危险性分类
P01	配料	水剂搅拌	戊类
		NMP 溶剂搅拌	丙类
P02	涂布	水剂涂布	戊类
		NMP 溶剂涂布	丙类
P03	辊压		戊类
P04	分切		戊类
P05	模切/卷绕		丁或戊类
P06	真空烘烤		丙或戊类
P07	极组成型		丙类
P08	极组压实		丙类
P9	极耳焊接/顶盖焊接		丁或戊类
P10	入壳		丙类
P11	封装		丙或丁类
P12	气密性检测		丙类

编号	生产工序		火灾危险性分类
P13	注液		丙类
P14	静置		丙类
P15	化成		丙类
P16	老化		丙类
P17	表面清洗		丙类
P18	电池模块组装/电池组组装		丙类
P19	包装		丙类
P20	电池测试	安全性电池测试	甲类
		常规性电池测试	丙类

二、健康危害

六氟磷酸锂是电解液里的重要成分，它的特性是吸湿性强、遇水易分解。六氟磷酸锂遇热分解会产生氟化氢（也称为氢氟酸），为了防止六氟磷酸锂分解，有的电解液包装桶上标签注明应在 30℃ 以下保存。在夏季，运输途中六氟磷酸锂易分解，对安全有潜在的危险。如果在注液、化成、开口静置等密闭的作业场所提供的新风不足或通风系统出现故障，有可能发生多人中毒的事故。

氢氟酸对皮肤有强烈刺激性和腐蚀性。氢氟酸中的氢离子对人体组织有脱水和腐蚀作用。氟是最活泼的非金属元素之一，皮肤与氢氟酸接触后，氟离子不断渗透到深层组织，溶解细胞膜，造成表皮、真皮、皮下组织乃至肌层液化坏死。氟离子还可干扰烯醇化酶的活性使皮肤细胞摄氧能力受到抑制。人体摄入 1.5g 氢氟酸可致立即死亡。吸入高浓度的氢氟酸酸雾，引起支气管炎和出血性肺水肿。氢氟酸也可经皮肤吸收而引起严重中毒。

氢氟酸伤害临床表现为对皮肤有强烈的腐蚀作用。灼伤初期皮肤潮红、干燥。创面苍白，坏死，继而呈紫黑色或灰黑色。深部灼伤或处理不当时，可形成难以愈合的深部溃疡，损及骨膜和骨质，灼伤疼痛剧烈。眼睛接触高浓度氢氟酸可引起角膜穿孔。接触其蒸气，可发生支气管炎、肺炎等。慢性影响包括眼和上呼吸道刺激症状，或有鼻衄，嗅觉减退。

三、锂离子电池生产环境要求

锂离子电池里面如果混入杂质、痕量水超标都会给电池在使用中留下火灾爆炸的隐患。没有注液的电池极片、电解液都很容易吸收水分，所以，锂离子电池极片组件入壳后要在烤箱里进行烘烤。完成烘烤的电极片组件由烘烤箱转移到注液车间的过程中，要尽量避免与空气接触。注液车间的空气湿度要进行严格的控制，一般控制露点低于-35℃。注液柜里的空气是经过专门的干燥化处理的。封装完成之前，需要控制锂离子电池生产环境的含尘量和湿度，化成工序之前的作业环境都是按照洁净厂房的要求来建设的。表10.2是锂离子电池生产厂房里洁净度和湿度的要求。

表 10.2　锂离子电池生产厂房里洁净度和湿度

工序	环境指标			
配料	匀浆区		打胶区	
	温度	≤30℃	温度	(26±5)℃
	湿度	≤45% RH	湿度	≤40% RH
	粉尘度	≤880000 个/m³	粉尘度	≤880000 个/m³
涂布	涂布机		涂布区	
	温度	(24±6)℃	温度	≤35%℃
	湿度	≤2% RH	湿度	≤45% RH
	露点	≤-28℃	粉尘度	小于 100 万级
制片	车间环境			
	温度	≤35℃	粉尘度	小于 100 万级
	湿度	≤45%RH		
组装车间	车间环境			
	温度	(25±5)℃		
	湿度	≤35% RH		
注液封口	手套箱		车间环境	
	温度	18~25℃	温度	(25±5)℃
	湿度	≤1% RH	湿度	≤35% RH
	露点	≤-35℃		
化成	常温状态			
分容、检测	温度	(20±2)℃		
	湿度	45%~75% RH		

第二节　极片制作过程的危害及其预防措施

一、配料作业的危害预防

(一) 正负极配方 (以钴酸锂电池为例)

钴酸锂电池正极材料：$LiCoO_2$ + 导电剂 + 黏合剂 + 集流体 (铝箔)

钴酸锂正极涂层的配方：

$LiCoO_2$（$10\mu m$），96.0%；

导电剂（Carbon ECP），2.0%；

黏合剂（PVDF 761），2.0%；

NMP（甲基吡咯烷酮）与固体物质的质量比约为 810∶1496。

（二）正极物质的特性

目前在市面上可以买到的锂离子电池有钴酸锂 Li_xCoO_2 电池、锰酸锂 Li_xMnO_2 电池、磷酸铁锂 $LiFePO_4$ 电池、镍酸锂 Li_xNiO_2 电池、镍锰酸锂 $LiNi_{0.5}Mn_{1.5}O_4$ 电池、镍钴锰酸锂 $LiNi_xCo_yMn_{1-x-y}O_2$ 三元复合电池和镍钴铝酸锂 $LiNi_xCo_yAl_{1-x-y}O_2$ 三元复合电池。这些电池的正极材料有变化，其他部分都是相同的。

钴酸锂：正极活性物质，为电池提供锂离子源。非极性物质，不规则形状，粒径 D_{50} 一般为 $6\sim8\mu m$，含水率≤0.2%，通常为碱性，pH 值为 10~11。

锰酸锂：非极性物质，不规则形状，粒径 D_{50} 一般为 $5\sim7\mu m$，含水率≤0.2%，通常为弱碱性。

镍酸锂：镍酸锂电池正极材料是通过镍元素取代钴酸锂正极材料中的钴而发展来的。镍酸锂具有比容量高、污染小、价格适中、与电解液匹配好等优点。

镍锰酸锂：作为一种高电压正极材料，其电压平台在 4.7V 左右，比能量超过 600Wh/kg。由于镍锰酸锂材料主要由镍元素和锰元素组成，不含钴元素，因此较为环保，成本也较为低廉。以之取代现在成本最具优势的磷酸铁锂动力电池，单体电池及系统能量密度可提升 40%，成本可降低 30%，是最有潜力商业化的下一代高电压正极材料之一。

磷酸铁锂：非极性物质，橄榄石结构，粒径 D_{50} 一般为 $2\sim6\mu m$，含水率≤0.2%。

镍钴锰酸锂：黑色固体粉末，球形或类球形颗粒，流动性好，无结块物，符合纯相 $LiNiO_2$ 结构。粒径 D_{50} 一般为 $9\sim12\mu m$。各元素组分：Ni（19.5%~21.5%）；Co（19.5%~21.5%）；Mn（18.0%~20.0%）。Ni∶Co∶Mn＝3∶3∶3 或 5∶2∶3，共计 Ni+Co+Mn（58.0%~62.0%）。现在已经可以从回收的废旧锂离子电池提取镍钴锰酸锂，走出了一条物资回收循环利用的道路。

镍钴铝酸锂：为粒径大小约 $1.5\mu m$ 的深棕色实心颗粒，各元素组分：Li（7%~8%）、Ni（80%）、Co（15%）、Al（5%），Ni∶Co∶Al＝7∶2.5∶0.5。

导电剂：链状物，含水率小于 1%，粒径一般为 $1\sim5\mu m$。通常使用导电性优异的超导炭黑，如科琴炭黑 Carbon ECP 和 ECP600JD。其作用是提高正极材料的导电性，补偿正极活性物质的电子导电性，提高正极片吸收电解液的吸液量，增加反应界面，减少极化。

PVDF 黏合剂：非极性物质，链状物，相对分子质量从 300000~3000000 不等；吸水后分子量下降，黏性变差。用于将钴酸锂、导电剂和铝箔或铝网黏合在一起。

NMP：弱极性液体，用来溶解/溶胀 PVDF，同时用来稀释浆料。改善涂层质量，在烘干过程中均匀蒸发，形成孔径均匀、分布均匀的多孔微电极结构。

集流体（正极片）：由铝箔或铝带制成。

极耳：镍箔制成。

（三）负极配方

负极材料：石墨 + 导电剂 + 增稠剂（CMC）+ 黏结剂（SBR）+ 集流体（铜箔）

负极涂料配方：

负极材料（石墨），94.5%；

导电剂（Carbon ECP），1.0%（科琴超导炭黑）；

黏结剂（SBR），2.25%（SBR：丁苯橡胶乳胶）；

增稠剂（CMC），2.25%（CMC：羧甲基纤维素钠）。

水与固体物质的质量比为 1600：1417.5。

（四）负极物质的特性

石墨：负极活性物质，构成负极反应的主要物质，主要分为天然石墨和人造石墨两大类。非极性物质，易被非极性物质污染，易在非极性物质中分散。不易吸水，也不易在水中分散。被污染的石墨在水中分散后容易重新团聚。一般粒径 D_{50} 为 20μm 左右。颗粒形状多样且多不规则，主要有球形、片状、纤维状等。

导电剂：其作用为提高负极片的导电性、补偿负极活性物质的电子导电性、提高反应深度及利用率、防止锂枝晶的产生、利用导电材料的吸液能力、提高反应界面、减少极化（可根据石墨粒度分布选择加或不加）。

添加剂：降低不可逆反应、提高黏附力、提高浆料黏度、防止浆料沉淀。包括 CMC、异丙醇和乙醇：

（1）增稠剂/防沉淀剂（CMC）：高分子化合物，易溶于水和极性溶剂。

（2）异丙醇，弱极性物质，加入后可减小黏合剂溶液的极性，提高石墨和黏合剂溶液的相容性。具有强烈的消泡作用，易催化黏合剂网状交链，提高黏结强度。

（3）乙醇：弱极性物质，加入后可减小黏合剂溶液的极性，提高石墨和黏合剂溶液的相容性。具有强烈的消泡作用，易催化黏合剂线性交链，提高黏结强度。

异丙醇和乙醇的作用从本质上讲是一样的，大批量生产时可考虑成本因素然后选择添加哪种。

水性黏合剂（SBR）：将石墨、导电剂、添加剂和铜箔或铜网黏合在一起。

小分子线性链状乳液，极易溶于水和极性溶剂。

去离子水（或蒸馏水）：稀释剂，酌量添加，改变浆料的流动性。

负极集流体（负极片）：由铜箔或镍带制成。

极耳：镍片制成。

（五）配料区域的危害预防措施

（1）企业应严格执行《涂装作业安全规程安全管理通则》（GB 7691—2003）和《生产过程安全卫生要求总则》（GB 12801—91）。

（2）配料区域应独立布置，配料场所宜采用密闭作业。

（3）无技术条件进行密闭作业的企业，应对配料可能产生的粉尘进行除尘处理。除尘方式可以与中央排风管道连接，也可以采用粉尘回收设备，将粉尘回收再利用。当采用与中央排风管道连接时，应注意管道的静电保护接地设施，以避免因静电放电引燃粉尘导致粉尘爆炸、火灾事故的发生。

（4）采用易燃液体作为添加物，搅拌作业应当使用不产生火花的工具，搅拌机应有可靠的静电接地设施。通风条件能够确保现场可燃液体蒸气的浓度低于爆炸下限5%。作业现场要配备消防措施。

（5）配料区域不应将风扇、风机或空调的出风口正对配料设备。在进料口、风机轴承前安装阻挡异物的网格或者除铁器，避免异物进入旋转中轴处摩擦发热起火。除尘风机的滤网使用阻燃材料，安装压差监控联锁装置，定期进行检查。

（6）要严防配料中混入杂质，尤其要防止混入铁质。粉料都要经过强力磁铁除去铁质。

（7）电气控制柜应放在配料区域外面。配料区域的电器应当采用防爆电器。

（8）配料区的电气设备要采取防范"积尘导电"危害的措施，避免粉尘堆积电气设备、导致短路、受潮降低爬电距离引起漏电、发热、起火、电弧伤害、控制逻辑异常等意外。

（9）从桶里倒出可燃液体以后，在桶里就会产生可燃液体的蒸气与吸入的空气形成混合气体，有发生火灾爆炸的风险。

（10）配料作业现场的员工必须佩戴防尘口罩。

二、涂布工序的危害预防

涂布就是将浆料按照一定的量均匀地涂布到铜箔或铝箔等集流体上，并进行烘干的过程。涂布工序的危害主要有在烘干过程中可燃液体引起的火灾和爆炸事故以及检测涂布层厚度的射线检测仪射线外漏引起射线伤害事故。

（一）火灾爆炸事故的防范

在电极涂料的制备过程中需要加入一些甲基吡咯烷酮（NMP）等可燃液体。NMP的闪点86℃，燃点346℃，爆炸极限1.3%~9.5%，与空气的相对密度3.4，其蒸气是下沉的。在涂层烘干过程中，高温就会使这些可燃液体变成可燃蒸气，如果处理不当，有发生火灾、爆炸的风险。必须采取以下措施预防火灾、爆炸事故的发生：

（1）NMP 回收系统应采取防止 NMP 蒸气逸散或泄漏的措施。

（2）使用 NMP 有机溶剂且烘道加热温度在其闪点（86℃）以上，其火灾特性从丙 1 级溶剂上升为乙 2 级溶剂蒸气。

（3）NMP 回收系统应具备异常或紧急停机状态下通风延时的功能，通风应使设备内部可燃气体浓度降低到爆炸下限的 25%以下。

（4）涂布机的烘道内浓度最高的几节安装 NMP 浓度自动实时监控报警装置，并设置两级防护措施，一级防护当可燃气体浓度达到爆炸下限的 25%时报警，二级防护当可燃气体浓度达到爆炸下限的 50%时停机，并应与加热和通风装置联锁。

（5）涂布机的加热设备采用直接的电加热方式时，电加热设备应具有控温保护、超温保护和联锁停机的功能。

（6）电加热设备前方应设置保护罩。烘道内部设置不燃网格阻挡异物进入，以免异物被电加热丝点燃引发火灾。

（7）如果可能的话，不使用可燃溶剂，而使用不燃溶剂；不使用电气加热，使用蒸汽加热或导热油加热。使用了电加热，需要采用防爆等级相配的防爆电气。

（8）烘道需要有泄爆装置。

（9）烘干机外部设有有效的独立通风设施，确保设备外部可燃气体浓度低于爆炸下限。

（10）对涂层烘干工序进行专项安全评估，对隐患进行整改，完善防爆措施。

（11）应实行涂层烘干设备定期检测、检验制度，检验周期最长不得超过 3 年，检验项目应根据涂装安全标准确定，但应包括以下内容：

1）通风净化系统参数。

2）防爆电气设备防爆结构参数。

3）接地电阻。

4）自动联锁控制和信号、报警装置整定值。

（二）职业健康危害预防

在电极片涂装作业工序中，对员工身体健康的危害因素主要有粉尘、有机溶剂和辐射，必须采取有效的措施对这些危害因素进行预防。

（1）新参加涂装作业人员应进行就业前健康检查。查出有职业禁忌者，不准安排从事涂装作业。

（2）涂装作业人员应按下列规定进行职业性健康检查。发现职业病患者，应按《职业病范围和职业病患者处理办法的规定》及时上报。

1）粉尘作业人员每3~5年进行一次。

2）从事有机溶剂化学品作业人员，每年进行一次。

3）从事酸碱作业人员，每2年进行一次。

4）从事噪声作业人员，噪声强度在85dB（A）以上者，每2年进行一次。

（3）涂布机测厚设备区域属于安全重点监控区域，应对辐射环境定期进行检测。

（4）X射线和β射线都应选择豁免级别的设备。这些设备应满足《电离辐射防护与辐射源安全基本标准》（GB 18871），包括采用增加铅板厚度等方法来实现达到距离设备表面0.1m处的辐射率不超过$1\mu Gy/h$（小时吸收量），累积计量不超过1mSv/a（年累积有效剂量）。

（5）职业病患者应按下列规定进行复查：

1）尘肺患者，一般每年复查一次。

2）职业中毒患者，每年复查一次。

（6）解除涂装作业人员劳动合同时，应进行职业性健康检查。发现职业病患者，不得解除劳动合同。

三、辊压作业的危害预防

辊压作业是在极片表面施加一定压力，使极片上的电极材料压实且厚度达到规格值的过程。其目的在于增加正极和负极材料的压实密度，合适的压实密度可增大电池的荷电容量，减少内阻，减小极化损失，延长电池的循环寿命，提高电池的利用率。对于18650电池，合适的正极材料压实密度一般约在2.8~3.4g/cm之间，合适的负极材料压实密度一般约为1.5g/cm。比如一款18650柱状电池在辊压以后的极片尺寸如表10.3所示。

表10.3　极片辊压要求

电极	轧片后厚度/mm	轧片后长度/mm
正极片	0.125~0.145	362~365
负极片	0.125~0.145	400~403

（一）辊压作业的主要危害

（1）辊压时会将附着不牢固的涂料剥离而产生粉尘危害。

（2）辊压时可能发生机械卷入伤害。

（二）辊压作业的危害预防

（1）应在辊轴旋转处设置遮挡装置，并在设备明显处张贴安全警示标志，避免作业人员的肢体被辊轴卷入造成伤害。

（2）辊压作业产生粉尘应设置粉尘回收装置。

（3）作业人员应佩戴防尘口罩。

四、开料作业的危害预防

用机械切刀或激光将极片分开为窄条或者用机械切刀或激光将极片分开为有形状的极片的作业称为开料作业。

（一）开料作业的危害

（1）开料过程中极片上的电极材料掉落成为粉尘。

（2）分条机和剪切机的机械伤害。

（3）激光分切机防爆性能缺失引起粉尘爆炸。

（4）电极及引板切断后产生的毛刺（毛边）过长，会刺穿隔膜，引起内部短路或微短路。

（二）开料作业的危害预防

（1）在切片机刀口处设置安全防护装置。安全的方式是封闭作业，用托料架将电极片送入，以避免切片机对人员的伤害。

（2）在开料工序安装通风除尘设备。

（3）激光切割工序的负压吸尘管道的前端2m需要采用金属管材或有冷却罩的塑料管材。除尘器粉尘要定期清理，防止粉尘积聚。除尘系统应有备用系统，清理或故障维修时备用系统继续起作用。或者安装联锁装置，除尘设备故障时设备联锁停机。吸入爆炸性粉尘的集尘器与生产区域分开设置，相邻的墙面采用耐火极限为1h的防火隔墙。

（4）极片和极耳的毛刺应小于隔膜的厚度。通过定期抽样检查进行控制，用显微镜测量，要注意同时测量平面和断面的毛刺。

第三节　电池装配过程的危害预防

一、卷绕叠片工序的危害预防

卷绕工序指在机器上将正极极片、负极极片、隔膜卷绕在一起形成柱状极组，叠片工序指在机器上将正极极片、负极极片、隔膜通过堆叠的方法形成非柱状极组。极组制作是锂离子电池生产的核心工序，决定了电池的安全和质量。极组的正极片和负极片要合理搭配，以保证在电池充电时，负极片能够完全容纳由正极片过来的锂离子，以免不能进入负极片的锂离子形成锂枝晶。表10.4就是一款18650柱状电池的配片方案。

卷绕、叠片的危害主要是粉尘和机械伤害、正负极片与隔膜相对位置错位。缠绕、叠片的危害预防措施主要有：

表 10.4　一款 18650 柱状电池的配片方案

序号	正极片质量/g	负极片质量/g	备　　注
1	5.49~6.01	2.83~2.86	
2	6.02~6.09	2.87~2.90	
3	6.10~6.17	2.91~2.94	正极可以和重 1~2 个档次的负极进行配片
4	6.18~6.25	2.95~2.98	
5	6.26~6.33	2.99~3.01	
6	6.34~6.41	3.02~3.05	

（1）半机械缠绕叠片的工作平台上应设置密封罩，作业人员工作面敞开，绕片机下部的工作平台留一开口，在开口处下部接驳吸尘器软管，将切片产生的粉尘吸入吸尘器。

（2）绕片机旋转绕片装置不得设计为锐角，避免对作业人员手部造成伤害。

（3）绕片机与电机的传动宜采用橡胶 O 型皮带，不得使用链条或轴传动方式。橡胶 O 型皮带的好处就是万一发生人体卷入或者其他缠绕事故，容易停机。

（4）保证正、负极和隔膜的相对位置正确。正、负极和隔膜的相对位置是否正确决定了锂离子电池的安全性能。通过抽样检查进行控制，更重要的是通过 X 射线检查卷绕体内部的状态，即检查正、负极纵向的相对位置以及电芯组件是否卷成了笋状。

（5）操作无吸尘装置的绕片机，作业人员应佩戴防尘口罩。

二、点焊工序的危害及其预防措施

锂离子电池生产过程的焊接工序分为软连接焊接和顶盖焊接。软连接焊接是用超声波焊、电阻焊或激光焊等方式将极耳和极片焊接起来形成极片组件，顶盖焊接是采用激光焊将不锈钢支架和铝壳焊在一起。如果极片和极耳产生虚焊、脱焊或者焊接强度不足的情况，电池受到振动或冲击就会影响导电性，导致内阻增大，甚至使电池失效，无法输出电流。

（一）点焊工序的危害

（1）采用超声波焊接工艺的，其主要危害是超声波对作业人员构成危害。

（2）采用激光焊接方式的，其主要危害是电弧光、焊渣对作业人员眼睛的伤害。

（二）点焊工序的危害预防

（1）采用超声波机进行焊接的，宜采用吸波材料制作的防护罩。超声波机工作时，3m 以内的人员应佩带耳塞或耳罩。

（2）采用激光进行焊接的宜采用密闭作业，未使用密闭作业方式的，作业人员应采用眼部安全防护措施。

（3）采用激光焊接方式进行软连接焊接和顶盖焊接，激光焊接的设备应当满足本身防爆要求。

三、冲压成型工序的危害预防

冲压成型工序的危害主要是模具可能对作业人员造成机械伤害。应当采用如下预防措施：

（1）宜采用活动下模，通过导轨将活动下模和待冲件送进、将活动下模退出以取出已冲压成型的产品。该项安全技术可以将作业区域与作业人员肢体隔开，实现本质安全。

（2）采用固定模冲压成型的应采用双手动开关，并在模具工作区域外设置安全红外线光栅等防护装置，避免作业人员的肢体进入模具工作区域。

四、封装工序的危害预防

（一）封装工序的危害

（1）软包装锂离子电池的封口是通过热压成型实现封口，其主要危害是热封口机对作业人员造成烫伤和压伤。

（2）硬包装锂离子电池的封口是采用焊接方式实现封口，主要危险是焊渣、焊弧光对作业人员眼睛的伤害。

（3）卷绕体插入壳体时，易产生插入不到位（过深、过浅和倾斜）及插入异常，如侧面弯曲、破损等。尤其是插入异常，将导致内部短路，留下电池充电以后发生火灾的隐患。

（4）封口体组件和电池壳嵌合时，正、负极耳在电池壳中的弯曲状态很重要，尤其是正极极耳，如果在弯曲时形状异常或碰到电池壳内壁，将导致内部短路。极耳在弯曲时也可能引起断裂，导致内部断路，电流无法输出。

（5）封口体组件与电池壳焊接不好，将起不到密封的作用，直接导致电解液泄漏。如果焊接强度不够，电池在跌落、撞击、挤压时易产生裂缝。

（6）装配过程中混入异物。电池在组装过程中可能会有脱落的电极涂层、电池壳开口处的毛刺、极耳切断后的碎屑、泄压阀孔、注液孔等处的毛刺等金属异物混入。虽然当时没有引发内部短路，针对电池进行开路电压和内阻的检测也无法检出，但在使用过程中，随着电池充、放电，由于锂离子的嵌入和脱嵌，极片的厚度会发生变化，金属异物受到挤压，就可能逐渐穿透隔膜，引发内部短路，有发生火灾的隐患。

（二）封装工序的危害预防

（1）软包装锂离子电池封口作业应当在封口机前设置防护装置，当电池送入封口机后，遮挡板下行遮挡作业人员操作面，然后封口机动作。人员操作侧设置红外线光栅安全防护装置。

（2）硬包装锂离子电池采用气体保护焊接顶盖的，宜采用密闭作业方式。未采用密闭作业方式的，作业人员应佩戴防护眼镜，以防止焊渣和弧光对眼睛的伤害。注意作业面的通风，不要使惰性气体浓度过高，给作业人员造成伤害。

（3）通过全数 X 射线检查的方式检查卷绕体插入壳体的状态。

（4）一般采用全数自动耐电压检查的方法检查不易发现的异物。在电池的正、负极之间加上几百伏的瞬间高电压，如果隔膜上附有金属异物，在瞬间高电压的作用下将击穿隔膜，导致内部短路，这样可将不良电池排出。

（5）封口体组件与电池壳焊接质量只能用破坏性方法抽查。一种方法是把电池钻孔，打进高压水，试验密封情况。另一种方法就是把焊口锉开，直接检查焊接质量。

第四节　注液工序的危害预防

一、注液工序的安全关注点

注液工序是往电池里灌注电解液，再将注液孔密封的过程。目前生产的高性能电池，一般采用两次注液，两次注液之间进行预化成。每一次作业都是按照注液、抽真空、再注液、抽真空，反复多次，保证注液量。注液工序直接使用电解液，有的企业在手套箱里完成注液工序，电解液暴露在空气中的环境相对密闭，为了保证手套箱里空气的干燥度，不允许手套箱外的空气进入手套箱，手套箱一直保持微正压，电解液蒸气就有可能逸散到手套箱外，在注液车间形成可燃性混合气体。有的企业采用机械化自动注液，工人为了操作方便，往往会把注液车间的侧门打开，电解液直接暴露在空气中，在整个注液车间形成可燃性混合气体。电解液不但容易发生火灾，而且发生火灾以后会产生高毒的氟化氢气体。因此，注液工序构成行业重大安全隐患。

二、注液工序的危害

注液工序的危害包括由于质量问题给电池留下在使用中发生火灾的隐患、注液车间发生火灾爆炸的隐患和工作人员职业健康危害。

（1）在注液工序前端，电解液存放于中间仓库，中间仓库的燃爆风险预防措施如本书第八章所述。

（2）电解液由中间仓库通过管道输送到手套箱或者注液机里面发生泄漏的风险。

（3）在注液过程中电解液直接暴露在空气中，电解液蒸气会泄漏到注液机或手套箱外面，在注液车间形成可燃性混合气体，有发生火灾或者爆炸的风险。

（4）注液工序前电池组件烘烤不到位，电池组件水分含量超标，给以后使用过程中电池发生火灾或提前失效留下隐患。

（5）注液车间环境湿度没有得到有效控制，在生产过程中，电解液吸收到过多的水分，给以后使用过程中电池发生火灾或提前失效留下隐患。

（6）在注液工序工作的人员平时有受到化学品危害的风险。发生火灾以后会受到氟化氢伤害。

三、注液工序的危害预防

（1）注液工序应该成为一个独立的防火分区。在满足二级耐火建筑的前提下，隔墙不要用轻质墙体，应当使用红砖或者水泥泡沫砖的实体墙。

（2）保证电池在注液前水分含量处于安全程度以下。前面讲过，锂离子电池里面水分过多，会对电池造成很大的伤害，故必须在注液工序以前把电池里的水分烘干到可控制的范围。在烘箱中，反复进行高温加热、抽真空、充氮气循环。充氮气是为了置换烘干箱内高湿度空气，使得导热性更好，水分蒸发得更快。充氮气也是为了提高烘干箱内的气压，使烘干箱内、外部气压大致相等，因为烘干箱长期负压会损坏设备，也会损坏电池。一个可以参考的电池真空烘烤技术参数为温度（80±5）℃、烘烤时间16~22h、真空度≤-0.05MPa。真空系统的真空度为-0.095~-0.10MPa，高纯氮气气压大于0.5MPa，每小时抽一次真空，注一次氮气。

（3）注液要求在干燥的环境中进行，要控制整个工序的湿度，所以注液车间是洁净厂房。注液车间相对湿度小于30%，露点管理-35℃，温度：（20±5）℃。

（4）保证注液量。注液量不足，将引起电池容量偏低、内阻偏大、电池膨胀等问题，严重时会发生电池起火。注液量过多，电解液在预化成时易溢出注液孔，造成注液孔密封（焊接）时容易产生焊接小孔、裂缝等问题。通过高精密的注液泵控制注液量，用电子秤自动称量确定注液量。注液前会对电池进行称重，注液后进行二次称重，与第一次称重质量对比，以此来考核注液量是否合格，对注液不足的电池挑出再次进行注液。

（5）在注液设备内部安装可燃气体浓度报警装置。

（6）应采用有惰性气体保护的密闭注液的设备，应安装电解液泄漏回收装置。

（7）没有设置气体保护装置，注液设备内部电解液蒸气浓度比较高，不能存在任何可能的点火源。

（8）注液车间安装可燃气体浓度探测仪，保证室内可燃气体浓度低于5%LEL。可燃气体浓度探测仪与事故风机联锁，事故风机换气能力在12次/h，地面1m以下任何点风速不小于0.5m/s。

（9）注液设备应有防静电接地保护措施。金属电解液容器宜放置在绝缘垫上并与静电接地装置连接。

（10）发生火警时，要迅速向注液设备充入惰性气体并关闭电解液容器阀门，将电解液容器移动到安全地带。

（11）注液车间的空调、灯具等都要用防爆电气。室内电气通过套管走线。电气开关用防爆开关或者在室外用普通开关。

（12）注液车间摆放充足的消防器材，在消火栓的保护范围内。

（13）避免电解液滴落到电气设备上腐蚀电线绝缘皮起火。

四、职业健康危害预防

（1）发生与电解液有关的火灾，就要特别留意氢氟酸伤害，在灭火时要佩戴正压式呼吸器。为避免燃烧产生的含氟气体造成人员中毒，应迅速将现场人员撤离。吸入含有氢氟酸烟气的人员应迅速逃离现场，移至空气新鲜处，保持呼吸道通畅，呼吸困难时给输氧。氢氟酸中毒人员不可进行人工呼吸，因为这样可能导致施行人工呼吸者本人吸入氟化氢气体。

（2）保持作业车间合理的通风量，降低空气中有害气体的含量。正常通风量应按换气次数不少于3次/h确定。

（3）操作有气体保护密闭作业设备的员工应佩戴活性炭口罩。

（4）操作无气体保护或不能密闭注液设备的员工应佩戴半面罩过滤式防毒面具。

第五节　化成工序的危害及其预防措施

化成是锂离子电池完成注液以后，经过几十个小时的静置，使电解液比较充分地浸润到电极涂层里面，然后在化成机上反复进行小电流充电—休眠—小电流放电。化成一般是分几个阶段对电池进行恒流充电，目的是对电池少量适度充电，使之激活，使电池内部充电导致化学反应而产生的气体，在电池封口前排出，避免以后电池在使用中膨胀。表10.5是一个典型的锂离子电池的化成过程。

表10.5　一个典型的锂离子电池化成过程

序号	工步	电流/mA	电压/V	时间/min
1	恒流充电	400	4.2	10

序号	工步	电流/mA	电压/V	时间/min
2	休眠			2
3	恒流充电	400	4.2	100
4	恒压充电	20	4.2	150
5	休眠			30
6	恒流放电	750	2.75	80
7	休眠			30
8	恒流充电	750	3.8	90
9	恒压充电	20	3.8	150

化成是锂离子电池生产过程中的重要工序。在锂离子电池进行第一次充电过程中，Li^+ 从正极活性物质中脱出，经过电解液-隔膜-电解液后，嵌入负极石墨材料层间。在此过程中，电子沿着外围电路从正极迁移到负极。此时，由于锂离子嵌入石墨负极电位较低，电子会先与电解液反应，在负极表面形成一层钝化层，即固体电解质界面膜（SEI 膜）。SEI 膜的好坏直接影响到电池的循环寿命、稳定性、自放电性、安全性等电化学性能。不同的化成工艺形成的 SEI 膜有所不同，对电池的性能影响也存在很大差异。传统的小电流充电方式有助于形成稳定的 SEI 膜，但是长时间的小电流充电会导致所形成的 SEI 膜阻抗增大，从而影响锂离子电池的倍率放电性能。化成时间过长也影响生产效率。若每个阶段的充电电流偏小、时间偏短的话，将起不到激活电极、排出气体的效果，在后续的老化工序可能导致膨胀。化成深度较浅的电池电极活化不完全，电解液与电极材料反应不够充分，电极表面还没有形成完整、致密的 SEI 膜，所以 SEI 膜的阻抗比较大。

一般的锂电池都是在常温、常压下进行化成，尤其是硬壳电池，化成工艺基本都是在室温进行。由于硬壳电池的外壳是钢壳或者铝合金壳，电池内部在化成过程中产生的气体不会使电池壳变大，不会影响电池内部正极片、隔膜和负极片之间的距离。常温下化成是以溶剂还原为主，锂盐的还原速度比较慢，SEI 膜的形成速度比较慢，因此，溶剂产物的沉积更为有序、致密，更有利于延长电池的使用寿命。

由于软包装电池采用铝塑膜封装结构，其外形结构决定了极片不能紧密排列，极片之间容易产生空隙。在电池化成过程中，产生的气体会加大正极、隔膜、负极之间的距离，阻碍锂离子从正极片到负极片的传输。另外气体的存在会阻碍电解液与正极片、负极片的接触，使得负极片局部浸润性能变差，最终导致在负极片上存在大量未反应的死区。死区的出现会减少负极片的面积，不能完全、充分地容纳由正极片过来的锂离子，增加电池析锂的可能性，既会严重影响电池本身的性能，析锂产生的锂枝晶也给电池的安全性留下了隐患。化成工序之后的封口中气体不能完全排除，从而影响电池性能。所以，软包装锂离子电池多采用高温加压化成工艺，具体就是用模具施加 1.1~1.3MPa 的压强产生的压力对电池进行高温定型。另外一种办法是在化成过程两次充电之间休眠时，采用滚压工艺将电池里面的气体排出。在化成过程中施加 45~85℃ 的高温，可以降低电解液的黏度，加速锂粒子的扩散，保证在大电流下电子与离子迅速结合。高温化成不仅可以使电极表面的 SEI 膜层反应更充分，而且能增强隔膜的吸液性，这样有利于降低电池的气胀情况。但是高温化成会降低 SEI 膜的稳定性，引起电池循环性能变差，这是因为高温会加剧 SEI 膜的溶解和溶剂分子的共嵌入。

一、化成工序的危害

（1）电池化成过程会产生少量的烃类 C_xH_y 气体，这些气体是甲乙类易燃易爆气体，工序不当有火灾、爆炸风险。化成工序列为行业重大隐患，也是当前安全专项检查的重点。

（2）个别不良电池在化成充电过程中会发热、冒烟、起火，如果不及时处理，会引燃邻近电池，产生严重后果。

（3）开口化成产生烃类气体及伴随气体挥发的电解液时刻都在释放，需要连续排风和可燃气体浓度控制，以保证安全。

（4）闭口化成产生的可燃气体容纳在电池里面，内部压力增大，对于硬壳电池，气体和多余的电解液会从注液口流出。对于软包装电池，流出的液体和气体会进入电池壳体预留的小囊袋里，化成完毕以后会进行处理。

（5）化成车间会弥漫电解液蒸气和氟化氢蒸气，尤其在电池着火以后，更为严重。

（6）化成车间满布用电设备，有触电危险性。

二、化成工序危害预防

（1）化成工序应当是独立的防火分区。

（2）化成设备应具备电池电压、电流、容量、温度和时间等异常报警功能。

（3）化成设备应具备校准、诊断、过充、过放等保护功能。

（4）化成设备外壳、电线外部和线槽应采取多点接地，配电系统应设置漏电开关。

（5）应定期对化成设备的性能参数和电气线路检查，并保存记录。

（6）化成车间应当使用防爆电气。化成设备本身在显眼、易操作位置设有断路器，可以很方便地切断设备电源，利于断电后用水灭火。

（7）化成设备（货架）之间的工作通道应能使运输工具顺利通过，手动叉车通道应大于 1.5m，人行通道应大于 0.8m，化成设备到顶部的容烟空间应大于 0.6m，工作通道不应放置其他物品。

（8）化成区域天花板应设置烟感和温感火灾探测器，配置相应的应急灭火器材，并符合有关标准的要求。水是锂离子电池最有效的灭火剂，现场应当配备水基灭火器具，例如装水容器、喷雾器、水基灭火器、橡胶水管、CO_2 灭火器。化成设备应在室内消火栓的防护范围之内。

（9）化成设备箱体内部应设置火灾探测器且联动现场报警灯。火警信号应送到工厂中央监控中心。

（10）化成设备箱体应具有安全防爆功能。

（11）采用高温化成工艺，电池货架放置在高温房间内，控制设备放在高温房间外。

（12）高温化成采用电加热方式，加热部件应设置在化成房间外面。

（13）高温化成房间内应至少设置两套超温报警系统。

（14）化成房间内应设置自动灭火系统，可采用先气体灭火再喷水灭火，或直接采用大流量喷水灭火的方式。

（15）化成房间内宜局部设置悬挂球式干粉灭火器或火探管灭火器等自动灭火装置。

（16）化成设备的每个货位应设置火灾探测器和自动灭火装置。

（17）货架的层与层之间和邻近货位应设置防火隔板，防火隔板的耐火时间不应小于 0.5h。由于货架有层板隔离，房间上部的灭火剂不易达到实际起火部位，不能及时有效地灭火，所以，最好在货架每一层都设置灭火系统。

（18）火灾探测器应和自动灭火装置、声光报警装置分别联动，并接入消防用电或独立备用电源。

（19）安装有效的通风设施，平时排风换气量不小于 3 次/h，环境风速不低于 0.5m/s 捕获风速，以保证车间内可燃气体浓度不超过 5%LEL。事故风机与可燃气体浓度报警器联锁，事故通风能力 12 次/h。事故通风可以用固定通风或移动通风装置来实现，经典数据为正压鼓风作用距离 30m，负压抽风作用距离 5m，风扇不低于 0.5m/s 捕获风速。

（20）采用开放式、通风式车间来进行化成工序，或者设备是开放式设备，每个电池都易于看见和拿取，人员自由出入，轻易看到外表颜色异常、冒烟的电池或者出现异常的设备，容易用坩埚钳夹取问题电池泡水灭火。

（21）化成柜与分容柜宜设计成方格型，每一格内放置的电池不宜超过 20 块，以方便电池发生燃烧时进行处理，也可防止事故电池发生爆炸影响到其他电池而产生联锁反应。

（22）车间配置事故电池处理柜和事故电池处理水桶、消防手套和坩埚钳。作业现场要不间断有人值班巡查，发现事故电池，立即用坩埚钳或消防手套取出，扔入事故电池处理水桶。

（23）如果采用惰性气体淹没灭火法，必须有防止惰性气体蔓延，造成人员窒息的措施。

（24）锂离子电池在化成过程中着火，可加热周围其他没有着火的电池，这些电池就会像子弹一样到处乱飞。锂离子电池爆炸的力度很大，在有的锂离子电池火灾现场，可以看到锂离子电池崩到几米外的地方，甚至嵌入天花板的装饰层里。为了防止锂离子电池发生火灾以后到处乱崩，引燃其他可燃物，甚至伤人，应该在化成柜外面装上钢丝做的防护网，如图 10.1 所示。

图 10.1　带钢丝防护网的化成柜

三、职业健康危害预防

为保证安全、正确、及时处理发生事故的电池，作业人员应注意以下事项：

（1）作业人员在处理事故电池时应做好个体防护，宜佩戴能过滤氟化物的防毒面具。

（2）在处理事故电池时，应避免正面面对电池，防止电池爆炸伤人。

（3）对扔进事故处理桶的电池，应迅速移动到安全地方进行处理。

（4）扑灭化成车间火灾的注意事项与注液车间火灾相同。

第六节　老化工序的危害及其预防措施

老化就是指电池第一次充电化成后的放置过程，有常温老化和高温老化两种工艺。老化使初次充电化成后形成的 SEI 膜性质和组成更加稳定，保证电池电化学性能的稳定性。

一、老化的目的

（1）经过化成工序后，电池内部石墨负极会形成一定厚度的 SEI 膜，此种膜的形成电位约在 0.8V 左右。SEI 膜形成一定厚度后会抑制电解液的进一步分解，可以起到防止电解液分解引起的电池性能下降。但是化成后形成的 SEI 膜结构紧密且孔隙小，不利于锂离子通过。将电池在高温下进行老化，将有助于 SEI 膜结构重组，形成宽松多孔的膜。

（2）化成后电池的电压处于不稳定的阶段，其电压略高于真实电压，老化可以让其电压更准确稳定。

（3）将电池在高温或常温下放置一段时间，可以保证电解液能够对极片进行充分的浸润，有利于电池性能的稳定。

（4）正负极材料中的活性物质经过老化后，可以促使一些副作用加快进行，例如产气、电解液分解等，让锂电池的电化学性能快速达到稳定。

（5）通过老化工艺筛选出有内部微短路的电池也是一个主要的目的。电池储存过程中开路电压会下降，但幅度不会很大，如果开路电压下降速度过快或幅度过大就属于异常现象。电池自放电按照反应类型的不同可以划分为物理自放电和化学自放电。根据自放电对电池造成的影响又分为损失容量能够可逆得到补偿的自放电和永久性容量损失的自放电。一般而言，物理自放电所导致的能量损失是可恢复的，而化学自放电所引起的能量损失则是基本不可逆的。化学体系本身引起的自放电主要是由于电池内部的副反应引起的，具体包括正负极材料表面膜层的变化、电极热力学不稳定性造成的电位变化、金属异物杂质的溶解与析出。物理自放电是电池正负极之间隔膜被杂质或者锂枝晶刺穿造成的电池内部的微短路导致电池的自放电，这些枝晶及杂质有可能在自放电过程中被烧毁，电池自放电就会停止，电池恢复正常。如果杂质和枝晶比较粗大，不能被自放电电流烧毁，产生的热量使电池里面的电解液受热膨胀，以至于热失控，就会引起火灾。

老化制度对锂电池性能的影响因素主要有两个，即老化温度和老化时间。一般钴酸锂电池老化程序为充电到 4.0~4.2V，常温存放 7 天，高温 45℃ 存放 7 天。通过检测电池老化前后的电压差来剔除不合格品。

三元锂电池的老化一般选择常温老化 7~28 天时间，但是也有的厂采用 38~50℃ 之间高温老化制度，老化时间为 1~3 天，老化之后需要进行负压排出电池内部产生的气体，然后常温静置。高温可以降低电解液的黏度，增加电池里的各种物质的反应活性，缩短整个生产周期。刚化成的电池在高温下只是加速电池的化学反应，对电池并没有更多的好处，还有可能损伤电池。常温老化需要常温静置时间长达三周以上，使得电池生产周期很长，生产效率低下。但是，常温下电池内部反应速度比较缓慢，让正负极、隔膜、电解液等充分进行化学反应达到平衡，这时的电池性能才较真实。

老化时电池处于封口还是开口的状态也很重要。一般电池都是封口老化，因为封口老化不必担心老化房空气湿度高而加大电池里面的水分，也可以采用高温老化。如果老化房可以控制湿度不高于 20%，也可以开口老化，老化后抽真空排气，然后再封口。开口老化的优点是老化中产生的气体已经完全排除，缺点是在电池处于开口状态，排出的可燃性气体有引起火灾的风险。

无论哪种体系的电池，老化都是不可避免的。锂电池的老化是筛选一致性高的电池，剔除不良品的有效途径。

二、老化工序的危害

（1）大部分锂离子电池都采用闭口 45℃ 高温老化。这时候有内部缺陷的锂离子电池还没有被识别，混入杂质的锂离子电池会产生内短路，引起电解液发热，严重的情况下就会使电池膨胀、电解液蒸气喷出，电池着火。所以老化是一个发生火灾比较频繁的工序，构成了行业重大隐患，也是安全检查的重点。

（2）高温老化需要注意控制时间和温度，因为高温老化会比常温老化对活性物质产生更多的劣化作用，控制得好，活跃成分完全反应，电池特性表现稳定。控制得不好，反应过度，那么电学性能下降，容量降低，甚至发生漏液等状况都是很有可能的。某大型锂离子电池生产企业就因为老化房温控热电偶失效，使加热温度超过 45℃，引发火灾，烧毁了整个老化房的全部正在老化的电池。

（3）老化房面积过大，堆放电池过多，万一发生火灾，火势过大，扑救困难，给企业造成巨大的经济损失。

（4）高温老化房供热源放在老化房内，构成了潜在的点火源。

（5）老化房没有安装自动喷水灭火系统，不能够及时扑灭初起火灾，使小火演变成大火。

（6）锂离子电池着火后产生的烟气含有很大的毒性，可以致死人命。老化房没有设置有效的事故通风设施，发生火灾以后，毒性烟气不能排出，救援人员难以到达火场，不能有效灭火。

三、老化工序的危害预防

（1）老化房是锂离子电池生产过程中最容易发生火灾的地方，所以老化房必须作为一个独立的防火分区来设置。在满足二级耐火建筑要求的前提下，老化房的围墙必须使用水泥泡沫砖或红砖做成实体墙，不能使用具有同等耐火水平的轻质墙体。老化房的观察窗口也必须使用符合要求的耐火玻璃。老化房尽量靠外墙设置，还要设置符合要求的泄爆口。

（2）既然锂离子电池火灾是不可能绝对避免的，那么就要在减小发生火灾以后造成的损失上面下功夫。发生过老化房火灾的企业基本上都是把原来比较大的老化房变成面积不超过 $30m^2$、甚至几平方米的小型老化房。图 10.2 是两个发生过火灾的企业改造的老化房。改造有几个特点：第一，把老化房由大楼里移到大楼外，独立建设，免得老化房着火引燃其他部位；第二，把原来一个面积比较大的老化房化整为零，隔成十几个面积只有几平方米的小型老化房，某大型企业甚至有几十个小老化房。这样做的好处就是万一某个老化房的电池着火，只损失很少量的电池；第三，每一个老化房里都装有烟感和温感火灾探测仪和报警设备；第四，每一个老化房内都有事故排风机，电池着火以后，风机把烟抽向后面，人就可以从门口喷水灭火；第五，老化房里有自动喷淋灭火系统，发生火灾可以自动喷淋灭火。

图 10.2　化整为零的老化房

（3）高温老化房的供热设备应该放在老化房外面，严禁在老化房里面设置电加热设备，老化房里的电加热设备会成为意外的点火源。

（4）老化房应当有自动喷淋灭火系统。老化房外面应该有消防软管系统，便于人工灭火。老化房外面还应该有事故电池处理水桶和消防手套、坩埚钳等，发现个别电池起火，立即扔入水桶灭火。图 10.3 是一个老化房的灭火系统和灭火器材。

图 10.3　老化房灭火系统和灭火器材

（5）有的企业为了减少老化房火灾中电池的损失，在已经化小了的老化房里面用砖墙分隔成几平方米的小格子，如图10.4所示。某一个小格子里面电池着火，不会迅速蔓延到其他电池，向着火的小格子里喷水，也不会损害其他格子里的电池。

图10.4 老化房里面的分隔

（6）锂离子电池的老化房发生火灾都是个别电池因为各种原因而产生内短路，电解液受热膨胀，电解液蒸气喷出，遇点火源着火，然后引燃了周围的其他电池。如果电池与电池之间紧密地排列在一起，发热的电池就会通过热传导加热相邻的电池。人们总结事故经验，用隔板把电池隔开，电池与电池之间有大约5~10mm的间隙。这样，发热电池与周围电池之间就没了热传导的途径，只有热辐射作用把热量传递到周围的电池。发热电池的温度还使它周围的空气向上流动，可以带走一部分热量，起到了降温的作用。图10.5就是一种经过改造了的带隔板的电池框。

图10.5 带隔板的电池框

（7）火灾中能够快速撤离电池的方案。有的企业基于电池火灾中大量电池来不及人工搬离的教训，就制作了大量的专用小车。电池框一直放在小车上，万一老化房发生火灾，就可以推着小车迅速撤离，这样可以最大限度地减少电池损失，如图 10.6 所示。但是这种方案必须保证老化房在着火以后的通风，不能让搬离电池的工人受到有毒烟雾的威胁。

图 10.6　电池生产专用小车

（8）高温老化房应该设置不少于两套温度传感器，能够随时准确地检测老化房每一个局部的温度。

（9）因为高温老化房要保持恒温，所以很难设置平时的通风，但是要设置与火灾探测报警器联锁的事故风机，保证事故通风能力 12 次/h 且老化房里面距地面 1m 以下没有窝风死角。

（10）常温老化房应该设立有效的通风措施，平时换气率不低于 3 次/h，距地面 1m 以下不存在窝风的地方，保证平时可燃气体浓度不超过 5%LEL。还要设置与火灾探测报警器联锁的事故风机，保证事故通风能力不低于 12 次/h。

（11）老化房要加密布置温度和烟雾火灾探测器，与探测器连接的报警器要放在有人 24h 值守的地方。

（12）无论是高温老化房还是常温老化房都必须设置自动喷淋灭火系统，而且喷淋头还要比一般的消防标准加密。实践证明，干粉灭火器是不能够扑灭锂离子电池火灾的，因为锂离子电池火灾，重要的是给还没有着火的电池降温，使这些电池里面的电解液不至于受热喷出来，就不会扩大火灾。二氧化碳气体和氮气、七氟丙烷气体、IG541 气体也能够扑灭火灾，但是气体灭火都属于淹没式灭火，这些气体都会引起人员窒息，所以放气灭火以前先要撤离现场人员，将预淹没区域严密封闭，不使灭火气体流出，才能够放气灭火。

（13）老化房要设计成人员易于进入的结构，老化房里面的货架也是开放式的，巡查人员能够直接看到每个异常冒烟的电池或者设备，能够容易迅速地用坩埚钳夹取电池，泡水灭火。

（14）老化房要设置在消防栓保护范围。最少每个月检查一次消防栓水压情况。曾经发生过老化房着火而消防栓无水的事情，火灾没有得到及时扑灭，不得不请消防队来灭火。

（15）现场有用水灭火器具做的一种或多种灭火器，比如装水容器、喷雾器、水基灭火器、橡胶水管等。

（16）在老化房外面显眼位置设置电源开关，在发生火灾后能够迅速切断电源，利于用水灭火。老化房的事故风机电源必须独立设置，老化房断电以后，事故风机仍然能够正常运转，排除有毒烟气。这个要求也是从事故教训中得来的。曾经有一个锂离子电池生产企业，电池仓库发生火灾以后，安全管理人员上去灭火，但是整个生产大楼都断电了，已有的事故风机也不能运转，滚滚浓烟呛得人难以靠近，只好放弃灭火。这样一个本来已经被发现的初起火灾，灭火人员就在旁边，已经做好灭火准备，但是由于烟气太大，风机不能开动而不得不放弃灭火，给公司造成将近八百万元的损失。

（17）老化房使用防爆电气。

（18）老化房要有人24h值守巡查。技术人员要懂得锂离子电池灭火的事故应急预案，会使用各种灭火器材和设施。曾经发生过发现老化房着火的人员，因为不会使用消防器材，眼睁睁地看着火烧大了。

（19）目前企业在老化房里安装的自动喷淋灭火系统能够在锂离子电池着火时自动喷水灭火，但是，这种喷淋系统有一个问题，就是一旦开始喷水，只要消防水管里面有水，水就会一直喷淋下去，除非人为关闭阀门。其后果就是大量产品被水淹渍，甚至会淹到其他地方。如果老化房在楼上，从老化房所处的楼层会一直淹到一楼，简直就是水漫金山。作者本人参与开发出一种智慧喷淋灭火系统。这个系统用到一种专利产品，这个专利产品的作用就是当温度超过设定温度，阀门就会打开喷水，当火被扑灭，温度降下来了，就会自动关水，缩小了消防水淹范围。这个系统是一种智慧灭火系统，老化房的烟气会触发烟雾报警器，烟雾报警器的信号就会被安装在老化房外面的报警主机接收到，通过物联网系统向有关联的不超过5个手机发出报警信号，这种信号既有电话报警也有短信报警。在报警的同时，系统会切断相关的电源，打开事故风机排风。接到报警的人员到事故现场进行处理，如果是误报，就取消报警信号。如果是真的着火了，就启用灭火措施。如果老化房着火而没有人员来进行处置，灭火系统就会自动喷水灭火。火场温度下降到35℃，系统会自动关水，减少水淹范围。

这种智慧喷淋灭火系统还可以用于不带喷淋灭火系统的老旧厂房。系统可以接到自来水管或者自己建一个蓄水池，有一台水泵。发生火灾而需要喷淋灭火时，如果自来水管压力不够，系统可以自动启动增压水泵。如果是连接蓄水池，系统会自动打开水泵抽水。

这种智慧喷淋灭火系统也适用于锂电池存储仓库等火灾负荷比较大的地方。

（20）二氧化碳自动灭火系统。这个新的灭火系统是作者本人的专利，使用红外温度探测仪、烟感报警器和温度控制自动灭火系统。红外温度探测仪探测到电池温度异常就会发出警报，当有电池冒烟，烟感报警器就会发出报警信号，报警主机接到信号会通过物联网向不超过5部手机发出短信和电话报警。无论是白天还是晚上，只要有手机信号的地方，手机持有者都会全天候接到报警信号，可以迅速处理。如果没有人来处理，当老化房温度升高到68℃，二氧化碳就会自动喷出灭火。二氧化碳喷出时由液相变成气相，吸收大量的热能，使电池迅速降温。由于二氧化碳喷出时变成气体，淹没了着火的电池堆，即使着火的电池是在电池堆内部，二氧化碳的灭火和降温功能仍然能够对其发挥作用。既能迅速扑灭电池火灾，又不会使没有受到火灾影响的电池受损。这种小型老化房在作业时没有人在里面，所以二氧化碳灭火法不会产生人员窒息的事故。

四、职业健康危害预防

为保证安全、正确、及时处理发生事故的电池，作业人员应注意以下事项：

（1）作业人员在处理事故电池时应做好个体防护，宜佩戴能过滤氟化物的防毒面具。

（2）在处理事故电池时，应避免正面面对电池，防止电池爆炸伤人。

（3）对扔进事故处理桶的电池，应迅速移动到安全地方进行处理。

（4）扑灭老化房的火灾，就要特别留意氢氟酸伤害，在灭火时要佩戴正压式呼吸器。为避免燃烧产生的含氟气体造成人员中毒，应迅速将现场人员撤离。

第七节　电池组组装安全

手机等比较小的用电器一般使用单个电池提供电源就够了，但是更多的用电器使用一节电池提供电源就不够了，必须使用多个电池通过串、并联的方式组成电池组，才能够提供所需要的电压和电流。行业把电池串并联组装过程称为PACK，组装成电池模组，电池模组加上电池管理系统、热管理系统和电池箱总成就可组成一个完整的锂电池组系统。

一个电池组系统至少包括一节以上的单体电池，也有单一电池与控制线路组成的单一电池电池组。大的电池组里面的单体电池数量达到几千个，比如一款世界著名的电动汽车电池组系统就是8000多个18650型单体电池组成。这么多的单体电池组装在一个电池箱里面，会带来新的问题。比如各电池的一致性差，就会影响电池组总的电容量。一个电池组的总的电容量取决于电容量最低的电池单体，一般情况下，电池通过并联、串联组合后，总容量会损失2%~5%，电池数量越多，容量损失越多。再比如，大量单体电池集成到一起，连接点非常多，在使用中出现故障的概率也大。还有散热问题。电动汽车电动机起步电流是正常工作电流的3倍，大电流放电才能提高电动机动力性能，大电流放电会产生大量的热，就要求电池组系统散热良好。电池数量越多，电池组越大，电池箱内部的电池产生的热量越不容易散出来，造成各电池间温度不均匀，放电特性不一，长此以往，就会造成电池组性能下降。

电动汽车等使用的电池组都比较大，单体电池数量多，在使用安全性方面问题更加突出。所以动力电池组除了单体电池的安全性能测试项目以外，还有电池组独特的测试项目。表 10.6 是电池组的安全性能测试。

表 10.6　电池组安全性能测试项目

电池组环境试验		电池组电安全试验		电池组保护电路安全	
	低气压		过压充电		过压充电保护
	温度循环		过流充电		过流充电保护
	振动		欠压放电		欠压放电保护
	加速度冲击		过载		过载保护
	跌落		短路		短路保护
	应力消除		反向充电		耐高压
	高温		静态放电	系统保护电路安全	充电电压控制
	洗涤				充电电流控制
	阻燃要求				放电电压控制
					放电电流控制
					充放电温度控制

　　组装电池组首先要选用合适的电池，电池类型、电压、内阻需要匹配。并联增加容量，电压不变，串联后电压倍增，容量不变。虽然都是串联和并联，但是也分为先并联后串联和先串联后并联两种不同的工艺。先并联后串联的特点是由于内阻的差异、散热不均等都会影响并联后电池循环寿命，但单个电池失效自动退出，除了容量降低以外不影响并联后使用。并联工艺要求比较严格，因为并联中某个单体电池短路时，造成并联电路电流非常大，在电池组设计上就要增加熔断保护技术。先串联后并联是根据整组电池容量先进行局部串联，比如串联整组容量的三分之一，然后进行并联，这样会降低大容量电池组故障概率。

　　电池的组合通过两种方式实现，一是通过镍带点焊或激光焊接或超声波焊接，这是常用手段，优点是可靠性较好，但不易更换。二是通过弹性金属片接触，优点是不需要焊接，电池更换相对容易，缺点是可能在振动中导致接触不良。

　　电池组要符合用户使用时的工作时间要求、环境要求、振动要求、充电要求、寿命要求等。电池组不可单独使用（过充电、过放电、过电流均会损伤电池），需要配备专用保护板方可使用，如图 10.7 所示，保护板要监控每一节电芯。

　　保护板由保护 IC、MOSFET（金属氧化物场效应晶体管）、晶体管、电阻、PTC、电容和 PCB（印刷电路板）及散热器件等组成。其作用是保护电池工作于正常状态，防止电池因过充电、过放电、短路等引起的电池失效及发生冒烟、起火、爆炸而产生的危险。具体功能有：

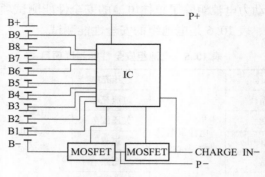

图 10.7　电池组与保护板

（1）过充电保护。不同体系电池的过充电保护电压不同，一般情况下，磷酸铁锂的过充电保护电压为 3.65~3.85V，钴酸锂、锰酸锂，三元材料锂电池过充电保护电压为 4.2~4.35V。

（2）过放电保护。磷酸铁锂的过放电保护电压为 2~2.5V，其他三种锂电池为 2.3~2.9V。

（3）短路保护。由 IC 和 MOSFET 的参数决定。不同 IC 和 MOSFET 的短路保护值不同。

（4）过充电保护恢复电压。IC 都有此功能，一般恢复电压低于保护电压 0.1~0.2V。

（5）过放电保护恢复电压。有些 IC 无此功能，过放电后需要通过充电来恢复。

（6）短路保护延迟时间一般十几毫秒。

（7）均衡功能。有些应用需要均衡功能，因电池放电电流较大，均衡不易实现，目前多为充电均衡，均衡的目的是保证每只电池都能充满电，延长使用寿命，最大限度地发挥电池的作用。使用保护板时要注意使保护板靠近电池连接，还要注意保护板与电池间做有效的隔离，起绝缘和隔热作用。

保护板里有一个重要而特殊的聚合物自复保险丝 PTC。电路中有过流发生时，流经聚合物自复保险丝的大电流产生的热量足以使聚合物树脂基体融化，体积膨胀，因而切断了导电粒子形成的链状导电通路，导致聚合物自复保险丝的阻抗迅速升高，而起到对电路的过流保护作用。故障排除后，树脂重新冷却结晶，体积收缩，导电粒子重新形成导电通路，器件恢复为低阻抗，因此有人称它为可恢复保险丝或自复保险丝。

动力电池 PACK 生产线主要工艺包括：

（1）分选配组工艺。

（2）自动焊接工艺。

（3）半成品组装工艺。

（4）老化测试工艺。

（5）电池组检测工艺。

（6）电池组包装工艺。

一、电池组组装的危害

（1）电池质量和一致性要求不严，为以后使用中电池发生火灾留下隐患。

（2）保护电路板和元件质量不好，不能对各电池的使用状况实行有效的监控。

（3）PACK过程中会用到诸如镍片、铜铝复合汇流排、铜汇流排、总正、总负汇流排、铝汇流排，也会用到铜软连接、铝软连接、铜箔软连接等。汇流排和软连接的加工质量需要从这几方面去评估：

1）材料材质是否符合要求，汇流排材质不达标将会增加电阻率，尤其需要确认是否符合ROHS（欧盟重金属及有害物质检测标准，与产品出口有很大关系）相关要求。

2）关键尺寸加工是否到位。关键尺寸的超差有可能会在装配过程中导致高压器件之间的安全距离不够，造成严重的安全隐患。

3）软连接硬区的结合力以及软区的应力吸收状况。

4）软连接及汇流排的过流能力是否达到设计标准。

5）绝缘的热塑套管部位是否存在破损的情况。

（4）焊接质量不过关，存在虚焊、脱焊，电池不能承受颠簸路面的振动冲击。

（5）电动汽车的电池组电压达到300V乃至于600V，所以工人在工作中有触电的危险。

（6）电池组组装好以后要经过多次充放电进行检验，其危险性与电池的化成工序相似，也有在试验过程中发生火灾的风险。

二、电池组组装的危害预防

（1）对于由多节电池通过串联或并联组成的同一个电池组只能使用同一个厂家、同一个批次、经过分容确认每个电池的性能符合一致性要求的电池。

（2）根据设计要求选取对应电池，在组装前应先按照开路电压、交流内阻和容量对电池进行筛选、分级和配对。并联及串联的电池要求种类一致、型号一致。各电池间容量、开路电压应具有较好的一致性，电池间差异不大于2%。

（3）各电池的交流内阻应具有较好的一致性。内阻检验方法为：在（23±2)℃的环境温度下，对电池施加频率为（1.0±0.1)kHz的交流电，交流电压峰值应低于 20mV，测量 $1 \sim 5s$ 内的电压有效值 U_a 和电流有效值 I_a，计算交流内阻阻值 $R_{ac} = U_a / I_a$。电池间差异不大于 2%。

（4）各电池应具有较好的寿命一致性。必要时进行抽样并按照电池制造商规定的充放电方法进行 500 次充放电循环，充放电循环后各电芯的交流内阻、容量仍应具有较好的一致性。

（5）电池管脚间距小于 $0.5\mu m$ 时，在满足静电最脆弱器件要求的前提下，应做防静电处理。

（6）组装车间的设备设施应具备防止电池组外短路、产生高压电弧的保护措施。

（7）对超过安全电压的装配，要求相关岗位的人员必须培训合格、持证上岗。最好使用拥有电工上岗证的人员。穿戴相应防护等级的衣服和鞋子，衣服上面不能有金属饰物；使用电工工具装配。

（8）装配工序的台面应该是绝缘体，避免电池的带电导线接触台面造成短路或者电弧伤害。

（9）接触电气的金属工具的裸露部分要缠绕绝缘材料，减少短路风险。

（10）高压区域与其他区域有防火隔离。高压区域的设备具有安全联锁、故障自诊断功能，避免接错线路的电池模块、电箱短路燃烧。

（11）装配好的电池组进行充放电试验应该在独立的防火分区进行。

（12）来货电池和不能立刻出货的成品电池在库房存放时，荷电量不超过70%（各个标准要求不同，最低 30%，最高 70%），库房要求与生产企业的电池库房要求相同。

（13）所有电线的连接必须牢固，裸露的铜丝禁止相互碰接（包括交叉碰接），这样容易使控制器损坏及发生锂电池保护板不亮灯的情况。在安装过程中禁止线与线之间产生短路。

（14）接线过程中的亮灯等待时间会根据控制器设置的时间不同而不同，出厂锂电池组容量一般是半电出厂，第一次安装时亮灯会暗一些，属正常范围，在正常充电 $2 \sim 3$ 天后正常亮灯。

（15）锂电池组安装时间一般在白天进行，不宜在晚间进行安装。

（16）电池使用应当有对铝塑复合膜、顶封边（极柄端封边）、侧封边、极柄的保护和避免机械撞击、短路的措施。

（17）电池的可靠定位。锂电池组装后在外壳内应紧固牢靠，不会活动，使整个锂电池结构处于固结状态。

（18）装配现场应该有事故应急预案，人员应该经过培训，掌握扑灭初起火灾和火场逃生的能力。

（19）现场应配备绝缘杆、钯类工具，用于救助触电人员。

（20）现场配备有经过培训合格的救助人员，能够对触电人员施行心肺复苏术。

参 考 文 献

［1］公安部天津消防研究所，四川消防研究所．GB 50016—2014 建筑设计防火规范［S］．城乡建设部，2014.

［2］天津力神电池股份有限公司，欣旺达电子股份有限公司，比亚迪股份有限公司，等．T/CIAPS 0002—2017 锂离子电池企业安全生产规范［S］．中国化学与物理电源行业协会，2017.

［3］公消〔2016〕413 号．关于印发新能源汽车灭火救援规程和锂电池生产仓储使用场所火灾扑救安全要点的通知［S］．公安部，2013.

［4］中国电子技术标准化研究院，深圳市比克电池有限公司，天津力神电池股份有限公司，等．GB 31241—2014 便携式电子产品用锂离子电池和电池组　安全要求［S］．中华人民共和国国家质量监督检验检疫总局，中国国家标准化管理委员会，2014.

［5］中国汽车技术研究中心，中国电子科技集团公司第十八研究所，深圳市比亚迪汽车有限公司，等．GB/T 31467.3—2015 电动汽车用锂离子动力蓄电池组和系统　第 3 部分：安全性要求与测试方法［S］．中华人民共和国国家质量监督检验检疫总局，中国国家标准化管理委员会，2015.

［6］甘肃省劳动科学研究所，中国兵器工业第五设计研究院，江苏省劳动保护科学技术研究所，等．GB 7691—2003 涂装作业安全规程　安全管理通则［S］．国家质量监督检验检疫总局，2003.

［7］刘斌斌，杜晓钟，闫时建，等．制片工艺对动力锂离子电池性能的影响［J］．电源技术，2018，42（6）：788~791.

第十一章 锂电池安全性能测试标准

第一节 锂电池安全性能测试的意义

只要锂电池还在使用液体电解质，火灾问题就不可能从根本上消灭。为了尽可能减少锂电池火灾发生机会，在生产过程中就要注意工艺的合理性，要采用高质量的隔膜，要加强检测控制极片切割过程中产生的毛刺，控制电池极片和电解液所含的水分，严防电池内混入铁质等杂质。成品电池还要经过严格的安全性能测试，检验其在严酷的环境中使用的安全性能、在经受机械伤害时的安全性能和在过充、过放、过电压、过电流等滥用情况下的安全性。国内外，甚至联合国都有许多关于锂电池安全性能的试验标准。

《锂电池组危险货物危险特性检验安全规范》（GB 19521.11—2005）规定有下列情况之一时，应进行危险特性检验：

(1) 新产品投产或老产品转产时。

(2) 正式生产后，如材料、工艺有较大改变，可能影响产品性能时。

(3) 在正常生产时，每半年检验一次。

(4) 产品长期停产后，恢复生产时。

(5) 出厂检验结果与上次危险特性检验结果有较大变化时。

(6) 国家质量监督机构提出进行危险特性检验时。

第二节 与锂电池安全性能有关的标准

锂电池产品及使用锂电池的手机、照相机、手提电脑、平板电脑、电动汽车等设备要在国际间进行贸易、运输、储存、使用，所以锂电池的安全不是仅能适应一个国家的标准要求就行了，还要能够满足国际组织的安全标准以及满足与运输、储存、使用锂电池有关的国家的安全标准。

一、国际上部分颁布有约束力的标准的机构

(1) UN标准：联合国危险货物运输和全球化学品统一分类和标签制度问题专家委员会标准（United Nations Committee of Experts on the Transport of Dangerous Goods

and on the Globally Harmonized System of Classification and Labelling of Chemicals）。

（2）ISO 标准：国际标准化组织标准（International Organization for Standardization）。

（3）UL 标准：美国保险商实验室标准（Under Writes Laboratories Inc.）。

（4）NEMA 标准：美国国家电气制造商协会标准（National Association of Electrical Manufacturers）。

（5）SAE 标准：美国机动车工程师学会标准（Society Automotive Engineers）。

（6）IEEE 标准：电气电子工程师协会标准（Institute of Electrical and Electronics Engineer）。

（7）IEC 标准：国际电工委员会标准（International Electro Technical Commission）。

（8）BATSO 标准：轻型电动车能量系统用二次锂电池测试标准（Manual for Evaluation of Energy System for Light Electric Vehicle-Secondary Lithium Batteries）。

（9）TELCORDIA 标准：电信行业网络设备构建系统标准（Telecommunication Industry Network Equipment Construction System）。

（10）JIS 标准：日本工业标准（Japanese Industrial Standards）。

（11）INERIS 标准：法国产业环境及风险国家研究院标准（National Institute for Industrial Environment and Risks）

二、国际上有关锂电池安全的标准目录

（1）UN38.3《关于危险货物运输的建议书　试验和标准手册第 6 版》（ST/SG/AC. 10/11/Rev. 6）第 38.3 节：有关第 9 类的分类程序、试验方法和标准，金属锂和锂离子电池组。

（2）UN/ECE R100《Uniform Provisions Concerning Special Requirements for Electric Vehicles 关于电动车特殊要求的统一规定》。

（3）ISO12405《Electrically Propelled Road Vehicles——Test Specification for Lithium-ion Traction Battery Packs and System 电动汽车锂离子动力电池组和系统测试规范》。

（4）UL1642《Standard for Safety Lithium Batteries 锂电池安全标准》。

（5）UL2054《Standard for Safety（Lithium Batteries）安全标准（锂电池）》。

（6）UL Subject 2271《Outline of Investigation for Batteries for Use in Light Electric Vehicles（LEV）Applications 轻型电动车（LEV）用电池测试大纲》。

（7）UL Subject 2580《Batteries for Use in Electric Vehicles 电动车用电池》。

（8）UL2575《Standard for Safety Lithium Ion Battery Systems for Use in Electric Power Tool and Motor Operated，Heating and Lighting Appliances 电动工具和电动机

操作、加热和照明装置用锂离子电池系统安全标准》。

（9）ANSI C18.2M，Part2《American National Standard，for Portable Rechargeable Cells and Batteries- Safety Standard 美国国家标准，便携式可充电电池和电池组的安全标准》。

（10）ANSI C18.3M，Part2《American National Standard，for Portable Lithium Primary Cells and Batteries- Safety Standard 美国国家标准，便携式锂原电池和电池组安全标准》。

（11）SAE J2464《Electric and Hybrid Electric Vehicle Rechargeable Energy Storage System（RESS）Safety and Abuse Testing 纯电动和混合动力电动汽车可充电储能系统安全和滥用试验》。

（12）SAE J2929《Safety Standard for Electric and Hybrid Vehicle Propulsion Battery Systems Utilizing Lithium-based Rechargeable Cells 电动和混合动力汽车用可充电锂离子电池系统安全标准》。

（13）IEEE1625《Standard for Rechargeable Batteries for Portable Computing 便携式计算机用可充电电池标准》。

（14）IEEE1725《 IEEE Standard for Rechargeable Batteries for Cellular Telephones 蜂窝移动电话用可充电电池 IEEE 标准》。

（15）BATSO-01《Manual for Evaluation of Energy System for Light Electric Vehicle（LEV）- Secondary Lithium Batteries 轻型电动汽车（LEV）能源系统评估手册——二次锂电池》。

（16）GR-3150《Lithium Battery Certification Levels Based on Criteria for General Product，Safety and Performance 基于一般产品的安全和性能标准的锂电池认证等级》。

（17）JISC8714《Safety Tests for Portable Lithium Ion Secondary Cells and Batteries for Use Importable Electronic Applications 非便携式电器设备用便携式锂离子电池及电池组的安全性试验》。

（18）IEC62660-1《Secondary lithium-ion cells for the propulsion of electric road vehicles-Part1：Performance testing 电动道路车辆用二次锂离子电池——第 1 部分：性能试验》。

（19）FreedomCAR《Electrical Energy Storage System Abuse Test Manual for EV and HEV Applications 纯电动汽车及混合动力汽车用蓄电池系统滥用安全性能测试手册》。

三、国内关于锂电池安全的标准目录

（1）《便携式电子产品用锂离子电池和电池组安全要求》（GB 31241）。

（2）《锂电池组危险货物危险特性检验安全规范》（GB 19521.11）。

（3）《锂原电池和蓄电池在运输中的安全要求》（GB 21966）。

（4）《蜂窝电话用锂离子电池总规范》（GB/T 18287）。

（5）《信息技术-便携式数字设备用移动电源通用规范》（GB/T 35590）。

（6）《信息技术设备的安全》（GB 4943）。

（7）《锂原电池的安全要求》（GB/T 8897.4）。

（8）《电动汽车用锂离子动力蓄电池包和系统　第3部分：安全性要求与测试方法》（GB/T 31467.3）。

（9）《电动汽车用动力蓄电池安全要求》（GB 38031）。

（10）《电动汽车用动力蓄电池安全要求及试验方法》（GB/T 31485）。

（11）《电力储能用锂离子电池》（GB/T 36276）。

（12）《电动汽车用锂离子蓄电池》（QC/T 743）。

（13）《矿灯用锂离子蓄电池标准》（MT/T 1051）。

（14）《军用锂原电池通用规范》（GJB 916B）。

（15）《锂离子蓄电池组通用规范》（GJB 4477）。

（16）《锂离子蓄电池组通用规范》（SJ 20941）。

（17）《锂电池安全要求》（GJB 2374）。

（18）《空间用锂离子蓄电池组通用规范》（GJB 6789）。

（19）《航空运输锂电池测试规范》（MH/T 1052）。

（20）《无人机用锂离子电池组-技术要求》（DB44/T 1885）。

对国内外锂离子电池安全性能标准的不完全统计已经有很多了。各个标准对锂电池安全性能的关注点不同，对安全性能的侧重点也不同，同一个机构制定的安全标准也有很多差异。比如 UL 1642《Standard for Safety Lithium Batteries 锂电池安全标准》和 UL 2054《Standard for Safety（Lithium Batteries）安全标准（锂电池）》两个标准都是美国保险商实验室制定的标准，但是两个标准在检验项目上有很大区别。随着技术的进步、产品性能的提高、产品应用市场的变化和产品在使用过程中暴露出来的问题，标准也是在不断的修订过程中。比如，UL 2054 标准原来只是针对二次锂电池制定的，UL 1642 涵盖了一次锂电池和二次锂电池，经过修订，现在两个标准都涵盖了一次锂电池和二次锂电池。

第三节　各标准检测项目的对比

为了便于读者对各个标准检测项目和要求的差异进行比较，在表11.1列出了锂原电池安全性能的检测项目，表11.2列出了锂原电池组安全性能检测项目，表11.3列出了锂离子电池安全性能检测项目，表11.4列出了锂离子电池组安全性能检测项目。

表 11.1 锂原电池安全性能检测项目

序号	标准号	外部短路	过度充电	非正常充电	过度放电	过载	高电压	挤压	自由跌落	震(振)动	加速度冲击	翻转	撞击	重物冲击	高温加热	温度循环	燃烧喷射	过温保护	高海拔低气压	海水浸泡	枪击
1	UN 38.3	●	●		●			●		●			●	●					●		
2	UL 1642	●		●				●		●	●			●					●		
3	UL 2054	●		●	●			●		●	●			●							
4	ANSI C18.3M				●				4					●							
5	GB 21966	●			●							●								●	
6	GB/T 8897.4	●		●	●					●					●						
7	GJB 916B	●	●		●	●		●	●	●	●			●	●	●			●		
8	GJB 2374	●	●	1	●	2	3		●	●	●				●	●	●	●	●		●
9	MH/T 1052	按照 UN 38.3 测试																			

注: 1. GJB 2374 是对原电池的，锂离子电池可以参照执行。

2. GJB 2374 要求对电池进行泄漏试验。

3. GJB 2374 要求对电池和电池组进行热稳定性试验。

4. ANSI C18.3M，GB/T 8897.4 要求对电池进行不正确安装试验。

表 11.2　锂原电池组安全性能检测项目

序号	标准号	外部短路	过度充电	非正常充电	过度放电	过载	挤压	穿刺	自由跌落	震(振)动	加速度冲击	翻转	撞击	重物冲击	热滥用	温度循环	燃烧喷射	湿热	高海拔低气压	海水浸泡	静电放电	枪击
1	UN 38.3	●								●				●		●			●			
2	UL 1642	●		●	●		●			●				●	●	●		●	●			
3	UL 2054	●		●		●受限电源试验		●					●				●电池外包装可燃性能					
4	ANSI C18.3M	●										●模具热内压试验		●	●							
5	GB 21966	●			●		●		●	●	●			●		●			●			
6	GB 4943	●		●																		
7	GB/T 8897.4	●		●	●				●	●	●				●	●			●			
8	GJB 916B	1			●				●	●	●				●	●			●			●
9	GJB 2374		●																			●
10	MH/T 1052										按照 UN 38.3 测试											

注：1. GJB 2374 要求对电池高温搁置试验、脉冲放电、电液泄漏、电解液分含量试验。

表 11.3 锂离子电池安全性能检测项目

序号	标准号	外部短路	过度充电	非正常充电	过度放电	反向充电	大电流充放电	过电压充电(有限电压)	挤压	穿刺	自由跌落	震(振)动	加速度冲击	翻转	撞击	重物冲击	热滥用	温度循环	燃烧喷射	湿热	高海拔低气压	海水浸泡	静电放电	充放电循环	枪击
1	UN 38.3	●	●		●			●	●						●			●			●				
2	ISO 12405	●	●						●			●	●					●	●		●			●	
4	UL 1642	●	●					●	●	●					●	●		●	●						
5	UL 2054	●		●		●			●	●					●	●		●	●						
6	UL SUBJECT 2271	●部分短路	●		●	●	●部分短路	●	●	●		●				●		●	●						
7	UL SUBJECT 2580	电池检测按照 IEC 标准进行																		●不平衡充电					
8	UL 2575	●	●	●				●	●			●			●	●		●	●		●		●		
9	ANSI C18.2M	●			●	●		●	●	●					●	●		●	●						
10	SAE J 2464	●	●	1			2	3	●			●	●	●				●			●				
11	IEEE 1625	●	5					4	●			●	●					●			●				
12	IEEE 1725	●	6						●																
13	JISC 8714	●	7						●	●								●							
14	IEC 62660-3				●			8					●					●	●						
15	FreedomCAR		●																9			●			
16	GB 31241	●	●			●		●	●		●	●			●	●		●	●		●				
17	GB 19521.11	●			●	●										●		●	●		●				
18	GB 21966	●			●										●	●		●			●				

续表 11.3

序号	标准号	外部短路	过充电/非正常充电	过度放电	反向充电	大电流充放电	过电压充电/有限电压充电	挤压	穿刺	自由跌落	震(振)动	加速度冲击	撞击	重物冲击	热滥用	温度循环	燃烧喷射	湿热	高海拔低气压	海水浸泡	静电放电	枪击
19	GB/T 18287	●	●		●					●	●	●		●	●	●		●	●		●	
20	GB/T 35590		应满足 GB 31241 的要求										●					●				
21	GB 38031	●	●	●				●							●	●						
22	GB/T 36276	●	●	●				●							●	●			●			
23	GB/T 31485	●	●	●				●	●						●	●			●	●		
24	QC/T 743	●	●	●				●	●						●	●				●		
25	GJB 4477							●			●	●		●	●							
26	SJ 20941	●	●	●								●			●	●						
27	GJB 6789	●					●热真空															
28	MH/T 1052		按照 UN 38.3 测试																			

注：1. SAE J 2464 对电池进行电解质含水分检测。
2. SAE J 2464 对电池进行泄压试验。
3. SAE J 2464 对电池进行热失控危险物质分析试验。
4. SAE J 2464 对串联电池组中个别出问题电池的截断器功能进行试验。
5. IEEE 1625 要求对锂电池的试验要符合 UL 1642 标准的要求，运输要通过 UN 38.3 的要求。
6. IEEE 1725 要求对锂电池的试验要符合 UL 1642 标准的要求，运输要通过 UN 38.3 的要求。
7. JISC 8714 要求对电池进行强制内部短路试验。
8. IEC 62660-3 要求对电池进行强制内部短路储存试验。
9. FreedomCAR 要求对电池进行高温储存试验。

表 11.4 锂离子电池组安全性检测项目

序号	标准号	外部短路	过度充电	非正常充电	过度放电	反向充电	大电流充放电	过压充电(过载电压充电)	高电压过载	挤压	穿刺	自由跌落	震（振）动	加速度冲击	翻转	撞击	重物冲击	温度循环	燃烧喷射	湿热	热滥用	过温保护	高海拔低气压	海水浸泡	盐雾	静电放电	枪击
1	UN 38.3	●	●		●								●	●			●	●					●				
2	ISO 12405	●	●		●								●				●	●		●							
3	UN/ECE R100		●		●					●			●				●	●	●			●					
4	UL 1642	●	●	●	●					●	●		●	●			●	●	●				●				
5	UL 2054	●	●	●(受限电源试验)	●					●			●	●			●	●	●(高温试验电池外包装可燃性能)	●			●				
6	UL SUBJECT 2271	●	●	●	●(充电器适配性)	●			●(绝缘)		●(模具受热)						●	●(隔热)	●		●(不平衡充电)						
7	UL SUBJECT 2580	●	●		●					●	●		●				●	●	●		●	●	●				
8	UL 2575	●	●		●					●			●				●	●			●						
9	ANSI C18.2M	●	●		●					●		●	●				●	●					●				
10	SAE J 2464	●		1	●		2	3		●	●	●	●		●	●	●	●	●(模具热内压试验)		●						
11	SAE J 2929	●	●		●		2	4	5	6	●		●				●	●	●								
12	IEEE 1625	●	●		●	7					●		●					●				●					
13	IEEE 1725	●	●		●	8					●		●					●									
14	BATSO-01	●	●	9	●	10				●	●	●	●				●	●						●			
15	GR-3150	●	●		●								●					●					●	●			
16	JISC 8714		●		●					●		●	●				●	●						●			
17	IEC 62660-3	11											●					●					●				

续表11.4

序号	标准号	外部短路	过度充电	非正常充电	过度放电	反向充电	大电流充放电	过电压充电	过载	高电压	挤压	穿刺	自由跌落	震(振)动	加速度冲击	翻转	重物冲击	热滥用	温度循环	燃烧喷射	湿热	发热	过温保护	高海拔低气压	海水浸泡	盐雾	静电放电	枪击
18	FreedomCAR	●	●		●	●	●		12		●		●	●		●				●								
19	GB 31241	●	●		●	●		●	●	●	●			●	●		●高温使用		●			●应力消除		●		●	●	
20	GB 19521.11	●				●									●									●				
21	GB 21966	●												●	●	●	●		●					●				
22	GB/T 18287	●			●			●壳体高温应力					●	●	●		●				●						●	
23	GB/T 35590	●			●			●						●	●		●		●								●	
24	GB 4943					●	●								●													
25	GB/T 31467.3	●			●						●	●		●	●	●		●	●				●	●	●	●		
26	GB 38031	●			●		●				●			●	●				●	●				●	●	●		
27	GB/T 36276	●			●						●		●	●	●	●	●						●应满足GB 31241的要求	●	●	●		
28	GB/T 31485	●			●	●					●		●			●	●								●	●		
29	GB/T 31467.3	●			●						●		●	●	●		●					●	●	●	●	●		
30	QC/T 743	●			●						●	●			●			●	●						●			

注：检测项目

续表 11.4

序号	标准号	外部短路	过度充电	非正常充电	过度放电	反向充电	大电流充放	过压充电	过载	高电压	挤压	穿刺	自由跌落	震(振)动	加速度冲击	翻转撞击	重物冲击	热滥用	温度循环	燃烧喷射	湿热循环	过温保护发热	高海拔低气压	海(淡)水浸泡	盐雾	静电放电	枪击
															检 测 项 目												
31	MTT 1051	●	●			●					●		●	●	●		●	●	●		●						
32	GJB 4477	●	●		●								●	●	●				●					●		13	●
33	GJB 4871														●			●			●			●	●		
34	MH/T 1052													●按照 UN 38.3 测试													
35	DB44/T 1885	●	●		●									●				●			14			●			

注:
1. SAE J 2464 对电池组进行燃烧产生有害物质检测。
2. SAE J 2464、SAE J 2929 对电池组进行没有散热管理的充电循环试验。
3. SAE J 2464 对串联电池组中个别出同题电池的截断器功能进行试验。
4. SAE J 2929 对电动车电池系统抗电磁干扰能力进行检验。
5. SAE J 2929 对电动车电池系统和子系统带要进行检验。
6. SAE J 2929 对电动车电池系统进行电击安全性试验。
7. IEEE 1625 要求对锂电池组的试验要符合 UL 1642 标准的要求,运输要通过 UN 38.3 的要求。
8. IEEE 1725 要求对锂电池组的试验要符合 UL 1642 标准的要求,运输要通过 UN 38.3 的要求。
9. BATSO-01 要求对锂电池的试验要符合 UN 38.3 的要求。
10. BATSO-01 有内部局部短路测试(Partial short circuit test)。
11. IEC 62660-3 规定关于锂离子电池组的安全试验按照 ISO 12405 的规定。
12. FreedomCAR 要求对电池组内部的部分电池短路测试。
13. GJB 4477 要求对电池组进行抗电磁辐射试验。
14. DB44/T 1885 要求对热塑外壳锂离子电池进行应力消除实验。

第四节　各检测项目的意义

为了保证锂原电池和锂离子电池能够满足正常使用要求和在储存、运输、使用、维修过程中的安全要求，诸多标准都有详尽的检验项目。根据电池的不同用途，各个标准的检验项目各有不同的侧重点，有的标准检验项目多，有的标准检验项目少。一个新厂在正式投产以前和老厂在新产品投产以前要进行产品的型式试验，正常生产的企业和产品要定期进行周期性试验。试验可以分为三大类，第一类是电池和电池组的电气性能试验，第二类是电池和电池组的安全性能试验，第三类是电池和电池组的电气控制系统性能试验。

军用电池由于其使用环境的特殊性，要追求产品的质量一致性和可靠性，甚至还要求进行枪击试验。所以军品质量检验项目都分为 A、B、C 三组。A 组检验项目包括：外观与标志、外形尺寸及质量、密封性、内阻、常温容量。B 组检验项目包括：电容量保持能力、高低温容量。C 组检验项目包括：稳态加速度、振动、冲击、密封性、热真空、短路、过充电、过放电。C 组检验项目与民品电池的安全检验项目基本相同。

一、电池和电池组的电气性能试验

这类试验项目是为了检验电池和电池组能否满足正常使用要求。

（一）电池和电池组的充放电容量试验

归纳起来，电池和电池组的充放电容量包括四种情况：初始充放电容量、倍率充放电容量、高温充放电容量和低温充放电容量。初始充放电容量就是电池或电池组在常温（25±5）℃以 1C 电流充放电可以达到的电池容量。倍率充放电容量就是电池和电池组在常温分别以 2C、4C 电流充放电可以达到的电池容量。低温充放电容量是电池和电池组在−20℃以 1C 电流充放电所能达到的电池容量。高温充放电容量是电池和电池组在 55℃以 1C 电流充放电所能达到的电池容量。不同标准的要求不同，功率型电池和能量型电池的要求也不相同。

（二）电容量保持能力及容量恢复能力试验

电容量保持能力及容量恢复能力试验分常温和高温试验。常温试验是电池充满电以后，在（25±2）℃储存 28 天，以 1C 电流放电，测试出的电池容量占额定容量的百分比就是电池的电容量保持能力。然后在同一个电池以同样的方法充电以后立刻放电，测试出的电池容量占额定容量的百分比就是电池的容量恢复能力。高温试验是电池充满电以后在（55±2）℃储存 7 天，其他过程与常温试验相同。

（三）电池的储存性能试验

检验电池在（45±2）℃高温储存 28 天以后电池的充放电能力与初始充放电能力的比值。目的是为了检验电池在高温状态储存以后，恢复到常温（25±2）℃状态时，电池的充放电能力和能量恢复率。

（四）电池的循环性能试验

能量型电池循环性能试验是在常温（25±2）℃状态以低倍率对电池按一定程序进行充放电，循环 1000 次。功率型电池循环性能试验是在常温（25±2）℃状态以较高倍率对电池按一定程序进行充放电，循环 2000 次。试验目的是为了考核电池的充电能量保持率、放电能量保持率以及能量效率随循环次数而变化的趋势，判断电池的寿命。

（五）电池的高低温充放电性能

高温试验温度为（45±3）℃、低温实验温度为（-10±3）℃。把被试验电池充满电以后在相应温度环境搁置 8h，然后以 0.2C 倍率电流放电，检测电池的电容量。

（六）自放电试验

按照一定的方法来测试电池或者电池组经过一段时间搁置后，其容量损失。

二、电池和电池组的安全性能试验

（一）电气类风险因素试验

（1）过放电。目的是考核电池在过度放电情况下的安全性能。用 1C 电流放电 90min 或者电池电压到 0V。本来一个电池用 1C 倍率电流放电 60min 就应该把电耗尽，放电 90min 就意味着电流耗尽以后又放电 30min。

（2）强制放电。目的是模拟单体电池耐强制放电的能力，试验规定将完全放电的电池串联一个 12V 的直流电源，按照一个初始电流值放电一段时间。强制放电试验就意味着对已经放完电的电池进行了反向充电，这种状态在电池内部容易产生铜枝晶，有刺破隔膜，形成内短路的风险。这种情形会出现在串联使用的电池组里面，如果一组串联电池组里面有一个电池容量不够，提早放电完毕，其他电池就对这个电池形成了强制放电。

（3）反向充电（非正常充电）。目的是模拟电器中的电池经受外接电源的反向电压的情形，例如装了有缺陷的二极管的设备。试验方法是每个电池反向接于一个直流电源上，经受三倍于制造商规定的非正常充电电流。这种状况的风险与强制放电的风险是相同的。

（4）不正确安装。目的是模拟一组电池中有一个单体电池倒装的情形。实验方法是把一个受检验的电池和其他三个型号相同的电池串联在一起，被检验电池与其他电池反向安装。这种实验的后果也是使电池经受了一个反向电流。

（5）外短路。相关标准要求电池做常温短路实验和高温短路实验，常温短路实验在（20±5）℃环境温度进行，高温短路试验在（55±5）℃的环境温度进行，电池正负极短路电阻（80±20）mΩ。

在（55±5）℃这个比较高的温度进行高温短路实验，是模拟汽车的实际工况。如果电池运行的温度低于这个温度，散热条件更好，当然更安全了。这个指标要考核的是隔膜在高温情况有效关闭锂离子通道的质量，也对电池和电池组的设计提出了温度控制和散热条件的要求。

（6）局部短路。这是模拟串联使用的一组电池里面某一个电池坏掉了，电池组把这一个坏掉的电池屏蔽掉的能力。这种情况在电池并联使用的情况下并不要紧，一个坏掉的电池对电池组的电压没有影响，也不会产生过充电的可能。在串联使用的情况下，如果这一个坏掉的电池不被屏蔽掉，就有可能产生过充电，留下了发生火灾的隐患。

（7）过充电。有的标准规定以制造商规定的充电电流的三倍电流进行恒流充电，有的标准规定对电池施加超过电池容许电压的一倍多的电压值进行恒压充电。这种现象在充电器发生故障时容易出现，也是电动自行车容易发生火灾的原因之一。过度充电现象也可能发生在电动汽车刹车时，汽车的动能通过电路系统变成电能充入电池。

（二）机械类风险性能试验

（1）挤压。将电池放在两个平板之间施加（13.0±0.78）kN 的压力。无论是圆柱形电池、方形电池、软包装电池或者是纽扣式电池，在这个压力下，电池发生严重变形，都有可能发生外部短路，也可能发生内部短路。电池遭挤压的情况一般是发生事故时出现。电池遭受挤压后发生内外部短路的原因主要是设计不合理造成的，在电池外部，正负极之间的绝缘形式和相互之间的尺寸设计不合理，在电池内部，正极片、负极片和隔膜之间的尺寸和位置关系设计不合理。

（2）针刺（穿刺）。用直径 3~10mm 的耐高温不锈钢钢针以（25±5）mm/s 的速度刺入电池或者电池组，有的标准针刺速度是（5±1）mm/s。电池或者电池组遭受针刺也是发生在事故状态。

（3）自由跌落。自由跌落试验是把电池或电池组从 1~1.5m 的高度自由跌落到混凝土硬地面。这个实验是模拟安装、装配、维修和野蛮装卸过程中电池或电池组可能自由跌落的场景。

（4）振动。振动试验是模拟电池在电动车上使用过程中或者在运输过程中受到振动和颠簸的安全性能。振动要在电池的 XYZ 三个方向以对数扫频方式进行。最大加速度达 $8g_n$，频率达到 50Hz，振幅达到 0.8mm（总位移 1.6mm）。

（5）加速度冲击。这是模拟电动车或者运输电池的车辆发生撞车时的场景。将充满电的电池固定在冲击台上，进行半正弦脉冲冲击试验。各个标准对冲击加速度要求不同，最低为 $25g_n$，最高为 $150g_n$。

（6）重物冲击。这是模拟电动车或者运输电池的车辆发生撞车时电池被重物撞击的场景。将充满电的电池置于平台表面，将直径为（15.8±0.2）mm 的金属棒横置在电池几何中心上表面，用质量为（9.1±0.1）kg 的重物从（610±25）mm 的高处以自由落体状态撞击金属棒。

（7）旋转（翻转）。模拟汽车在使用过程中或者在发生事故后的翻转或旋转的安全性能。试验电池先后围绕 XYZ 三个轴旋转。

（8）应力消除。模压或者注塑成型的热塑性外壳的结构应能保证外壳材料在释放由模压或者注塑成型所产生的内应力时，该外壳材料的任何收缩或者变形均不会暴露出内部零部件。标准要求电池充满电后，放在（70±2）℃的恒温箱中7h，然后放到室温中。

（三）环境适应性实验

（1）热滥用。热滥用是模拟电动车等用电器在发生事故着火以后，电池受到高温能否发生次生灾害的可能性。电池在升温箱中以 5℃/min 的速率由室温升高到（130±2）℃。

（2）温度循环。这个试验是为了模拟运载锂电池的货运飞机在地面和高空中的温度变化，以及电动汽车或者使用锂电池的设备在高原地区中午和夜间的温度急剧变化的工况下电池的安全性。试验使电池在（75±2）℃与（-40±2）℃之间循环 10 次，每种温度保持 6h，温度转换时间不大于 30min。在剧烈的温度变化下，电池，尤其是电池内部的电解液在热胀冷缩效应的作用下，体积会发生明显的变化，就有可能使极片、隔膜、极耳等组件相互位置发生变化，引起电池内短路。

（3）湿热循环。这个试验是为了模拟电动汽车在热带遭受湿热环境时的安全性能。使电池在 25~80℃、相对湿度在 55%~98% 之间循环变化 5 次。

（4）燃烧和火焰喷射。这个试验的目的是为了鉴定发生火灾以后电池爆炸的能量。对电池和电池组的定型试验都有燃烧和火焰喷射的试验要求，试验过程是把样本放在一个特制的金属笼子里直接用火烧。有的标准规定金属笼子是用铝丝制造，有的标准规定是用铁丝制造。判据有两个，对便携式电子设备，经过火烧以后，电池整体或者电池的正、负极片等组件不能变得很碎。对于电动汽车用动力电池组或者系统，经过火烧以后，电池组或者系统不能发生爆炸。若着火，在火源移开后 2min 内火就应该熄灭。这个试验是为了验证用电器着火后，由爆炸引发次生灾害的能力。

（5）高海拔低气压。锂离子电池都要求进行低气压安全实验，是为了模拟电池航空运输在高空的低气压和高海拔。对于电池高海拔地区的使用，模拟海拔4000m 进行试验。对于货运飞机运输锂电池，模拟海拔 8000m 进行试验。电池从低海拔地区到高海拔地区，外部气压降低，电池就会鼓胀，引起电池内部各个组件之间的相对位置发生变化，电池就有发生内短路的可能性。

（6）海水浸泡。电动车掉入水中的现象并不少见，在沿海地区使用就有可能掉入海中。试验要求动力电池组和系统在模拟海水浸泡以后无着火、爆炸现象。这也是为了模拟电动车掉入海中不会因为电池组发生火灾、爆炸引起次生灾害。

（7）盐雾：在低海拔沿海地区的湿热加高盐雾的环境下电池会受到腐蚀，电解液漏出，有发生火灾的风险。实验要求盐水浓度为（5±0.1）%，pH 值在6.5~7.2 之间，随后的湿热环境为温度（40±2）℃，湿度（93±3）%。标准要求电池组或系统无泄漏、外壳破裂、着火和爆炸等现象。

三、电池和电池组的电气控制系统性能试验

（1）过压充电保护。模拟电池组过压充电承受能力和电池组控制系统的过压充电保护能力。有过压保护线路的电池组充电至过压充电保护线路动作。

（2）过流充电保护。模拟电池组过流充电承受能力和电池组控制系统的过流充电保护能力。有过流保护线路的电池组充电至过流充电保护线路动作。

（3）欠压放电保护。对于移除保护电路或者没有保护电路的电池组放电至（$n×0.15$）V，对于保留保护电路的电池组放电至保护电路动作。

（4）过载保护。模拟电池组过载承受能力和电池组控制系统的过载保护能力。试验要求没有过载保护线路或者在试验时已经移除了过载保护线路的电池组能够放电至截止电压，有过载保护线路的电池组放电至保护线路动作。

（5）外部短路保护。对于移除保护电路或者没有保护电路的电池组短路24h，对于保留保护电路的电池组短路至保护电路动作。

（6）过温保护。电池系统在以允许最大电流充、放电时，如果温升过高，就有发生着火爆炸的可能性。要求以电池组的允许最大持续放电电流进行充放电试验，直至电池管理系统起作用。

参 考 文 献

［1］柳升龙，武国良．外部短路和过放电对锂离子电池安全的影响［J］.黑龙江科技信息，2017（6）：69~70.

［2］刘仕强，王芳，樊彬，等．针刺速度对动力锂离子电池安全性的影响［J］.汽车安全与节能学报，2013，4（1）：82~86.

第十二章　锂电池安全性能测试

第一节　UN 38.3 与 GB 31241 的对比分析

锂电池使用的普遍性使得锂电池本身作为商品以及装有锂电池的设备在国际间的运输越来越普遍，运输量也越来越大。联合国标准《关于危险货物运输的建议书试验和标准手册 Recommendations on the Transport of Dangerous Goods Manual of Tests and Criteria》是一个非常重要的标准，各个国家都要执行，因为无论是空运、海运还是陆路运输，除了货物的始发地和接收地国家以外，这些货物还要经过沿途许多国家。这个标准的第38.3节，一般统称为 UN 38.3，是关于锂原电池和锂离子电池安全性能试验的标准。UN 38.3 的出发点是要保证锂电池在运输过程中的安全性能，所以它只规定了8条试验项目，对电池使用中的安全没有涉及。

其他国际组织和在国际上权威性比较高的组织也都制订了关于锂电池运输中的安全标准，《锂原电池和蓄电池在运输中的安全要求》（GB 21966）是我们的国家标准，但是与国际电工委员会标准 IEC 62281 是一致的。国家民航局颁布了关于锂电池运输的安全试验标准《航空运输锂电池测试规范》（MH/T 1052），但是，这个标准也是要满足 UN 38.3 的。

锂电池在使用中的安全问题主要是与使用者本人安全和所在国的安全要求有关，所以国际组织、在国际上有权威的组织以及各个国家都制定了关于锂电池使用中的安全标准。比如国际标准化组织标准《电动汽车锂电池组和系统测试规范》（ISO 12405）、电气电子工程师协会标准《蜂窝移动电话用可充电电池》（IEEE 1725）、美国国家标准《便携式可充电电池和电池组》（ANSI C18.2M）、日本工业标准《非便携式电器设备用便携式锂离子电池及电池组的安全性试验》（JIS C8714）等等，不胜枚举。我国是世界上锂电池主要生产国，锂电池产品和使用锂电池的产品行销全世界，理所当然地也制定了许多关于锂电池的安全标准。比如《便携式电子产品用锂离子电池和电池组安全要求》（GB 31241）、《锂电池组危险货物危险特性检验安全规范》（GB 19521.11）等几十个标准。本章把联合国关于锂电池运输的安全标准 UN 38.3 和我国关于锂电池使用安全的比较权威的国家标准 GB 31241 进行对比分析。

UN 38.3 涵盖了锂原电池和锂二次电池及用这些电池组装成的电池组，电池组可以是单节电池组成的，也可以是多节电池组成的。本标准包括 2 项环境试验、3 项机械性损伤安全试验和 3 项电安全试验，总共 8 个试验项目。其中：T1 高度模拟试验、T2 温度试验、T3 振动试验、T4 冲击试验、T5 外部短路试验、T6 撞击/挤压试验、T7 过充电试验、T8 强制放电试验。实际上 T6 是撞击和挤压两个试验，因为这两个试验所用的试验设备和试验过程是完全不一样的，在别的标准里都是当成两个试验进行。T5、T7、T8 是电安全试验，T3、T4、T6 是机械性损伤安全试验，其他 2 项是环境安全试验或者叫做环境适应性试验。

标准规定所有类型的电池都要进行 T1~T5 及 T8 试验。所有不可充电的电池组类型，包括由已经做过试验的电池所组成的电池组都要进行 T1~T5 的试验。所有可充电的电池组类型，包括由已经做过试验的电池所组成的电池组都要进行 T1~T5 的试验和 T7 试验。带有防止过度充电保护装置的可充电的单电池组成的电池组要做 T7 试验。作为电池组的一部分的元件电池，若非与电池组分开运输时，只需进行 T6~T8 试验。元件电池和电池组分开运输时，应做 T1~T6 试验和 T8 试验。

关于试验效果的有效性，标准规定电池或电池组如果在以下方面与原试验型号不同，就应视为新的型号，必须进行新的试验：

（1）对原电池和原电池组，其负极、正极或电解液质量的变化超过了 0.1g 或者 20%（以较大者为准）。

（2）对于可充电电池和可充电电池组，以 Wh 表示的标称容量变化超过 20%，或者标称电压增加超过 20%。

（3）可导致任何试验不符合要求的变化，比如以下所列的情况并且不限于这些情况：

1）负极、正极、隔膜或者电解液的变化。

2）保护装置硬件和软件的变化。

3）电池或电池组安全设计上的改变，如排气阀的改变。

4）元件电池数量的改变。

5）元件电池连接方式的改变。

6）对于按照 T4 以小于 $150g_n$ 最大加速度进行试验的电池组，可对 T4 试验结果产生不利影响，并导致试验失败的质量变化。

如果一个电池或电池组型号不符合一项或多项试验要求，应采取措施纠正造成不符合要求的缺陷，然后对该电池和电池组型号重新进行试验。

大电池和小电池、大电池组和小电池组在试验上面还有区别。UN 38.3 对电池和电池组试验样本数目和整备条件有明确规定，UN 38.3 每两年修订一次，所以，试验样本数目和整备条件都有变化。比如标准第六版规定，可充电电池进行 T6 撞击和挤压试验时，用 5 个在第一个充放电周期达到 50% 设计额定容量状态的电池做试验样本，而在 2019 版里面就变成了用 5 个在第一个充放电周期达到 50% 设计额定容量状态的电池和 5 个经过 25 次充放电循环后达到 50% 设计额定容量状态的电池做试验样本。

为了使电池的额定容量测试更加准确，新版 UN 38.3 规定测试方法要按照国际电工委员会标准 IEC 61960、IEC 62133、IEC 62660-1 进行。

GB 31241 标准只是针对照相机、手提电脑等质量在 18kg 以下的便携式电子产品所用的锂离子电池和锂离子电池组，它并不涉及锂原电池。此标准仅考虑锂离子电池和电池组的正常使用条件、可预见的误用条件，比如正负极安装反了的情况和可预见的故障条件，还包括影响其安全的环境条件诸如温度、海拔等因素以及运输过程中最基本的安全要求，以提供对人身和财产的安全保护。标准不涉及电池和电池组的技术指标和功能特性。

在此标准范围内锂离子电池和电池组导致的危险是指以下几种：

（1）漏液。可能会直接对人体构成化学腐蚀危害，或导致电池供电的电子产品内部绝缘失效而间接造成电击、着火等危险。漏液危险可能是由内部应力或外部应力的作用导致壳体破损引起的。

（2）起火。直接烧伤人体，或对电池供电的电子产品造成着火危险。

（3）爆炸。直接危害人体，或损毁设备。造成起火和爆炸危险的原因可能是电池内部发生热失控，而热失控可能是由于电池内部短路、电池材料的强烈氧化反应等引起的。

（4）过热。直接对人体引起灼伤，或导致绝缘等级下降和安全元器件性能降低，或引燃可燃液体。

对电池和电池组产成品的安全性能进行检测只是在事后对生产企业的产品质量的检验，但是，电池和电池组发生起火、爆炸等事故的原因除了过充电、过放电等滥用危险性和高温、高空低气压以及撞击、野蛮装卸引起的跌落等环境因素以外，更重要的还是制造质量问题。要减少乃至消灭电池和电池组的火灾、爆炸事故，首先要在产品设计、材料选择、整个工艺过程控制、制造过程质量检测等方面下功夫，GB 31241 正是体现了这一种思路。

确定电池或电池组采用何种设计方案时，从以下三个层次来满足安全要求：第一个层次是选择安全性高的材料，比如隔膜、绝缘材料、阻燃性能好的外壳材料等等，尽量避免使用容易出现热失控的材料。为了防止电池在使用过程中产生内短路，设计时就要合理地处理负极片、正极片和隔膜相互之间的尺寸关系。第二个层次是如果无法选择到理想的材料，就需要设计保护装置，减少或消除危险发生的可能性。所以这个标准有关于电池泄压装置、保护系统性能的测试项目。第三个层次是如果现有的措施均不能彻底避免危险发生，那么需对残留的危险采取标识说明和警告措施，提醒使用者提前采取事故防范措施。本标准要求电池外包装上面有"禁止拆解、撞击、挤压或投入火中""若出现严重鼓胀，请勿继续使用""请勿置于高温环境中"等警示语，而且要对警示语的牢度进行检测，防止警示语在使用过程中意外消失而丧失警示作用。

制造工艺和工序过程的质量控制是保证实现设计意图的根本条件，本标准对电池和电池组制造过程的一些关键工序质量控制提出了建议。在电池制造阶段，有活性材料涂敷的一致性、毛刺检测与控制、防止极片损伤、极组卷绕控制、电池装配控制等质量要求。在电池组制造阶段，有过热断路装置要求、内部配线、封装焊接和元件电池的筛选以保证同一个电池组内的各电池的开路电压应具有较好的一致性、各电池的交流内阻应具有较好的一致性、通过检查电池供应商的数据来保证电池容量的一致性、各电池应具有较好的老化一致性等质量要求。

除了 UN 38.3 以电池和电池组在运输过程中的安全性能为关注点制定的标准和 GB 31241 以电池和电池组在制造、储存、使用和运输过程中的安全性能为关注点的标准之外，更多的是专业或者行业偏向性更明显的标准。这些标准除了电池和电池组的安全性能以外，对电池和电池组的电性能给予了更多的关注。比较典型的如《电力储能用锂离子电池》（GB/T 36276），对电池和电池组的外观提出了要求：零部件及辅助设施外观应无变形及裂纹，表面应干燥、无外伤、无污物，排列整齐、连接可靠，且标识清晰、正确。在电池使用性能方面的指标有初始充放电能量、能量型电池单体倍率充放电性能、功率型电池单体倍率充放电性能、高低温充放电性能、高温和室温能量保持与能量恢复能力、耐储存性能、循环性能（电池和电池组寿命）等电池和电池组的电性能试验项目。

电池和电池组的电性能试验项目最为齐全的是 FreedomCAR 的一系列标准，《功率辅助型混合电动车电池测试手册》里面就包含静态容量测试、混合脉冲功率性能测试、自放电测试、冷启动测试、热性能测试、能量效率测试、运行设置点稳定性测试、循环寿命测试、日历寿命测试、参考性能测试等等。

第二节　两个标准的试验项目对比

UN 38.3 与 GB 31241 两个标准对电池的试验项目对比如表 12.1 所示，对电池组的试验项目对比如表 12.2 所示。UN 38.3 明确提出了试验目的，GB 31241 没有提出试验目的。

表 12.1 UN 38.3 与 GB 31241 电池试验项目对比

序号	UN 38.3		GB 31241
	试验名称及指标	试验目的	试验名称及指标
1	T1 高度模拟 (11.6kPa，6h)	模拟空运	低气压 (11.6kPa，6h)
2	T2 温度循环 ((72±2)℃至（−40±2)℃。10 次） 小电池 6h，大电池 12h)	评估电池密封完善性 和内部连接	温度循环 ((72±2)℃至（−40±2)℃。 各 6h。10 次)
3	T3 振动 (电池和小电池组： 频率：7~200Hz。 加速度：$1g_n$ 增加到 $8g_n$。 振幅，0.8mm。 每个方向 12 次，共 3h)	模拟运输 过程中的振动	振动 (电池和小电池组： 频率：7~200Hz。 加速度：$1g_n$ 增加到 $8g_n$。 振幅：0.8mm。 每个方向 12 次，共 3h)
4	T4 冲击 (小电池：$150g_n$，6ms； 大电池：$50g_n$，11ms)	评估对累积冲击 效应的耐受能力	加速度冲击 (3ms 内 $75g_n$ 增加到 $150g_n \pm 25g_n$。6ms±1ms)
5	T5 外部短路 ((54±4)℃，0.1Ω。 小型 6h，大型 12h， 壳体温度≤170℃)	模拟外部短路	常温外部短路 (20℃±5℃， 80mΩ±20mΩ。24h 壳体温度≤150℃) 高温外部短路 (55℃±5℃ 80mΩ±20mΩ。24h 壳体温度≤150℃)
6	T6a 撞击 (重锤：(9.1±0.1)kg； 落下高度：(61±2.5)cm； 钢棒直径：(15.8±0.1)mm； 仅直径≥18mm 圆柱电池)	内部短路和机械性 破坏承受能力	重物撞击 (重锤：(9.1±0.1)kg； 落下高度：(61±2.5)cm； 钢棒直径：(15.8±0.1)mm)
7	T6b 挤压 (挤压力：(13±0.78)kN 棱柱、袋形、纽扣电池 直径≤18mm 的圆柱形电池)	内部短路和 机械性破坏	挤压 (挤压力：(13±0.78)kN)
8	T7 过度充电		过充电 (电流：3C 或者厂家推荐电 流的 3 倍，以大者为准。电 压 4.6V，7h)

序号	UN 38.3		GB 31241
	试验名称及指标	试验目的	试验名称及指标
9	T8 强制放电 (串联 12V 直流电)	考核承受强制 放电的能力	强制放电 (电池完全放电后，1C 电流 反向充电 90min)
10	—		跌落 (满电自由跌落水泥地面。 高度 1m。 每个圆柱形电池 4 次。 方形和纽扣电池 6 次)
11	—		热滥用 (温度升速：(5±2)℃/min； 恒温：(130±2)℃； 持续 30min)
12	—		燃烧喷射 (电池在特制金属网笼里用 火烧，最长 30min)

表 12.2 UN 38.3 与 GB 31241 电池组试验项目对比

序号	UN 38.3		GB 31241
	试验名称及指标	试验目的	试验名称及指标
1	T1 高度模拟 (11.6kPa，6h)	模拟空运	高度模拟 (11.6kPa，6h)
2	T2 温度循环 ((72±2)℃至 (−40±2)℃。 各 12h，10 次)	评估电池密封性 和内部连接	温度循环 ((72±2)℃至 (−40±2)℃。 各 6h，10 次)
3	T3 振动 (大电池组：7~200Hz； 加速度 $1g_n$ 增加到 $2g_n$)	模拟运输 过程中的振动	振动 (电池和小电池组： 频率：7~200Hz； 加速：$1g_n$ 增加到 $8g_n$； 振幅，0.8mm； 每个方向 12 次，共 3h)
4	T4 冲击 (小电池组：$150g_n$，6ms； 大电池组：$50g_n$，11ms； 加速度按图查)	评估对累积冲击 效应的耐受能力	加速度冲击 (3ms 内由 $75g_n$ 增加到 $150g_n±25g_n$。6ms±1ms)
5	T5 外部短路 ((54±4)℃，0.1Ω。 小型：6h；大型：12h)	模拟外部短路	外部短路 ((80±20)mΩ。24h)

续表 12.2

序号	UN 38.3		GB 31241
	试验名称及指标	试验目的	试验名称及指标
6	T6a 挤压		—
7	T6b 撞击		—
8	T7 过度充电 （额定最大电压≤18V： 最大电压 2 倍或者 22V 较小者。 额定最大电压>18V： 最大电压 1.2 倍， 24h。仅二次电池）	考核承受过度 充电的能力	过压充电 （满电电池，最大电流 电压：$n×6.0V$ 或可承受 的最大电压。1h） 过流充电 （充分放电电池， 1.5 倍的过流充电保护电流。 至上限电压）
9	T8 强制放电		欠压放电 （满电电池， 以最大放电电流恒流放电 至 $n×0.15V$。充满电）
10	—		反向充电 （满电电池 以推荐充电电流 反向充电 90min）
11	—		过载 （满电电池， 以 1.5 倍的过流放电保护电流 恒流放电至放电截止电压或保 护器动作）
12	—		静电放电 （每个端子 4kV 接触放电各 5 次。 8kV 空气放电各 5 次。 每两次放电测试之间间隔 1min
13	—		跌落 （满电自由跌落水泥地面。 容量>1000mAh：高度 1m。 容量≤1000mAh：高度 1.5m。 每个圆柱形电池 4 次。 方形和纽扣电池 6 次）

序号	UN 38.3		GB 31241
	试验名称及指标	试验目的	试验名称及指标
14	—		应力消除 热塑性外壳的结构热应力 (70±2)℃。7h
15	—		高温使用 (制造厂上限温度和 80℃中大者。7h)
16	—		洗涤 (pH 值为 11.0±0.1 的溶液。 (45±2)℃浸泡 0.5h， 800r/min 旋转 10min 脱水)
17	—		过压充电保护 (满电电池组， 最大充电电流。充电电压为 n×6.0V 或者可能承受的最 高电压值（取高者）。 500 次循环。 保护装置动作后静置 1min)
18	—		过流充电保护 (充分放电电池组， 充电电流为 1.5 倍的过流充电保护 电流。充电电压为充电上限电压。 500 次循环。 保护装置动作后静置 1min)
19	—		欠压放电保护 (充分放电电池组， 放电电流为标准放电电流。 放电至 n 倍的电池放电截止电压 或电池组的放电截止电压中的 较小者。 500 次循环。 保护装置动作后静置 1min)
20	—		过载保护 (满电电池组， 放电电流为 1.5 倍的过流放电 保护电流。500 次循环。 保护装置动作后静置 1min)

序号	UN 38.3		GB 31241
	试验名称及指标	试验目的	试验名称及指标
21	—		短路保护 （满电电池组， （80±20）mΩ。500 次循环。 保护装置动作后静置 1min）
22	—		耐高压 （满电电池组， 电池组为单级电池串联时， 电压为 10V； 电池组为多级电池串联时， 电压为 28V。 恒压充电 24h）
23	—	GB 31241 对使用锂离子电池和电池组的用电器在取出电池的状态进行保护电路安全性能测试	充电电压控制
24	—		充电电流控制
25	—		放电电压控制
26	—		放电电流控制
27	—		充放电温度控制

第三节　样本数量与样本整备要求对比

标准 UN 38.3 与 GB 31241 在试验样本的数量和整备要求方面差异比较大。

GB 31241 除特殊说明外，每个试验项目的样本为 3 个。样本整备要求是电池或电池组按照制造厂规定的充放电程序进行两个充放电循环，充放电循环之间搁置 10min。

UN 38.3 试验样本的数量和整备要求都比较复杂。每个型号电池和电池组所做的试验和试验所需要的样本数量及整备条件如下：

（1）原电池和原电池组进行 T1~T5 试验时，样本数量和整备条件如下：

1）10 个未放电状态的电池。

2）10 个完全放电状态的电池。

3）4 个未放电状态的小型电池组。

4）4 个完全放电状态的小型电池组。

5）4 个未放电状态的大型电池组。

6）4 个完全放电状态的大型电池组。

（2）可充电电池和电池组进行 T1~T5 试验时，样本数量和整备条件如下：

1）5 个在第一次充放电循环完全充电状态的电池。

2）5 个在第 25 次充放电循环后完全充电状态的电池。

3）4 个在第一次充放电循环后完全充电状态的小型电池组。

4）4 个在第 25 次充放电循环后完全充电状态的小型电池组。

5）2 个在第一次充放电循环后完全充电状态的大型电池组。

6）2 个经过 25 次充放电循环后完全充电状态的大型电池组。

（3）原电池和可充电电池进行 T6 试验时，样本数量和整备条件如下：

1）原电池。5 个没有放电，5 个完全放电，共 10 个样本。

2）原电池组里的元件电池。5 个没有放电，5 个完全放电，共 10 个样本。

3）二次电池。5 个首次循环时达到 50% 额定容量电池，5 个经过 25 次循环时达到 50% 额定容量电池，共 10 个样本。

4）二次电池组的元件电池。5 个首次循环时达到 50% 额定容量电池，5 个经过 25 次循环时达到 50% 额定容量电池，共 10 个样本。

（4）二次电池组和单一电池二次电池组进行 T7 试验时，样本数量和整备条件如下：

1）4 个在第一次充放电循环完全充电状态的小型电池组。

2）4 个在第 25 次充放电循环后完全充电状态的小型电池组。

3）2 个在第一次充放电循环后完全充电状态的大型电池组。

4）2 个在第 25 次充放电循环后完全充电状态的大型电池组。

（5）原电池、二次电池和元件电池进行 T8 试验时，样本数量和整备条件如下：

1）10 个完全放电状态的原电池。

2）10 个完全放电状态的元件原电池。

3）10 个第一次充放电循环后完全放电状态的二次电池。

4）10 个第一次充放电循环后完全放电状态的二次元件电池。

5）10 个第 25 次充放电循环后完全放电状态的二次电池。

6）10 个第 25 次充放电循环后完全放电状态的二次元件电池。

在试验电池模块时，电池模块在完全充电时所有正极的合计锂含量不大于 500g，或者锂离子电池组以 Wh 计算的额定容量不超过 6200Wh，并且电池组是用通过了所有试验的电池模块组装成的，应当对充满电的电池模块进行 T3、T4、T5 试验，对电池组进行 T7 试验。

对于用若干已经通过所有试验的电池组通过电路连接成更大的电池组，如果在完全充电时所有正极的合计锂含量不大于 500g，或者锂离子电池组以 Wh 计算的额定容量不超过 6200Wh，并且该大电池组经过验证可以防止过度充电、短路、电池组之间过度放电，这种大电池组就不必进行试验。表 12.3 是锂原电池和电池组试验样本表，表 12.4 是锂二次电池和电池组试验样本表。

表 12.3 原电池和电池组试验样本汇总表

| 样本类型 | 样本状态 | 样本数量 | | | | | | | | 合计 |
		T1	T2	T3	T4	T5	T6	T7	T8	
电池 （非分开运输）	未放电						5			20
	完全放电						5		10	
电池	未放电			10			5			40
	完全放电			10			5		10	
单一电池电池组	未放电			10			5			40
	完全放电			10			5		10	
小型电池组	未放电			4						8
	完全放电			4						
大型电池组	未放电			4						8
	完全放电			4						
超大电池组 锂含量≤500g	未放电				1					1
超大电池组 锂含量>500g										0

注：1. 如果单一电池电池组里的电池是已经通过试验的而且设计参数没有发生能够引起试验结果失效的改变，电池就不必试验。

2. 超大电池组是由已经通过试验检验的电池组组装成的。

3. 超大电池组已经被证明能够防止过充电、短路和两个电池组之间过放电，就不必试验。

4. 样本合计数是各个试验需要的样本数，不是已经通过试验的样本数。

表 12.4 二次电池和电池组试验样本汇总表

| 样本类型 | 样本状态 | 样本数量 | | | | | | | | 合计 |
		T1	T2	T3	T4	T5	T6	T7	T8	
电池 （不与电池组 分开运输）	初次循环，50%满电						10			20
	25 次循环，50%满电						10			
	初次循环，完全放电								10	20
	25 次循环，完全放电								10	
电池	初次循环，满电			5						40
	25 次循环，满电			5						
	初次循环，50%满电						5			
	25 次循环，50%满电						5			
	初次循环，完全放电								10	
	25 次循环，完全放电								10	

续表 12.4

样本类型	样本状态	样本数量								
		T1	T2	T3	T4	T5	T6	T7	T8	合计
单一电池电池组	初次循环，满电			5						44
	25 次循环，满电			5						
	初次循环，50%满电						5			
	25 次循环，50%满电						5			
	25 次循环，满电							4		
	初次循环，完全放电								10	
	25 次循环，完全放电								10	
小型电池组	初次循环，满电			4				4		16
	25 次循环，满电			4				4		
大型电池组	初次循环，满电			2				2		8
	25 次循环，满电			2				2		
超大电池组 锂含量≤500g 或 6200Wh	满电				1			1		2
超大电池组 锂含量>500g 或 6200Wh										0

注：1. 超大电池组是由已经通过试验检验的电池组装成的。

2. 如果电池和电池组没有过充电保护装置，但是，用电器有这种保护装置，电池和电池组就不必试验。

3. 如果单一电池电池组使用的电池是通过试验检验而且电池设计参数没有改变试验结果，就不必进行试验。但是 T7 过充电试验必须进行。

4. 超大电池组已经被证明能够防止过充电、短路和两个电池组之间过放电，就不必试验。

5. 样本合计数是各个试验需要的样本数，不是已经通过试验的样本数。

第十三章　锂电池储存安全

第一节　锂电池储存场所安全形势

　　前面介绍过锂电池在型式试验过程要求能够通过（130±2）℃的高温持续 30min 不起火、不爆炸；能够经受（75±2）℃至（-40±2）℃的温度循环冲击而不起火、不爆炸；甚至还要经得起燃烧喷射的考验。更严酷的是温度范围从 25~80℃、湿度由 50% 到 95% 的湿热循环，还有高海拔（真空）、盐雾等环境实验。这些试验都是模拟锂电池在实际使用中需要承受的各种恶劣环境条件。电池制造厂对成品电池都经过了严格的质量检验，投入使用中的电池，除了极个别是在检验中的漏网之鱼以外，都是合格品。无论是手机、电动自行车还是电动汽车，他们的电池使用条件严酷性都不会超过上述试验条件。但是，这些合格品电池在不算严酷的环境中正常使用却常常发生起火、甚至爆炸的事故。单个电池或者电池组里面的个别电池起火就有可能引发一场火灾。那么，在储存过程中数量比较大的锂电池如果着火，其后果的严重程度是可想而知的。所以，对锂离子电池储存环节的安全必须引起我们的高度重视。

　　无论是锂电池的生产企业、采购电池自行组装电池组的加工企业，还是为了自家的产品使用电池作为动力而购买的电池或者电池组的使用企业，都会有相当数量的锂离子电池存放在仓库。随着锂离子电池使用越来越普遍，使用锂离子电池的仪器设备更换电池就形成了一种新的需求，经营锂离子电池的店铺也就越来越多，这种场所的锂离子电池火灾隐患也必须引起人们的高度重视。2019 年 12 月 24 日凌晨，台北市中山区松江路一栋 15 层楼建筑物发生火警，起火处为 3 楼的锂离子电池仓库。台北市消防机构立即派出 41 辆消防车、10 辆救护车和 128 名消防员，以及义务消防队 2 部消防车和 7 名义务消防队员参加扑火，经过四个多小时才将火扑灭。救火现场指挥官说，锂离子电池火灾扑灭需要大量喷水，但是，电池在仓库里面，人员不能进去，只能从窗口往里面喷水。

　　锂离子电池在老化环节和电池储存环节发生火灾的案例比较多，锂离子电池的储存也构成了行业重大隐患。锂离子电池生产企业由于产量很大，在电池仓库存放条件方面还比较注意，而加工企业和使用企业普遍储存电池数量不是很大，对锂离子电池引发火灾的风险不够重视，电池储存条件往往不符合要求。尤其是需要大量备用电池的无人机使用单位，电池的存放环境令人堪忧。

扫一扫，看视频

第二节 锂电池储存场所的安全关注点

（1）电池仓库面积过大，存放电池数量过多，火灾造成的经济损失数额巨大。电池仓库火灾曾经使某企业一次损失高达两千多万元，一场火灾使企业破产倒闭的案例也不少见。

（2）电池仓库没有构成独立的防火分区，电池仓库火灾波及其他区域，产生次生灾害损失。图 13.1 是一家电池企业把大量已经组装好的锂离子移动电源堆放在生产车间的一头，不但占用面积很大，而且与生产区没有任何隔离。

图 13.1 大量锂离子移动电源堆放在车间

这种电池包由几百个 18650 或者 20650 柱状电池组成，如果发生电池着火，电池四下炸开，将会点燃整个车间里的可燃物，后果非常严重。一般没有经历过锂离子电池火灾的人很难想象电池着火的后果是什么样子，这也是没有发生过锂离子电池火灾的企业往往对火灾预防不够重视的原因之一。一位亲历过一个大型锂离子电池制造厂电池仓库火灾的人说，火灾中，那些电池像子弹一样到处飞，非常恐怖，救援人员根本就接近不了。经过了那次火灾，本来效益很好的锂离子电池厂从此一蹶不振。

（3）电池仓库没有合理的通风换气条件，如果有电池发生内短路，电解液蒸气泄漏而不能有效地排出室外，电解液蒸气积聚，有发生火灾爆炸的危险性。

（4）有的电池仓库要求保持恒温恒湿，仓库有空调，平时仓库内的空气是不流通的。这种电池仓库没有使用防爆电器，没有防静电接地，给事故电池泄漏出来的电解液蒸气留下了点火源的风险。

（5）电池仓库没有防、排烟系统，电池着火以后，由于烟雾里面含有氟化氢等高毒性烟气，威胁到救援人员的生命安全。

（6）电池仓库的事故风机没有独立供电，火灾发生以后，厂房停电，排风机不能启动排烟，救援人员难以靠前。曾经有一个锂离子电池生产企业在某天晚上十一点多钟发生电池自燃，值班的安全管理人员发现后打算上楼去灭火，可是因为火灾状态下整栋楼已经停电，烟气无法排出，人员到不了仓库，只能眼睁睁地看着火魔施虐。这场火灾使企业损失八百多万元。火灾过后，企业把原来的大仓库改成一间间30多平方米的小仓库，而且给排风机单独拉了电源，即使发生了火灾，整栋楼停了电，排风机也能运转，人员可以进仓库灭火。

（7）电池仓库里面没有温感、烟感等火灾探测设施，或者有温感、烟感等火灾探测设施，却没有与报警器联锁，或者报警器没有人24h值守，不能在第一时间发现火情。曾经有一个充电宝组装企业，晚上十点钟工人下班以后，十一点半，放在生产线旁边的剩余的少许锂离子电池发生自燃，引燃了车间的其他可燃物，产生很大的浓烟。但是由于风向的原因，从窗户里冒出的浓烟吹到了建筑物的另一侧，院子里的保安员居然没有发现火情，是路人打消防报警电话，消防队才赶来灭火。

（8）电池仓库没有自动喷淋灭火系统，不能及时扑灭初起火灾，错过最有效灭火机会，使火势扩大、蔓延，给企业造成难以承受的损失。

（9）电池存放环境没有温度和湿度的控制条件，有使大量电池处于比较恶劣的环境的风险。

（10）锂离子电池的加工、使用企业对电池的潜在风险性缺乏应有的认识和必要的防范，不但电池仓库的存储条件不符合要求，而且在生产加工线上也缺乏电池火灾的防范措施。尤其是晚上下班以后，不注意把剩下的电池放入有火灾防范条件的仓库内，随便放在生产线旁边，使这部分电池失去监督，也失去扑灭初起火灾的条件，结果一点点电池起火，就使企业蒙受巨大经济损失。图13.2是一家充电宝组装厂锂离子电池火灾现场。虽然晚上下班以后留在组装线旁边的电池只有一百多个，但是这些电池着火以后，就像鞭炮一样四处炸开，引燃了车间内其他可燃物，形了一场火灾。从事故现场照片可以看出，电池爆炸的力道很大，直接射入天花板里。

（11）现在以锂离子电池作为动力源的产品越来越多，像无人机、扭扭车等产品使用的锂离子电池组都比较大，集成的电池也就比较多，发生火灾的概率也就比较大。但是这些企业在把产品组装完成以后，把装有电池的产品堆放在库房里，没有意识到这些产品里装的电池也有发生火灾的可能性，这些成品仓库里面也缺少火灾防范的措施。

电子烟、蓝牙耳机、电子手表、MP3等生产企业用的锂离子电池比较小，企

(a)　　　　　　　　　　　(b)　　　　　　　　　　　(c)

图 13.2　一家充电宝加工企业的火灾现场

（a）只有这么一点电池；（b）生产线旁边；（c）电池爆炸射入天花板

业往往存在一些模糊认识，认为自己的产品用的锂离子电池很小，只有几十毫安时，火灾隐患微乎其微，即使个别电池发生问题，也不会引起大的火灾。这些人没有想到，对于使用者来说，一支电子烟、一个蓝牙耳机所用的电池确实很小，但是对于生产者来说，大量产品堆放在一起，发生火灾的可能性就很大，后果就很严重。一个小小的锂离子电池就会引燃其他的产品和包装材料，大量的小型电子产品堆放在一起，发生火灾的后果仍然是很严重的。有一个生产电子烟的工厂，三楼的成品库发生火灾以后，电子烟油、包装材料、电解液一起燃烧，滚滚浓烟直冲天空。有毒的烟雾使得消防队员不能靠前，只能用消防水枪从窗户往库房里大量喷射消防水。事故的后果是烧毁了大量的产品，没有被火烧的产品也被消防水泡了，消防水从三楼一直淹到一楼，给企业造成了巨大的损失。如果企业对锂离子电池火灾的风险有所了解，采取了有效的能够自动扑灭初起火灾的措施，后果就不会这么严重了。

（12）蓄能锂离子电池组使用越来越广泛，在没有电源的地方，为医疗设备、安防通讯、应急后备等设备提供动力，甚至为野营、野炊提供能量。这种便携式移动电池组都比较大，电压可以达到 48V，电容量可以达到 200Ah，图 13.3 是一个野营用的蓄能电池包及其内部的电池。

图 13.4 是无人机及其电池仓库。这些电池组都是由大量电池组成的，大部分使用者对这些电池组都是按照普通的物品存放的，并没有意识到它们的火灾危险性，存放区没有采取必要的防火措施。

（13）没有意识到废品电池、退货电池及有问题的电池的火灾风险性更大，这类电池没有在独立的、火灾防范条件更加完备的仓库存放，有的甚至放在成品仓库里。

图 13.3　野营用便携式蓄能电池组及其内部电池

图 13.4　无人机及其电池仓库

第三节　电池存储场所的危害预防

（1）大企业的电池仓库面积最好不超过250m²，这是危险化学品储存仓库的面积要求，存放锂电池还是显得过大，万一发生火灾，就会给企业带来巨大损失。既然锂离子电池火灾不能完全杜绝，两害相权就其轻，设法把发生火灾后的损失降低到最小是一条可行之路。发生过锂离子电池仓库火灾的企业都吸取了教训，把以往的大仓库改造成多个只有二三十平方米的装有事故风机的小仓库，如图13.5所示。

有的企业为了把电池发生火灾以后的损失减小到最少，在仓库里面还用实体墙分成一个个面

图 13.5　事故后改造的电池仓库

积只有几平方米的小格子，如图 13.6 所示。这种带有小格子的电池仓库有两个优点，其一，如果某一个格子里的电池着火，只能使这个格子的电池被引燃，可以延缓其他格子里的电池被引燃的速度。其二，使用消防软管扑灭起火电池时，不会使其他格子里的电池被水泡，减少火灾损失。

图 13.6　锂离子电池生产和加工企业的电池仓库

有的企业甚至把一个大仓库改造成一排只有几平方米的小仓库群，每一个小仓库里都有烟感和温感以及自动喷淋灭火系统。有的企业吸取锂离子电池发生火灾时电池四处炸飞、人员难以靠近灭火的教训，不但把电池仓库面积缩小，而且在仓库门口加装了防爆网，如图 13.7 所示。发生火灾以后，灭火人员用消防软管通过防爆网的网格孔往着火点上喷水，既能够迅速扑灭火灾，还能够将火灾损失降到最低。

图 13.7　装了防爆网的电池仓库

（2）锂离子电池不宜采用自动化立体仓库，应采用混凝土平库模式建设。

要求用硬地砖、水泥平面做地面。每天对仓库区域进行清洁整理工作，及时清理地面的污物、杂物，并将仓库内的物料整理到指定的区域内，达到整洁、整齐、干净、卫生、合理的摆放要求。电池上面禁止堆放物品，特别是易导电、易腐蚀的物品。

（3）为了减缓电池火灾蔓延速度，减少火灾中电池的损失量以及能够在发生火灾后迅速撤离电池，在电池没有包装出货前，可以采用第十章所述老化房所采用的带格子的电池框或者能够把电池隔离开的托盘装电池，以及使用可以迅速转移电池的小推车。

（4）电池存放要有防止正负极短路的措施，如图 13.8 所示，不但电池的电极有绝缘套，而且电池托盘也有隔开正负极的隔挡。图 13.9 是电极没有防短路护套紧靠在一起的软包电池，如果有一个电池着火会立刻引燃其他电池。企业的人认为电池里面有防护短路的电子原件，如果电极短路，电子元件就会断开。这种认识存在两个问题，第一个问题是如果发生短路，电子元件断开，电池就不能使用了。第二个问题是如果这个电子元件坏了，对短路不起作用，电池就会发热，引发火灾。

图 13.8 电池存放的防短路措施

图 13.9 堆在一起的电池电极没有防短路护套

（5）电池仓库必须有烟感、温感火灾探测器且与报警器连接，报警器要放在有人 24h 值守的地方。

（6）电池仓库应当有自动喷淋灭火系统，如果电池放在多层货架上，货架的每一层都应当有烟感、温感火灾探测器和自动灭火喷淋头。仓库外面应该有消防软管系统，便于人工灭火，如图 13.10 所示。仓库应配置事故电池处理水桶和消防手套、坩埚钳等，发现个别电池起火，立即扔入水桶灭火。图 13.11 是水桶、沙桶里面的事故电池。

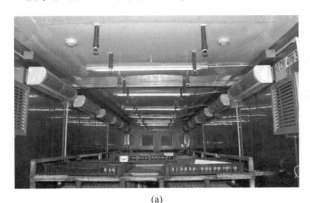
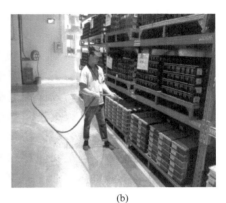

(a)　　　　　　　　　　　　　　　　　(b)

图 13.10　锂离子电池仓库的灭火设施

（a）自动喷淋系统；（b）消防软管

(a)　　　　　　　　　　　　　　　　　(b)

图 13.11　事故电池处理桶

（a）水桶、坩埚钳；（b）沙桶里的事故电池

（7）货架可两排背靠背并列放置，货架之间的工作通道应能使运输工具顺利通过，工作通道不应放置其他物品。手动叉车通道宽度应大于 1.5m，人行通

道宽度应大于 0.8m，货架到顶部容烟空间不应小于 0.6m。货架的层与层之间应设置防火隔板，防火隔板耐火时间应不低于 0.5h。有的企业在设置货架的隔板时，为了让在货架顶层以下发生电池着火时，安设在天花板上的自动喷淋灭火系统的水能够喷到顶层以下的各层，采用了网状隔板。这种做法看起来考虑到了火灾状态下喷淋系统的作用问题，但是忽略了下层电池着火以后，火焰也很快就会直接引燃上部的电池。这种状况下火灾蔓延扩散的速度将远远大于没有货架的平铺式仓库。所以建议用不燃材料做成货架的隔板，货架的每一层都作为一个独立的防火单元，设置烟感探测报警器和自动喷淋水管系统，才能够把火灾状态下的损失降到最低。

（8）许多电池仓库的天花板上吊有干粉灭火球，以为当电池发生火灾以后，会自动喷出干粉灭火。事实证明干粉灭火器对于扑灭锂离子电池火灾基本没有效果。仓库要设置在消防栓保护范围内，最少每个月检查一次消防栓水压情况。仓库现场应当有用水基灭火器具做的一种或多种灭火器，比如装水容器、喷雾器、水基灭火器、消防软管等。初起火灾也可以用二氧化碳灭火器灭火，因为二氧化碳也有降温作用，但是要注意二氧化碳灭火器的使用安全，不要使人窒息。

（9）有的企业为了使锂离子电池存储环境趋于理想状态，使用空调机来控制仓库里的温度和湿度。这种仓库在平时不能大风量连续抽排风，但是要设置事故状态强排烟系统，排风量需要保证仓库内任何位置的风速不低于 0.5m/s，或换气次数达到 12 次/h 以上，同时排风机与最不利点的距离不得超过 20m。

（10）在仓库外面显眼位置设置电源开关，以便在发生火灾后能够迅速切断电源，利于用水灭火。事故风机电源必须独立设置，使得仓库断电以后，事故风机仍然能够正常运转，排除有毒烟气。

（11）电池仓库满足二级耐火等级，用实体砖墙隔成独立防火分区。隔墙应当用红砖或者水泥泡沫砌块建造，不应当用岩棉夹芯板轻质墙体建造，更不应当用塑料泡沫彩钢板建造。

（12）有效控制仓库湿度，避免仓库长时间处于相对湿度高于 90%或者低于40%的极端湿度环境。

（13）电池存放的位置应不受阳光直射，远离热源（暖气设备等）、易燃易爆品和化学物品。至少应离热源 2m 以上的距离。阳光暴晒、温度上升可能损坏电池，甚至着火。

（14）锂离子电池正常情况下不会排放可燃气体，不属于气体爆炸环境。从多起电池仓库锂离子电池着火的监控视频和多起电动自行车电池着火的监控视频来看，锂离子电池泄出的电解液蒸气并不是被其他点火源点燃的，而是电池自身发火点燃了电解液蒸气。但是，也有事故的监控视频显示，在高温的作用下，大量电池排出电解液蒸气，可是电池本身并没有着火，电解液蒸气弥漫在整层楼房。在这种情况下，电气火花或者静电火花就有可能构成点火源。因此，为了电池仓库更加安全，把电池仓库当作气体防爆 2 区来对待是合理的。电池仓库的排风机、空调设备、照明灯具使用防爆电气设备，货架应有良好防静电接地装置。

（15）正常电池入成品库的荷电量不能高于 70%，也有的标准规定不能高于 30%。在满足出货要求的前提下，荷电量越低，发生火灾的风险也越低。但是过低的荷电量由于电池的自放电，或者在产品的测试过程中电池耗电，会出现电池过放电的现象，引起电池报废，甚至由于过放电而着火。研究表明，当锂电池被放电到最小电压时，电解液中的锂最容易被激发，从而造成危险，电池电压保持在最低与最高电压之间最稳定。国际航空运输协会《危险物品手册》DGR（dangerous goods regulations）规定已放电的电池开路电压小于 2V、或未放电的电池小于 2/3 额定电压，则禁止空运。

（16）蓄电池集中存放时应分堆码放，每堆的横向纵向堆放列数极限为 5 列，堆与堆之间留出不小于 20cm 的间隙，便于蓄电池散热。电池包装纸箱不应该堆得超过规定的高度，如果过多的电池包装纸箱堆在一起，底层纸箱中的电池可能变形，甚至可能受压出现漏液。电池在搬运过程中应当轻搬轻放，严防摔掷、翻滚、重压。

（17）离子电池发生火灾是一种小概率事件，哪一个电池会发生问题？什么时候出现问题？实在难以预料。晚上下班以后，锂离子电池着火的现象比较常见。所以，电池仓库要有人 24h 值守巡查，注意所存放电池是否有胀气、漏液等异常情况。用手持式红外线温度探测仪对电池进行无接触式温度探测，尽早发现温度异常的电池，立即进行无害化处置。

（18）电池收货时或入库前必须经过检查，查看外观是否有受损痕迹，检查电池是否有潮湿、淋雨现象。电池应避免放在会遭受雨淋的地方，电池被淋，绝缘电阻会减小，可能出现自放电。加工、使用企业的待使用电池和新来货待检测电池应当分开放置在锂离子电池专用仓库里。

第四节　一个大厂的立体电池仓库

将电池仓库化小为几十个平方米固然可以减少发生火灾时造成的损失，但是对于像比克、比亚迪这样的大型锂电池生产企业就不适用。比克深圳厂区每天生产 18650 锂离子电池近百万只，需要的存储空间很大，如果使用地面平铺摆放的方式，需要很多间仓库，需要很大的占地面积。他们使用多层立体仓库的模式，图 13.12 是比克公司的立体仓库，基本思路就是电池万一着火，大水量自动精准喷淋，把火灾扑灭在初起状态。

图 13.12 比克公司的立体电池仓库

比克公司电池仓库的建设思路，值得在大公司推广，它们的特点是：

（1）货架层间没有隔板，水可以直接喷在电池上。

（2）每一层每一格都有常闭式喷淋头。因为喷洒距离有限，水散不开，所以喷淋头交错密集布置，4 个喷淋头靠外侧，4 个喷淋头靠里侧。因为喷淋头靠近电池框，所以对温度反应比较灵敏，哪一个点温度高，那一个点的乙醚泡就会爆裂喷水，实现早期精准喷水的目的。

（3）按照消防配水的要求配置消防管道和压力表，保证喷水灭火时管道水压够用。

（4）天花板不是大面积平坦的天花板，而是由一个个下垂 40～50cm 的隔梁形成一个个隔离空间，就像是把地面上连在一起的水池倒过来放在天花板上。这种结构的最大好处是，发生火灾时烟气是往上升的，烟气先集聚在一个个方格里，一个方格集满了，才会向相邻的方格蔓延，这样就延缓了有毒烟气的扩展速度，为人员进入仓库灭火提供了有利条件。

（5）每一列货架上面都有一道通风管道，而且通风管道的进风口是朝上开的，靠近天花板，这种布置能够最有效地抽走烟气。

（6）有人 24h 巡守，可以第一时间发现问题，第一时间进行处理。

因为比克公司采取了这么严密的防范措施，十年来再没有发生过电池火灾。

第五节 问题电池和电池销售门店的储存安全

锂离子电池的销售门店、无人机备用电池的仓库和小型的锂离子电池加工企业等存放锂离子电池比较少的场所，建设防火安全设施比较齐全的锂离子电池仓库、使用自动喷淋灭火系统或者安排人员 24h 监控都有困难，销售门店在晚上打烊以后还不允许住人。对于这些锂离子电池存放较少的地方，使用一种能够利用互联网技术，通过手机自动报警，能够自动喷出二氧化碳进行灭火和对锂离子电池降温的防爆柜来存放锂离子电池是一个可取的办法。防爆柜及灭火后柜内温度如图 13.13 所示。互联网报警主机如图 13.14 所示。

图 13.13　智慧防爆柜及灭火后柜内温度

　　这种智慧防爆柜是作者的专利。在这种防爆柜子里面安装可以发出无线火警报警信号的烟感探测器，如果锂离子电池冒出烟来，探测器立刻发出报警信号，信号被放在防爆柜外面的报警主机接收，报警主机就会通过物联网向与防爆柜相关联的最多 5 部手机发送短信并同时拨打手机报警，相关人员就会前来进行处置。在晚上下班以后或者店铺打烊以后，没有人及时处置火情，防爆柜内的温度超过了 68℃，与二氧化碳气瓶连接的常闭式喷嘴就会打开，喷出二氧化碳，扑灭明火。二氧化碳在气化过程中有吸热效应，就会使没有着火的电池冷却降温，锂离子电池里面的电解液就不会膨胀，火灾就不会持续

图 13.14　互联网报警主机

下去。利用二氧化碳灭火的最大好处是既能够扑灭明火，又能够使受热的锂离子电池降温，灭火过程中还不会使锂离子电池受损。

　　退货电池、问题电池、报废电池以及待返修电池不允许与成品电池同库存放，必须存放在有更严格的防火措施的房间，因为这些电池发生火灾的可能性更

大。曾经有一个锂离子电池生产企业的电池库房防火分区做得很好，有一次退货电池着火，使用了几十个干粉灭火器也没能扑灭火灾，退货电池损失殆尽，但是旁边的成品仓库电池毫发无损。退货电池、问题电池、报废电池以及待返修电池数量都很少，使用上面所讲的智慧防爆柜存放比较安全。

参 考 文 献

［1］天津力神电池股份有限公司，欣旺达电子股份有限公司，比亚迪股份有限公司，等．T/CIAPS 0002—2017 锂离子电池企业安全生产规范［S］.中国化学与物理电源行业协会，2017.

［2］李毅，于东兴，张少禹，等．锂离子电池火灾危险性研究［J］.中国安全科学学报，2012，22（11）：36~41.

［3］公消〔2016〕413 号．锂电池生产仓储使用场所火灾事故处置安全要点（试行）［S］.公安部消防局.

第十四章　联合国关于锂电池运输的规定

随着经济全球化的发展，每天都有数量巨大的锂电池处在运输过程中。这些电池有的是单独运输，有的是与使用它们的设备一起运输，有的是装在设备里面一起运输，例如手机、手提电脑、电动汽车。运输方法有空运、海运、火车和汽车陆运。自 20 世纪 70 年代以来，每年锂电池的运输量超过了 100 亿只。自 20 世纪 90 年代初以来，每年锂离子电池组的运输量也已超过了 10 亿只，而且其运输量还在每年以惊人的速度递增。这些运输既有区域性的短途运输，也有越洋跨洲的长途运输。

第一节　联合国 TDG

电池在运输过程中会遇到比较恶劣的环境条件，比如汽车运输的颠簸、振动、碰撞、急刹车或者撞车时引起的加速度冲击等。航空运输还要遇到地面高温、高空低温、高空低气压以及温度、气压在飞机起降过程中的急剧变化等。航海运输过程中集装箱受到阳光的暴晒，箱内温度急剧升高，遇到海难，集装箱掉入水中，电池受到浸泡等等。这些恶劣的环境条件都会使锂电池的安全性能受到威胁，所以锂电池在运输过程中发生火灾的案例屡见不鲜。锂电池的运输安全也一直是运输管理部门的关注重点。从 1995 年开始，锂电池陆续被列入了联合国危险货物名录中，运输时需要满足相应的测试标准和包装要求。

联合国《关于危险货物运输的建议书 Recommendation on the transport of dangerous goods（TDG）》是关于锂电池运输安全最具权威的规定，也是锂电池运输安全的最基本要求。《建议书》第一版由联合国经济及社会理事会危险货物运输专家委员会编写，1956 年首次出版。这个委员会于 2001 年重组，更名为"危险货物运输全球化学品统一分类标签制度问题专家委员会"。这个文件虽然只是建议，但《规章范本》所用的措词却是强制性的（即在英文本全文中均使用"shall"而不用"should"），以便于将《规章范本》直接用作国家和国际运输规章的基础，各个国家在锂电池国际运输时都必须执行。在危险货物运输中，遵守此规章，可保证人员的安全以及对财产和环境的保护。通过质量保证方案和遵守规章的保证方案，可确立信任。

《关于危险货物运输的建议书》的核心内容是两个附录，第一个附录是《关于危险货物运输的建议书——试验标准手册 Manual of Tests and Criteria》，其中第38.3 节（UN 38.3）是关于锂电池运输安全检测认证的规定，在第十二章已经深入讨论过了。第二个附录是《关于危险货物运输的建议书——规章范本 Model Regulation》，分上、下两册。其上册主要内容是危险货物分类、危险货物一览表、特殊规定和例外。下册内容是包装规定和罐体规定、托运程序、容器等包装材料和散货集装箱的制造和试验要求、有关运输作业的规定。

无论电池或电池组单独作为货物运输还是与使用电池的设备包装在一起运输，或者是电池装在用电设备里面进行运输，在交付运输以前都应该通过 UN 38.3 的测试认证。这个规章规定了适用于危险货物运输的详细要求。除了此规章另有规定外，危险货物未经适当地分类、包装、作标记、贴标签、挂揭示牌、在运输票记上说明和证明在其他方面符合本规章要求的运输条件，任何人不得提交或接受运输这些货物。但是，运输工具行驶所需的危险货物或运输过程中其特殊设备（例如制冷装置）运转所需的危险货物或按照业务规则所需的危险货物（例如灭火器）以及个人携带供自用的零售包装的危险货物不属于这个规章管理范围。

除非此规章另有规定，任何交运物质或物品在正常运输条件下可能发生爆炸、发生危险化学反应、产生火焰、危险发热，或危险地放出毒性、腐蚀性或易燃气体或蒸气者禁止运输。

根据《万国邮政联盟公约》的要求，此规章所界定的危险货物，除了此规章列出的个别品种外，不允许国际邮寄运输。国家主管当局应确保有关危险货物国际运输的规定得到遵守。

第二节 培 训

危险货物从生产、安全性能检测、包装、交运、运输等所有过程都是靠人来完成的，无论多么严格的规章制度也是要人来执行的。人的因素是第一的，《关于危险货物运输的建议书》把对人员的培训提到很高的地位，规定从事危险货物运输的人员，必须受过与所承担责任相应的有关危险货物要求方面的培训。工作人员在上岗前必须接受相应的培训，对没有接受过培训的人员，必须在受过培训的人员的直接监督下从事有关工作。培训内容包括：

（1）安全培训。为预防万一发生泄漏和在工作中可能遇到的危险，凡从事诸如危险货物分类、危险货物包装、为危险货物作标记或贴标签、编制危险货物运输票据、提供或接受危险货物运输、在运输中搬运或经手危险货物、为危险货物包件作标记或揭示牌，或将包件装上或卸下运输车辆、散装货物容器或货运集装箱，或以其他方式直接参与主管当局所确定的危险货物运输的每个人都必须接受下述培训：

1）安全意识培训。应讲明危险的性质，认识到工作中的危险因素，解决和降低这种危险的方法，以及在安全受到破坏的情况下须采取的应急行动。培训应包括了解与个人的责任相应的安全计划和在执行安全计划方面的责任。

2）避免事故的办法及程序。诸如正确使用包件装卸设备和适当的危险货物存放办法。

3）可得到的应急措施资料及如何利用这些资料。

4）各类危险货物存在的一般性危险及如何避免暴露于这些危险，包括酌情使用个人防护服装及设备。

5）在危险货物意外泄漏的情况下应立即采取的程序，包括个人负责采取的任何应急程序以及应遵循的个人防护程序。

（2）具体业务培训。

1）必须包括危险货物类别的说明、标签、标记、揭示牌和容器、隔离和配装的要求，危险货物运输票据的目的和内容的说明，可得到的应急措施文件的说明。

2）熟悉危险货物运输要求的一般规定。

3）每个人必须经过适用于本人所从事职能的危险货物运输要求的专门培训。

4）危险货物运输岗位上的人员，在上岗前必须对其进行这种培训或核实已受过这种培训，并定期进行主管当局认可的再培训。

5）所有接受安全培训的记录均应由用人单位保管，如员工或主管机关提出要求，应向其提供。用人单位保管培训记录的时间期限由主管机关确定。

第三节　安全计划

从事有严重后果的危险货物运输的承运人、发货人和其他人（包括基础设施管理人），应采取、执行和遵守此建议书要求的安全计划。安全计划应至少包括以下主要内容：

（1）明确的安全责任分工，由符合条件且能够胜任的人承担相应的工作，承担相应任务的人有履行其责任的相应权力。

（2）运输的危险货物或危险货物类型的记录。

（3）查检正在进行的作业，评估容易发生的问题，包括运输方式之间的转换、临时转运储藏、搬运和分发等。

（4）清楚的措施规定。包括培训、政策（包括在高危险情况下的对策、对员工聘用的核实等）、操作规程（如在已知的情况下选择使用路径、接触临时储运的危险货物、与不安全基础设施的距离等)、用来降低危险程度的设备和资源等。

（5）对安全风险、违反安全的问题或安全事故应执行的行之有效和最新的报告和处理程序。

（6）评估和检查安全计划的程序、定期审查和更新计划的程序。

（7）计划中确保运输信息安全的措施。

第四节　危险货物的分类

《规章范本》将危险货物分为九大类二十项。

第1类：爆炸品。

1.1 项：有整体爆炸危险的物质和物品。

1.2 项：有迸射危险但无整体爆炸危险的物质和物品。

1.3 项：有燃烧危险并有局部爆炸危险或局部迸射危险或这两种危险都有、但无整体爆炸危险的物质和物品。

1.4 项：不呈现重大危险的物质和物品。

1.5 项：有整体爆炸危险的非常不敏感物质。

1.6 项：无整体爆炸危险的极端不敏感物品。

第2类：气体。

2.1 项：易燃气体。

2.2 项：非易燃无毒气体。

2.3 项：毒性气体。

第3类：易燃液体。

第4类：固体。

4.1 项：易燃固体、自反应物质和固态退敏爆炸品。

4.2 项：易于自燃的物质。

4.3 项：遇水放出易燃气体的物质。

第5类：氧化性物质和有机过氧化物。

5.1 项：氧化性物质。

5.2 项：有机过氧化物。

第6类：毒性物质和感染性物质。

6.1 项：毒性物质。

6.2 项：感染性物质。

第7类：放射性物质。

第8类：腐蚀性物质。

第 9 类：杂项危险物质和物品，包括危害环境物质。

关于易燃固体的规定：粉状、颗粒状或糊状物质如在根据《试验和标准手册》第三部分第 33.2.1 小节所述的试验方法进行的试验中有一次或多次燃烧时间不到 45s 或燃烧速率大于 2.2mm/s，必须划为 4.1 项的易于燃烧固体。金属或金属合金粉末如能点燃，并且反应在 10min 以内蔓延到试样的全部长度时，必须划为 4.1 项。

《规章范本》给出了决定危险物质分类的试验程序，类和项的号码顺序并不是危险程度的顺序。关于第 7 类放射性物质的安全运输有详细的规定。关于第 1 类爆炸品的配载有具体的规定。锂电池归为第 9 类杂项危险物质和物品。

废物，包括废锂电池的运输，必须考虑到其危险性和本规章的标准，按适当类别的要求进行。不受本规章约束但属于《控制危险废物越境转移及其处置巴塞尔公约》范围内的废物，可按第 9 类运输。

危险货物的包装有严格要求。第 1 类、第 2 类、第 7 类、第 5.2 项和第 6.2 项物质以及第 4.1 项自反应物质的包装有其专门的特殊规定。其他物质，按照它们具有的危险程度划分为三个包装类别：

Ⅰ类包装，显示高度危险性的物质。

Ⅱ类包装，显示中等危险性的物质。

Ⅲ类包装，显示轻度危险性的物质。

第五节 危险货物一览表

《规章范本》列出了一个危险货物一览表，一览表里面的每一种危险货物都分配了一个联合国编号。《规章范本》两年修订一次，随着危险货物的不断增加，联合国编号也在不断增加。一览表分为 11 个栏目，每一个栏目都有《规章范本》的标准条文依据。危险货物一览表各栏的含义：

第 1 栏"联合国编号"。本栏是根据联合国分类制度给物品或物质划定的系列号码。

第 2 栏"名称和说明"。本栏包括英文用大写字母、中文用黑体字表示的正式运输名称，可能附加英文用小写字母、中文用宋体字写出的说明文字（见 3.1.2 节）。所用某些术语的说明载于《规章范本》附录 B。如存在相同分类的异构体，正式运输名称可用数量多的品种名称表示。水合物可酌情包括在无水物质的正式运输名称之下。

除非在危险货物一览表的条目中另有说明，否则正式运输名称中"溶液"一词指一种或多种已定名的危险货物溶解在一种液体中，而本《规章范本》对该液体未另作约束。这一条与电解液的运输有关。

第 3 栏 "类别或项别"。本栏包括类别或项别，如果是第 1 类，还包括按照《规章范本》第 2.1 节描述的分类制度给物品或物质划定的配装组。

第 4 栏 "次要危险性"。本栏包括采用《规章范本》第 2 部分描述的分类制度确定的任何次要危险性的类号或项号。

第 5 栏 "联合国包装类别"。本栏是给物品或物质划定的联合国包装类别号码（即Ⅰ、Ⅱ或Ⅲ）。如果条目列出的包装类别超过一个，待运输物质或配装物的包装类别必须根据其性质，通过使用《规章范本》第 2 部分规定的危险类别标准确定。

第 6 栏 "特殊规定"。本栏所示的号码是指《规章范本》3.3.1 节中所载的与物品或物质有关的任何特殊规定。特殊规定适用于允许用于特定物质或物品的所有包装类别，除非其措词表明不同的情况。

第 7 栏 a "有限数量"。本栏对按照《规章范本》3.4 节准许运输的有限数量危险货物，规定了每个内容器或物品所装的最大数量。

第 7 栏 b "例外数量"。本栏列出《规章范本》3.5.1.2 节所述之字母数字编码，表明根据第 3.5 节准许的例外数量，每件内容器和外容器可运输的危险货物最大数量。

第 8 栏 "包装规范"。本栏中的字母数字编码系指《规章范本》4.1.4 节中规定的有关包装规范。

包装规范表明可用于运输物质和物品的容器（包括中型散货箱和大型容器）。

包含字母 "P" 的编码系指使用《规章范本》第 6.1 节、第 6.2 节或第 6.3 节描述的容器的包装规范。

包含字母 "IBC" 的编码系指使用《规章范本》6.5 节描述的中型散货箱的包装规范。

包含字母 "LP" 的编码系指使用《规章范本》6.6 节描述的大型容器的包装规范。

当未列出特殊编码时，表明该物质不准装入按照标有该编码的包装规范可以使用的那一类型容器。

当本栏中列出 N/A 时，这意味着物质或物品不需要包装。

第 9 栏 "特别包装条款"。本栏中的字母数字编码系指《规章范本》4.1.4 节中规定的有关特殊包装规定。特殊包装规定表明适用于容器（包括中型散货箱和大型容器）的特殊规定。

包含字母 "PP" 的特殊包装规定系指适用于使用《规章范本》4.1.4.1 节中带编码 "P" 的包装规范的特殊包装规定。

包含字母 "B" 的特殊包装规定系指适用于使用《规章范本》4.1.4.2 节中带编码 "IBC" 的包装规范的特殊包装规定。

包含字母"L"的特殊包装规定系指适用于使用《规章范本》4.1.4.3 节中带编码"LP"的包装规范的特殊包装规定。

第 10 栏"便携式罐体和散装货箱规范"。本栏列出一个前加字母"T"的号码，系指《规章范本》4.2.5 节中的有关规范，规定了物质使用便携式罐体运输时所要求的罐体型号。

带有字母"BK"的编码，系指《规章范本》6.8 节中规定的散装货物运输使用的散装货箱类型。

允许用多元气体容器运输的气体，在《规章范本》4.1.4.1 节中包装规范 P200 表 1 和表 2 的"多元气体容器"栏内标明。

第 11 栏"便携式罐体和散装货箱特殊规定"。本栏列出一个前加字母"TP"的号码，系指《规章范本》4.2.5.3 节中所载适用于物质使用便携式罐体运输的任何特殊规定。

表 14.1 是与锂电池有关的危险货物一览表摘录。

表 14.1 与锂电池有关的危险货物一览表摘录

联合国编号	名称和说明	类别	次要危险性	联合国包装类别	特殊规定	有限/例外数量		容器/中型散货箱		便携式罐体/散装货箱	
								包装说明	特别包装条款	说明	特别规定
(1)	(2)	(3)	(4)	(5)	(6)	(7a)	(7b)	(8)	(9)	(10)	(11)
章节	3.1.2	2.0	2.0	2.0.1.3	3.3	3.4	3.5	4.1.4	4.1.4	4.2.5/4.3.2	4.2.5
3166	发动机、内燃机或易燃气体动力车辆，或易燃液体动力车辆，或燃料电池、易燃气体动力发动机，或燃料电池、易燃液体动力发动机，或燃料电池、易燃气体动力车辆，或燃料电池、易燃液体动力车辆	9			123 312 356 380 385	0	E0	None			

续表 14.1

联合国编号	名称和说明	类别	次要危险性	联合国包装类别	特殊规定	有限/例外数量		容器/中型散货箱		便携式罐体/散装货箱	
								包装说明	特别包装条款	说明	特别规定
3171	电动车和电动设备	9			123 240	0	E0	None			
3090	锂金属电池及锂合金电池	9			188 230 310 376 377 384	0	E0	P903 P908 P909 P910 LP903 LP904			
3091	锂金属电池及锂合金电池装在用电设备里面运输或者与用电设备一起运输	9			188 230 310 360 376 377 384	0	E0	P903 P908 P909 P910 LP903 LP904			
3480	锂离子电池及锂离子聚合物电池	9			188 230 310 348 376 377 384	0	E0	P903 P908 P909 P910 LP903 LP904			
3481	锂离子电池及锂离子聚合物电池装在用电设备里面运输或者与用电设备一起运输	9			188 230 310 348 360 376 377 384	0	E0	P903 P908 P909 P910 LP903 LP904			
3536	装在货物运输单元中的锂离子电池组或者锂金属电池组	9			388	0	E0				

第六节　关于锂电池运输的特殊规定

123 只有在空运和海运时才需要遵守此《规章范本》。

188 交付运输的电池和电池组如满足下列要求，即不受本规章其他规定限制：

（1）对于锂金属电池或锂合金电池，锂含量不超过 1g；对于锂离子电池，以 Wh 计量的额定能量不超过 20Wh。

（2）对于锂金属或锂合金电池组，合计锂含量不超过 2g，对于锂离子电池组，以 Wh 计量的额定能量不超过 100Wh。受本规定限制的锂离子电池组，须在外壳上标明以 Wh 计量的额定能量值。2009 年 1 月 1 日前制造的锂离子电池组除外。

（3）除安装在设备上的电池和电池组外，其他电池和电池组应使用内部包装材料包装，将电池和电池组完全包裹。应保护电池和电池组防止发生短路，包括防止在同一内部包件内与导电材料接触而导致短路。内部包装应放在符合《规章范本》第 4.1.1.1 节、4.1.1.2 节和 4.1.1.5 节规定的坚实外部包装内。

（4）为了防止安装在设备上的电池和电池组受到损害和发生短路，设备应配备能够有效防止意外启动的装置。但是那些在运输过程中必须工作而不会产生危险的热扩散的设备，比如无线电频率检测发射器（RFID）、钟表、传感器等，不受这一条规定约束。当电池组安装在设备上时，设备应使用坚实的外部包装材料包装，外部包装的制造应采用强度足够的材料，设计也应与包装的容量和用途相符，除非安装电池组的设备已有相当的保护措施。

（5）每个电池或电池组都要符合上面第（3）、（4）条规定。

（6）每一个按照特别规定 188 运输的锂电池和锂电池组包装件外面都必须按照《规章范本》（下册）第 5.2.1.9 节的规定贴上锂电池标签。锂电池标签的规格如图 14.1 所示。

这一规定不适用于两种情况：

1）包件内仅有安装在设备上或者电路板上的纽扣电池。

2）每一个包件里面的设备安装的电池不超过 4 个、电池组不超过两个，而且在同一批交运的货物里，这种包件不超过两个。

（7）除了安装在设备上的电池组外，每个包件以任何方向进行 1.2m 跌落试验时都能够不使其中所装的电池或电池组受损，不造成内装物移动，以致电池组与电池组（或电池与电池）互相接触，并且没有内装物逸出。

（8）除非电池组安装在设备上或与设备包装在一起，否则包件总重不得超过 30kg。本特殊规定中的"设备"是指锂电池或者锂电池组为其运行提供动力的设备。

图 14.1 锂电池标签规格

本规章使用的"锂含量"是指锂金属或锂合金电池阴极中锂的质量。

锂金属电池组和锂离子电池组条目单列，是为了方便使用具体运输方式运输这类电池组，也便于采取不同的应急反应行动。

《试验标准手册》第 38.3.2.3 节定义的"单一电池电池组"在这一同时条款里按照"电池"来进行运输。

230 锂电池和电池组必须符合《规章范本》第 2.9.4 节的要求才可以运输：无论是电池或电池组、安装在设备内的电池或电池组或者是与设备一起打包运输的电池或电池组，根据它们含有锂的形式而被分配联合国危险品编号 UN 3090、UN 3091、UN 3480、UN 3481。如果他们满足下列要求，可以按照这一条款进行运输：

（1）每一个电池或电池组都是取得 UN 38.3 认证的型号。

电池或电池组是按照《试验标准手册》历次修订版的第 38.3 节进行型式试验结果制造的，其型式试验数据可以用于运输，除非此建议书有其他要求。

如果能够满足所有其他相应条款的要求，按照 2003 年 7 月 1 日以前的型式试验结果制造的电池可以继续运输。

注：电池组是必须满足 UN 38.3 的试验条件的类型，而不考虑组成电池组的电池是哪一种类型，只要电池是通过了试验的类型就可以。

（2）每一个电池和电池组都装有安全排气装置，或其设计能防止在正常运输中难免发生的条件下猛烈破裂。

（3）每一个电池和电池组都装有防止外部短路的有效装置。

（4）包含并联的多个电池或电池系列的每个电池组都装有防止危险的反向电流所需的有效装置（例如二极管、保险丝等）。

（5）电池和电池组都必须在严格的管理程序下进行制造，这些管理程序包括：

1）产品设计和制造的组织机构和全体员工责任的描述。

2）所要用到的有关的检查和试验、质量控制、质量保证、过程操作控制。

3）过程控制包括预防和发现电池制造过程中产生的内部短路缺陷的行动。

4）质量记录包括检查记录、试验数据、标准化数据和证书。试验数据将被保存，必要时可以作为依据提供给主管当局。

5）管理复盘以确认质量管理程序有效性。

6）对文件的控制和修订进行审核。

7）对于不满足上面第（1）条提到的型式实验的电池和电池组的控制方法。

8）对相关人员的训练程序和授权程序。

9）有程序确认没有对最终产品造成危险。

注：自用质量控制程序是可以承认的，不需要第三方认证，但是上面所列的各项必须正确进行记录，并且是可追溯的。如果需要的话，质量控制程序的复印件可以作为有效文件提供给主管当局。

240 本条目仅适用于由湿电池、钠电池、锂金属电池或锂离子电池驱动的车辆，以及由湿电池或钠电池驱动的设备与安装在设备里面的电池一起运输的情况。锂电池应满足《规章范本》第2.9.4节的要求，除非本条例另有规定（例如，原型电池和根据特别规定第310条款进行的小批量生产或特别规定第376条下的损坏电池）。

车辆是为运载一人或多人或货物而设计的自行式器具，这类车辆的例子有电动汽车、摩托车、滑板车、三轮和四轮车辆或摩托车、卡车、机车、自行车（带有电动马达的脚踏车）和其他这类车辆（例如自平衡车辆或连一个座位都没有的车辆）、轮椅、草坪拖拉机、自行式耕作和建筑设备、船只和飞机，包括用包装运输的车辆。在这种情况下，车辆的某些部分可能会拆下来以便包装，所以本条款做出这样的规定。

这类设备的例子还有割草机、清洗机或船模和航模。由锂金属电池或锂离子电池供电的设备应分别属于 UN 3091 安装在用电设备内的锂金属电池、UN 3091 与用电设备包装在一起的锂金属电池、UN 3481 安装在用电设备内的锂离子电池、UN 3481 与用电设备包装在一起的锂离子电池。

由内燃发动机和湿电池、钠电池、锂金属电池或锂离子电池驱动的混合动力电动车辆连同所安装的电池（IES）一起运输，应分别在 UN 3166 车辆（易燃气体动力车）或 UN 3166 车辆（易燃液体动力车）条款下托运。装有燃料电池的车辆应酌情在 UN 3166 燃料电池、易燃气体动力车辆或 UN 3166 燃料电池、易燃液体动力条款下托运。

除电池以外，车辆还可以携带维持其运作或安全操作所需的其他危险品（例如灭火器、压缩气体蓄能器或安全装置），并且不受这些附带的危险货物的任何额外规定约束，除非本《规章范本》另有规定。

310 UN 38.3 认证不适用于少于 100 个电池和电池组的生产批次，也不适用于前期研发的样品电池和电池组。这些样品电池和电池组应按照《规章范本》第 4.1.4.1 节的 P910 包装说明进行包装，运输只是为了进行试验。条件是：

（1）运输文件里必须注明"按照 310 特别规定进行运输"。

（2）受损或者有缺陷的电池、电池组或者是装在用电设备内的受损或者有缺陷的电池、电池组按照《规章范本》第 4.1.4.1 节的 P908 和《规章范本》第 4.1.4.3 节的 LP904 包装说明进行包装，按照 376 特别规定进行运输。

（3）处理的或者回收利用的电池和电池组或者装在用电设备内的这类电池和电池组按照《规章范本》第 4.1.4.1 节的 P909 包装说明进行包装，按照 377 特别规定进行运输。

312 用燃料电池发动机驱动的车辆将根据具体情况，分别按照 UN 3166 燃料电池和易燃气体动力驱动车辆及 UN 3166 燃料电池和易燃液体动力驱动车辆办理托运手续。这些条款包括了使用氢电池和燃料电池及携带有湿电池组、钠离子电池组、锂金属电池组或者锂离子电池组的内燃机混合动力车辆，这些电池与车辆一起运输。

其他安装有内燃机的车辆将根据具体情况，分别按照 UN 3166 易燃气体动力驱动车辆及 UN 3166 易燃液体动力驱动车辆办理托运手续。这些条款中包括了用氢电池和内燃机及湿电池组、钠离子电池组、锂金属电池组或者锂离子电池组混合动力车辆，这些电池与车辆一起运输。

电池组需要满足《规章范本》第 2.9.4 节的规定。如果《规章范本》的其他条款有专门规定，则应服从其规定，例如，试制样品电池或小批量试生产的电池应服从特别条款 310，已受损的电池应服从特别规定 376。

348 2011 年 12 月 31 日后生产的电池，须在外壳上标记瓦特-小时容量。

356 是关于车辆里面金属氢储存的条款，略。

360 单纯用锂金属电池组或者锂离子电池组驱动的电动汽车应当按照 UN 3171 电动汽车托运。

376 受损或者有缺陷的锂金属电池及电池组和锂离子电池及电池组不能按照《试验标准手册》的相应条款进行试验，这类电池和电池组必须满足特别规定。

可以按照下面这些条件并且不限于这些条件来判断电池是否属于受损或者有缺陷：

（1）从安全的角度看电池或电池组有缺陷。

（2）电池或电池组已经发生了泄漏或者排气。

（3）不能确认电池或电池组可以安全地完成运输过程。

（4）电池或电池组已经遭受了物理、机械损害。

注：在判断电池组是否属于受损或者有缺陷的电池组时，必须考虑电池组的型号和以前的使用及滥用条件。

电池和电池组将根据具体情况，分别按照 UN 3090、UN 3091、UN 3480 和 UN 3481 的相关条款进行运输。若符合特别规定 230 和本特别规定中的前提条文的规定，就要按这些规定进行运输。

包装件外面应分别贴上标志"受损/有缺陷的锂离子电池组"或者"受损/有缺陷的锂金属电池组"。

电池和电池组应按照《规章范本》第 4.1.4.1 节的 P908 和《规章范本》第 4.1.4.3 节的 LP904 包装说明进行包装。

在正常的运输条件下有可能迅速解体、产生危险化学反应、出现着火或危险的热失控、排放有毒、腐蚀性及易燃的气体或者蒸气的电池或者电池组不能进行运输。满足主管当局特别批准的条件者另当别论。

377 为了回收处理或者循环利用的目的而运输的锂离子或者锂金属电池及电池组，以及装有这些电池及电池组的用电设备可以按照《规章范本》第 4.1.4.1 节的 P909 包装说明包装在一起，也可以与非锂电池组包装在一起。

这些电池和电池组不受《规章范本》第 2.9.4 节的约束。在满足运输规章范本的规定前提下，可以提供附加的豁免条件。

包件外面应分别贴上标志"回收处理的锂电池组"或者"循环利用的锂电池组"。

确认为受损的或者有缺陷的电池组应按照《规章范本》第 4.1.4.1 节的 P908 和《规章范本》第 4.1.4.3 节的 LP904 包装说明进行包装，按照 376 特别规定进行运输。

384 包装箱上面要贴《规章范本》第 5.2.2.2 节 No9A 规格的标签，如图 14.2 所示。

388 UN 3536 是《关于危险货物运输的建议书——规章范本》2017 年第 20 修订版新增加的联合国危险货物编码，定义是"装在货物运输单元中的锂离子电池组或者锂金属电池组"。

(No.9A)

图 14.2 锂电池
安全标签式样

锂电池储能柜的作用相当于一个微型供电站，里面除了电池以外还集成了相关的设备、设施，生产企业就把电池簇和相关设备、设施组装在一个集装箱里，形成一个独立的单元，使得生产、运输和现场组装都很方便，也便于进行标准化设计。生产企业一般都是自行符合国际海运规格尺寸的集装箱，专业术语叫货主自备箱，英文 SOC（shipper own container）。锂电池储能柜目前有 20 英尺（1 英尺 = 0.3048m）、40 英尺、45 英尺，甚至出现 53 英尺超大型储能柜。

UN 3536 与 UN 3480、UN 3481 虽然都是关于锂离子电池的联合国危险货物编号，但是它们既有相似的地方，也有区别。UN 3481 涉及的锂离子电池和电池组无论是装在用电设备里运输还是和用电设备一起装箱运输，都是给用电设备自己供电的。UN 3536 锂电池储能柜的用途主要是给与电网相连的用电设备提供动力的，自身的空调系统和控制系统仅用到很少的电。UN 3480 涉及的锂离子电池和电池组是单独打包装，把许多包装装入集装箱内或者用其他方式组成一个运输单元组件运输的，在这个运输单元组件里面，除了锂电池以外不允许混装其他任何危险货物。UN 3536 锂电池储能柜是把锂电池直接安装在储能柜里面，所以，电池必须稳固地放置在运输组件的内部结构上，比如锂电池架或者锂电池柜，以防止锂电池短路、碰撞、摩擦、晃动导致的危险，必须装置防止锂电池过充和过放的必要保护系统。储能柜里面必要的防护系统，比如灭火系统、制冷系统等，这些物质都分别有联合国危险货物编号。除了这些特定的危险货物之外，货物运输组件内不允许放置任何其他和储能系统无关的危险品货物。

《规章范本》第 3.5.1.2 节规定，锂电池和电池组不设例外数量运输。

第七节 包装指导书

包装容器命名规则：图 14.3 是联合国危险货物运输容器命名规则。圆圈里面是联合国 un 标记。后面的六个字段各有不同的含义，第一个字段代表容器材料、形状和结构，其他字段的含义可以查找《规章范本》下册，这里不再赘述。

1A1/Y1.4/150/98
NL/VL824

1A2/Y150/S/01
NL/VL825

图 14.3 联合国危险货物运输容器
命名规则举例

第一个字段的第一个数字代表容器的种类：1，桶；2，（暂缺）；3，罐；4，箱；5，袋；6，复合容器。

第二位大写字母用于表示材料的种类：A，钢（一切型号及表面处理）；B，铝；C，天然木；D，胶合板；F，再生木；G，纤维板；H，塑料；L，纺织品；M，多层纸；N，金属（钢或铝除外）；P，玻璃、陶瓷或粗陶瓷。

注：塑料也包括其他聚合材料，如橡胶等。

第三位数字 1 代表非活动盖，数字 2 代表活动盖。例如：1A1 代表非活动盖钢桶，1A2 代表活动盖钢桶。

P903 此包装说明适用于 UN 3090、UN 3091、UN 3480、UN 3481。

可以使用下列容器，但必须满足《规章范本》4.1.1 节和4.1.3 节的一般规定：

（1）电池和电池组可以使用的容器有：

桶（1A2、1B2、1N2、1H2、1D、1G）；

箱（4A、4B、4N、4C1、4C2、4D、4F、4G、4H1、4H2）；

罐（3A2、3B2、3H2）。

电池和电池组必须很牢固地装在包装容器里，电池和电池组在包装容器里不能够产生由于其移动而受到的损害。

容器必须符合Ⅱ类包装性能水平。

（2）此外，如果总质量超过 12kg 的电池或者电池组外壳是结实而抗撞击的，这些电池和电池组就可以按照下面的要求合装在一起：

1）使用坚固的外包装。

2）使用保护外罩（例如全封闭箱体或者木板条箱）。

3）使用托盘或者其他装卸工具。

电池和电池组必须放置稳固，防止产生意外的移动。这条规定并不包括其他因素附加的质量。

符合这条规定的容器不必满足《规章范本》第 4.1.1.3 节的规定。

（3）对于那些需要用锂金属电池或者锂离子电池及电池组驱动的仪器设备，如果电池和电池组并不是装在设备内部，在运输这些仪器设备与这些电池及电池组时需要遵循以下规定：

1）如果容器符合本包装说明的上面条文（1）的要求，这些仪器设备与这些电池及电池组可以包装在同一个外容器内。

2）如果容器能够完全包裹电池或电池组，可以把这些仪器设备与这些电池及电池组装在同一个符合本包装说明的上面条文（1）的要求的容器内。

3）这些仪器设备必须被确认在外容器内不会产生移动。

（4）装在仪器设备内部的电池和电池组，运输时需要满足：

1）结实的外容器是用合适的材料建造的，具有合适的强度，而且就是按照容器承载能力设计的，符合既定用途。这些容器必须按照能够承受在运输过程中的误操作的方式制造。这样的容器不必满足《规章范本》第 4.1.1.3 节的规定。

2）如果大型设备能够对安装在设备内的电池和电池组提供足够的保护，大型设备就可以不需要包装或者放在托盘上交付运输。这一条规定与 UN 3166 发动机、内燃机或易燃气体动力车辆，或易燃液体动力车辆，或燃料电池、易燃气体动力发动机，或燃料电池、易燃液体动力发动机，或燃料电池、易燃气体动力车辆，或燃料电池、易燃液体动力车辆和 UN 3536 装在货物运输单元中的锂离子电池组或者锂金属电池组的包装说明是一致的，也就是装有电池或者电池组的大型设备不必有外包装。

3）像无线电频率检测发射器（RFID）标签（电子标签）、钟表、温度传感器等怕热的设备，如果他们是在结实的外容器内工作，就可以运输。但是这些设备在工作时产生的电磁波不能超标，不能干扰飞机飞行系统。

附加要求：电池和电池组确保不会产生短路。

P908 此包装说明适用于 UN 3090、UN 3091、UN 3480、UN 3481 所界定的锂离子电池和电池组、锂金属电池和电池组处于受损或有缺陷的情况，也包括这些受损或有缺陷电池及电池组装在用电设备里面运输的情况。

可以使用下列容器，但必须满足《规章范本》4.1.1 节和 4.1.3 节的一般规定：

桶（1A2、1B2、1N2、1H2、1D、1G）；

箱（4A、4B、4N、4C1、4C2、4D、4F、4G、4H1、4H2）；

罐（3A2、3B2、3H2）。

容器必须符合 Ⅱ 类包装性能水平。

（1）每一个受损或缺陷电池或者电池组以及装有此类电池和电池组的用电设备都必须分别单独装入一个内容器，这些内容器还必须放入外容器里面。为了防止电解液出现泄漏，内、外容器都必须防漏。

（2）任何内容器都必须用性能良好的不燃、隔热材料包裹，以隔绝危险的热失控。

（3）密封容器必须有泄压装置。

（4）必须采取适当的措施把冲击和振动的影响降低到最小，以防止在运输过程中电池或电池组在包件里面产生位移，这些位移会导致电池和电池组受到进一步损伤或者产生一些危险因素。

（5）容器的不燃性必须得到制造和设计容器国家的标准确认。

对于发生泄漏的电池或电池组，必须在其内、外容器里面放入足够的惰性吸收材料，以吸收泄漏出的电解液。

一个外容器里面只能放一个净重超过 30kg 的电池或电池组。

附加要求：电池和电池组确保不会产生短路。

P909 此包装说明适用于 UN 3090、UN 3091、UN 3480、UN 3481 所界定的锂离子电池和电池组、锂金属电池和电池组属于回收或循环使用的情况，装此类电池或电池组的容器里面也可能混装非锂电池组。

（1）电池和电池组必须根据下列条件进行包装：

1）可以使用下列容器，但必须满足《规章范本》4.1.1 节和 4.1.3 节的一般规定：

桶（1A2、1B2、1N2、1H2、1D、1G）；

箱（4A、4B、4N、4C1、4C2、4D、4F、4G、4H1、4H2）；

罐（3A2、3B2、3H2）。

2）容器必须符合Ⅱ类包装性能水平。

3）金属容器必须衬有强度能够满足使用条件的塑料等非导体材料。

（2）容量不超过20Wh的锂离子电池、容量不超过100Wh的锂离子电池组、锂含量不超过1g的锂金属电池、总锂含量不超过2g的锂金属电池组可以根据下面的规定来打包装：

1）使用结实的外容器包装，总质量不超过30kg，必须满足《规章范本》4.1.1节和4.1.3节的一般规定，其中4.1.1.3节不必满足。

2）金属容器必须衬有强度能够满足使用条件的塑料等非导体材料。

（3）对于装在用电设备内的电池或电池组，应当使用强度足够的外包装，这些外包装使用强度适宜的材料制造并且按照容器的能力和用途来进行设计。这些外包装不必满足《规章范本》4.1.1.3节的要求。如果用电设备能够为装在设备内部的电池或电池组提供相应的保护措施，这些设备就不必进行包装而托运，或者放在托盘上托运。

（4）另外，对于总质量超过12kg的电池或者电池组，如果其外包装具有充足的强度及抗冲击能力，这些外包装使用强度适宜的材料制造并且按照容器的能力和用途来进行设计，这些外包装不必满足《规章范本》4.1.1.3节的要求。

附加要求：

（1）电池和电池组被设计成或者在打包装时确保能够防短路、防危险的热失控。

（2）防短路、防产生危险的热失控有下列措施，但不限于这些措施：

1）电池组的每一个接线柱都有独立的保护措施。

2）内容器有防止电池或电池组互相接触的保护措施。

3）电池组在设计时就已经采用了防止短路的内凹式接线柱。

4）容器里面使用不燃、隔热材料，在电池或电池组之间隔出足够的空间。

（3）装在外包装内的电池或者电池组应该确保在运输过程中不产生意外的移动，例如使用不燃、隔热材料衬垫或者使用能够把电池和电池组完全包裹起来的塑料外套。

P910

（1）容器必须符合Ⅱ类包装性能水平并且满足下列要求：

1）具有不同尺寸、形状和质量的电池、电池组可以与用电设备包装在同一个外容器内，这种外容器是按照上面的要求进行设计并通过试验的，并且包件的总质量不超过设计好而且已经通过试验的容器。

2）每一个电池或者电池组都必须独立包装于一个内容器里面，然后包装于一个外容器里面。

3）每一个内容器都必须用不燃、隔热材料严密包裹，以免受到危险的热失控伤害。

4）必须采取适当的措施把冲击和振动的影响降低到最小，以防止在运输过程中电池或电池组在包件里面产生位移，这些位移会导致电池和电池组受到进一步损伤或者产生一些危险因素。不燃、隔热材料做成衬垫可以满足这个要求。

5）材料的不燃性能必须满足设计和制造容器国家的标准。

6）一个外包装只能容纳一个超过30kg的电池或电池组。

（2）装有电池或者电池组的用电设备可以使用下列包装材料包装：

桶（1A2、1B2、1N2、1H2、1D、1G）。

箱（4A、4B、4N、4C1、4C2、4D、4F、4G、4H1、4H2）。

罐（3A2、3B2、3H2）。

容器必须符合Ⅱ类包装性能水平并且符合下列要求：

1）具有不同的尺寸、形状和质量的用电设备可以被包装在同一个外包装内，这个外包装是按照上面所列条件进行设计并通过试验的。包件的总质量不能超过已经通过设计并且被试验验证过的包件的总质量。

2）用电设备必须按照在运输过程中能够防止意外启动的要求进行制造和包装。

3）必须采取适当的措施把冲击和振动的影响降低到最小，以防止在运输过程中设备在包件里面产生位移，这些位移会使设备受到损伤或者产生一些危险因素。用不燃、隔热材料做成衬垫可以满足这个要求。

4）容器的不燃性必须得到制造和设计容器国家的标准确认。

（3）设备或者电池组可以在主管当局许可的条件下不用包装进行运输，审批程序包括但不限于下列附加条件：

1）设备或电池必须有足够的强度，以承受运输过程中产生的震动或者荷载。运输包括在货物运输单位之间的转载和货物运输单位与仓库之间的转载，既包括从托盘上搬下，也包括机械装卸。

2）设备或者电池组必须用支架、大木箱或其他装卸设备进行固定，以保证在正常的运输条件下不会散架。

附加要求：

电池和电池组必须有防短路保护措施，这些措施包括但并不限于下列措施：

（1）电池组的每一个接线柱都有独立的保护措施。

（2）内容器有防止电池或电池组互相接触的保护措施。

（3）电池组在设计时就已经采用了防止短路的内凹式接线柱。

（4）在容器里面使用不燃、隔热衬垫材料在电池或电池组之间隔出足够的空间。

LP903 此包装说明适用于 UN 3090、UN 3091、UN 3480、UN 3481 所界定的锂离子电池和电池组、锂金属电池和电池组。

可以使用下列大型容器包装电池组或者安装在用电设备里面的电池组，但必须满足《规章范本》4.1.1 节和 4.1.3 节的一般规定。

大型硬质容器必须符合Ⅱ类包装性能水平，用下列材料制造：钢铁（50A）；铝（50B）；钢铁和铝之外的其他金属（50N）；硬塑料（50H）；天然木材（50C）；胶合板（50D）；重构木材（50F）；硬质防火板（50G）。

电池组在大型容器里面必须放稳固，运输过程中不能发生移动，这种移动会使电池受到损伤。

附加要求：电池组确保不会产生短路。

LP904 此包装说明适用于 UN 3090、UN 3091、UN 3480、UN 3481 所界定的锂离子电池和电池组、锂金属电池和电池组以及装在设备中的此类电池和电池组，但是这些电池和电池组都是破损或有缺陷的。

下列大型容器可以用来包装有缺陷的电池组或者是安装在用电设备里面的受损或者有缺陷的电池组，但必须满足《规章范本》4.1.1 节和 4.1.3 节的一般规定。电池组和安装在设备里面的电池组可以由下列材料制造：钢铁（50A）；铝（50B）；钢铁和铝之外的其他金属（50N）；硬塑料（50H）；胶合板（50D）。

容器必须符合Ⅱ类包装性能水平。

（1）每一个已受损或者有缺陷的电池组以及安装在用电设备内的此类电池组必须分别单独包装在一个内容器里面，然后把这些内容器包装在一个外容器里面。这些内、外容器都必须是防漏的，能够防备电解液意外泄漏。

（2）每一个内容器都必须用不燃、隔热材料严密包裹，以免受到危险的热失控伤害。

（3）密封容器必须有泄压装置。

（4）必须采取适当的措施把冲击和振动的影响降低到最小，以防止在运输过程中电池或电池组在包件里面产生位移，这些位移会导致电池和电池组受到进一步损伤或者产生一些危险因素。不燃、隔热材料做成衬垫可以满足这个要求。

（5）材料的不燃性能必须满足设计和制造容器国家的标准。

对于已经发生泄漏的电池组，在内、外容器里面加有足够的吸附材料，以吸收泄漏出来的电解液。

附加要求：电池组确保不会产生短路。

第十五章 锂电池航空运输的安全要求

锂电池在航空运输过程中如果发生火灾，将对航空器造成极大的威胁。因此，国际国内对航空运输锂电池的安全性能都有极严格而详细的规定。国际上有关锂电池航空运输安全的规定有国际航空运输协会制定的标准《危险物品手册》（IATA Dangerous Goods Regulations（DGR））和国际民用航空组织制定的标准《危险物品航空安全运输技术细则》（Technical Instructions for The Safe Transport of Dangerous Goods by Air）（ICAO TI 技术细则，DOC9284 号文件）。这两个标准都与联合国《关于危险货物运输的建议书》（TDG）有着紧密的联系。

我国是这两个国际组织的成员国，在危险物品航空运输方面，也要遵守这两个国际组织的标准。国家颁布了《中华人民共和国民用航空法》，国家交通运输部颁布了《民用航空危险品运输管理规定》（交通运输部令 2016 年第 42 号），中国民用航空局发布了三个关于锂电池运输的安全标准：《锂电池航空运输规范》（MH/T 1020—2018）、《旅客和机组携带危险品的航空运输规范》（MH/T 1030—2018）和《航空运输锂电池测试规范》（MH/T 1052—2013）。这三个标准都是以上述三个国际组织的标准为基础的。《航空运输锂电池测试规范》与 UN 38.3 完全一致。这些法规和标准不但中国的航空运输企业必须执行，进入中国经营的外国航空运输企业也必须执行。

第一节 中国民航关于危险货物运输的规定

《民用航空危险品运输管理规定》（交通运输部令 2016 年第 42 号）是《中华人民共和国民用航空法》在危险物品运输方面的执行细则。锂电池属于第 9 类危险品，必须执行这个规定。这个规定的最大特点就是以 ICAO TI 技术细则（DOC9284 号文件）为依托，许多条款都提到必须满足 ICAO TI 细则的要求。鉴于危险物品航空运输的特殊性，这个规定对于从事航空运输业务的单位和参与业务工作人员的培训提出了具体的详细要求。

一、对国内经营人的规定

国内经营人应当为危险品航空运输有关人员提供用其所熟悉的文字编写的危

险品航空运输手册，以便飞行机组和其他人员履行危险品航空运输职责。国内经营人的危险品航空运输手册应当至少包括以下内容：

（1）进行危险品航空运输的总政策。

（2）有关危险品航空运输管理和监督的机构和职责。

（3）旅客和机组人员携带危险品的限制。

（4）危险品事故、危险品事故征候的报告程序。

（5）货物和旅客行李中隐含危险品的识别。

（6）使用自营航空器运输本经营人危险品的要求。

（7）人员的培训。

（8）危险品航空运输应急响应方案。

（9）紧急情况下危险品运输预案。

（10）其他有关安全的资料或者说明。

（11）危险品航空运输的技术要求及其操作程序。

（12）通知机长的信息。

国内经营人应当采取措施保持危险品航空运输手册所有内容的实用性和有效性。

二、对外包装材料的规定

航空运输的危险品所使用的包装物（包装材料）应当符合下列要求：

（1）包装物应当构造严密，能够防止在正常运输条件下由于温度、湿度或者压力的变化，或者由于振动而引起渗漏。

（2）包装物应当与内装物相适应，直接与危险品接触的包装物不能与该危险品发生化学反应或者其他反应。

（3）包装物应当符合《技术细则》中有关材料和构造规格的要求。

（4）包装物应当按照《技术细则》的规定进行测试。

（5）对用于盛装液体的包装物，应当能承受《技术细则》中所列明的压力而不渗漏。

（6）内包装应当以防止在正常航空运输条件下发生破损或者渗漏的方式进行包装、固定或者垫衬，以控制其在外包装物内的移动。垫衬和吸附材料不得与包装物的内装物发生危险反应。

（7）包装物应当在检查后证明其未受腐蚀或者其他损坏时，方可再次使用。再次使用包装物时，应当采取一切必要措施防止随后装入的物品受到污染。

（8）如果由于之前内装物的性质，未经彻底清洗的空包装物可能造成危害时，应当将其严密封闭，并按其构成危害的情况加以处理。

（9）包件外部不得黏附构成危害数量的危险物质。

三、对包件的要求

（1）装有危险品的包件、集合包件和装有放射性物质的专用货箱在装上航空器或者装入集装器之前，应当检查是否有泄漏和破损的迹象。泄漏或者破损的包件、集合包件或者装有危险品的专用货箱不得装上航空器。

（2）危险品不得装在航空器驾驶舱或者有旅客乘坐的航空器客舱内，《技术细则》另有规定的除外。

（3）在航空器上发现由于危险品泄漏或者破损造成任何有害污染的，应当立即进行清除。

（4）装有可能产生相互危险反应的危险品包件，不得在航空器上相邻放置或者装在发生泄漏时包件可产生相互作用的位置上。

（5）危险品装上航空器时，经营人应当保护危险品不受损坏，应当将这些物品在航空器内加以固定，以免在飞行时出现任何移动而改变包件的指定方向。

四、事故报告

（1）发生危险品事故或者危险品事故征候，经营人应当向经营人所在国及事故、事故征候发生地所在国有关当局报告。

（2）初始报告可以用各种方式进行，但应当尽快完成一份书面报告。

（3）书面报告应当包括下列内容，并将相关文件的副本与照片附在书面报告上：

1）事故或者事故征候发生日期。

2）事故或者事故征候发生的地点、航班号和飞行日期。

3）有关货物的描述及货运单、邮袋、行李标签和机票等的号码。

4）已知的运输专用名称（包括技术名称）和联合国编号。

5）类别或者项别以及次要危险性。

6）包装的类型和包装的规格标记。

7）涉及数量。

8）托运人或者旅客的姓名和地址。

9）事故或者事故征候的其他详细情况。

10）事故或者事故征候的可疑原因。

11）采取的措施。

12）书面报告之前的其他报告情况。

13）报告人的姓名、职务、地址和联系电话。

五、培训要求

（1）从事危险品航空运输活动的人员应当按照本规定及《技术细则》的要求经过培训并合格。

（2）对从事危险品航空运输活动人员的危险品培训应当由符合本规定要求的危险品培训机构实施。经营人无论是否持有危险品航空运输许可，都应当确保其相关人员按照本规定及《技术细则》的要求进行培训并合格。

（3）危险品培训大纲中应当至少包括下列内容：

1）符合本规定和《技术细则》规定的声明。

2）培训课程设置及考核要求。

3）受训人员的进入条件及培训后应当达到的质量要求。

4）将使用的设施、设备的清单。

5）教员的资格要求。

6）培训教材。

7）国家法律法规的相关要求。

8）经营人、货运销售代理人及地面服务代理人的危险品培训大纲还应包括危险品航空运输手册或者所代理经营人的危险品航空运输手册的使用要求。

（4）培训课程应当包括：

1）一般知识培训。旨在熟悉一般性规定的培训。

2）专门职责培训。针对人员所承担的职责要求提供的详细培训。

3）安全培训。以危险品所具有的危险性、安全操作及应急处置程序为培训内容的培训。

（5）为了保证知识更新，应当在前一次培训后的 24 个月内进行复训。

（6）培训记录应当保存 3 年以上并随时接受民航局或者民航地区管理局的检查。培训记录应当载明以下内容：

1）受训人员姓名。

2）最近一次完成培训的日期。

3）所使用培训教材的说明。

4）培训机构的名称和地址。

5）培训教员的姓名。

6）考核成绩。

7）表明已通过培训考核的证据。

第二节　ICAO TI 技术细则的特点

因为 ICAO 危险品专门小组对危险货物航空运输规定的修订是被 IATA 采纳的，而这两个国际航空运输组织制定的危险品航空运输的安全规定都是以 TDG 为基础的，所以，ICAO TI 技术细则对于锂电池的特别条款和包装说明基本上与《关于危险货物运输的建议书 TDG》《危险物品手册 DGR》一致。中国民航关于危险物品航空运输的安全规定也是以这三个标准为基础的。ICAO TI 技术细则的最大特点是列出了全世界各航空公司在运输危险物品方面的特别规定，也就是用很大篇幅详细列出了各航空公司的差异条款。对于锂电池这种第 9 类危险品，各个航空公司的要求不同，有的拒运，有的可以加限定条件进行运输。下面举几个典型的例子。

美国航空公司：没有对锂电池运输提出任何限制。

墨西哥国际航空公司：不收运锂电池。

英国航空公司：禁止在客机上运输 UN 3090 锂金属电池，但是不禁止 UN 3091、UN 3480、UN 3481 在客机上运输。

中国香港国泰航空公司：禁止锂金属电池和电池组（UN 3090）作为货物在香港国泰航空公司的航空器上运输。这项禁止运输的规定适用于包装说明 968（DGR 的包装说明，下同）第ⅠA、ⅠB 和第Ⅱ节的货物。

但是不禁止符合下列规定的锂电池：

（1）依照包装说明 969 或 970 与设备包装在一起或包装在设备中的锂金属电池和电池组（UN3091）。

（2）依照包装说明 965、966 或 967 包装的锂离子电池和电池组（UN 3480 和 UN 3481）。

（3）《有关乘客或机组成员携带的危险物品规定》所涵盖的锂电池（可再充电和不可再充电）。

（4）依照包装说明 967 或 970 第Ⅱ节准备的设备中所含的锂电池的所有运输，都必须如第Ⅱ节所示在货运单上强制标明内容（"符合 PI 967 第Ⅱ节的锂离子电池" 或 "符合 PI 970 第Ⅱ节的锂金属电池"）。

中国南方航空公司：禁止在客机上作为货物运输锂金属或锂合金电池和电池组（UN 3090），以及与设备包装在一起或装在设备中的锂金属或锂合金电池和电池组（UN 3091）（见包装说明 968、969、970）。

这一禁令不适用于：

（1）属于公司材料（COMAT）类别的与设备包装在一起或装在设备中的锂金属或锂合金电池和电池组（UN 3091）。

（2）根据《包装说明》969 或 970 第二节运输锂金属或锂合金电池以及与设备包装在一起或装在设备中的锂合金电池和电池组（UN 3091）。

对于锂离子电池 UN 3480 和 UN 3481 没有做出规定。

联邦快递公司：锂电池（《包装说明》965 和 968 的第ⅠA 节、第ⅠB 节及第Ⅱ节以及《包装说明》966、967、969 和 970 的第Ⅰ节和第Ⅱ节）不能在属于以下类别/项别的危险物品的同一包装中运输：1.4、2.1、3、4.1、4.2、4.3、5.1、5.2 和 8（均是 TDG 和 DGR 里面危险品类别，两者是一致的）并贴有 "仅限货机"标签。这包括包装在单一包装、合成包装和包装成单一/合成包装的组合包装内的锂电池。

根据《包装说明》968 第ⅠA 节、第ⅠB 节或第Ⅱ节的规定装运 UN 3090 锂金属电池需要事先批准。

根据《包装说明》965 和 968 第ⅠB 节的规定，准备托运的锂金属电池需要每个货物上都要有托运人危险品申报单。必须在授权栏或补充操作信息栏内注明 UN 3480 锂离子电池和 UN 3090 "ⅠB"。不允许有替代文件。

全世界客运和货运的航空公司很多，在 ICAO TI 都列有危险货物运输的差异条款，但是，单独列出关于锂电池运输差异条款的航运公司不多，主要是这么几家。

第三节　DGR 的相关规定

锂金属和锂合金电池及电池组、锂离子电池及电池组的包装说明如表 15.1~表 15.12 所示。因为 DGR 和 ICAO TI 每两年修订一次，所以这些包装说明在修订时有可能发生变化，这是需要特别加以注意的。

IMP 代码是航空运输信息交换程序代码。

表 15.1　UN 3480 锂离子电池单独运输（第ⅠA/ⅠB 部分）

运输专 用名称	Lithium ion batteries	
包装 说明	PI 965	
	ⅠA	ⅠB
IMP 代码	RBI	RBI
测试 要求	UN 38.3	UN 38.3
	—	1.2m 跌落试验
制造和 设计要求	必须满足 ICAO TI Part 2：9.3 和 DGR 3.9.2.6.1 规定的设计和制造要求； 荷电量（SOC）≤30%额定容量	
额定能 量限制	电池>20Wh， 电池组>100Wh	电池≤20Wh， 电池组≤100Wh， 多于一个包件或者每个包件内的 电池数量超过 PI965Ⅱ的限量
包装规格	UN 规格包装，等级Ⅱ级	—
包装限量	每个包件锂电池净重： 客机禁止运输， 货机不超过 35kg	每个包件锂电池净重： 客机禁止运输， 货机不超过 10kg

包装说明	必须采取保护措施防止电池和电池组发生短路，包括与同一包件内可能导致短路的导电材料接触； 锂电池或电池组完全封装于内包装中后再放入外包装，其完整包件必须满足Ⅱ级包装性能标准； 禁止与 TDG 危险品分类第Ⅰ类（第 1.4S 除外）、2.1 项、第 3 类、4.1 项或 5.1 项危险品放入同一集合包装（OVERPACK）或同一外包装（APIO）； PI965 第ⅠB 部分：外包装为坚固的硬质包装，适用的类型为圆形桶、方形桶、箱
标 记	托运人和收货人全称和地址、联合国编号和运输专用名称、"集合包装（OVERPACK）"（如适用）
标 签	按照第ⅠA 部分运输的包件粘贴第 9 类锂电池危险性标签和仅限货机标签； 按照第ⅠB 部分运输的包件粘贴第 9 类锂电池危险性标签、锂电池标签和仅限货机标签
文 件	填写托运人危险品申报单、收运检查单、机长通知单等
备 注	2011 年 12 月 31 日后生产的第ⅠA 部分锂离子电池，必须在电池外壳上标注额定瓦时； 2009 年 1 月 1 日后生产的第ⅠB 部分锂离子电池，必须在电池外壳上标注额定瓦时； 2003 年 6 月 30 日以后生产的电池和电池组的制造商和下游经销商必须提供联合国 TDG 第 38.3.5 段中规定的试验情况概要

表 15.2 UN 3480 锂离子电池单独运输（第Ⅱ部分）

运输专用名称	Lithium ion batteries		
包装说明	PI 965 Section Ⅱ		
IMP 代码	EBI		
测试要求	UN 38.3		
	1.2m 跌落试验		
制造和设计要求	必须满足 ICAO TI Part 2：9.3 和 DGR 3.9.2.6.1 规定的设计和制造要求； 荷电量（SOC）≤30%额定容量		
额定能量限制	客机禁止运输，货机不超过 1 个包件， 电池≤20Wh；电池组≤100Wh		
包装规格	可使用非 UN 包装。外包装为坚固的硬质包装，适用的类型为圆形桶、方形桶、箱		
包装限量	内容物	电池/电池组 ≤2.7Wh	2.7Wh<电池 ≤20Wh	2.7Wh<电池组 ≤100Wh
	每包件最大数量	不限制	8 块电池	2 个电池组
	每包件最大净重	2.5kg	—	—

包装说明	必须采取保护措施防止电池和电池组发生短路，包括与同一包件内可能导致短路的导电材料接触； 锂电池或电池组必须装入能将电池或电池组完全封装的内包装中，再放入外包装，并采取保护措施防止电池和电池组短路； 禁止与其他危险品放入同一外包装（APIO）； 禁止与 TDG 危险品分类第 1 类（第 1.4S 除外）、2.1 项、第 3 类、4.1 项或 5.1 项危险品放入同一集合包装（OVERPACK）
标　记 标　签	每个包件外部粘贴锂电池标记和仅限货机标签； 集合包装（OVERPACK）粘贴锂电池危险标记和仅限货机标签，除非集合包装内的所有标记、标签均清晰可见
备　注	每票货物不得超过 1 个 PI965 Ⅱ部分包件； 每个 OVERPACK 中不得超过 1 个 PI965 Ⅱ部分包件； 与其他非限制性货物分开交运； 2009 年 1 月 1 日后生产的第Ⅱ部分锂离子电池，必须在电池外壳上标注额定瓦时； 2003 年 6 月 30 日以后生产的电池和电池组的制造商和下游经销商必须提供联合国 TDG 第 38.3.5 段中规定的试验情况概要

表 15.3　UN 3481 锂离子电池与设备包装在一起（第Ⅰ部分）

运输专用 名称	Lithium ion batteries packed with equipment
包装说明	PI 966 Section Ⅰ
IMP 代码	RLI
测试要求	UN 38.3
制造和 设计要求	必须满足 ICAO TI Part 2：9.3 和 DGR 3.9.2.6.1 规定的设计和制造要求
额定能量 限制	电池>20Wh， 电池组>100Wh
包装规格	UN 规格包装，等级Ⅱ级
包装限量	每个包件内的电池数量不超过设备操作所需要的恰当数量加 2 套备用电池； 每个包件内的电池净重：客机不超过 5kg，货机不超过 35kg
包装说明	必须采取保护措施防止电池和电池组发生短路，包括与同一包件内可能导致短路的导电材料接触； 锂电池或电池组完全封装于内包装中后再放入外包装，其完整包件必须满足Ⅱ级包装性能标准。或者完全封装于内包装中，然后与设备一起放入满足Ⅱ级性能标准的外包装； 设备必须在外包装内固定，以免移动，并配备防止发生意外启动的有效措施

标 记	托运人和收货人全称和地址、联合国编号和运输专用名称、"集合包装（OVER-PACK）"（如适用）
标 签	每个包件粘贴第 9 类锂电池危险性标签、仅限货机标签（如果适用）
文 件	填写托运人危险品申报单、收运检查单、机长通知单等
备 注	2011 年 12 月 31 日后生产的第 Ⅰ 部分锂离子电池，必须在电池外壳上标注额定瓦时； 2003 年 6 月 30 日以后生产的电池和电池组的制造商和下游经销商必须提供联合国 TDG 第 38.3.5 段中规定的试验情况概要

表 15.4 UN 3481 锂离子电池与设备包装在一起（第Ⅱ部分）

运输专用名称	Lithium ion batteries packed with equipment
包装说明	PI 966 Section Ⅱ
IMP 代码	ELI
测试要求	UN 38.3
	1.2m 跌落试验
制造和设计要求	必须满足 ICAO TI Part 2：9.3 和 DGR 3.9.2.6.1 规定的设计和制造要求
额定能量限制	电池≤20Wh， 电池组≤100Wh
包装规格	可使用非 UN 规格包装，外包装为坚固的硬质包装，适用的类型为圆形桶、方形桶、箱
包装限量	每个包件锂电池净重：客机和货机均不超过 5kg； 每个包件内的电池数量不得超过设备操作所需的恰当数量加 2 套备用电池
包装说明	必须采取保护措施防止电池和电池组发生短路，包括与同一包件内可能导致短路的导电材料接触； 锂电池或电池组完全封装于内包装中后再放入外包装，或完全封装于内包装中，然后与设备一起放入坚固、硬质外包装； 设备必须在外包装内固定，避免移动，并配备防止发生意外启动的有效措施
标 记	托运人和收货人全称和地址、联合国编号和运输专用名称、"集合包装（OVER-PACK）"（如适用）
标 签	每个包件外部粘贴锂电池标记； 集合包装（OVERPACK）粘贴锂电池标记，除非集合包装内的所有标记、标签均清晰可见
文 件	填写托运人危险品申报单、收运检查单、机长通知单等
备 注	2009 年 1 月 1 日后生产的第 ⅠB 部分锂离子电池，必须在电池外壳上标注额定瓦时； 2003 年 6 月 30 日以后生产的电池和电池组的制造商和下游经销商必须提供联合国 TDG 第 38.3.5 段中规定的试验情况概要

表 15.5 UN 3481 锂离子电池安装在设备中（第 Ⅰ 部分）

运输专用名称	Lithium ion batteries contained in equipment
包装说明	PI 967 Section Ⅰ
IMP 代码	RLI
测试要求	UN 38.3
制造和设计要求	必须满足 ICAO TI Part 2：9.3 和 DGR 3.9.2.6.1 规定的设计和制造要求
额定能量限制	电池>20Wh， 电池组>100Wh
包装规格	—
包装限量	每个包件内的电池净重：客机不超过 5kg，货机不超过 35kg
包装说明	必须采取保护措施防止电池和电池组发生短路，包括防止与同一包件内可能导致短路的导电材料接触； 除非安装电池的设备已经对电池提供了等效保护，否则设备必须装在坚固的硬质外包装中，材料强度与设计应与包装容量和用途相符； 安装有锂电池和电池组的设备必须在外包装内固定，以免移动，并配备防止发生意外启动的有效措施； 同一外包装中包含多件设备时，设备必须被包装，以防由于设备之间接触而造成损坏
标记	托运人和收货人全称和地址、联合国编号和运输专用名称、"集合包装（OVERPACK）"（如适用）
标签	每个包件粘贴第 9 类锂电池危险性标签、仅限货机标签（如果适用）
文件	填写托运人危险品申报单、收运检查单、机长通知单等
备注	2011 年 12 月 31 日后生产的第 Ⅰ 部分锂离子电池，必须在电池外壳上标注额定瓦时； 2003 年 6 月 30 日以后生产的电池和电池组的制造商和下游经销商必须提供联合国 TDG 第 38.3.5 段中规定的试验情况概要

表 15.6 UN 3481 锂离子电池安装在设备中（第 Ⅱ 部分）

运输专用名称	Lithium ion batteries contained in equipment
包装说明	PI 967 Section Ⅱ
IMP 代码	ELI
测试要求	UN 38.3

制造和设计要求	必须满足 ICAO TI Part 2：9.3 和 DGR 3.9.2.6.1 规定的设计和制造要求
额定能量限制	电池≤20Wh， 电池组≤100Wh
包装规格	可使用非 UN 规格包装，外包装为坚固的硬质包装， 适用的类型为圆形桶、方形桶、箱
包装限量	每个包件内的电池净重：客机和货机上均不超过 5kg
包装说明	必须采取保护措施防止电池和电池组发生短路，包括防止与同一包件内可能导致短路的导电材料接触； 除非安装电池的设备已经对电池提供了等效保护，否则设备必须装在坚固的硬质外包装中，材料强度与设计应与包装容量和用途相符； 安装有锂电池和电池组的设备必须在外包装内固定，以免移动，并配备防止发生意外启动的有效措施； 同一外包装中包含多件设备时，设备必须被包装，以防由于设备之间接触而造成损坏
标 签标 记	每个包件外部粘贴锂电池标记； 单个包件中不超过 4 个锂电池或 2 个电池组且每票货物不超过 2 个此类包件时，可不粘贴锂电池标签； "集合包装（OVERPACK）"粘贴电池标记，除非集合包装内的所有标签、标记均清晰可见
标 签	每个包件粘贴第 9 类锂电池危险性标签、仅限货机标签（如果适用）
文 件	填写托运人危险品申报单、收运检查单、机长通知单等
备 注	2009 年 1 月 1 日后生产的第Ⅱ部分锂离子电池，必须在电池外壳上标注额定瓦时； 2003 年 6 月 30 日以后生产的电池和电池组的制造商和下游经销商必须提供联合国 TDG 第 38.3.5 段中规定的试验情况概要

表 15.7　UN 3090 锂金属电池单独运输（第ⅠA／ⅠB 部分）

运输专用名称	Lithium metal batteries	
包装说明	PI 968	
	ⅠA	ⅠB
IMP 代码	RBM	RBM
测试要求	UN 38.3	UN 38.3
	—	1.2m 跌落试验

制造和 设计要求	必须满足 ICAO TI Part 2：9.3 和 DGR 3.9.2.6.1 规定的设计和制造要求； 荷电量（SOC）≤30%额定容量	
锂含量 限制	电池>1g， 电池组>2g	电池≤1g， 电池组≤2g， 多于一个包件或者每个包件内的电池数量 超过 PI 968 Ⅱ 的限量
包装规格	UN 规格包装，等级Ⅱ级	—
包装限量	每个包件锂电池净重： 客机禁止运输， 货机不超过 35kg	每个包件锂电池净重： 客机禁止运输， 货机不超过 2.5kg
包装说明	必须采取保护措施防止电池和电池组发生短路，包括防止与同一包件内可能导致短路的导电材料接触； 锂电池或电池组完全封装于内包装中后再放入外包装，其完整包件必须满足Ⅱ级包装性能标准； 禁止与 TDG 危险品分类第 1 类（第 1.4S 除外）、2.1 项、第 3 类、4.1 项或 5.1 项危险品放入同一集合包装（OVERPACK）或同一外包装（APIO）； PI968 第Ⅰ B 部分：外包装为坚固的硬质包装，适用的类型为圆形桶、方形桶、箱	
标 记	托运人和收货人全称和地址、联合国编号和运输专用名称、"集合包装（OVERPACK）"（如适用）	
标 签	按照第Ⅰ A 部分运输的包件粘贴第 9 类锂电池危险性标签和仅限货机标签； 按照第Ⅰ B 部分运输的包件粘贴第 9 类锂电池危险性标签、锂电池标记和仅限货机标签	
文 件	填写托运人危险品申报单、收运检查单、机长通知单等	
备 注	2003 年 6 月 30 日以后生产的电池和电池组的制造商和下游经销商必须提供联合国 TDG 第 38.3.5 段中规定的试验情况概要	

表 15.8 UN 3090 锂金属电池单独运输（第Ⅱ部分）

运输专用 名称	Lithium metal batteries
包装说明	PI 968 SectionⅡ
IMP 代码	EBM
测试要求	UN 38.3
	1.2m 跌落试验

制造和 设计要求	必须满足 ICAO TI Part 2：9.3 和 DGR 3.9.2.6.1 规定的设计和制造要求		
运输/锂 含量限制	客机禁止运输， 货机：电池≤1g；电池组≤2g		
包装规格	可使用非 UN 包装。外包装为坚固的硬质包装； 适用的类型为圆形桶、方形桶、箱		
锂含量/ 包装限量	内容物	电池/电池组≤0.3g	0.3g<电池≤1g	0.3g<电池组≤2g
	每包件 最大数量	不限制	8 块电池	2 个电池组
	每包件 最大净重	2.5kg	—	—
包装说明	必须采取保护措施防止电池和电池组发生短路，包括防止与同一包件内可能导致短路的导电材料接触； 锂电池或电池组必须装入能将电池或电池组完全封装的内包装中，再放入外包装，并采取保护措施防止电池和电池组短路； 禁止与其他危险品放入同一外包装（APIO）； 禁止与 TDG 危险品分类第 1 类（第 1.4S 除外）、2.1 项、第 3 类、4.1 项或 5.1 项危险品放入同一集合包装（OVERPACK）		
标记 标签	每一个包件外部粘贴锂电池标记和仅限货机标签； 集合包装（OVERPACK）粘贴锂电池标记和仅限货机标签，除非集合包装内的所有标记、标签均清晰可见		
备注	每票货物不得超过 1 个 PI968 II 部分包件； 每一个集合中不得超过 1 个 PI968 II 部分包件； 与其他非限制性货物分开交运； 2003 年 6 月 30 日以后生产的电池和电池组的制造商和下游经销商必须提供联合国 TDG 第 38.3.5 段中规定的试验情况概要		

表 15.9 UN 3091 锂金属电池与设备包装在一起（第 I 部分）

运输专用 名称	Lithium metal batteries packed with equipment
包装说明	PI 969 Section I
IMP 代码	RLM
测试要求	UN 38.3

制造和设计要求	必须满足 ICAO TI Part 2：9.3 和 DGR 3.9.2.6.1 规定的设计和制造要求
锂含量限制	电池>1g, 电池组>2g
包装规格	UN 规格包装，等级Ⅱ级
包装限量	每一个包件内的电池数量不得超过设备操作必须数量加 2 套备用电池； 每一个包件内的电池净重：客机上不超过 5kg，货机上不超过 35kg
包装说明	必须采取保护措施防止电池和电池组发生短路，包括防止与同一包件内可能导致短路的导电材料接触； 锂电池或电池组完全封装于内包装中后再放入外包装，其完整包件必须满足Ⅱ级包装性能标准。或者完全封装于内包装中，然后与设备一起放入满足Ⅱ级性能标准的外包装； 设备必须在外包装内固定，以免移动，并配备防止发生意外启动的有效措施； 交付客机运输的锂金属电池和电池组，必须装入硬质的金属中层包装或外包装，并在电池和电池组的周围使用不燃烧、不导电的衬垫材料
标　记	托运人和收货人全称和地址、联合国编号和运输专用名称、"集合包装（OVERPACK）"（如适用）
标　签	每个包件粘贴第 9 类锂电池危险性标签、仅限货机标签（如果适用）
文　件	填写托运人危险品申报单、收运检查单、机长通知单等
备　注	2003 年 6 月 30 日以后生产的电池和电池组的制造商和下游经销商必须提供联合国 TDG 第 38.3.5 段中规定的试验情况概要

表 15.10　UN 3091 锂金属电池与设备包装在一起（第Ⅱ部分）

运输专用名称	Lithium metal batteries packed with equipment
包装说明	PI 969 Section Ⅱ
IMP 代码	ELM
测试要求	UN 38.3
	1.2m 跌落试验
制造和设计要求	必须满足 ICAO TI Part 2：9.3 和 DGR 3.9.2.6.1 规定的设计和制造要求
锂含量限制	电池≤1g, 电池组≤2g

包装规格	可使用非 UN 包装。外包装为坚固的硬质包装，适用的类型为圆形桶、方形桶、箱
包装限量	每一个包件锂电池净重：客机和货机均不超过 5kg；每一个包件内的电池数量不得超过设备操作所必须的数量加 2 套备用电池
包装说明	必须采取保护措施防止电池和电池组发生短路，包括防止与同一包件内可能导致短路的导电材料接触；锂电池或电池组完全封装于内包装中后再放入坚固、硬质外包装，或完全封装于内包装中，然后与设备一起放入坚固、硬质外包装；设备必须在外包装内固定，避免移动，并配备防止发生意外启动的有效措施
标　记	托运人和收货人全称和地址、联合国编号和运输专用名称、"集合包装（OVERPACK）"（如适用）
标　签	每一个包件外部粘贴锂电池标记；集合包装（OVERPACK）粘贴锂电池标记，除非集合包装内的所有标记、标签均清晰可见
文　件	填写托运人危险品申报单、收运检查单、机长通知单等
备　注	2003 年 6 月 30 日以后生产的电池和电池组的制造商和下游经销商必须提供联合国 TDG 第 38.3.5 段中规定的试验情况概要

表 15.11　UN 3091 锂金属电池安装在设备中（第 I 部分）

运输专用名称	Lithium metal batteries contained in equipment
包装说明	PI 970 Section I
IMP 代码	RLM
测试要求	UN 38.3
制造和设计要求	必须满足 ICAO TI Part 2：9.3 和 DGR 3.9.2.6.1 规定的设计和制造要求
锂含量限制	电池>1g，电池组>2g
包装规格	—
包装限量	每一个包件内的电池净重：客机上不超过 5kg，货机上不超过 35kg
包装说明	必须采取保护措施防止电池和电池组发生短路，包括防止与同一包件内可能导致短路的导电材料接触；除非安装电池的设备已经对电池提供了等效保护，否则设备必须装在坚固的硬质外包装中，材料强度与设计应与包装容量和用途相符；安装有锂电池和电池组的设备必须在外包装内固定，以免移动，并配备防止发生意外启动的有效措施；同一外包装中包含多件设备时，设备必须被包装，以防由于设备之间接触而造成损坏；任何一件设备中的锂金属含量，每个电池不得超过 12g，每个电池组不得超过 500g

标　记	托运人和收货人全称和地址、联合国编号和运输专用名称、"集合包装（OVERPACK）"（如适用）
标　签	每个包件粘贴第 9 类锂电池危险性标签、仅限货机标签（如果适用）
文　件	填写托运人危险品申报单、收运检查单、机长通知单等
备　注	2003 年 6 月 30 日以后生产的电池和电池组的制造商和下游经销商必须提供联合国 TDG 第 38.3.5 段中规定的试验情况概要

表 15.12　UN 3091 锂金属电池安装在设备中（第Ⅱ部分）

运输专用名称	Lithium matel batteries contained in equipment
包装说明	PI 970 Section Ⅱ
IMP 代码	ELM
测试要求	UN 38.3
制造和设计要求	必须满足 ICAO TI Part 2：9.3 和 DGR 3.9.2.6.1 规定的设计和制造要求
锂含量限制	电池≤1g， 电池组≤2g
包装规格	可使用非 UN 规格包装，外包装为坚固的硬质包装，适用的类型为圆形桶、方形桶、箱
包装限量	每个包件内的电池净重：客机和货机上均不超过 5kg
包装说明	必须采取保护措施防止电池和电池组发生短路，包括防止与同一包件内可能导致短路的导电材料接触； 除非安装电池的设备已经对电池提供了等效保护，否则设备必须装在坚固的硬质外包装中，材料强度与设计应与包装容量和用途相符； 安装有锂电池和电池组的设备必须在外包装内固定，以免移动，并配备防止发生意外启动的有效措施； 同一外包装中包含多件设备时，设备必须被包装，以防由于设备之间接触而造成损坏
标　签 标　记	每个包件外部粘贴锂电池标记； 单个包件中不超过 4 个锂电池或 2 个电池组且每票货物不超过 2 个此类包装件时，可不粘贴锂电池标记； "集合包装（OVERPACK）"粘贴锂电池标记，除非集合包装内的所有标签、标记均清晰可见
标　签	每个包件粘贴第 9 类锂电池危险性标签、仅限货机标签（如果适用）
文　件	填写托运人危险品申报单、收运检查单、机长通知单等
备　注	2003 年 6 月 30 日以后生产的电池和电池组的制造商和下游经销商必须提供联合国 TDG 第 38.3.5 段中规定的试验情况概要

DGR 的特殊规定和豁免条件：

A88 原型或低产量（即年度生产量不超过 100 个锂电池或电池组）的锂电池或锂电池组，没有按 UN 38.3 节进行测试的，如果经始发国有关当局的批准并且满足如下条件，可以在货机上运输：

（1）除了第（3）条规定者外，电池或电池组必须装入符合Ⅱ级包装等级的外包装中运输，该外包装应是金属桶、塑料桶、胶合板桶或金属箱、塑料箱、木箱。

（2）除了第（3）条规定者外，每个电池或电池组在装入外包装之前必须单独装入内包装中，周围用不燃性的绝缘材料衬垫，必须对电池或电池组做好防短路保护。

（3）质量为 12kg 以上，具有坚实抗冲击外壳的锂电池或此类电池组件，可以装入不受本细则第 6 部分要求所限的坚固的外包装或保护罩内，必须对电池或电池组件做好防短路保护。

（4）托运货物必须随附一份列有数量限制的批准文件。准备交运的电池或电池组件的毛重可以超过 35kg。

A99 锂电池或电池组已经通过 UN 38.3 节要求的测试，且其包装符合包装说明 903 的要求，如果经始发国主管当局批准，并将一份该文件随机，运输的每个包件毛重就可以大于 35kg。

A154 经制造商确认有安全方面的缺陷或已被损坏，而具有潜在放热、着火或短路危险性的锂电池，禁止运输。例如：那些因安全原因已被制造商召回的锂电池。

A164 任何具有潜在放热危险性的电池或电动装置、交通工具设备，其运输设备应能防止：

（1）短路。比如运输电池时对裸露电极的有效绝缘，或运输设备时断开电池并对裸露电极进行保护。

（2）意外启动。

A181 当包装内既有"锂电池与设备包装在一起"又有"锂电池安装在设备中"时，要将这两个运输专用名称及 UN 编号标注在包装上。当包装内既有"锂金属电池"又有"锂离子电池"，两种类型的锂电池均应标注在包装上，但安装在设备中的纽扣电池（包括线路板中的纽扣电池）可不考虑。

A183 废弃的、或用于准备回收、销毁的锂电池禁止空运。

A201 锂金属电池或锂离子电池在获得航空运营者所在国、目的地国主管当局批准的情况下可以通过客机进行运输。

A213 对于含有锂金属电池和锂离子电池的混合包装的锂电池，当其分配到 UN 3090 或 UN 3091 的 SectionⅡ时，会受到适当限制。

A334 符合适用于该类锂电池的条件并在获得批准的条件下进行运输。

除了 DGR 以外，IATA 还专门颁布了关于《旅客携带的锂电池驱动的小型电动车》规定。这里的锂电池驱动的小型电动车包括各种平衡轮，英文是 air wheel、solo wheel、hoverboard、mini-segway。这些小型电动车不属于电池驱动的轮椅那样的助动器，但是它却属于锂电池驱动的便携式电动设备。无论是旅客还是空乘人员携带这类小型电动车上飞机受到三条规定的约束：

（1）如果电动车里的锂离子电池容量不超过 100Wh，都可以带上飞机而不用通知机长。

（2）如果电动车里的锂离子电池容量超过 100Wh 而不超过 160Wh，可以带上飞机，但是要通知机长。

（3）如果电动车里的锂离子电池容量超过 160Wh，不允许带上飞机。

2021 年关于锂电池驱动的轮椅、助动器等辅助移动装置的登机规定做了修订：

（1）锂电池必须通过 UN 38.3 的试验。

（2）电池可以保留在辅助移动装置内。

（3）如果辅助移动装置的结构允许电池拆出，可以在托运时由用户将电池拆出，分开携带。

（4）被拆出的电池容量不得超过 300Wh，如果辅助移动装置有两块电池，则每一块电池的容量不得超过 160Wh。

（5）乘客最多可携带一块电池容量不超过 300Wh 的备用电池或者两块不超过 160Wh 的备用电池。

（6）如果电池不能从辅助移动装置内拆出，安装在辅助移动装置内的电池容量不受限制。

（7）所有被拆出的电池和备用电池必须受到保护，以免损坏（例如将每一块电池单独放在一个保护袋内），这些电池只能在乘客舱内携带。

第四节 中国民航关于锂电池空运安全的规定

一、空运限制要求

（1）锂电池或锂电池组的制造商应具有符合 ICAO TI 和 IATA DGR 规定的质量管理方案。

（2）任何种型号的锂电池在交付航空运输前均应通过 UN 38.3 测试。即使锂电池组所含的锂电池已经通过了 UN 38.3 要求的系列测试，任何种型号的锂电池组在交付航空运输前也应通过 UN 38.3 测试。

二、禁止运输的锂电池

（1）货物运输时，单独运输的锂金属电池（UN 3090）和锂离子电池（UN 3480）不应使用客机运输，除非根据 ICAO TI 和 IATA DGR 特殊规定 A201 条款的要求，获得相关国家主管当局的书面豁免。

（2）货物运输时，如果单独运输的锂离子电池（UN 3480）的荷电状态超过其额定容量的 30%，不许航空运输。除非根据 ICAO TI 和 IATA DGR 特殊规定 A331 条款的要求，获得始发国和经营人所属国主管当局的批准并且符合这些主管当局制定的书面条件。

（3）根据 ICAO TI 和 IATA DGR 特殊规定 A154 条款，因为安全原因被制造商确认为有缺陷或已被损坏的锂电池（例如因安全原因被生产商召回的电池），有可能会演变发生发热、燃烧和短路的潜在危险，不应航空运输。

（4）根据 ICAO TI 和 IATA DGR 特殊规定 A183 条款，不应航空运输废弃锂电池，以及为回收或处理目的而运输的锂电池，除非得到始发国和经营人所属国主管当局的书面批准。

（5）未通过 UN 38.3 测试的锂电池或锂电池组，不应航空运输，除非满足 ICAO TI 和 IATA DGR 特殊规定 A88 条款规定的条件，并获得始发国主管当局的书面批准。

三、锂电池作为货物运输的要求

锂电池是第 9 类杂项危险品，航空运输时应符合 ICAO TI 和 IATA DGR 所规定的所有相关要求，运输企业和人员应具备相应的危险品操作资质。

旅客托运的电池及有电池的设备较复杂，所以安全规定更为详尽、严格。

（1）仅限旅客和机组人员为个人自用目的所携带。

（2）由锂电池驱动的小型含锂电池设备，主要包括：

1）便携式电子设备（PED），如手表、计算器、照相机、手机、手提电脑、便携式摄像机、平衡车、扫地机器人等。

2）便携式电子吸烟装置，如电子香烟、电子烟、电子雪茄、电子烟斗、个人喷烟器、个人电子尼古丁输送系统等。

3）便携式电子医疗设备（PMED），如自动体外除颤器、喷雾器、持续气道正压呼吸器等。

4）电动轮椅或类似的代步工具，供由于残障、健康或年龄原因而行动受限或暂时行动不便的旅客使用。

5）保密型设备，如外交公文包、现金箱、现金袋等。

6）设备所需的备用锂电池（含充电宝）。

（3）超重行李中的锂电池还应满足 MH/T 1030 的运输要求。

（4）锂含量和额定能量限制。

1）PED 中的锂电池和备用锂电池：

①锂金属或锂合金电池的锂含量应不超过 2g。

②锂离子电池的额定能量应不超过 100Wh。如果大于 100Wh 但不超过 160Wh，经航空经营人批准后，方可运输。超过 160Wh 的，不应作为行李运输。

2）便携式电子吸烟装置及备用锂电池：

①锂金属电池的锂含量应不超过 2g。

②锂离子电池的额定能量应不超过 100Wh。

3）PMED 中的锂电池和备用锂电池：

①锂金属电池的锂含量应不超过 8g。

②锂离子电池的额定能量应不超过 160Wh。

4）电动轮椅或类似代步具：

①如果锂电池可卸下，其额定能量应不超过 300Wh。

②如果锂电池不可卸，则无额定能量限制。

（5）测试要求。根据 ICAO TI 第 8 部分和 IATA DGR 第 2.3 节的规定，作为行李运输的锂电池和电池组所属类型应符合 UN 38.3 规定的每项试验的要求。必要时，旅客和机组应提供证明以确认符合这一要求。

（6）保护措施。

1）备用电池应单个做好保护以防短路，包括将备用电池放置于原厂零售包装中或对电极进行绝缘处理，例如可将暴露的电极用胶布粘住，或者将每一块电池单独装在塑料袋或者绝缘保护袋中。

2）安装有锂电池的设备应有防止设备意外启动的措施。如果托运，应完全关闭（不是睡眠或休眠模式），并采取措施防止设备意外启动，防止设备损坏。

（7）数量限制。

1）超过 100Wh 但不超过 160Wh 的备用锂电池（除轮椅外），每位旅客和机组人员可携带的数量不应超过 2 块。

2）对于可卸下的轮椅用锂电池，旅客可携带 1 块不超过 300Wh 的备用锂电池，或 2 块均不超过 160Wh 的备用锂电池。

（8）行李类型。

1）PED 和 PMED 可托运、手提或随身携带。

2）便携式电子吸烟装置不应托运，可手提或随身携带。

3）电动轮椅或代步工具应托运，如锂电池可卸下，应卸下并且手提或随身携带。

4）备用锂电池不应托运。

5）充电宝在本标准中视为备用锂电池，应满足关于备用锂电池的相关要求。充电宝在飞机上应全程处于关闭状态。不应在飞机上使用充电宝为设备充电。不应在飞机上对充电宝充电。

（9）额定能量或容量标记。

1）备用锂电池和充电宝外部应标明锂电池的额定容量和标称电压，或者标明锂电池的额定能量。

2）未标记或标注不清晰，也无法提供其他有效证明（如产品说明书），无法确定锂电池额定能量或锂含量的电池，经营人可拒绝运输。

（10）旅客和机组可携带的锂电池和含锂电池设备限制如表15.13所示。

表 15.13 锂电池和含锂电池设备行李运输一览表

	含锂电池设备				备用电池			
	PED	电子吸烟装置	PMED	电动轮椅	PED含充电宝	电子吸烟装置	PMED	电动轮椅
额定能量/锂含量	≤100Wh 或≤2g；100~160Wh，需经营人批准	≤100Wh 或≤2g；—	≤100Wh 或≤2g；100~160Wh 或2~8g，需经营人批准	电池可卸，不超过300Wh；电池不可卸，额定能量不限	≤100Wh 或≤2g；100~160Wh，需经营人批准	≤100Wh 或≤2g	≤100Wh 或≤2g；100~160Wh 或2~8g，需经营人批准	≤100Wh 或≤2g；≤300Wh，需经营人批准
每人携带数量	—				100~160Wh 的，不超过2个			不超过160Wh 的，可带2个；不超过300Wh 的，可带1个
行李类型	托运、手提或随身	禁止托运	托运、手提或随身	托运电池如可卸，应卸下并手提	禁止托运			
保护措施	防意外启动，防损坏，托运时完全关闭（不在睡眠或休眠模式）	防意外启动，全程关闭，禁止在飞机上充电或使用	防意外启动，防损坏，托运时完全关闭（不在睡眠或休眠模式）	电池防短路、防损坏	单个保护，防短路，充电宝应防止意外启动，全程关闭，禁止在飞机上充电或使用	单个保护，防短路，禁止在飞机上充电	单个保护，防短路	电池防短路、防损坏
通知机长	—	—	—	通知机长	—	—	—	通知机长

第十六章 锂电池陆路运输安全

锂电池及其相关产品的陆路运输以前基本上限于国内，极少数在相邻国家陆路口岸由铁路和公路的运输。但是，随着国际社会对环境保护和碳排放的关注程度提高，利用锂电池的新能源产品越来越普遍，运输量越来越大。尤其是"一带一路"提出十年来，中欧货运班列逐年增加，据统计，2020年全年开行中欧班列1.24万列，发送113.5万标箱。这些货物中应当包含相当数量的锂电池和使用锂电池的手机、平板电脑、玩具等产品。锂电池及其相关产品的运输中还牵扯到陆、海、空联运，公、铁联运。所以锂电池陆路运输的安全性能应当受到高度关注。

第一节 锂电池道路运输法规和标准规范

为确保危险货物在运输过程中的安全，交通部于1972年1月1日颁布《危险货物运输规则》，简称"危规"。规则规定："凡由铁路、水路、公路运输的危险货物，除军运、国际联运另有规定者外，均按本规则办理"。规则分为：总则、分类和范围、托运和承运、装卸和运输、保管和交付等5个部分，共计18条。交通运输部、公安部、生态环境部、应急管理部、工业和信息化部联合颁布了《危险货物道路运输安全管理办法》，该办法自2020年1月1日起施行。国家还颁布了《危险货物分类和品名编号》（GB 6944）和《危险货物品名表》（GB 12268）等标准。

为了适应"一带一路"对危险货物运输安全的需要，2018年，国家交通运输部颁布了交通运输行业标准《危险货物道路运输规则》（JT/T 617.1~JT/T 617.7—2018），全面规范了危险货物道路运输的安全。这个标准系列依然是以联合国《关于危险货物运输的建议书》、ICAO的《危险品航空安全运输技术细则》、IATA的《危险品规则》和国际海事组织的《国际海运危险货物规则》等国际性文件为基础的。当道路运输作为国际海运和空运的多式联运的一个环节时，如果运输危险货物的包件、集装箱、可移动罐柜和罐式集装箱符合《危险品航空安全运输技术细则》和《国际海运危险货物规则》相关要求，但不能满足本系列标准中有关包装、混合包装、标记、标志、菱形标志牌和矩形标牌等要求，可按照《危险品航空安全运输技术细则》和《国际海运危险货物规则》相关要求进行道路运输，运输车辆应按照本系列标准的要求悬挂矩形标志牌。

国家交通运输部和铁路总公司也出台了一系列有关危险货物运输的法规和标准规范。这些法规和标准规范有《铁路危险货物运输安全监督管理规定》（交通运输部令 2015 年第 1 号）、《铁路危险货物运输管理规则》（铁总运令 2017 年第 164 号）、《铁路危险货物品名表》等。但是，在铁路运输危险货物的所有相关文件里，并没有关于锂电池及使用锂电池的相关电气设备的运输规定，这些文件关注的是剧毒品、易燃易爆品、放射性物质等的运输安全。铁路运输作为陆路运输的一种形式，可以参照交通部《危险货物道路运输规则》（JT/T 617.1～JT/T 617.7—2018）管理锂电池及使用锂电池的设备运输。

第二节 参与危险货物运输的人员培训

危险货物道路运输相关人员的培训要求与 TDG 的要求基本相同。

岗前培训记录至少保存至从业人员离职后 12 个月。日常培训记录保存不得少于 12 个月。

第三节 锂电池道路运输要求

一、托运人应遵循的要求

（1）应依据 JT/T 617.2 的规定对危险货物进行分类，且确认该货物允许进行道路运输。

（2）向承运人提供危险货物特性信息，以及 JT/T 617.5 规定的托运清单、法规要求的相关证明文件。

（3）使用的包装，大型包装、中型散装容器和罐体符合 JT/T 617.4 的规定，并按照 JT/T 617.5 的要求粘贴标志、标记。

二、锂电池运输要求

电池和电池组、安装在设备中的电池和电池组以及与设备一起包装的电池和电池组，如果含有任何形式的锂，应划入 UN 3090、UN 3091、UN 3480、UN 3481 类别。运输时需满足以下条件：

（1）经过证明，每个电池或电池组的型号均符合 UN 38.3 各项试验的要求。

（2）每个电池和电池组都装有安全排气装置，或设计上能防止其在正常运输条件下发生破裂。

（3）每个电池和电池组都装有防止外部短路的有效装置。

（4）每个由多个电池或电池系列并联而成的电池组，都装有防止反向电流造成危险所需的有效装置（例如二极管、熔断丝等）。

三、锂电池运输的豁免

当锂电池组满足 JT/T 617.3—2018 中附录 B 的特殊规定 188 时，不受本规则限制。

车辆中使用的锂电池应符合以下要求：

（1）UN 3171 电池供电车辆，仅适用于使用湿电池组、钠电池组、锂金属电池组或锂离子电池组供电的车辆，并且运输时这些电池组已被安装在车辆。条目 UN 3171 中的车辆指自动推进的、设计用来乘坐 1 个或以上人员或装载货物的设备，例如电力驱动的车辆、摩托车、小型摩托车、三轮或四轮车、电动自行车、轮椅、草坪拖拉机、船或飞行器。

（2）由锂金属电池组或锂离子电池组供电的设备，如割草机、清洗机、船模和飞机模型，应划入条目 UN 3091 装在设备中的锂金属电池组，或 UN 3091 同设备包装在一起的锂电池组，或 UN 3481 装在设备中的锂离子电池组或 UN 3481 同设备包装在一起的锂离子电池组。

（3）同时使用内燃机和湿电池、钠电池、锂金属电池或锂离子电池驱动的混合动力电动汽车，在运输时若已安装电池组，应划入条目 UN 3166 易燃气体推动车辆，或 UN 3166 易燃液体推动车辆进行运输。已装有燃料电池的车辆应划入条目 UN 3166 燃料电池、易燃气体动力车辆，或 UN 3166 燃料电池、易燃液体动力车辆。

第四节　锂电池道路运输的特殊规定

《危险货物道路运输规则》（JT/T 617.3—2018）列出了锂电池道路运输的特殊规定和包装指南。其基本内容和格式都与联合国《关于危险货物运输的建议书》、ICAO 的《危险品航空安全运输技术细则》、IATA 的《危险品规则》和国际海事组织的《国际海运危险货物规则》相似。这是因为现在的物流是全球性的，国内的标准规范要与国际的标准规范保持一致性，不会在国际货运和空、海、陆联运时发生规则上的不符合，给货主造成损失。如果锂电池运输过程中包装和标记、标志不符合规范，也有可能受到货到国监管部门的处罚。例如发往美国的货物，在美国境内有美国铁路协会（ARR）、美国危险品协会、北美爆炸物管理局（B.O.E）、联邦汽车运输安全管理局、美国海岸警卫队、美国运输 9 类危险品集装箱美式加固法部等部门的监管。若因发货人疏忽加固或加固不当，在目的港将被扣箱，并发生码头的操作费、堆存费、移箱费、重新加固等高额的费用。

（1）条目 UN 3171 电池驱动的车辆或电池驱动的设备，不受 JT/T 617.1 ~ JT/T 617.7—2018 系列标准的限制。

（2）条目 UN 3090 锂金属电池和锂合金电池。特殊规定有 188、230、376、377、636。包装指南有 P903、P908、P909、LP903、LP904。

（3）条目 UN 3091 装在设备中的锂金属电池组和锂合金电池组、或与设备包装在一起的锂金属电池组和锂合金电池组。特殊规定有 188、230、360、376、377、636。包装指南有 P903、P908、P909、LP903、LP904。

（4）条目 UN 3480 锂离子电池和锂聚合物电池。特殊规定有 188、230、310、348、376、377、636。包装指南有 P903、P908、P909、LP903、LP904。

（5）条目 UN 3481 装在设备中的锂离子电池组和锂聚合物电池组、或与设备包装在一起的锂离子电池组和锂聚合物电池组。特殊规定有 188、230、348、360、376、377、636。包装指南有 P903、P908、P909、LP903、LP904。

（6）没有条目 UN 3536 装在货物运输单元中的锂离子电池组或者锂金属电池组的相关规定。因为这个条目是 2019 年修订版出现的，JT/T 617.3 还没有来得及修订。

（7）锂电池道路运输的特别规定。

188 与《关于危险货物运输的建议书》（TDG）的内容基本相同，但是也有区别：交付运输的电池和电池组如满足下列要求，即不受 JT/T 617.1 ~ JT/T 617.7—2018 限制。

（1）对于锂金属或锂合金电池，锂含量不超过 1g。对于锂离子电池，额定能量值不超过 20Wh。

（2）对于锂金属或锂合金电池组，合计锂含量不超过 2g。对于锂离子电池组，额定能量值不超过 100Wh。适用本条规定的锂离子电池组，应在外壳上标明单位为瓦特小时的额定能量值。

（3）每个电池或电池组都应符合 UN 38.3 的试验要求。

（4）除非安装在设备上，电池和电池组应使用内包装，将电池和电池组完全包裹。应防止电池和电池组发生短路，包括防止在同一容器内与导电材料接触而导致的短路。内包装应放置于符合 JT/T 617.4—2018 中 4.1.1 节、4.1.2 节和 4.1.5 节规定的坚固外包装内。

（5）安装在设备上的电池和电池组，应防止受到损坏和发生短路，设备应配备防止发生意外启动的有效装置。电池组安装在设备上时，除非安装电池组的设备对其已有相当的保护，否则设备应使用坚固的外包装，容器的制造应采用足够强度的材料，容器的设计应考虑容器的容量和用途。

（6）除非包件内的纽扣电池安装在设备（包括电路板）上，或设备安装的电池不超过 4 个、设备安装的电池组不超过 2 个，否则每个包件均应作以下标记：

1) 根据情况，标明包件内装有"锂金属"或"锂离子"电池或电池组。

2) 标明包件应小心轻放和如果包件损坏有着火的危险。

3) 标明如包件受到损坏应遵守的特别程序，包括检查和必要时重新包装。

4) 了解该包件其他情况的联系方式。

（7）每批交运的货物，包含一个或多个按上条标记的包件时，应附带一份包括以下内容的票据：

1) 根据情况，标明包件内装有"锂金属"或"锂离子"电池或电池组。

2) 标明包件应小心轻放和如果包件损坏有着火的危险。

3) 标明如包件受到损坏应遵守的特别程序，包括检查和必要时重新包装。

4) 了解该批货物其他情况的联系方式。

（8）除安装在设备上的电池组外，每个包件应确保在从任何方向进行1.2m跌落试验时，都能不使其中所装的电池或电池组受损，不使内装物移动以致电池组与电池组（或电池与电池）互相接触，并且没有内装物释出。

（9）除非电池组安装在设备上或与设备包装在一起，否则包件总质量不得超过30kg。

（10）锂金属电池组和锂离子电池组条目单列，以便使用具体运输方式运输此类电池组，以及采取不同的应急响应措施。

230 符合本章第三节《锂电池道路运输要求》中第二段《锂电池运输要求》规定的锂电池和电池组适用本条目运输。

310 UN 38.3 的试验要求不适用于少于100个电池和电池组的生产批次，也不适用于为进行试验而运输的前期生产的锂电池和电池组原型，前提是满足下列条件：

（1）电池和电池组运输时所用的外容器是符合包装类别 I 容器标准的金属、塑料或胶合板桶，金属、塑料或木制箱。

（2）每个电池和电池组都分别包装在外容器内的独立容器中，并用不燃烧、不导电的衬垫材料包围。

348 与 TDG 不符合，所以没有具体内容，保留条目。

360 单纯用锂金属电池组或者锂离子电池组驱动的电动汽车应当按照 UN 3171电动汽车托运。与 TDG 中 360 条款完全一致。

376 与 TDG 中 376 条款相比，没有"满足主管当局特别批准的条件者另当别论"这一个特别豁免，其他内容完全一致。

377 与 TDG 中 377 条款完全一致。

636 该项规定的意义如下：

（1）设备中所含的电池在运输过程中不应放电至开路电压低于2V，或低于未放电时电压的2/3，否则被认为是电压过低。

（2）用于处置或回收的锂电池，在送到中间处理点之前，质量小于 500g 的锂电池和电池组、荷电量不足 20Wh 的锂离子电池和 100Wh 的锂离子电池组、锂含量小于 1g 的锂金属电池和小于 2g 的锂金属电池组，无论是否置于设备内以及是否与其他非锂电池和电池组在一起，收集和交付运输时，如果满足下列条件，则不受 JT/T 617.1~JT/T 617.7—2018 其他条款的限制：

1）满足包装指南 P909 的要求，但是其中附加要求(1)和(2)除外。

2）每个运输单元中锂电池或电池组总质量不超过 333kg。

3）包件上应根据实际情况标明"处置的锂电池"或"回收的锂电池"。

第五节　锂电池道路运输的包装指南

这些包装指南与《关于危险货物运输的建议书》（TDG）的内容基本相同，但是也有的地方体现道路运输的特点，其中的包装号的含义与 TDG 相同。读者如有需要，可以查看标准原文。

第六节　锂电池短途道路运输安全

前面讲的都是锂电池在陆、海、空联运或者公、铁联运等长途运输时的安全要求和包装指南。但是，在很多情况下锂电池是不经过正规的包装而进行短途运输的，也有时候要运输有缺陷的或者已经损坏的电池。电池在这种运输状态下要经受汽车在道路行驶的颠簸、野蛮装卸、甚至还有汽车发生碰撞事故时对电池引起的冲击，这些情况加大了电池发生着火的可能性。也确实发生过多次汽车短途运输锂电池着火事故。

以往在汽车运输锂电池时并没有将锂电池当做危险品对待，电池没有经过正规包装，只是按照一般情况随车携带干粉灭火器。锂电池在汽车行驶途中着火，干粉灭火器不能扑灭锂电池火灾，半途又没有沙子和水源，所以没有办法扑灭锂电池初起火灾，造成比较大的损失。

为了解决锂电池在短途运输中的安全问题，可以从以下四个方面入手：

（1）虽然是短途运输，也最好经过正规的包装，提高电池在运输过程中的安全性。

（2）最好使用托盘和叉车进行装卸，避免人力装卸。曾经发生过在运送电动汽车用电池包时，装卸工从车上往下搬运电池包，因为电池包比较重，装卸工一失手，电池包掉在地上，受摔以后着火。

（3）运送锂电池的汽车应当随车携带水型灭火器或者二氧化碳灭火器。

（4）如果是电池厂自己配备的运送锂电池的货运汽车，可以使用作者自己的发明专利，一款能够自动报警、自动二氧化碳灭火的货运汽车。这是利用了二氧化碳既可以扑灭明火，又能够降温的特点。其好处是既扑灭初起的火灾，又不会使电池受损。特别是运输有缺陷的或者已经有损坏的电池时，这种技术会大大提高运输的安全性。

第十七章　锂电池海运和水运安全

关于危险货物水路运输的安全，国内已经颁布了《国内水路运输管理条例》（国务院令第 625 号）、《国内水路运输管理规定》（交通运输部令 2014 年第 2 号）、《船舶载运危险货物安全监督管理规定》（交通运输部令 2018 年第 11 号）和《海运危险货物集装箱装箱安全技术要求》（JT 672—2006）等法规和标准规范。但是，这些法规和标准规范都没有关于锂电池和使用锂电池的设备运输的具体规定，只是在《船舶载运危险货物安全监督管理规定》第九条规定"船舶载运危险货物应当符合有关危险货物积载、隔离和运输的安全技术规范，并符合相应的适装证书或者证明文件的要求。船舶不得受载、承运不符合包装、积载和隔离安全技术规范的危险货物。

船舶载运包装危险货物，还应当符合《国际海运危险货物规则》的要求。船舶载运 B 组固体散装货物，还应当符合《国际海运固体散装货物规则》的要求。

根据上面的第 9 条规定，无论是水运还是海运锂电池及其相关产品，都应当遵守《国际海运危险货物规则》，下面将把《国际海运危险货物规则》（IMDG 规则）里面与锂电池有关的内容整理出来。

第一节　培　训　规　定

《IMDG 规则》照例把从业人员的培训放在很重要的位置。规定从事准备交付海运的危险货物运输的岸上人员需接受与其职责相匹配的有关危险货物规定的内容培训。雇用岸上人员参与此活动的机构须决定哪些人员应接受培训、需要培训的等级及所采取的使他们能够符合《IMDG 规则》规定的培训方式。需提供或核实涉及危险货物运输岗位雇用的培训。对于未接受所需要培训的人员，该机构须确保此类人员仅可以在受过培训人员的直接指导下从事相关的工作。该培训必须考虑法规和实际做法方面的变化，以定期更新培训给予补充。有关当局或其授权组织可对该机构进行检查，以核实现行体系在提供运输链中与角色和职责相应的人员培训的有效性。

第二节　锂电池作为第 9 类危险货物运输的条件

锂电池在危险货物中的分类。这种分类与联合国 TDG 的分类是一致的。电池和电池组、安装在设备中的电池和电池组、或与设备一起包装的电池和电池组，只要含有任何形式的锂，均须酌情划为 UN 3090、UN 3091、UN 3480、UN 3481。

海运的特殊规定与联合国 TDG《规章范本》的特殊规定基本相同，但是，也有其独特的地方。

UN 3090 的特殊规定号：188、230、310、376、377、384、387。

UN 3091 的特殊规定号：188、230、310、360、376、377、384、387。

UN 3171 的特殊规定号：388、961、962、971。

UN 3480 的特殊规定号：188、230、310、348、376、377、384、387。

UN 3481 的特殊规定号：188、230、310、348、360、376、377、384、387。

UN 3536 的特殊规定号：389。

188 提交运输的电池和电池组如果满足下列条件，不受本规则的其他规定限制：

（1）对锂金属或锂合金电池，锂含量不超过 1g，对锂离子电池，能量不超过 20Wh。

（2）对锂金属或锂合金电池组，锂含量总和不超过 2g，对离子电池组，总能量不超过 100Wh。锂离子电池在表面以 Wh 值标明其能量。2009 年 1 月 1 日前生产的除外。

（3）每个电池和电池组必须满足《IMDG 规则》的 3.3 小节规定。

（4）除了装在设备中的情况外，电池和电池组须装在完全将其封闭的内包装内。电池或者电池组须有防止发生短路的保护措施，包括防止在同一包装内与可能导致短路的导电材料接触。内包装须装在符合《IMDG 规则》4.1.1.1 节、4.1.1.2 节和 4.1.1.5 节规定的坚实的外包装内。

（5）安装在设备中的电池和电池组须加以保护，以避免损坏和短路。该设备须配备能有效防止意外启动的装置。此要求不适用于特意在运输过程中工作且不会产生有危险的热释放的装置（无线电射频识别发射器（RFID）、手表、感应器等）。如果电池组安装于设备内，该设备须被包装在坚实的外包装内。该外包装由具有足够强度的材料制造，并且设计与其容量和拟定用途相适应，除非含有这些电池的设备能够提供有效的保护。当包件被置于集合包装中，锂电池标记须清晰可见，或者在集合包装外部张贴，且集合包件须标记"OVERPACK"字样。"OVERPACK"字体的高度至少为 12mm。

（6）每个包件须按照 5.2.1.10 中插图所示标有合适的锂电池标记（标记的图样和尺寸可以咨询物流代理公司）。

注：装有符合 ICAO《危险货物航空安全运输技术细则》包装指南 965 和 968 中 IB 部分规定的锂电池组的包件，注明 5.2.1.10 节（锂电池标记）和 5.2.2.2 节中 Model No.9A 标志，可视为满足本特殊规定的要求。

此要求不适用于：

1）包件内仅含有安装在设备中的纽扣电池（包括电路板）。

2）托运货物中不超过 2 个包件，而且每一包件内含有装在设备中的不超过 4 个电池或 2 个电池组。

（7）除了安装在设备中的电池组外，每个包件须能够承受任何方向 1.2m 的跌落实验，而内装的电池和电池组不会损坏，不发生内容物移动造成的电池与电池（电池组与电池组）相互接触及内容物泄漏。

（8）除了安装在设备中或与设备包装在一起的电池组外，包件毛重不得超过 30kg。本特殊规定中的"设备"是指用锂电池和锂电池组为其运行提供电力的设备。

本规则上述及其他处所使用的"锂含量"系指锂金属电池或锂合金电池中阴极中锂的质量。

对锂金属电池和锂离子电池采用单独的条目列出，是为了方便此类电池特定运输模式的运输和能够适用不同应急反应行动。

《试验和标准手册》第三部分第 38.3.2.3 节第 III 部分定义的单一电池电池组被认定为"电池"，须按照本特殊规定"电池"的要求运输。

230 锂电池和电池组如果符合《IMDG 规则》的 3.3 节的规定，可以按本条目运输。

310 当运送的是不超过 100 个的电池或者电池组样品，或者是为了进行正式生产以前试验用的电池及电池组样品，如果按照包装指南 P910 的要求或者按照大宗包装指南 LP905 的要求进行包装，就可以不必按照 UN 38.3 进行试验。

运输单证中须声明："按照特殊规定 310 要求运输"。

已损坏的或者有缺陷的电池、安装在设备中的已损坏的或者有缺陷的电池和电池组必须按照特殊规定 376 的要求运输，并且按照包装指南 P908 和 LP904 进行包装。

用于处理或者回收的电池、电池组及安装在设备中的这类电池、电池组须按照特殊规定 377 要求运输，按照包装指南 P909 的要求进行包装。

348 2011 年 12 月 31 日以后生产的电池和电池组外面须标记 Wh 值。

360 仅以锂金属电池组或者锂离子电池组为动力的车辆，须按照条目 UN 3171 运输。

376 损坏或有缺陷的、不满足 UN 38.3 中使用的类型测试标准的锂离子电池和电池组，以及锂金属电池和电池组，须满足本特殊规定的要求。

就本特殊规定而言，电池或电池组包括但不限于：

（1）由于安全原因被认为是有缺陷的电池和电池组。

（2）泄漏的电池或电池组。

（3）在运输前无法判定的电池或电池组。

（4）遭受物理或机械损害的电池和电池组。

注：评估电池是否损坏或有缺陷时，须考虑电池的类型、使用及不当使用的情况。

电池或电池组须按照 UN 3090、UN 3091、UN 3480、UN 3481 适用的规定进行运输，特殊规定 230 和本特殊规定另有说明的除外。

电池和电池组须按照包装指南 P908 或 LP904 进行包装。

损坏的、有缺陷的、易快速分解、发生危险反应、产生火焰或过热，或存在有毒、腐蚀、易燃气体或蒸气释放危险的电池和电池组须根据包装指南 P911、P906 进行包装和运输。替代的包装或者运输条件可由主管机关批准。

包件除了必须标记正确的运输名称外，还须标记"损坏的/有缺陷的"字样。

运输单证须包含"按照特殊规定 376 进行运输"。

如果适用，主管机关批准文件的复印本须随船携带。

377 为了处置和回收目的而运输的锂离子和锂金属电池和电池组，以及含有此类电池或电池组的设备，无论是否与非锂电池一同包装，均可按照包装指南 P909 进行包装。

电池和电池组不必满足《IMDG 规则》的 3.3 节的规定。

包装须标记"用于处置的锂电池组"或"用于回收的锂电池组"。

已确认损坏或有缺陷的电池组须按照特殊规定 376 进行运输，按照包装说明 P908 或者 LP904 进行包装。

384 标志（具体式样和尺寸可以向物流代理公司咨询）。

387 符合 IMDG 第二节第七条的锂电池组，包括锂金属电池和锂离子电池，应分配给 UN 3090 或者 UN 3480，当以上电池组按照特殊规定 188 进行运输时，电池组中所有锂金属电池的锂含量须不超过 1.5g，电池组中所有锂离子电池的总能量不超过 100Wh。

388 UN 3166 适用于燃烧易燃液体或易燃气体的内燃机，或燃烧易燃液体、易燃气体的燃料电池驱动的车辆。

燃料电池引擎驱动的车辆须被划为 UN 3166 易燃液体驱动的燃料电池车辆和 UN 3166 易燃气体驱动的燃料电池车辆。这些条目包括了由燃料电池和包括湿电池组、钠电池组、锂金属电池组或锂离子电池组的内燃机驱动的混合动力电动车辆，这些车辆在运输时安装有电池组。

其他含有内燃机的车辆须划为 UN 3166 易燃液体驱动的燃料电池车辆和 UN 3166 易燃气体驱动的燃料电池车辆。这些条目包括了在安装电池运输的情况下，以内燃机和湿电池组、钠电池组、锂金属电池组或锂离子电池组共同提供动力的混合动力电动车辆。如果车辆有易燃气体和易燃液体内燃机驱动，则须被划为 UN 3166 易燃气体驱动的车辆。

UN 3171 条目仅适用于由湿电池组、钠电池组、锂金属电池组或锂离子电池组驱动的车辆和在安装电池情况下运输的由湿电池组或钠电池组驱动的设备。

就此特殊规定而言，车辆是自推进式装置，用于运载一人或多人，或用于运载货物。这类车辆的例子有电动汽车、摩托车、轻骑、三轮和四轮车辆或卡车、泥头车、电动自行车和其他此类车辆（如平衡车或没有座位的车辆）、轮椅、打草机、自推进农用或建筑用设备、船只和飞机。这里包含了在包件中运输的车辆。在此情形下，车辆的零件可以与它的主体框架分离装进包件中。这类设备的例子有剪草机、清洁机、船只模型、飞机模型。以锂金属电池组或锂离子电池组为动力的设备，应根据情况，按 UN 3091 装在设备中的锂金属电池组，或者 UN 3091 同设备包装在一起的锂金属电池组，或按 UN 3481 装在设备中的锂离子电池组，或者 UN 3481 同设备包装在一起的锂离子电池组的规定交运。

对车辆操作员或旅客安全所必需的危险货物，诸如电池、安全气囊、灭火器、压缩气罐、安全装置，必须和车辆的其他整体部件牢固地安装于车辆上。此时，这些危险货物无需遵守本规则其他要求。

389 本条目仅用于安装在货物运输组件中的锂离子电池组或锂金属电池组。并且仅设计用于向货物运输单元外部提供动力。锂电池组须满足《IMDG 规则》第二节第二至第八条的规定，且有必要的系统来阻止电池组之间的过度充电或过度放电。

电池组必须牢固地连接在货物运输组件的内部结构中（例如置于架子上或柜子中），以防止货物运输组件在意外冲击、装载、运输中发生振动的情况下，电池组发生短路、意外启动或显著位移。货物运输组件安全正常操作中必需的危险货物（如灭火系统和空调系统）须妥善地系固或者安装在货物运输单元中。在这种情况下，这些危险货物无需遵守本规则其他要求。货物运输组件安全正常操作中非必需的危险货物禁止在货物运输组件内运输。

货物运输组件中的电池组不需要遵守有关标记和标志的规定。货物运输组件必须按照规定标注 UN 号，且根据规定在两个对立面张贴标牌（具体情况请咨询物流代理公司）。

961 车辆如果满足以下任一条件，则可以不受本规则限制：

（1）车辆集载于车辆处所、特种处所、滚装处所或滚装船的露天甲板或有关当局（船旗国）根据 SOLAS 74 第 II -2/20 条特别指定批准用于运输车辆的货物处所，且电池、发电机、燃料电池、压缩气瓶、蓄电池或燃料箱没有泄漏现象。当货物以组件运输时，该豁免不适用于滚装船的集装箱货物处所。

对于单独使用锂电池驱动的车辆，和由内燃机和锂金属或锂离子电池共同驱动的混合动力车辆，锂电池要满足《IMDG 规则》第二节第二至第八条的要求。如果车辆内使用的是样品电池或不超过 100 个的小批量试产电池，车辆根据生产国或使用国的规定进行生产，电池无需满足《IMDG 规则》第二节第二至第八条的要求。安装在车辆中的锂电池损坏或有缺陷时，须移除。

（2）车辆由闪点在 38℃ 及以上的易燃液体燃料驱动，燃料系统无任何泄漏，燃油箱中燃料含量不多于 450L 且安装的电池已采取防短路措施。

（3）车辆由闪点在 38℃ 以下的易燃液体燃料驱动，燃料箱为空，且安装的电池已采取防短路措施。燃料箱被排空且车辆因缺少燃料而不能操作时，可认为是不含易燃液体。发动机部件如燃料管路、燃油滤清器和燃料喷射器不需要进行清洗、排空或驱气，也可认为是空的。燃料箱不需要清洗或驱气。

（4）车辆由易燃气体（液化或压缩的）驱动，燃料箱为空且箱内的正压力不超过 2bar（1bar＝100kPa），燃料截止阀或隔离阀已关闭并紧固，且安装的电池已采取防短路措施。

（5）车辆单独以湿蓄电池或干蓄电池或钠电池驱动，且电池已采取防短路措施。

962 不满足特殊规定 961 的车辆须划归为第 9 类，并需满足如下要求：

（1）车辆的电池、发动机、燃料电池、压缩气瓶、蓄电池或燃料箱不得有任何泄漏迹象。

（2）对于易燃液体驱动的车辆，燃料箱中的易燃液体不得超过其容量的四分之一，且在任何情况下不得超过 250L。有关当局另行批准的除外。

（3）对于易燃气体驱动的车辆，燃料箱的燃料截止阀必须牢固关闭。

（4）须防止所安装的电池在运输过程中损坏、短路或意外启动。锂电池组须满足《IMDG 规则》第二节第二至第八条的要求。如果车辆使用的是样品电池或不超过 100 个的小批量试产电池，且车辆根据生产国或使用国的规定进行生产，电池无需满足《IMDG 规则》第二节第二至第八条的要求。当安装在车辆中的电池损坏或有缺陷时，电池须被移除并且按照 P376 运输。有关当局另行批准的除外。

本规则有关标记、标志、标牌和海洋污染物的规定不适用。

971 电池驱动的设备仅在电池无泄漏迹象且有防短路保护时可运输。此时，无需遵守本规则其他规定。

第三节 关于锂电池海运的包装指南

关于锂电池海运的包装指南与联合国 TDG《规章范本》的包装指南基本相同，但是，也有其独特的地方。

UN 3090 的包装指南：P903、P908、P909、P910、P911、LP903、LP904、LP905、LP906。

UN 3091 的包装指南：P903、P908、P909、P910、P911、LP903、LP904、LP905、LP906。

UN 3171 的包装指南：无。

UN 3480 的包装指南：P903、P908、P909、P910、P911、LP903、LP904、LP905、LP906。

UN 3481 的包装指南：P903、P908、P909、P910、P911、LP903、LP904、LP905、LP906。

具体从事锂电池海运业务的人士可以查找《IMDG 规则》相关条目，了解详细规定。

第十八章　电动汽车安全

随着动力电池技术的进步，新能源汽车越来越普及，除了小型电动汽车、电动大巴，现在，比亚迪又生产出 T10ZT 纯电动重型自卸车（泥头车），采用了双电机+4 档 AMT 变速器的配置，可实现不同动力输出，提高使用经济性。整车安装两组磷酸铁锂动力电池，每组 5 个电池包，整车电量 435kWh，续航里程 280km，匹配比亚迪快速直流（双枪）充电功能，充电时间仅需 1.5h 左右，最大充电功率接近 300kW（双枪充电）。

电动汽车越来越普及，发生的火灾事故也越来越多。虽然发生事故的电池只占极少的比例，但是火灾的后果很严重。这些年发生的电动汽车火灾使财产损失都很大，有的甚至威胁到人员生命安全。所以，必须对电动汽车的安全给予高度重视。

扫一扫，看视频

第一节　电动汽车的分类

目前正在行驶的锂离子电动汽车可分为五大类：纯电动汽车（EV）、油电混动（HEV）、插电混动（PHEV）、48V 混动系统、增程式混动等。

一、纯电动汽车（EV）

纯电动汽车（EV）就是完全由电池驱动的汽车。纯电动汽车的优点是：

（1）使用电能，在行驶中无废气排出，不污染环境。

（2）纯电动汽车比内燃机驱动汽车的能源利用率高。

（3）使用单一的电能源，省去了发动机、变速器、油箱、冷却和排气系统，所以结构较简单。

（4）噪声小。

（5）在用电低谷时给汽车充电，可以平抑电网的峰谷差，使发电设备得到充分利用。在用电低谷时充电，可以大大下降行驶成本。

然而，纯电动汽车也有以下缺点：

（1）续驶里程较短，现在高速公路服务区已经建设了一些充电桩，但是充电桩还不如加油站那么普遍，纯电动汽车相当一段时间内还不适合跑长途。

（2）采用蓄电池及电机控制器使成本较高。

（3）充电时间长。对于出租车用电动汽车，充电时间长就是一个重要的影响收入的因素，因为对于出租车司机来说，时间就是金钱。

（4）维护成本较高。

（5）蓄电池寿命短，几年就得更换。

二、油电混动汽车（HEV）

这种车以燃油为主，配备一个能量比较小的电池包，没有充电插口，不能外部充电，靠车载发电机给电池充电。这种车不能长距离单纯靠电动机行驶，只是在汽车启动时和在爬坡、超车等需要大功率时燃油发动机和电动机同时工作。在怠速时关闭发动机，由电动机工作，减少空气污染。减速和制动时吸收能量。

在车辆行驶之初，蓄电池处于电量饱满状态，其能量输出可以满足车辆要求，辅助动力系统不需要工作。当电池电量低于60%时，辅助动力系统起动，为电池补充电量。当车辆能量需求较大时，辅助动力系统与蓄电池组同时为驱动系统提供能量。当车辆能量需求较小时，辅助动力系统为驱动系统提供能量的同时，还给蓄电池组充电。由于蓄电池组的存在，使发动机工作在一个相对稳定的工况，使其排放得到改善。

车上配备了一套永磁同步电机，在汽车发动机工作时给电池充电。在刹车的时候把动能变成电能，储存在电池内。能量回收系统也是电动车区别于燃油车的一大特点，在传统燃油车中，车辆制动时将摩擦产生的能量转化为热能而散发。在电动车中，当驱动停止时汽车车轮带动电机转化为"发电机"向蓄电池充电，以此实现能量回收，大大增加续航能力，有效延长车辆的续航里程，提高能量的利用效率。由于发电机发电时产生制动转矩，由制动器承担的摩擦制动力矩可以相应减少，因而电机再生制动技术也可以减轻摩擦制动器的热负荷，减轻制动盘的磨损，提高车辆的制动安全性和使用经济性。在城市道路上，车辆需要更加频繁地停车、减速、怠速等过程，油电动力车会起到更好的环保效果和节能效果。

三、插电混动汽车（PHEV）

插电式混合动力车的电池相对比较大，可以外部充电，可以用纯电模式行驶，电池电量耗尽后再以混合动力模式（以内燃机为主）行驶，并适时向电池充电。插电式混合动力汽车可以行驶在纯电动模式下，也可以行驶在发动机与驱动电动机共同工作的混合动力模式。行驶在混合动力模式时，与前述油电混合动力车辆的工作原理并无二致，驱动电动机作为辅助驱动机构，主要起"削峰填谷"的作用，帮助发动机工作在相对稳定的状态下，从而减少车辆的燃油消耗与排放。行驶在纯电动模式时，仅由动力电池组供应能量，从而实现纯电力驱动与零排放，因而在动力电池组电量用尽后需要外插电源充电，所以称之为插电式混合动力汽车。

按照电机驱动功率占整车功率的比例（亦可称为混合度），一般可将混合动力汽车分成以下四种类型：（1）微度混合动力，混合度在 5% 以内；（2）轻度混合动力，一般混合度在 20% 左右；（3）中度混合动力，混合度可达 30%~40%；（4）重度混合动力，混合度达 40% 以上。

插电式混合动力可分为：

（1）串联式插电式混合动力。亦称为增程式混合动力，发动机不直接驱动汽车，需要先由发动机驱动发电机发电，再供电动机驱动汽车，能量传递链较长，总体效率不高。

（2）并联式插电式混合动力。该类型发动机和电机均可驱动汽车，动力传动模式较多，动力性较好，结构简单，应用广泛，是主流的技术路线。

（3）混联式插电式混合动力。又可称为动力分流式。一般需要 2 台电机（1 台发电机和 1 台电动机），同时需要一套用于动力分流的行星齿轮装置。

插电式混合动力汽车的优点：

（1）插电式混合动力汽车的电池容量更大，可以支持行驶的里程更长，如果每次都是短途行驶，又有较好的充电条件，插电式混合动力汽车可以不用加油，可以当作纯电动汽车使用，具有纯电动汽车的优点。

（2）与纯电动汽车相比，插电式混合动力汽车的电池容量要小很多，但是带有传统燃油车的发动机、变速器、传动系统、油路、油箱，因此在无法充电时，只要有加油站就可以一直行驶下去，行驶里程不受充电条件的制约，又具有燃油汽车的优势。

（3）插电式混合动力汽车结合了传统混合动力汽车的优点，在提供较长的续航里程（指混合动力模式）的同时也能满足人们用纯电力行驶的需求，起到了良好的能源替代作用，是通向纯电动汽车的必由之路（技术路线）。

插电式混合动力汽车的缺点主要是一辆车内要集成纯电动汽车和燃油汽车两套完整的动力系统，因此插电式混合动力汽车的成本较高，结构复杂，质量也比较大。

四、48V 轻混系统

48V 轻混系统是将传统车辆原有 12V 电能系统提高到 48V，并通过电动机、电池组等的加入，使得有辅助车辆驱动以及储存回收电能的效果。48V 轻混系统采用能量小于 1kWh 的功率型锂离子电池替代传统的铅酸电池，用 BSG 电机代替传统的启动电机和发电机，是具备自动启停功能外，还能在必要时提供辅助动力的轻混系统。

48V 轻混系统的优势在于对发动机启动、起步、刹车等工况下的优化，节油效果比较明显。因为有了更大容量的蓄电池、更大功率的电机，在车辆起步、短暂停车的时候，带 48V 系统的动力总成可以采用纯电启动，避开燃油车最耗油的怠速阶段。48V 系统填补了传统动力汽车和纯电动汽车之间的差距。由于安装 48V 系统不需要大量硬件配合，也不必重新布线，安装成本比较低。

第二节　电动汽车的电池包

无论电动汽车的电池包能量多大，都是由一个个电池组装成的。这些电池有的是三元锂离子电池，有的是磷酸铁锂电池。三元锂离子电池的标称电压 3.7V，磷酸铁锂电池的标称电压 3.4V，电动汽车的电动机输入电压达到 380V。18650 型号的电池容量只有 1500mAh，一部小型汽车的电池容量要达到 85kWh，这就需要把大量电池通过串、并联的方式组成电池包，才能满足需要。比如某一款小型电动汽车的电池包由 6831 节 18650 三元锂离子电池组成，电池包输出电压 400V，需要 113 节电池串联。容量 85kWh，需要更多的电池并联。

一、某种电动汽车的电池包形成过程

（1）由 69 节 18650 型三元电池形成一个并联电池模组。

（2）由 9 个电池模组串联形成一个电池簇。

（3）由 11 个电池簇串联形成一个电池包。由此可知，电池包是 99 级电池串联，得到电压 366V。电池包的组成过程如图 18.1~图 18.3 所示。

（4）选用 18650 型号电池做电动汽车的动力电池是有一定道理的。这款电池是最早出现的锂离子电池，多年来在消费类电子产品中得到了广泛的应用。全球每年要生产数十亿只各种类型 18650 型锂离子电池，生产技术比较成熟。另一个原因是锂离子电池在充电和放电过程中都会产生热量，这些热量只能通过热传导

图 18.1　电池模组

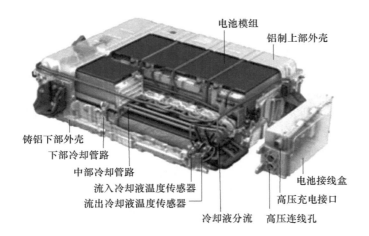

图 18.2　组装好的电池包

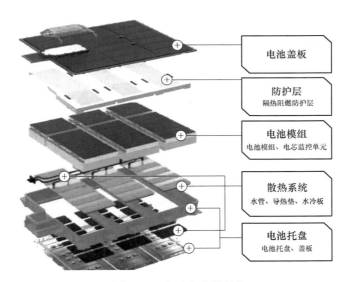

图 18.3　电池包内部结构

的方式由电池内部传送到电池表面，然后被冷却系统带走。前面讲过，电池里面构成正负极片的铝箔和铜箔是热的良导体，但是隔膜是热的不良导体，热量由电池中心传导到电池表面并不很顺畅。如果电池的体积比较大，由电池中心的高温区域到电池表面的温度分布梯度就比较大，热量传导距离比较大，电池的散热效果就不太好。18650 型电池的半径只有 9 mm，热传导的距离比较短，散热容易。

二、电池包的安全措施

(一) 电池的安全措施

(1) 在电池正极装有 PTC (positive temperature coefficient) 装置，当电池内部温度增高时其电阻会相应增高，从而起到限流作用。

(2) 电池内部均装有 CID (current interrupt device)，当电池内部压力超过安全限值时会自动断开，从而切断内部电路。

(二) 电池系统的安全措施

(1) 电池系统外壳体采用铝合金，结构强度较高，并且电池箱体后部设有通气孔，以防止箱体内部气压过高。

(2) 每个电池的正、负极均设有保险丝，如果个别电池发生短路，可以将问题电池与系统之间的电路快速断开。

(3) 部分模组设有保险装置。"U" 表示无保险，"F" 表示有保险。一但模组电流超过限值，保险立刻熔断，保证系统安全。

(4) 每个二级模组均设置有电池监控板 BMB (battery monitor board)，用以监控模组内每个模组的电压、温度以及整个二级模组的输出电压。

(5) 电池系统内设置有电池系统监控板 BSM (battery system monitor)，通过相应传感器监控整个电池系统的工作环境，其中包括电流、电压、温度、湿度、烟雾以及惯性加速度 (用于监测车辆是否发生碰撞)、姿态 (用于监测车辆是否发生翻滚) 等。并且可以与车辆系统监控板——VSM (vehicle system monitor) 通过标准 CAN 总线实现通信。

(6) 电池系统内部设置有冷却装置，冷却液为水和乙二醇的混合物 (比例为 1∶1)。电池系统共计 6831 只 18650 电池，其表面积合计可以达到约 $27m^2$，并且每只 18650 电池附近均布置有冷却管路，冷却管路与电池间填充有绝缘导热胶质材料，固化后非常坚硬。在这些因素的作用下，电池可以将热量快速传递至外部环境，并在电池系统内部保持热平衡。

冷却液的进、出管路设计为交叉布置方式，共分为 4 个接口，分别为 2 个进口和 2 个出口。这种设计方式可以有效地避免因为管道过长而使得管道始、末端冷却液温度差异过大，进而造成电芯温度差异过大。另外，每条进、出管道又分为 2 个子管道，使得冷却液与管道接触面积增加，提高热传导效率。

三、电池包的组装安全

电池包的生产工艺过程如图 18.4 所示。

组成电池模块的单体电池必须是通过《电动汽车用锂离子蓄电池》(QC/T 743—2006) 或者《电动汽车用动力电池安全要求及试验方法》(GB/T 31485—2015) 的安全试验的。这两个标准对于单体电池的安全试验项目如表 18.1 所列。

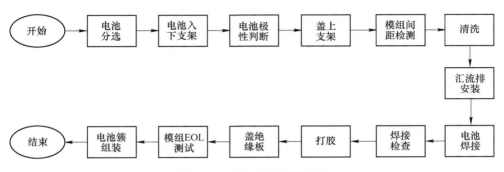

图 18.4　电池包的组装过程

表 18.1　电动汽车用动力电池安全性能测试项目

序号	GB/T 31485—2015	QC/T 743—2006
1	过放电	过放电
2	过充电	过充电
3	短路	短路
4	跌落	跌落
5	加热	加热
6	挤压	挤压
7	针刺	针刺
8	海水浸泡	—
9	温度循环	—
10	低气压	—

　　这些试验项目的具体试验方法与第十一章、第十二章的方法相同，略有差异。

　　电池组组装工序要符合本书第十章第七节电池组组装安全的要求。

四、结构的安装

（一）结构安装的条件

　　电动大巴车的电池组一般由几个动力电池模组、高压控制箱等经过组装加工装配后组成，电池箱在组装完成后，一般质量都在 200~400kg。所以设计结构时，首先应考虑单个模块的可安装性、是否有搬运条件、是否有固定条件、是否有快速装卸条件，同时要考虑箱体在整车上的固定和维修，确保电池可以快速固定和脱离车体。

（二）结构的强度

一般电池组在整车的布置空间都比较紧凑，也就是说车厂会最大限度的要求电池供应商在有限的空间里，布置下最大容量的电池，这就导致电池箱体在结构设计上会尽量采用钣金件来完成制作。所以一定要根据电池的布置位置，考虑箱体的强度问题，因为电池的模块相当重，如果不考虑这个问题，那么电池箱体在后续的运输过程中就会产生变形。

（三）电池箱体内部的布局

电池箱体内部一般是电池串并模块和 BMS 及保险之类的电器元件，这就要求在设计的过程中考虑电器元件的特性，还要考虑使用过程中的维护问题，也就是说，一定要满足现场维修人员能快速对电箱模块的电器元件进行维护。

（四）布线和接线端子

布线时要考虑温度、电压和在设备内部布线的使用情况，保证绝缘合格。布线接头应当牢固，防止端子连接松动，并且应该提供连接点和终端紧密的电气接触。布线的支撑、夹紧或固定方式应减少导线和端子连接上过度拉紧的可能性，以免端子拉脱以及导体绝缘体损坏。在对安全要求严格的电路中，对于焊接的终端，应将导体固定牢靠，以免单独依靠焊接来保持导体的位置。包括端子在内的未绝缘带电部件应采用可靠的方法固定在其支撑表面上，以防止转动、移位、减小电气间距或造成短路。不可依靠表面之间的摩擦力来固定带电部件。电线接头不能铰接，因为铰接接头接触不良，电阻比较大，通电时容易成为热点。连通电池包外部的连接端子应该有措施防止意外的失位、断路和短路。绝缘线穿过的金属孔洞应该具有平滑的护套或者有光滑的平面、无毛边、缝隙和锋利边缘等，以防止绝缘皮磨损。使用橙色绝缘层或橙色线束护套将危险电压的接线与低压线束区分开。未配备橙色线束盖或护套的危险电压电路的内部布线，也应主要涂成橙色，或用带有危险电压警告标签（例如 ISO 编号）的接线盒封闭。

（五）电气电路间距间隔

电池包内极性相反的电气电路应该具有可靠的空间来防止短路（例如：印制电路板上的电气空间，未绝缘的导线和部件的物理安全等）。当空间不能被可靠的物理分隔所控制时，就应该使用适用于预期的温度和电压的绝缘。

因为电气有爬电问题，就是两个极性相反的导体之间的绝缘体表面有轻微的放电现象，造成绝缘体的表面一般呈树枝状或是树叶的经络状放电痕迹。一般这种放电痕迹不是连通两极的，放电一般不是连续的，只在特定条件下发生，如天气潮湿、绝缘体表面有污秽、灰尘等，时间长了会导致绝缘损坏。在一定的绝缘介质下，两个导体之间耐受一定电压所需要的空间距离，即泄漏距离也称爬电距离，简称爬距。这里面有个污秽等级的概念，绝缘体表面越脏，导电性就越好。所以根据大气环境确定一个污秽等级，就得到一个爬电比距。电动汽车的电池包应用环境相对比较恶劣，对爬电距离的要求如表 18.2 所示。

表 18.2 电气间隙

电压/V	最小间距/mm	
	电气间隙	爬电距离
30~50	1.6	1.6
51~150	3.2	6.4
151~300	6.4	9.5
301~660	9.5	12.7
661~1000	19.1	19.1

（六）内部绝缘问题

电池在设计结构时已经考虑到正负极的绝缘问题了，但是车载电池的不确定因素太复杂了，所以在电池包组装的过程中一定要单独设定绝缘条件，满足撞击、振动、潮湿等多种复杂的环境下电池绝缘仍然安全有效。

（七）散热、防尘、防水的问题

必须使用适当的措施来解决电池的散热问题、防尘问题、防水问题。一般采用吸风式散热，这样可以快速将电池箱体内部的热空气排出，导入温度较低的外部气流，带走电池表面的热量。另外一种方法是在电池包内布置冷却液管道，通过冷却液把热量带出电池包，通过风冷降温。

防水问题比较复杂。小型电动汽车的电池包都是安装在底盘上面的，电动大巴的电池包因为体积比较大，分散在几个地方，有的甚至安装在车顶上。电动泥头车的电池包就放在驾驶室与车厢之间。各种电动汽车的电池包安放位置如图18.5所示。所以，在结构布局上一定要考虑电动车的电池包防水问题。电池包的箱体的密闭性要考虑，导线进出口的密闭性、耐水性是很重要的。

（八）耐腐蚀性

车辆长时间的裸露在带有腐蚀性空气中的这种状态，例如沿海城市，空气中高盐分水汽成分较大，以及城市空气污染比较严重的区域，电器元件及箱体的裸露部分会造成腐蚀损坏，导致系统瘫痪。所以在选用电器元件及结构件时应采取相应措施，避免这类原因导致电池无法工作。

（九）电池包保护电路

电池包的保护电路应该设计成能保持电池运行的内部电压、电流和正常温度，这些参数如果偏离了正常的运行范围就会影响电池包的寿命。出现这种情况时，保护电路应关闭电池包，禁止电池包充放电。电池包保护电路应该具有检测出某个已损坏电池或者电池模组的能力，并且能够将已损坏电池或者电池模组与

图 18.5 各种电动汽车电池包安放位置

电池包隔离，防止由于已损坏的电池或电池模组导致过充或者反向充电。这是引起电动汽车起火的一个重要原因。

（十）电池包用到的非金属材料

非金属材料主要用于电池组外壳，或作为危险电压电路的绝缘材料，他们应当符合材料的燃烧等级测试和零部件塑料材料易燃性能测试标准。电池包所采用的高分子材料应该与应用中所遇到的高于 80℃ 的温度变化相适应。电池包外壳的高分子材料还要符合抗紫外线、抗水蚀和浸泡试验。

第三节　电动汽车电池包安全试验

电动汽车电池包安全试验的标准有《电动汽车用动力蓄电池安全要求及试验方法》（GB/T 31485—2015）、《电动汽车用锂离子蓄电池》（QC/T 743—2006），这两个标准都是针对单体电池或电池模组进行试验的，前一个标准对组成电池模组的电池个数并没有明确规定，只是规定电池模组是由一块以上电池单体组成。后一个标准明确规定电池模组是由 5 个电池单体组成。《电动汽车用锂离子动力蓄电池包和系统 第 3 部分：安全性要求与测试方法》（GB/T 31467.3—2015）、《Secondary lithium-ion cells for the propulsion of electric road vehicles – Part 3：Safety requirements 电动道路车辆用二次锂离子电池-第 3 部分：安全要求》（IEC 62660-3—2016）、《Batteries for Use In Electric Vehicles 电动汽车用电池》（UL 2580—2020）等都明确了对电池包的试验。其中 UL 2580—2020 是最新的电动汽车电池包安全标准。电池包里面单体电池和电池组（电池模组）的安全试验在前面已经做过了比较详尽的叙述，而且假定用来试验的电池包里的电池都是通过了相关标准安全试验的。本节只介绍电池包的安全试验，不介绍电池模组的试验。

（1）电池包或系统的振动试验。这个试验是模拟汽车在崎岖不平的道路上行驶时电池包或系统的安全性能。振动试验过程参照 GB/T 2433.56 进行。以汽车行驶方向为 x 轴，水平面垂直于 x 轴的方向为 y 轴，上下方向为 z 轴。试验按照 z 轴、y 轴、x 轴的顺序进行。三个轴向的振动频率和功率谱密度不同，电池包和系统安装位置在车辆乘员舱下部和上部的情况沿 y 轴的振动频率和功率谱密度也不同。每个方向的测试时间是 21h，如果测试方向是两个，则可以减少到 15h，如果测试方向是三个，都可以减少到 12h。在试验过程中要监控测试对象内部最小监控单元的状态，例如电压和温度等。振动测试后观察 2h。

（2）电池包或系统的电子装置的振动试验。这个试验是模拟汽车在崎岖不平的道路上行驶时电池包或系统的电子装置的安全性能。电池包或系统的电子装置安装在车辆悬架上和安装在其他部位的随机振动试验的振动频率和功率谱密度不同。测试对象的每个平面都要进行 8h 随机振动测试。在测试过程中，电池包和系统的最小监控单元无电压锐变（电压差的绝对值不大于 0.15V），电池包和系统连接可靠、结构完好，电池包或系统无泄漏、外壳破裂、着火和爆炸现象。试验后的绝缘电阻值不小于 100Ω/V。电池包或系统的电子装置在实验过程中应连接可靠、结构完好、无松动，而且试验后的状态参数测量值要满足表 18.3 的要求。

表 18.3　状态参数测量精度要求

参数	总电压值	温度值	单体（模组）电压值
精度要求	≤±2%FS	≤±2℃	≤±0.5%FS

（3）电池包或系统的机械冲击试验。这个试验是模拟汽车发生突然坠落事故或者剧烈颠簸行驶时电池包或系统的安全性能。对测试对象沿 z 轴方向施加 25_{g_n}、15ms 的半正弦冲击波形，冲击 3 次，观察 2h。电池包或系统应当无泄漏、外壳破裂、着火或爆炸等现象。试验后的绝缘电阻值不小于 $100\Omega/V$。

（4）电池包或系统的跌落试验。将测试对象从实际维修或者安装过程中最可能跌落的方向进行跌落试验，如果无法确定最可能跌落的方向，则沿 z 轴方向，也就是垂直方向进行跌落试验。试验方法是测试对象从 1m（有标准规定 1.2m）高处自由跌落到水泥地面上，观察 2h。电池包或系统应当无电解液泄漏、着火或爆炸等现象。

（5）电池包或系统的翻转试验。这个试验是模拟汽车在发生事故后出现翻滚的情况。测试对象绕 x 轴以 6°/s 的速度旋转 360°，然后以 90°增量旋转，每隔 90°增量保持 1h，旋转 360°停止。观察 2h。然后再绕 y 轴重复一次。电池包或系统应当无电解液泄漏、着火或爆炸等现象，并且保持连接可靠、结构完好，试验后的绝缘电阻值不小于 $100\Omega/V$。

（6）电池包或系统的模拟碰撞试验。这个试验是模拟汽车发生碰撞事故后电池包或系统的安全性能。将测试对象水平安装在带有支架的试验台上，根据测试对象的质量和使用环境，通过试验台给试验对象施加不同的脉冲加速度和脉宽。试验结束，观察 2h。电池包或系统应当无电解液泄漏、着火或爆炸等现象，试验后的绝缘电阻值不小于 $100\Omega/V$。

（7）电池包或系统的挤压试验。这个试验是模拟汽车发生碰撞事故后电池包或系统受到挤压时的安全性能。这个挤压试验是沿水平面的 x 轴和 y 轴两个方向进行的，垂直的挤压板的形状是半径为 75mm 的半圆柱体，半圆柱体的长度超过测试对象的高度，但不超过 1m。挤压力达到 200kN 或者挤压变形量达到挤压方向的整体尺寸的 30%时停止挤压并保持挤压状态 10min。观察 1h。电池包或系统应当无着火或爆炸等现象。

（8）电池包或系统的温度冲击试验。这个试验是模拟汽车在寒冷天气中电池包或系统停车和发动后温度急剧变化时的安全性能。将测试对象置于（−40±2）℃~（85±2）℃ 的交变温度环境中，两种极端温度的转换时间在 30min 以内。测试对象在每个极端温度环境中保持 8h，循环 5 次。然后在室温下观察 2h。电池包或系统应当无泄漏、外壳破裂、着火或爆炸等现象。试验后的绝缘电阻值不小于 $100\Omega/V$。

（9）电池包或系统的温度湿热循环试验。这个试验是模拟汽车在热带潮湿天气中电池包或系统的安全性能。温度循环是 25~80℃，相对湿度是 55%~98%。共循环 5 次，然后在室温下观察 2h。电池包或系统应当无泄漏、外壳破裂、着火或爆炸等现象。试验后 30min 之内的绝缘电阻值不小于 100Ω/V。

（10）电池包或系统的海水浸泡试验。这个试验是模拟汽车在发生事故或者遇到极端天气而被海水浸泡时电池包或系统的安全性能。试验过程是在室温下以整车装配状态与整车线束相连，然后以整车装配方式置于 3.5%NaCl 溶液（质量分数，模拟常温下的海水成分）中，水深要足以淹没被测试对象。观察 2h。电池包或系统应当无着火或爆炸等现象。这个试验会使水受到电解而产生氢气和氧气，试验现场要注意通风。

（11）电池包或系统的外部火烧试验。这个试验是模拟汽车在发生事故后着火时电池包或系统的安全性能。被测试的电池包假定置于车辆的底盘上，测试中，把一个盛有汽油的平盘放入测试对象下面，平盘下部有一层水，水的上面是一层汽油，平盘的边缘高于汽油表面不超过 8cm。平盘的尺寸要大于被测对象水平尺寸 20~50cm。汽油液面与被测对象的垂直距离设定为 50cm，或者是车辆空载状态下被测试对象底面的离地高度。在距离被测设备至少 3m 远的地方点燃汽油，经过 60s 预热以后，将油盘置于被测设备下方。如果油盘尺寸太大，移动困难，可以利用移动被测样品和支架的方式达到目的。第 1 步，将被测试对象直接暴露在火焰下 70s。第 2 步，将盖板盖在油盘上，继续加热被测试对象 60s，或者经送检单位同意，继续把被测试对象直接暴露在火焰中 60s。然后把油盘移走，观察 2h。电池包或系统应当无爆炸现象。若有火苗，应在火源移开后 2min 内熄灭。

（12）电池包或系统的盐雾试验。这个试验是模拟汽车在沿海空气盐分高的地区电池包或系统的安全性能。盐溶液采用氯化钠（化学纯或者分析纯）与蒸馏水或去离子水配制，浓度为（5±0.1）%（质量分数），在（20±2）℃温度下测量 pH 值在 6.5~7.2 之间。将被测试对象放入盐雾箱，在 15~35℃喷盐雾 2h。喷雾结束后，将被测试对象转移到湿热箱中贮存 20~22h。湿热箱的温度为（40±2）℃，相对湿度为（93±3）%。将这一过程重复做 4 次。然后在温度为（23±2）℃、相对湿度为 45%~55%的标准大气条件下贮存 3 天，完成一个试验周期。一共重复进行 4 个试验周期。电池包或系统应当无泄漏、外壳破裂、着火或爆炸等现象。

（13）电池包或系统的高海拔试验。这个试验是模拟汽车在高海拔地区行驶时电池包或系统的安全性能。设定海拔高度为 4000m 或者同等高度的气压条件，温度为室温。将被测试对象在试验环境下搁置 5h，然后对被测试对象进行 1C（不超过 400A）恒流放电至放电截止条件，观察 2h。电池包或系统应当无放电电流锐变、电压异常、泄漏、外壳破裂、着火或爆炸等现象。试验后绝缘电阻值不小于 $100\Omega/V$。

（14）电池系统的过温保护试验。这个试验是模拟电池包系统在最高工作温度持续工作的安全性能。以被测试对象允许的最大持续充放电电流进行充放电试验，直至电池管理系统起作用，或者是达到以下条件时停止试验：

1）超过最高工作温度 $10℃$。

2）在 1h 内最高温度变化值小于 $4℃$。

3）出现其他意外情况。

要求电池管理系统起作用，电池包系统不出现喷气、外壳破裂、着火或爆炸等现象。试验后绝缘电阻值不小于 $100\Omega/V$。

（15）电池包系统的短路保护试验。这个试验是模拟电池包系统出现外部短路时的安全性能。在被测试对象所有控制系统处于工作状态的情况下，将其接线端子用不大于 $20m\Omega$ 的电线短路 10min，然后观察 2h。要求电池保护装置起作用，电池包系统无泄漏、外壳破裂、着火或爆炸等现象。试验后绝缘电阻值不小于 $100\Omega/V$。

（16）电池包局部短路试验。这个试验是模拟电池包系统内部个别电池单体或者个别电池模组出现局部短路时的安全性能。试验要求把一个被测试电池包充满电，用一个总电阻不大于 $5m\Omega$ 的负载连接并联电池组中的一个电池或者并联电池模组串中的一个模组的正负极，使其产生局部短路。试验一直进行到被测试对象完全放电，再静置 7h 进行观察。被测试对象不得起火或者爆炸。

（17）电池包系统的过充电保护试验。这个试验是模拟充电机发生故障时电池包系统处于过充电状态的安全性能。在被测试对象所有控制系统处于工作状态的情况下，标准充电至充电截止条件，继续以 1C 电流充电至电池管理系统起作用，或者是达到以下条件时停止试验：

1）达到被测试对象的最高电压的 1.2 倍。

2）SOC＝130%。

3）超过厂家规定的最高温度 $5℃$。

4）出现其他意外情况。

要求电池管理系统起作用，电池包系统无外壳破裂、着火或爆炸等现象。试验后绝缘电阻值不小于 $100\Omega/V$。

（18）电池包系统的过放电保护试验。这个试验是检验电池包系统对于过放电状态的安全性能。在被测试对象所有控制系统处于工作状态的情况下，放电电流为 1C（不超过 400A），放电至电池管理系统起作用，或者是达到以下条件时停止试验：

1）总电压低于额定电压的 25%。

2）放电时间超过 30min。

3）超过厂家规定的最高温度 5℃。

4）出现其他意外情况。

要求电池管理系统起作用，电池包系统无外壳破裂、着火或爆炸等现象。试验后绝缘电阻值不小于 100Ω/V。

（19）电池包和充电机兼容性试验。这项试验是为了测试电池包管理系统与不同充电机的兼容性，要求在用不同的充电机对电池包充电时，都能够保证电池包内的电池不超过其最大的充电条件。试验时，把完全放电的电池包放进其允许的最高温度的实验室，待电池包温度稳定以后，以电池包所允许的最大充电电流和最大充电电压给其充电。充电时监控每一个电池的电压和温度。电池包完全充电而且电池包温度稳定以后，按照制造商的规格参数进行放电，同时监控每一个电池的电压和温度。要求在充放电过程中电池和电池模组都应该处于正常运行状态，温度也不能超出许可范围。

（20）电池包不均衡充电测试。这项测试的目的是检验当电池包内个别电池的荷电能力出现比较大的差异时，如果按照电池包规定的电压和电流进行充电，会不会有电池出现过充电现象。试验时把一个电池模组的电池全部充满电，然后放电至 50%SOC，给电池模块接入一个完全放电的电池。给这个准备好的样本按照制造商的规格参数进行充电，看充电过程中部分充电的电池的电压是否会超过电池的最大限制电压。

（21）电池包的绝缘耐压测试。该项测试是评估电池包的电气间距和危险电压电路的绝缘性。60V 直流电路或者更高的电压电路应该承受 2 倍的电压。测试电压应该作用于电池包危险电压部分和死区金属部分，这些可能会接触到车辆的通信部分。测试电压也可应用于高压充电电路和电池包的充电连接部分和电池包的外壳和入口。如果电池包的被绝缘材料所覆盖的通信部分可能会由于发生绝缘不良而变得带电，测试电压可以在每个带电部分和通信部分接触的金属之间进行。这个测试电压进行过程应少于 1min 并且所有的电池都断开连接。外加电压不能使介质被击穿。

（22）电池包绝缘电阻测试。这个测试的目的是确定电池包危险地方有足够的电阻来防止电流流到通信部分。电池包应该能经受住在正极端子和电池包的通信死区金属部分之间的绝缘电阻测试。绝缘电阻应该施加 500V 直流电进行测量。正极端子和电池包的通信部分的绝缘电阻应至少有 50000Ω。

（23）非正常操作测试。电池包应该能经受住非正常操作测试来评估它的保护机制。测试的示例包括但不仅限于在有故障的冷却系统下对电池包正常充放电、电池的开路和短路以及其他潜在的故障模式。非正常操作测试时电池包不得起火或爆炸。

第四节 电动汽车充电机安全

随着新能源汽车的普及，电动汽车充电的快捷性和安全性已经显得越来越重要。当前流行的电动汽车充电的方式主要有两大类，一类是非车载传导式充电，这种充电方式的充电机与电源侧连在一起，通过变压、整流，把合适的直流电供给电动汽车的动力电池，给这种汽车供电的充电桩叫做直流充电桩。另一类是传导式车载充电机充电，这种充电机固定安装在电动汽车上，与汽车的动力电池包连接在一起，通过电缆与交流电源连接。给这种汽车充电的充电桩叫做交流充电桩。传导式充电就是用电缆将电源和汽车的电池包连接在一起充电，而不是无线充电方式。

一、传导式车载充电机的结构

与传导式车载充电机有关的研究文章不少，但是公布的标准不多。《电动汽车用传导式车载充电机技术条件》（中华人民共和国工业和信息化部）、《高寒地区电动车车载充电机技术条件》（T/GHDQ 25—2018）是现在可以见到的标准。车载传导式充电机如图 18.6 所示。车载充电机依据电池管理系统（BMS）提供的数据，能够动态调节充电电流和电压参数，执行相应的动作，完成充电过程。功率电路是由交流整流、变压器和功率管组成的，DC/DC 变换器是其重要组成部分，将 220V 交流电转化为 300 多伏的直流电，然后充入高压蓄电池。控制电路实现与电源管理的串行通信，并根据需求来控制功率驱动电路输出一定的电压和电流。车载充电机具备高速 CAN 网络与 BMS 通信的功能，判断电池连接状态是否正确，获得电池系统参数、充电前和充电过程中电池模组和单体电池的实时数据。可通过高速 CAN 网络与车辆监控系统通信，上传充电机的工作状态、工作参数和故障告警信息，接受启动充电或停止充电控制命令。充电机有完备的安全防护措施。在充电过程中，充电机能保证动力电池的温度、充电电压和电流不超过允许值，并具有单体电池电压限制功能。

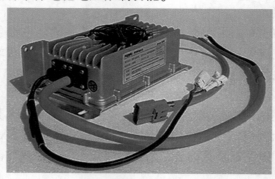

图 18.6 一款车载传导式充电机

充电机的一个重要控制因素就是充电模式。充电模式指充电过程中，电流、电压以怎样的规律变化。充电模式对充电效率、电池寿命都会产生显著影响。主要的充电模式有恒流充电，恒压充电，先恒流后恒压充电，同向脉冲充电和正负脉冲充电几类。一直有人在研究更为合理高效安全的充电方式。比如，结合恒流恒压充电，中间采用正负脉冲充电方式。在较长时间脉冲正向充电以后，夹杂短暂的负向脉冲充电，用以消除正向充电过程中产生的极化现象，降低回路电阻，进而提高了充电效率，同时对降低充电温度也有正向作用。最为常见的充电形式是恒流-恒压充电。电量较低时采用较大电流充电，电压随充电量增多而逐渐升高，提高充电速度。充电到一定程度，电池的电量较高时，采用恒压小电流充电，避免对电池造成伤害。

充电截止条件是充电机一个重要的控制要素，常见的有电池包总电压控制、电池单体最高电压控制、充电电流值控制。

（1）电池包总体电压作为充电截止条件。在充电过程后期，电池包总电压随着充电过程的进行而逐渐提高，达到某一个设定阈值后，充电过程结束。在这个过程中，如果充电截止总电压的设置数值比较高，而电池包中单体电池的一致性又不好，或者个别单体电池已经损坏，就可能出现单体电池电压已经到了报警阈值，而总电压依然没有触及截止值的情况。这种情况会产生个别电池过充电的现象，存在电池包着火风险。

（2）单体电池最高电压作为充电截止条件。把电池管理系统监测到的单体电池电压中最大值作为判据，当电压达到设定的截止电压值时，充电过程结束。由于单体之间不一致性的存在，如果没有合理的均衡措施，必然存在着一批电池的电压还没有达到充满电状态，对电池包的荷电能力造成损失。

（3）充电电流作为充电截止条件。接近满充状态，电压恒定，电流则逐渐减小，当电流减小到设定阈值以下，充电过程结束。图 18.7 是一种充电模式。更多充电方法请参看本书第四章第五节。

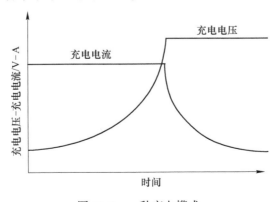

图 18.7　一种充电模式

二、车载充电机的工作参数

（1）输入电压：交流电 220V±10%、50～60Hz。

（2）输出电压：直流电 48V、72V、144V、200～420V、500～650V。

（3）输出电流：30A、25A、20A、10A、5A。

（4）输出功率：1.0kW、1.8kW、3kW、3.3kW、30kW。

（5）输出纹波：≤1%（满载）。

（6）电压、电流稳定精度：≤1%。

（7）谐波：≤5%。

（8）工作效率：≥95%。

（9）工作状态：可以保持长期工作和单次充电。

（10）低压辅助电源：DC 13.5V/100W 稳压电源。

（11）CAN 通信介面。

（12）功率因数：0.99（有源功率因数校正 APFC）。

三、车载充电机的安全防护措施

（1）交流输入过压保护功能。

（2）交流输入欠压告警功能。

（3）交流输入过流保护功能。

（4）交流输入反接保护功能。

（5）直流输出过流保护功能。

（6）直流输出短路保护功能。

（7）电池过热保护功能。

（8）输出软启动功能，防止电流冲击。

（9）自动根据 BMS 的电池信息动态调整充电电流。

（10）自动判断充电连接器、充电电缆是否正确连接。当充电机与充电桩和电池正确连接后，充电机才能允许启动充电过程。当充电机检测到与充电桩或电池连接不正常时，立即停止充电。

（11）充电联锁功能，保证充电机与动力电池连接分开以前车辆不能启动。

（12）高压互锁功能，当出现危害人身安全的高电压时，模块锁定无输出。

（13）安全指标：绝缘电阻≥200MΩ，耐压 1500V/mm。

（14）在充电过程中，充电机应具有明显的状态指示和文字提示，防止人员误操作。

（15）具有阻燃功能。

四、电动汽车非车载传导式充电机安全

非车载传导式充电机是固定安装在地面，将电网交流电能变换为直流电能，采用传导方式为电动汽车动力蓄电池充电的专用装置。电动汽车非车载传导式充电机技术在当下是建设的主流，各地充电站已经相当普及了，也有一些比较成熟的标准规范，比如：《电动车辆传导充电系统电动车辆交流直流充电机（站）》（GB/T 18487.3—2001）、《电动汽车非车载传导式充电机技术条件》（NB/T 33001—2010）、《电动汽车非车载充电机通用要求》（Q/GDW 233—2009）、《电动汽车交流充电桩技术条件》（Q/GDW 485—2010）等。这种充电方式是用电源线和连接器把充电机同电动车辆连接，电源线和连接器永久地固定在充电机（站）上。充电机把直流电送给汽车电池包，电池包和充电机之间有通信，使充电机随时了解电池包的各种参数，及时修正充电的状态。非车载传导式充电机相当于把车载充电机移到地面上，由移动变成固定，其性能参数要求和安全防范要求基本上与车载充电机相似。

五、非车载充电机的功能要求

（1）非车载充电机输出的直流电压范围宜优先从以下三个等级中选择：150～350V、300～500V 和 450～700V。

（2）非车载充电机输出的直流电流范围宜优先从以下等级中选择：10A、20A、50A、100A、160A、200A、315A 和 400A。

（3）具有根据电池管理系统提供的数据动态调整充电参数、自动完成充电过程的功能。

（4）具有判断充电机与电动汽车是否正确连接的功能，当检测到充电接口连接异常时，应立即停止充电。

（5）具有待机、充电、充满等状态的指示，能够显示输出电压、输出电流、电能量等信息，故障时应有相应的告警信息。

（6）具有实现手动输入的设备。

（7）具备交流输入过压保护、交流输入过流保护、直流输出过压保护、直流输出过流保护、内部过温保护等保护功能。

（8）具备本地和远程紧急停机功能，紧急停机后系统不应自动复位。

（9）非车载充电接口应在结构上防止手轻易触及裸露带电导体。充电连接器在不充电时应放置在人不轻易触及的位置。对于安装在室外的非车载充电机，充电接口处应采取必要的防雨、防尘措施。

（10）非车载充电机应具备与电池管理系统通信的接口，用于判断充电连接状态，获得动力蓄电池充电参数及充电实时数据。

（11）非车载充电机应具备与充电站监控系统通信的功能，用于将非车载充电机状态及充电参数上传到充电站监控系统，并接收来自监控系统的指令。

六、非车载充电机的布置与安装要求

（1）充电机的布置应便于车辆充电，并应缩短充电机输出电缆的长度。

（2）应采用接线端子与配电系统连接，在电源侧应安装空气开关。

（3）充电机保护接地端子应可靠接地。

（4）充电机应垂直安装于与地平面垂直的立面，偏离垂直位置任一方向的误差不应大于5°。

（5）室外安装的非车载充电机基础应高出充电站地坪0.2m及以上。必要时可在非车载充电机附近设置防撞栏，其高度不应小于0.8m。

第五节　充电桩与充电站安全

《电动汽车充电站设计规范》（GB 50966—2014）、《电动汽车交流充电桩技术条件》（Q/GDW 485—2010）、《电动汽车充电站通用要求》（GB/T 29781—2013）等标准规范给电动汽车充电站和充电桩的安全提出了许多要求。

一、交流充电桩的安全要求

（1）交流充电桩供电电源应采用220V交流电压，额定电流不应大于32A。

（2）交流充电桩应具有为电动汽车车载充电机提供安全、可靠的交流电源的能力，并应符合下列要求：

1）具有外部手动设置参数和实现手动控制的功能和界面。

2）能显示各状态下的相关信息，包括运行状态、充电电量和计费信息。

3）具备急停开关，在充电过程中可使用该装置紧急切断输出电源。

4）具备过负荷保护、短路保护和漏电保护功能，具备自检及故障报警功能。

5）在充电过程中，当充电连接异常时，交流充电桩应立即自动切断电源。

（3）交流充电桩应具备与上级监控管理系统的通信接口。

（4）交流充电桩的安装和布置应符合下列要求：

1）电源进线宜采用阻燃电缆及电缆护管，并应安装具有漏电保护功能的空气开关。

2）多台交流充电桩的电源接线应考虑供电电源的三相平衡。

3）可采用落地式或壁挂式等安装方式。落地式充电桩安装基础应高出地面0.2m及以上，必要时可安装防撞栏。

4）保护接地端子应可靠接地。

5）室外的充电桩宜采取必要的防雨和防尘措施。

二、充电站的选址

（1）充电站的基本功能包括：充电、监控、计量等。充电站内应包括行车道、停车位、充电设备、监控室、供电设施及休息室、卫生间等必要的辅助服务设施。充电站的布置和设计应便于被充电车辆的进入、驶出以及停放。

（2）充电站应为电动汽车动力蓄电池提供安全的充电场所，在充电过程中监控充电设备及被充电的动力蓄电池，以保证电能安全传输给动力蓄电池。即使在正常使用中有疏忽，也不应给周围的人员和环境带来重大危险。

（3）充电站应满足环境保护和消防安全的要求。充电站的建（构）筑物火灾危险性分类应符合现行国家标准《火力发电厂与变电站设计防火规范》（GB 50229）和《建筑设计防火规范》（GB 50016）的有关规定。充电站内的充电区和配电室的建（构）筑物与站内外建筑之间的防火间距应符合现行国家标准《建筑设计防火规范》（GB 50016）和《高层民用建筑设计防火规范》（GB 50045）的有关规定。

（4）充电站不应靠近有潜在火灾或爆炸危险的地方，当与有爆炸危险的建筑物毗邻时，应符合现行国家标准《爆炸危险环境电力装置设计规范》（GB 50058）的有关规定。充电站不宜设在多尘或有腐蚀性气体的场所，当无法远离时，不应设在污染源盛行风向的下风侧。充电站不应设在有剧烈振动的场所。充电站的环境温度应满足为电动汽车动力蓄电池正常充电的要求。

（5）充电站与党政机关办公楼、中小学校、幼儿园、医院门诊楼和住院楼、大型图书馆、文物古迹、博物馆、大型体育馆、影剧院等重要或人员密集的公共建筑应具有合理的安全距离。

（6）充电站不应设在地势低洼和可能积水的场所。充电区域应具备一定的通风条件。

（7）充电设备应靠近充电位布置，以便于充电，设备外廓距充电位边缘的净距不宜小于0.4m。充电设备的布置不应妨碍其他车辆的充电和通行，同时应采取保护充电设备及操作人员安全的措施。

三、充电站技术要求

根据充电站的规模、容量和重要性，可选择采用不同的供电方式：

（1）配电容量大于等于500kVA的充电站，宜采用双路10kV电源供电方式。

（2）配电容量大于等于100kVA、小于500kVA的充电站，宜采用双路电源供电方式，根据具体情况可采用10kV或0.4kV。

（3）配电容量小于100kVA的充电站，宜采用0.4kV供电方式。

四、安防监控系统

（1）安防监控系统包括充电站环境监控、设备安全监控、防火、防盗及视频监控等。应在发生危及安全的事件时发出声光告警，并能显示、记录、回放事件前后的监控信息，信息保存时间应满足相关管理要求。

（2）充电监控系统的实时性和可靠性应以满足现场充电设备和动力蓄电池的安全要求为原则。

（3）系统硬件、软件的配置应满足系统基本功能要求和性能指标，保障系统运行的实时性、可靠性、稳定性和安全性，并充分考虑可维护性、可扩性要求。

（4）充电监控系统的局域网与其他信息系统互联时，应采用可靠的安全隔离设施，以防黑客侵入，保证系统网络安全。

（5）系统的每一个操作功能应设置独立权限，并建立严格的密码管理，确保操作的安全性。系统应具有操作日志，记录所有受控操作发生的时间、对象、操作员、操作参数等信息。

五、充电站防火

（1）充电站建（构）筑物构件的燃烧性能、耐火极限、站内的建（构）筑物与站外的民用建（构）筑物及各类厂房、库房、堆场、储罐之间的防火间距应符合《建筑设计防火规范》（GB 50016）的规定。

（2）变压器室、配电室、蓄电池室的门应向疏散方向开启。当门外为公共走道或其他房间时，应采用乙级防火门。中间隔墙上的门应采用由不燃材料制作的双向弹簧门。

（3）监控室、办公室、休息室的门应采用不燃材料，向外开启。门应通向无爆炸、无火灾危险的场所。非抗爆结构设计的窗应朝无爆炸、无火灾危险的方向设置。

（4）电缆从室外进入室内的入口处、电缆竖井的出入口处、电缆接头处、监控室与电缆夹层之间以及长度超过 100m 的电缆沟或电缆隧道均应采取防止电缆火灾蔓延的阻燃或分隔措施，并应根据充电站的规模及重要性采取下列一种或数种措施：

1）采用防火隔墙或隔板，并用防火材料封堵电缆通过的孔洞。

2）电缆局部涂防火涂料或局部采用防火带、防火槽盒。

（5）电动公共大巴和电动泥头车的充电站一般都在户外，出租小汽车的充电站有许多是建在地下停车场。现在新建的高层建筑地下停车库都配有壁挂式充电桩。动力蓄电池电解液含有 $LiPF_6$，着火以后会产生高毒烟气 HF，会危及灭火人员的安全，所以排烟是重要问题。充电站布置在室外，烟气会随风飘散，问题还不大。地下停车库只有一个入口和一个出口，虽然设计有防排烟系统，但是排烟管道安装位置往往不在充电汽车上方，排烟能力会受到影响。所以，配备有充电能力的地下停车库，防排烟系统就不能按照普通停车库设计。

（6）电动汽车着火一般容易在充电时发生。锂离子电池着火最有效的灭火剂就是水，电动汽车的电池包安装位置一般都比较隐蔽，电动汽车的体积也比较大，所以，电动汽车着火以后，干粉灭火器只能扑灭电池包以外可燃物质的着火，而不能扑灭电池包本身着火。用沙子也无法掩埋着火的电动汽车，不要说电动大巴之类的大型汽车，即使小型电动汽车也无法用沙子掩埋。在电动车充电站，一部电动汽车着火往往会引起火烧连营的后果，损失惨重。电动汽车充电站，尤其是建在地下室的充电站，应该安装智能自动喷淋灭火系统。如果一部汽车着火，可以自动报警、自动断电、自动喷水灭火。此时的灭火范围要大一点，着火点周围相当大的范围内都应该喷水降温。因为电池包本身是防水的，消防水喷不到电池包里面，甚至因为车体遮掩，消防水也喷不到电池包外面，所以，扑灭电池包着火是很困难的。只能够做到大量喷水，不要让这一部着火的汽车引燃其他车辆，把损失控制到最小。

（7）电动汽车充电时严禁车内有人。出租汽车司机工作比较辛苦，有的人就想利用汽车充电时在车内睡觉，这是非常危险的，曾经发生过出租车司机在车内睡觉时，正在充电的汽车着火的事故。电池着火产生的有毒烟气会令睡觉的人窒息，没有逃跑能力，就有危及生命的可能性。电动汽车充电站一定要设置乘员休息室，管理人员一定不能够给有人的汽车接电。可以自助充电的充电站，管理人员一定要加强巡视，一旦发现有人在车里睡觉，立刻停止充电，劝其离开。

六、电力设备的防火

（1）变压器室、配电室、户外电力设备的耐火等级、与其他建（构）筑物和设备之间的防火间距应符合《火力发电厂与变电站防火设计规范》（GB 50229）的规定。

（2）电力电缆不应和热力管道、输送易燃、易爆及可燃气体管道或液体管道敷设在同一管沟内。

（3）对于带电设备应配置干粉灭火器、七氟丙烷灭火器或二氧化碳灭火器，但不得配置装有金属喇叭喷筒的二氧化碳灭火器。

（4）根据不同的储能装置，应配置专用灭火器。如没有专用灭火器，应根据起火物质特性配备用于隔离的措施（如干砂覆盖）。

七、充电站防雷

（1）充电站的防雷要求应符合《建筑物防雷设计规范》（GB 50057）的有关规定。

（2）充电站配置专用电力变压器时，电力线宜采用具有金属护套或绝缘护套电缆穿钢管埋地方式引入充电站，电力电缆金属护套或钢管两端应就近可靠接地。

（3）信号电缆应由地下进出充电站，电缆内芯线在进站处应加装相应的信号避雷器，避雷器和电缆内的芯线均应作保护接地，站区内不应布放架空缆线。

（4）充电站供电设备的正常不带电的金属部分、避雷器的接地端均应做保护接地，不应做接零保护。

（5）电气设备内部防雷地线应和机壳就近连接。

八、消防用电及照明

（1）消防水泵、火灾探测报警与灭火系统、火灾应急照明应按Ⅱ级负荷供电。

（2）消防用电设备应采用单独的供电回路，当发生火灾切断生产、生活用电时，仍应保证消防用电，其配电设备应设置明显标志。

（3）消防用电设备的配电线路应满足火灾时连续供电的需要。

（4）控制室、配电室、消防水泵房和疏散通道应设置火灾应急照明。

（5）人员疏散用的应急照明的水平照度不应低于 0.5lx，继续工作应急照明不应低于正常照明照度值的 10%。

（6）火灾应急照明的备用电源连续供电时间不应少于 30min。

第六节　换电站安全要求

在新能源汽车普及之初，关于电动汽车的续电问题一直存在两种技术路线之争，一种是充电路线，另一种就是换电路线。这些年发展的结果是充电路线普及了，能够换电的车辆还是非常少。重要的原因是充电型电动汽车在车型设计上不受约束，配有车载充电机的汽车，有充电插头就可以充电。电动大巴可以在汽车总站设置充电桩，也可以由企业建设集中充电站，面向社会各种车辆充电，无论是出租汽车还是私家车，都可以进站充电。据统计，截至 2020 年 6 月底，全国各类充电桩保有量达 132.2 万个，其中公共充电桩为 55.8 万个，数量位居全球首位。充电式续电方法缺点是充电时间长，动力电池的成本占纯电动车整车成本的 40%~50%，更换电池时费用大。

换电式续电方法主要问题是电池互换问题。不但是不同品牌的车辆，即使是同一品牌的不同型号的车辆，其电池包的大小、形状、安放位置都不相同，达不到互换性。成千上万种电动车，换电站需要储备的电池包将是天文数字。另外还有电池包的质量问题、新旧成色问题、换电池时电池包的电容量问题、备换电池的存放场地问题、换下电池的充电问题、换电站互相兼容问题等等，这些都制约了换电站的发展。

新能源汽车受到电池成本影响很大。换电模式车电分离的特点，则可以通过电池租用的方式将高昂的电池成本从新车售价中剥离出来，大大降低消费者的购车成本。换电模式一旦发展起来，它的战略意义甚至连如今主流的快充技术都无法比拟。但是换电模式对车企来说，需要建立全国性的甚至是全世界性的标准化、通用化和互换性，车企在车型开发方面就会受到约束。在换电站的建设方面，现在出现了一种集装箱式换电站，如图 18.8 所示，大大节约了换电站占地面积。换电技术也逐渐趋于成熟。政府也加大了对换电技术的扶持力度，国家工信部颁布了《电动汽车换电安全要求》，从 2021 年 11 月 1 日起实施，必将极大地推动换电技术的发展。

图 18.8　集装箱式换电站

换电模式是当用户的车辆所剩电量不多的情况下，将车辆开到指定的换电站，由工作人员操作机器设备将车辆的电池取下，换上一块已经充满电的电池，整个过程非常简单。

换电模式的采用，使得电动汽车"充满电"的时间和燃油车加满油相差无几。同时因为电池被设计成可拆卸式的，理论上来说随着电池技术的发展，可以升级成能量密度更高的新款，于是这些车主就可以源源不断地使用到更新、行驶距离更远的电池，也就不再担心电池损耗的问题。

2015 年以前，国内电池更换的技术路线以侧向分箱换电为主，侧向分箱换电对空间要求较高，主要应用领域为电动大巴、环卫车等商用车。近几年，国内换电技术发展迅速，形成了针对不同类型车辆、不同运营场景的不同的换电技术路线。随着换电技术从商用车换电到乘用车换电、从手动换电到自动换电、从整箱换电到分箱换电，换电技术和换电产品越来越成熟，市场接受程度也越来越高。

在车、电分离模式中，电池是独立的个体，可以方便地进行问题修复和隐患排除，安全性会得到大幅提升。

被换下来的电池如何充电，也有许多不同的经营方式。第一种是集中充电模式。集中充电模式是指通过集中型充电站对大量电池集中存储、集中充电、统一配送，在换电站内对电动汽车进行电池更换服务。其中集中型充电站实现对电池的大规模集中充电，而换电站则不具备充电功能，只是作为用户获得更换电池服务的场所。充电站集中充电，可以很好地解决充电安全和火灾预防问题。换电站不承担充电功能，没有电网接入的问题，站址选择灵活。

第二种是充、换电模式，这种换电站同时具备电池充电及电池更换功能，站内包括供电系统、充电系统、电池更换系统、监控系统、电池检测与维护管理系统等部分。这种模式与充电站的建设模式有些相似。

根据所服务车辆类型的不同，换电站可以分三类：综合型换电站、商用车换电站和乘用车换电站。其业务模式主要是通过建设充换电设施网络为电动汽车用户提供基础设施及能源供给服务。

第三种是换电网络运营模式。换电网络集电池的充电、物流调配以及换电服务于一体，这种一体化的运营结构将有利于电池企业的标准化生产，有利于能源供给企业的集约化管理，能够显著降低运营成本。这种网络基于共享经济和物联网技术，国家电网公司颁布了《基于物联网的电动汽车智能充换电服务网络运行管理系统技术规范》，换电网络中包含集中型充电站、换电站、配送站等三类，其中集中型充电站承担大规模的电池充电功能，满电电池将被配送至具有小规模充电能力和换电池功能的换电站以及仅具备换电池功能的配送站，从而实现对用户的电池能量供应。

国家市场监督管理总局、国家标准化管理委员会批准发布《电动汽车换电安全要求》（GB/T 40032—2021），标准将于 2021 年 11 月 1 日起开始实施。据了解，《电动汽车换电安全要求》是我国汽车行业在换电领域制定的首个基础通用国家标准，该标准规定了可换电电动汽车特有的安全要求、试验方法和检验规则，适用于可进行换电的 M1 类纯电动汽车。值得注意的是，《电动汽车换电安全要求》对电池包与汽车的连结寿命：卡扣式连结规定不少于 5000 次，螺栓式连结不少于 1500 次的最低换电次数要求，以确保用户在车辆设计使用寿命内换电时的机械安全。在高压安全方面，标准明确要求换电系统的直流电路绝缘电阻应大于 $100\Omega/V$，交流电路绝缘电阻应大于 $500\Omega/V$。

换电方式是把装有高压直流电的电池包换入汽车，换电工有触电危险性。所以，换电的安全操作规程和对员工的培训显得特别重要。换电时，电池包与汽车有三大系统需要连接，第一个就是动力电系统连接，一定要连接可靠，一定要能够承受汽车运行过程中的颠簸震动而不松动。第二个就是通信系统的连接，电池包和汽车的控制系统通信的制式要一致，要兼容，当然连接接头也要牢靠。第三个是冷却管道系统的连接，接头要严密，不能产生渗漏。

参 考 文 献

［1］中国汽车技术研究中心，北京理工大学，中国电子科技集团公司第十八研究所，等.
GB/T 31485—2015 电动汽车用动力蓄电池安全要求及试验方法［S］.中华人民共和国国家质量监督检验检疫总局，中国国家标准化管理委员会，2015.

［2］中国汽车技术研究中心，中国电子科技集团公司第十八研究所，中国北方车辆研究所，等.GB/T 31486—2015 电动汽车用动力蓄电池电性能要求及试验方法［S］.中华人民共和国国家质量监督检验检疫总局，中国国家标准化管理委员会，2015.

［3］比亚迪汽车工业有限公司，中国汽车技术研究中心有限公司，北京新能源汽车股份有限公司，等.GB 18384—2020 电动汽车安全要求［S］.国家市场监督管理总局，国家标准化管理委员会，2020.

［4］宁德时代新能源科技股份有限公司，中国汽车技术研究中心有限公司，合肥国轩高科动力能源有限公司，等.GB 38031—2020 电动汽车用动力蓄电池安全要求［S］.国家市场监督管理总局，国家标准化管理委员会，2020.

［5］郑州宇通客车股份有限公司，中国汽车技术研究中心有限公司，比亚迪汽车工业有限公司，等.GB 38032—2020 电动客车安全要求［S］.国家市场监督管理总局，国家标准化管理委员会，2020.

［6］中国汽车技术研究中心，清华大学.GB/T 18384.1—2001 电动道路车辆安全要求 第 1 部分：车载储能装置［S］.国家市场监督管理总局，国家标准化管理委员会，2001.

［7］中国汽车技术研究中心，中国电子科技集团公司第十八研究所，深圳市比亚迪汽车有限公司，等.GB/T 31467.3—2015 电动汽车用锂离子动力蓄电池包和系统第 3 部分：安全性要求与测试方法［S］.中华人民共和国国家质量监督检验检疫总局，中国国家标准化管理委员会，2015.

［8］国网江西省电力有限公司电力科学研究院，北京博电新力电气股份有限公司，北京群菱能源科技有限公司，等.T/CES 024—2018 电动汽车非车载传导式充电机现场检测技术规范［S］.中国电工技术学会，2018.

［9］国家电网公司，中国电力科学研究院，国网电力科学研究院，等.GB/T 29781—2013 电动汽车充电站通用要求［S］.中华人民共和国国家质量监督检验检疫总局，中国国家标准化管理委员会，2013.

［10］中国南方电网有限责任公司，广东电网公司电力科学研究院，中国电力科学研究院，等.NB/T 33002—2010 电动汽车交流充电桩技术条件［S］.国家能源局，2010.

［11］上海市电力公司，中国电力科学研究院.Q/GDW 233—2009 电动汽车非车载充电机通用要求［S］.国家电网公司，2008.

[12] 国家电网公司，中国电力科学研究院，南方电网科学研究院，等．GB/T 29317—2012 电动汽车充换电设施术语［S］．中华人民共和国国家质量监督检验检疫总局，中国国家标准化管理委员会，2012.

[13] 上海蔚来汽车有限公司，北京新能源汽车股份有限公司，中国汽车技术研究中心有限公司，等．GB/T 40032—2021 电动汽车换电安全要求［S］．国家市场监督管理总局，国家标准化管理委员会，2021.

[14] 国家高技术绿色材料发展中心，北方汽车质量监督检验鉴定试验所，中国电子科技集团公司第十八研究所．QC/T 743—2006 电动汽车用锂离子蓄电池［S］．国家发展和改革委员会，2006.

[15] 国家电网公司，许继集团有限公司，南瑞集团有限公司，等．NB/T 33001—2018 电动汽车非车载传导式充电机技术条件［S］．国家能源局，2018.

[16] 杭州富特科技股份有限公司，浙江方圆检测集团股份有限公司，金华职业技术学院．T/ZZB 1710—2020 电动汽车用传导式车载充电机［S］．浙江品牌建设联合会，2020.

[17] 王玮江．电动汽车锂离子动力蓄电池单体电池管理控制器 LECU 设计［J］．电气自动化，2010，32（6）：66~68.

[18] 徐华中，杜虎．电动车用锂离子电池常用充电方法研究［J］．硅谷，2014，19（163）：42~43.

[19] 余岳，汪红霞．电动汽车充电桩设计研究［J］．科技创新导报，2012（22）：37.

第十九章　民用锂电池安全

锂离子电池在民用领域使用越来越广泛，小到蓝牙耳机、智能手环，电子烟、手机、平板电脑、手提电脑，大到电动自行车、无人机、平衡车、野炊能源包等，更大的还有锂离子电池蓄能电站。这些用电器都与人们的生活密切相关，几乎每个人每天都要接触其中一种或几种用电器。这些用电器里面的锂离子电池的安全性、充电器的安全性也关系到人们的生命财产安全。

第一节　便携式电子产品用锂离子电池的安全要求

一、便携式电子产品

便携式电子产品是指总质量不超过 18kg 的可由使用人员经常携带的移动式电子产品。便携式电子产品主要包括以下品种：

（1）便携式办公产品：笔记本电脑、平板电脑等。

（2）移动通信产品：手机、无绳电话、蓝牙耳机、对讲机等。

（3）便携式音/视频产品：便携式电视机、便携式 DVD 播放器、MP3/MP4 播放器、照相机、摄像机、录音笔等。

（4）其他便携式产品：电子导航器、数码相框、游戏机、电子书、移动电源（充电宝）等。

上述列举的便携式电子产品并未包括所有的产品，因此未列出的产品并不一定不在便携式电子产品的范围内，比如电子手环、智能手表、儿童电话手表等等。手机、掌上电脑、掌上游戏机、便携式视频播放器等在正常使用时要用手握持的便携式电子产品也称手持式电子产品。超过 18kg 的电子产品靠人移动就有一定的困难和不方便，被称为移动式电子产品。

对于在车辆、船舶、飞机上等特定场合使用，以及对于医疗、采矿、海底作业等特殊领域使用的便携式电子产品用锂离子电池或电池组可能会有其他附加要求。

二、便携式电子产品用锂离子电池和电池组的性能指标

（1）额定容量（rated capacity）：制造厂标明的电池或电池组容量，单位为安时（Ah）或毫安时（mAh）。

（2）额定能量（rated energy）：制造厂标明的电池或电池组的能量，单位为瓦时（Wh）或毫瓦时（mWh），即制造厂标明的电池或电池组的电压乘以额定容量。

（3）充电限制电压（limited charging voltage）：制造厂规定的电池或电池组的额定最大充电电压。

（4）充电上限电压（upper limited charging voltage）：制造厂规定的电池或电池组能承受的最高安全充电电压，充电上限电压高于充电限制电压。

（5）过压充电保护电压（over voltage for charge protection）：制造厂规定的大电压充电时的保护电路动作电压。

（6）放电截止电压（discharge cut-off voltage）：制造厂规定的放电终止时电池或电池组的负载电压。

（7）欠压放电保护电压（low voltage for discharge protection）：制造厂规定的低电压放电时的保护电路动作电压。

（8）推荐充电电流（recommendation charging current）：制造厂推荐的恒流充电电流。

（9）最大充电电流（maximum charging current）：制造厂规定的最大的恒流充电电流。

（10）过流充电保护电流（over current for charge protection）：制造厂规定的大电流充电时的保护电路动作电流。

（11）推荐放电电流（recommendation discharging current）：制造厂推荐的持续放电电流。

（12）最大放电电流（maximum discharging current）：制造厂规定的最大持续放电电流。

（13）过流放电保护电流（over current for discharge protection）：制造厂规定的大电流放电时的保护电路动作电流。

（14）上限充电温度（upper limited charging temperature）：制造厂规定的电池或电池组充电时的最高环境温度。该温度为环境温度，不是电池或电池组的表面温度。

（15）上限放电温度（upper limited discharging temperature）：制造厂规定的电池或电池组放电时的最高环境温度。该温度为环境温度，不是电池或电池组的表面温度。

三、便携式电子产品用锂离子电池和电池组的危险性

便携式电子产品用锂离子电池和电池组的危险性：

（1）漏液（leakage）：可见的液体电解质的漏出。

（2）泄气（venting）：电池或电池组中内部压力增加时，气体通过预先设计好的防爆装置释放出来。

（3）破裂（rupture）：由于内部或外部因素引起电池外壳或电池组壳体的机械损伤，导致内部物质暴露或溢出，但没有喷出。

（4）起火（fire）：电池或电池组发出火焰。

（5）爆炸（explosion）：电池或电池组的外壳剧烈破裂并且主要成分抛射出来。

（6）防火防护外壳（fire enclosure）：用来使燃烧或火焰的蔓延减小到最低限度的部件。

电池或电池组的每一节电池或电池并联块应具有足够的一致性。

便携式电子产品用锂离子电池和电池组的安全性能试验请参看本书第十一、十二章。

四、电池组保护电路安全要求

电池和电池组要受到上述各种性能指标的限制，如果使用不当，电池或电池组就会出现上述各种危险。所以，无论是充电过程还是使用过程，都要通过保护电路对电池和电池组提供保护。有的保护电路是由电池组本身提供的，有的保护电路是由充电器和用电器提供的。电池和电池组的保护电路提供以下功能：

（1）过压充电保护。

（2）过流充电保护。

（3）欠压放电保护。

（4）过载保护。

（5）短路保护。

（6）高压保护。

五、系统保护电路

有的电池或电池组自身不带保护电路，但在其充电器或由其供电的电子产品（含其配件）中带有保护电路，这些电子保护线路为电池和电池组提供的保护有：

（1）充电电压控制。电子产品在正常工作条件及故障条件下均不应造成对电池或电池组的过压充电。充电电压的最大值不应超过电池或电池组制造厂的规定值，如无规定则不应超过其充电上限电压。

（2）充电电流控制。电子产品在正常工作条件及故障条件下均不应造成对电池或电池组的过流充电。充电电流的最大值不应超过电池或电池组的最大充电电流。

（3）放电电压控制。电子产品在正常工作条件及故障条件下均不应造成对电池或电池组的欠压放电。放电电压的最小值不应低于电池或电池组的放电截止电压。

（4）放电电流控制。电子产品在正常工作条件及故障条件下均不应造成对电池或电池组的过流放电。放电电流的最大值不应超过电池或电池组的最大放电电流。

（5）充放电温度控制。电子产品在非正常工作温度条件下均不应造成对电池或电池组的过温度充放电行为。充放电行为停止时的温度值不应超过电池或电池组所规定的允许的充放电温度范围。对于放电情况，可允许在超出电池或电池组所规定的允许的放电温度范围外以小于 0.1C 的电流进行放电。

六、笔记本电脑的电源

便携式计算机移动电源系统（mobile power system for portable computer）是由充放电监控和保护电路、数据采集及存储电路、锂离子电池组、通信和接口及附件组合而成的，用于向便携式计算机供电的电源装置。系统对于电池的安全性能要求请参看本书第十二章，这里介绍一些特别的规定。

（1）通信功能（communication function）。移动电源系统内存储的记录移动电源系统性能的参数（如标称电压、标称容量、学习容量、充电电压、充电电流、温度、已使用次数、产品系列号、制造厂名称、储能电池组化学成分等）通过规定的系统管理总线接口和约定供便携式计算机读取，以便便携式计算机监测和管理移动电源系统。

（2）学习容量（learning capacity）。移动电源系统随着放置和使用，其内部储能电池组的容量不断衰减，移动电源系统自动跟踪并刷新自身的满充电容量值，刷新后的容量即为移动电源的学习容量。

（3）电池组内单体电池性能一致性要求。各单体电池应是同一规格、同一批次和同一生产厂商，电池生产厂出厂时各单体电池之间的最大静态开路电压之差不大于 5mV、最大内阻之差不大于 5mΩ、最大容量之差不大于单体电池标称容量的 1%、各单体电池之间的最大静态开路电压之差不大于 20mV、最大内阻之差不大于 5mΩ。最大容量之差见表 19.1。

表 19.1　电池组内各电池的容量之差

单体电池容量范围 /mAh	允许最大容量差 /mAh
1800~2000	40
2000~2600	50
2600~3000	60

单体电池容量范围 /mAh	允许最大容量差 /mAh
>3000	100

（4）智能充电。移动电源系统采样电路应能监测电池组内各并联单体电池的电压，移动电源系统充电电路根据各单体电池的电压数值对其充电，先达到充电限制电压的单体电池转入恒压充电，其他电池正常充电，直到所有电池都充满电。

（5）电池故障诊断功能。移动电源系统应具有电池组内各单体电池的电池故障诊断功能。

（6）反向充电保护功能。电源系统检测到反向充电后应切断电路。

（7）绝缘与配线。除非有连通，电池的电极终端与电池的金属外壳之间的绝缘电阻在 500V 直流电压下测量应大于 5MΩ。内部配线及绝缘应充分满足预计的最大电流、电压和温度的要求。配线的排布应保证端子之间有足够的间隙和绝缘穿透距离。内部连接的整体性能应充分满足可能发生误操作时的安全要求。

（8）终端连接。电池外壳应清晰地标明终端的极性。终端的尺寸大小和形状应能确保承载预计的最大电流。外部终端表面应采用机械性能良好并耐腐蚀的导电材料。终端应设计成最不可能发生短路的式样。

第二节　充电器的安全要求

便携式移动设备的锂离子电池的充放电参数控制分两种情况，一种情况是完全由电池本身的控制系统完成，另一种情况是电池本身不具备控制系统，充电性能参数由充电器控制，放电性能参数由用电器控制。在第一种情况下，充电器实际上是一个电源适配器，充电器承担着把 220V 交流电通过变压、整流、电流质量控制，把直流低压电送给用电器。第二种情况的充电器就不是那么简单，它不但要将 220V 交流电变成质量合格的低压直流电，而且还要对电池的充电参数进行控制。

一、锂离子电池充电器工作原理

充电控制技术是充电器系统中软件设计的核心部分。根据锂离子电池的原理，将充电过程的电压曲线分为三段，具体如图 19.1 所示。由于锂离子电池的最佳充电过程无法用单一电量实现，在这三段应分别采用不同的控制方式。具体为：进入 BC 段之前，电池电量已基本充满，此时转入恒定的小电流充电。若进入此阶段后仍然采用大电流恒流充电，会损坏电池。若一直采用小电流充电，会使充电时间过长。根据电压变化情况控制充电电流，使电池充满电。若此时停止充电，电池会自放电，为防止自放电现象发生，在这个阶段用小电流充电方式持续进行涓流充电。

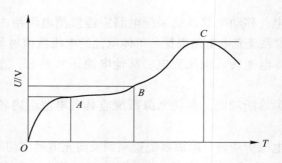

图 19.1 锂离子电池的充电特性

在恒流充电状态下，不断检测电池端电压，当电池电压达到饱和电压时，恒流充电状态终止，自动进入恒压充电状态。恒压充电保持充电电压不变，由于电池内阻不断变大，导致充电电流不断下降，当充电电流下降到恒流状态充电电流的 1/10 时，终止恒压充电，进入涓流充电阶段。

电池在充满电后，如果不及时停止充电，电池的温度将迅速上升。温度的升高将加速隔膜腐蚀速度及电解液的分解，从而缩短电池寿命、降低电池容量。为了保证电池既能充满电又不过充电，可以采用定时控制、电压控制和温度控制等多种终止充电的方法。

（1）定时控制法。该方法适用于恒流充电。采用恒流充电法时，根据电池的容量和充电电流，可以很容易地确定所需的充电时间。达到预定的充电时间后，定时器发出信号，使充电器迅速停止充电或者将充电电流迅速调整至涓流充电电流。这种控制方法较简单，但是缺点是充电前电池的容量无法准确知道，而且电池和一些元器件的发热使充电电能有一定的损失，实际的充电时间很难确定。该方法充电时间是固定的，不能根据电池充电前的状态而自动调整，结果使电池组里面有的电池可能充不足电，有的可能过充电，因此，只有充电速率小于 0.3C 时，才采用这种方法。

（2）电池电压控制法。

1）最高电压控制法。从充电特性曲线可以看出，电池电压达到最大值时，电池即充满电。当电池电压达到规定值后，应立即停止快速充电。这种控制方法的缺点是电池充满电的最高电压随环境温度、充电速率而变，而且电池组中各单体电池的最高充电电压也有差别，因此采用这种方法不可能非常准确地判断每个电池是否均已充满电。

2）电压负增量控制法。由于电池电压的负增量与电池组的绝对电压无关，因此可以比较准确地判断电池是否已充满电。这种控制方法的缺点有两条：一是从多次快速充电实验中发现，电池充满电之前，由于检测到了负增量而停止充电。锂离子电池充电器中为了避免等待出现电压负增量的时间过久而损坏电池，通常采用零增量控制法。这种方法的缺点是未充满电以前，电池电压在某一段时间内可能变化很小，若此时误认为零增量出现而停止充电，会造成误操作。为此，目前大多数锂离子电池快速充电器都采用高灵敏负增量检测，当电池电压略有降低时，立即停止快速充电。这种方法可以控制到并联电池组的每一个电池。

（3）电池温度控制法。为了避免损坏电池，电池温度上升到规定数值后，必须立即停止快速充电。电池的温度可通过与电池装在一起的热敏电阻来检测。由于热敏电阻响应时间较长，温度检测有一定滞后性，再加上环境温度的影响，不能准确地检测电池的充满电状态。常用的温度控制方法有：

1）最高温度控制法。充电过程中，通常当电池温度达到40℃时，应立即停止快速充电，否则会损害电池。

2）温度变化率控制法。充电电池在充电的过程中温度都会发生变化，当电池温度上升速率达到每分钟1℃时，应当立即终止快速充电。

（4）综合控制法。由于电池组存在电池个体的差异和可能出现个别的已损坏电池，若只采用一种方法，则会很难保证电池组较好地充电，可采用具有定时控制、温度控制和电池电压控制功能的综合控制法。锂离子电池充电采用以零增量检测为主，时间、温度和电压检测为辅的方式。系统在充电过程检测有无零增量出现，作为判断电池已充满的正常标准，同时判断充电时间、电池温度及端电压是否已超过预先设定的保护值作为辅助检测手段。当电池电压超过检测阈值时，系统会检测有无零增量出现，若出现零增量，则认为电池正常充满，进入涓流充电状态。在充电过程中，系统会一直判断充电时间、电池温度及端电压是否已到达或超过了充电保护条件。若其中有一个条件满足，系统会终止现有充电方式，进入涓流充电状态。

二、充电器（适配器）的安全性能

充电器的安全性不能仅仅通过输出特性的检查来确定，因为输出特性良好并不能保障充电器的可靠性，所以要对充电器的全面性能进行考察，包括对变压器、电源线等元器件的安全要求和结构设计要求。充电器应保证在任何故障条件下都不会对人身安全构成威胁。充电器除应具有电气防护功能外，也应具有着火防护功能。充电器或者电源适配器的安全要求有：

（1）交流输入电压。充电器的额定输入电压为交流220V，频率为50 Hz。为了保证安全性，充电器应能承受市电一定范围内的波动。电压波动范围是其额定值的 85%～110%，频率的波动范围是±2Hz。

（2）电源线组件。

1）电源线组件应符合 GB 2099 的要求。

2）电源线组件的额定值应大于充电器电源要求的额定值。

3）电源软线的导线截面面积应不小于 0.75mm²。

4）电源线组件中的电源软线如果是橡胶绝缘，则应是合成橡胶，应符合 GB/T 5013对通用橡胶护套软电缆的要求。如果电源软线是聚氯乙烯绝缘，应符合 GB/T 5023 对轻型聚氯乙烯护套软线的要求。

（3）隔离变压器。安全隔离变压器在构造上应保证在出现单一绝缘故障和由此引起的其他故障时，不会使安全特低电压绕组上出现危险电压。

（4）使用说明书。厂家应提供必要的使用说明书，对充电器在操作、维修、运输或储存时有可能引起危险的情况提醒用户特别注意。

（5）结构设计要求。

1）充电器（适配器）的使用稳定性。直接插在墙壁插座上、靠插脚来承载其质量的充电器，不应使墙壁插座承受过大的应力。

2）结构细节。电池极性接反以及强制充电或放电可能导致危险，所以在设计上应有防止极性接反以及防止强制充放电的措施。

3）防触及性（电击及能量危险）。充电器正常使用时应具有防触及性，防止电击及能量危险。如果特低电压电路的外部配线的绝缘是操作人员可触及的，则该配线应当不会受到损坏、承受应力或者操作人员不要接触。

4）连接布线。对使用不可拆卸的电源软线的充电器应装有紧固装置，导线在连接点不承受应力，导线的外套不受磨损。电源软线紧固装置应由绝缘材料制成，或由具有符合附加绝缘要求的绝缘材料的衬套制成。电源软线入口开孔处应装有软线入口护套，或者软线入口应具有光滑圆形的喇叭口，喇叭口的曲率半径至少等于所连接最大截面积的软线外径的 1.5 倍。软线入口护套应该设计成防止软线在进入充电器入口处过分弯曲。软线入口护套用绝缘材料制成，采用可靠的方法固定，伸出充电器外超过入口开孔的距离至少为该软线外径的 5 倍，或者对扁平软线，至少为该软线截面长边尺寸的 5 倍。

（6）外壳表面。当人体碰触到电池外壳时，其温度不应造成人体的突然反应使他受伤。人体对温度的反应不仅是温度的高低，还取决于外壳材料的热传导特性和热容量，60℃的金属外壳比 70℃的塑料外壳感觉更烫。连续充电 2h 后，测量其外壳表面温度变化小于每小时 1℃即认为温度稳定，此时测量其外壳表面温度应小于 50℃。

（7）输出短路保护。充电器应有短路的自动保护功能。将充电器输出端短路，充电器应能自动启动保护，故障排除后应能自动恢复工作。

（8）绝缘电阻。在常温条件下，充电器主回路的一次电路对外壳、二次电路对外壳及一次电路对二次电路的绝缘电阻应不低于2MΩ。

（9）绝缘强度。用耐压测试仪对充电器进行绝缘强度试验，且充电器必须是在进行完绝缘电阻试验并符合要求后才能进行绝缘强度的试验。一次电路对外壳、一次电路对二次电路应能承受50Hz、有效值为3000V的交流电压（漏电电流≤10 mA）或者4242V的直流电压。二次电路对外壳应能承受50Hz、有效值为500 V的交流电压（漏电电流≤10mA），应无击穿、飞弧现象。

（10）电磁兼容性要求。

1）辐射连续骚扰。电源适配器机壳端口的辐射骚扰应符合 GB/T 22451—2008 条款8.3的要求。

2）传导连续骚扰。电源适配器交流电源输入端口的传导骚扰应符合 GB/T 22451—2008 条款8.6的要求。

3）谐波电流。电源适配器交流电源输入端口的谐波电流应符合 GB/T 22451—2008 条款8.7的要求。

4）电压波动和闪烁。电源适配器交流电源输入端口的电压波动和闪烁应符合 GB/T 22451—2008 条款8.8的要求。

5）静电放电抗扰度。电源适配器机壳端口的静电放电抗扰度应符合 GB/T 22451—2008 条款9.1的要求。试验期间和试验后，电源适配器应能正常工作。

6）电快速瞬变脉冲群抗扰度。电源适配器交流电源输入端口的电快速瞬变脉冲群抗扰度应符合 GB/T 22451—2008 条款9.3的要求。试验期间，电源适配器应能保持正常工作，且在电源适配器直流电源输出端口出现的电快速瞬变脉冲群电平应低于在交流输入端口施加的试验电平的7.5%。试验后，电源适配器应能正常工作。

7）浪涌（冲击）抗扰度。电源适配器交流电源输入端口的浪涌（冲击）抗扰度应符合 GB/T 22451—2008 条款9.4的要求。试验期间及试验后电源适配器应能正常工作。

（11）异常工作及故障条件下的要求。充电器的设计应能尽可能限制因机械、电气过载或故障、异常工作或使用不当而造成起火或电击危险。

（12）材料的可燃性要求。充电器外壳和印制板及元器件所用的材料应能使引燃危险和火焰蔓延减小到最低限度，为 V-1 级或更优等级。材料的耐热及防火等级是：V-0 级材料可以燃烧或灼热，但其持续时间平均不超过5s，在燃烧时所释放的灼热微粒或燃烧滴落物不会使脱脂棉引燃。V-1 级材料可以燃烧或灼热，但其持续时间平均不超过25s，在燃烧时所释放的灼热微粒或燃烧滴落物不会使脱脂棉引燃。V-2 级材料可以燃烧或灼热，但其持续时间平均不超过25s，在燃烧时所释放的灼热微粒或燃烧滴落物会使脱脂棉引燃。

三、手持机侧连接接口电气性能要求

（1）手持机充电接口直流输入电压为 5V（±5%），最大吸收电流为 1800mA。无论充电器的输出功率如何，手持机侧充电控制电路应能根据自身需求实施安全充电，不应出现过热、燃烧、爆炸以及其他电路损坏的现象。

（2）手持机侧充电控制电路应具备限压保护装置。手持机充电接口在导入 6V 以上电压时，如果不能保证安全充电，应当启动保护。在非预期电压的情况下，不应出现过热、燃烧、爆炸以及其他电路损坏的现象。电压恢复后，手持机应能正常工作。

（3）当所连接的供电装置为非本标准规定的充电器（如计算机或便携计算机内置的 USB A 系列接口）时，在手持机侧应限制最大吸收电流为 500mA。

（4）如果原有的手持机不具备这些安全充电措施，应选择与原设计不同的手持机与连接线充电接口的物理设计，或在连接线上加装识别、限流控制装置，以防止用户在使用时误操作产生危险。

（5）供电装置识别。当手持机侧检测到所连接的供电装置接口中正极和负极处于短接状态时，表明所连接的装置为符合要求的充电器。否则表明所连接的装置属于不符合要求的充电器，在此情况下手持机侧应启动限流措施，吸收电流应不大于 500mA。

四、充电器（适配器）环境适应性要求

（1）低温存储。电源适配器经（-40±3）℃低温存储 16h，在正常大气条件下恢复室温后，机械结构应无损坏。

（2）低温工作。电源适配器在工作状态下经低温（-10±3）℃试验 2h 后，电气性能应符合要求。

（3）高温存储。电源适配器经（70±3）℃高温存储 16h，在正常大气条件下恢复室温后，机械结构应无损坏，电气性能应符合要求。

（4）高温工作。电源适配器在工作状态下经（40±3）℃高温试验 2h 后，电气性能应符合要求。

（5）湿热。电源适配器经（40±2）℃、相对湿度（93±3）%的环境试验 48h 后，机械结构应无损坏，电气性能应符合要求。

（6）振动。电源适配器经频率 10~55Hz、位移幅值 0.35mm 扫频振动后，机械结构应无松动或损坏，电气性能应符合要求。

（7）冲击。电源适配器经受峰值加速度 300m/s^2、脉冲持续时间 11ms 的半正弦脉冲冲击 18 次后，机械结构应无松动或损坏，电气性能应符合要求。

（8）跌落。电源适配器从高度为（1.0±0.10）m 处跌落在混凝土地面后，除允许表面有擦伤外，机械结构应无松动或损坏，应能正常工作。

第三节　电动自行车的安全要求

电动自行车出现以来极大地方便了城乡人民的生活，据统计，目前全国电动自行车保有量近 3 亿辆，而且还在逐年增加。锂离子电池电动自行车的节能、环保、使用方便是其优点，但是，锂离子电池的安全性能在电动自行车的应用方面显得特别突出，锂离子电动自行车在使用过程中着火、在存放过程中着火、特别是在充电过程中容易着火，事故频发，引起人员生命和财产的重大损失。据统计，自 2009 年以来，全国共发生"一次死亡 3 人以上"的电动自行车火灾事故达 73 起，死亡 355 人。电动自行车充电棚如果发生火灾，往往是火烧连营，一次损失几十辆电动自行车。2021 年 6 月 23 日凌晨，成都上善清波小区电动车棚起火，二百余辆电动自行车烧毁。电动自行车火灾问题已经引起社会和政府的广泛关注。

扫一扫，看视频

一、关于电动自行车的安全法规

由于电动自行车比较轻，使用者习惯于把电动自行车搬进家中、车间、商店等自己生活和工作的地方，随时对电动自行车充电。2021 年 5 月 10 日晚，成都某小区电梯内电动自行车起火，导致 5 人受伤，其中还包括一名婴儿。据报道，在这个高层建筑里面目前仍然有许多住户把电动自行车带回家，楼上楼下布满了安全隐患。有的多层楼宇没有电梯，住户就把电动自行车放在一楼楼梯口，而且就在楼梯口充电，多次发生火灾，危及楼上住户生命安全。有的是飞线充电，就是从室内拉一根电线到室外给电动自行车充电，引起的火灾，甚至引起人员伤亡的事故屡见不鲜。

为了遏制电动自行车火灾频发的势头，各级政府都颁布了对电动自行车存放和充电的安全规定。

公安部于 2017 年颁布了《关于规范电动车停放充电加强火灾防范的通告》，通告明确规定：

（1）落实停放充电管理责任。对于有物业服务企业或者主管单位的住宅小区、楼院，物业服务企业、主管单位应当据《物业管理条例》等有关规定，对管理区域内电动车停放、充电实施消防安全管理。对于没有物业服务企业或者主管单位的，辖区乡镇人民政府、街道办事处应当按照《中华人民共和国消防法》和国务院办公厅印发的《消防安全责任制实施办法》等规范性文件，指导帮助村民委员会、居民委员会确定电动车停放、充电消防安全管理人员，落实管理责任。有条件的住宅小区、楼院，应当结合实际设置电动车集中停放及充电场所。

（2）规范电动车停放充电行为。公民应当将电动车停放在安全地点，充电时应当确保安全。严禁在建筑内的共用走道、楼梯间、安全出口处等公共区域停放电动车或者为电动车充电。公民应尽量不在个人住房内停放电动车或为电动车充电。确需停放和充电的，应当落实隔离、监护等防范措施，防止发生火灾。

（3）严厉查处违规停放充电行为。物业服务企业、主管单位和村民委员会、居民委员会，应当立即组织对住宅小区、楼院开展电动车停放和充电专项检查，及时消除隐患。对检查发现电动车违规停放、充电的，应当制止并组织清理。对拒不清理的，要向公安机关消防机构或者公安派出所报告。

（4）加强消防安全宣传教育。物业服务企业、主管单位和村民委员会、居民委员会，应当加强电动车停放充电引发火灾的防范常识宣传和典型火灾案例警示教育，引导群众增强消防安全意识，并按要求停放电动车和为电动车充电。一旦遇到电动车火灾切勿盲目逃生，要选择正确的逃生路线和方法。

（5）公民应当自觉遵守消防法律法规和消防安全管理规定，发现电动车火灾隐患和消防安全违法行为时，要及时拨打"96119"举报电话或者通过有效途径，向公安机关举报。本通告所称的电动车包括电动自行车、电动摩托车和电动三轮车。

（6）对违反本通告的行为，构成违反消防管理行为的，公安机关将依法予以处罚。引起火灾，造成严重后果，构成犯罪的，依法追究刑事责任。

2021 年 5 月 1 日开始施行的《广东省消防工作若干规定》关于锂离子电池电动自行车的安全有好几条规定：

第十六条 电动自行车、电动摩托车停放充电场所的产权人、管理人和使用人应当承担相应的消防安全主体责任，按照消防技术标准配备必要的消防设施、器材并定期维护保养，确保场所符合消防安全条件。鼓励在上述场所安装符合相关技术标准的新型火灾探测报警器、喷淋装置。

第二十九条 住房城乡建设主管部门应当督促指导物业服务人做好电动自行车、电动摩托车停放、充电场所的火灾防范工作。

第三十条 拟建、在建的住宅小区、住宅建筑和人员密集场所等建设项目，自然资源、住房城乡建设等有关部门应当按照规定指导督促建设单位设置电动自行车、电动摩托车集中停放、充电场所，配置符合用电安全要求的充电设施，采取防火分隔措施。既有建筑场所的产权人、管理人或者使用人应当按照消防技术标准，设置或者改造电动自行车、电动摩托车集中停放、充电场所。

无法设置电动自行车、电动摩托车集中停放、充电场所的，物业服务人应当加强对管理区域内电动自行车、电动摩托车停放、充电行为的消防安全管理。

禁止在不符合消防安全条件的室内场所以及疏散通道、安全出口、楼梯间停放电动自行车、电动摩托车。禁止违反用电安全要求私拉电线、插座给电动自行车、电动摩托车充电。禁止在电动自行车、电动摩托车集中充电场所存放易燃、可燃物品。

第四十四条 违反本规定第三十条第三款规定，在不符合消防安全条件的室内场所以及疏散通道、安全出口、楼梯间停放电动自行车、电动摩托车，或者违反用电安全要求私拉电线、插座给电动自行车、电动摩托车充电，或者在电动自行车、电动摩托车集中充电场所存放易燃、可燃物品的，由有关部门依法处理。造成火灾事故的，由消防救援机构或者公安机关依法处罚。构成犯罪的，依法追究刑事责任。

2021年8月1日开始施行的《深圳市电动自行车管理规定（试行）》对电动自行车的充电做了较为全面的规定。一是不得在住房、办公等室内场所充电，不得在建筑内的共用走道、楼梯间、安全出口处等公共区域充电。电动自行车密集的农贸（农批）市场、工业园区、产业园区、企业和住宅小区，可以根据实际情况，设置集中充电设施。二是对充电安全做出了要求，即电动自行车充电，应当保证电源匹配，设置专用插座，敷设固定线路并穿金属管保护，安装漏电保护等安全装置，配备灭火器材。不得私拉电线和插座进行充电。

虽然处于火灾预防的目的，公安部和各省、市政府都对电动自行车的存放和充电问题做出了严格的规定，但是，要完全杜绝电动自行车火灾，还有相当长的路要走。

二、锂离子电池电动自行车的电池安全

关于电动自行车的安全问题，目前国内的标准有《电动自行车用蓄电池及充电器 第3部分：锂离子蓄电池及充电器》（QB/T 2947.3—2008）、《电动自行车安全技术规范》（GB 17761—2018）。标准都从电动自行车的锂离子电池和充电器两个方面做出了安全规定。电动自行车的电池都应当经过这两个标准规定的安全试验，这些试验与本书第十二章的试验过程基本相似。关于电动自行车电池包的安全要求有如下方面：

（1）导线布线安装应当符合下列要求。

1）所有电气导线捆扎成束、布置整齐。

2）导线夹紧装置选用绝缘材料，若采用金属材料，则必须有绝缘内衬。

3）接插件插接可靠，无松脱。

4）电气系统所有接线的导电部分均不得裸露。

5）车把与车架之间的连接部位不得因正常转动而损坏导线的绝缘。

6）与充电电源连接的系统中可能带电的部件，在任何操作情况下均有适当的防护装置，防止人体直接接触。

（2）短路保护。电动自行车的充电线路和电池输出端中应当装有熔断器或断路器保护装置，其规格、参数应当符合使用说明书或其他明示的规定。

（3）电气强度。在电压为 500 V 时，电源电路与裸露可导电部件之间不得出现击穿及闪络。

（4）制动断电功能。当电动自行车电驱动行驶制动时，其电气控制系统应当具有使电动机断电的功能。

（5）过流保护功能。电动自行车的电气控制系统应当具有过流保护功能。

（6）防失控功能。电动自行车的电气控制系统应当具有防失控保护功能。

（7）电动机额定连续输出功率。电动自行车的电动机额定连续输出功率应当小于或等于 400W。

（8）蓄电池的最大输出电压。电动自行车的蓄电池最大输出电压应当小于或等于 60V。

（9）电动自行车蓄电池防篡改应当满足下列要求：

1）蓄电池固定在电池组盒内，蓄电池与电池组盒合理匹配，电池组盒安装位置合理匹配，防止改变电池容量或电压。

2）蓄电池与电池组盒侧壁的最大间隙小于或等于 30mm，且不晃动。

3）电动自行车不得预留扩展车载蓄电池的接口。

4）电动自行车不得有外设蓄电池托架。

（10）防火性能。电动自行车的电池组盒、保护装置、仪表、灯具应当能承受 550℃的灼热丝试验。对于通过最大额定电流大于 1.0A 的电源线缆及单芯导线，其接插件的绝缘材料部件应当能承受 75℃的灼热丝试验。

（11）阻燃性能。电动自行车固体非金属材料的燃烧类别如下：

1）主回路。主回路连接的电气部件，燃烧类别为 V-0。如短路保护装置、电源连接器、主回路电线、绝缘护套、接插件等。主回路为从蓄电池组系统输出端起为驱动电机运转而通过大电流的电路。

2）次回路、次回路连接电气部件，燃烧类别为 V-1。如次回路电线、热缩管、大灯灯座、尾灯灯座、转向灯座、短路保护装置、电气开关等。

3）与电池直接接触的非金属材料或充电回路，燃烧类别为 V-1。如电池组盒、充电插头等。

4）充电器的非金属材料，燃烧类别为 V-1。如充电器的外壳、电源软线、输入输出端插头等。

（12）提示使用人注意电动自行车使用安全。如：

1）电动自行车不要停放在建筑门厅、疏散楼梯、走道和安全出口处。

2）电动自行车不要在居住建筑内充电和停放，充电时应当远离可燃物，充电时间不宜过长。

3）蓄电池的正确使用和保养方法。废旧蓄电池不可擅自进行拆解，应当由相关专业部门组织回收。

4）充电器的安全使用方法和警示用语。更换充电器时，应当和蓄电池型号匹配。

5）有关水洗的注意事项。电池本身经过了浸水试验，将充满电的电池浸入室温下的水槽中，深度以浸没电池表面为准，保持 24h。试验结束后，应不泄漏、不冒烟、不着火或不爆炸。

三、电动自行车锂离子电池充电器安全

电动自行车的充电器应当满足下列要求：

（1）在非正常工作情况下，充电器具有保护功能，充电器输出接线反接或短接后，无损坏。

（2）充电器具有防触电保护功能，结构和外壳对易触及的带电部件有足够的防护。但交流峰值电压和直流电压小于或等于 42V 的充电器除外。

（3）电动自行车的充电器也应当满足本章第二节关于充电器的安全要求。

（4）不要使用非电动自行车原配充电器生产厂家生产的充电器。

四、电动自行车火灾解决方案

电动自行车以其方便性已经成为人民群众出行的得力工具，不但是个人出行使用，而且是快递、外卖、环卫、商贩货物运输等行业不可或缺的运输工具。可以说电动自行车已经成为人民生活的刚需。但是，电动自行车使用的普遍性和火灾的频发性成了一对必须解决的矛盾，电动自行车充电难、频繁引起火灾，是社会治理中的"老大难"问题。以前的解决办法主要是不许电动自行车入户进车间，但是却没有解决不准入户进车间以后电动车的存放问题和充电问题。有媒体调查发现，电动车上楼的情况严重，没有停车棚，缺少充电桩，充电不方便，成为业主把电动车推上楼的最主要原因。解决这一对矛盾的方法就好像是大禹治水，不能用堵的方法，而要采取疏的方法，从源头上解决人民群众的实际需要。当前，解决电动自行车火灾问题的方案有两种：

（1）建立电动自行车集中停放棚。在工业园区和住宅小区由物业管理单位统一建设电动自行车存放棚，在存放棚内安装电动自行车充电桩。这个解决方案看起来可以解决电动自行车的存放和充电问题，但是实际上实行起来有一定的困难。

1）场地问题。由于汽车使用大众化，住宅小区和工业园区到处都停满了汽车，停车位一位难求，已经是令人头痛的问题。要找一块地建设电动自行车停车棚，非常困难。尤其是像北、上、广、深这类一线城市，寸土寸金，建设电动自

行车停车棚相当困难。

2）消防问题。已经建成的电动自行车停车棚发生过多起火烧连营的火灾事故。由于地方紧张，电动自行车在停车棚里摆放很紧密，一辆挨着一辆，万一有一辆电动自行车在充电过程中着火，火势就会迅速蔓延。所以建立电动自行车集中存放充电棚，首先要考虑消防问题。应该设计烟、温感探测器通过物联网报警、自动切断电源、自动排风排烟、自动喷淋灭火、火灭了以后自动停水的智慧消防系统。这种智慧消防系统与作者在锂电池生产企业的仓库和老化房安装的智慧消防系统的原理是一样的。

3）防盗和存放收费问题。集中存放充电棚要有人24h值守，就要向电动自行车主收取存放费，有的车主就不愿意在存放棚里放车，而是偷偷地把电动自行车搬回家，或者把电池拆下来带回家充电。

4）电动车入户、上楼、进车间的监管问题。现在已经解决了利用物联网对电动车入户、上楼、进车间监管的技术问题，但是，建设监管网络需要一定的资金投入，资金问题如何解决？物业管理公司也反映存在监管难度问题，一方面是物业公司没有执法权，住户执意把电动车带回家，物业公司怎么办？另一方面是法规不完善，对于把电动车带回家的住户没有处罚依据。

（2）建设充电柜和换电柜。电动自行车集中充电棚建设困难重重，现在的一个趋势是建设共享充电柜和换电柜。充电柜和换电柜占地面积小，可以做到电、车分离，没有电池的电动车就失去了危险性，就可以推回家自己保存，不用交存放费。随着技术的发展和相关标准的成熟，进一步可以发展成电动自行车没有电池，用车的时候从换电柜租用电池，就像现在宾馆、饭店、商场、机场、车站到处都有的共享充电宝一样。"智能充电+换电站"用户使用起来操作简单，费用低廉，对设置机柜的场地要求也比较低，只需在安全地点提供放置"智能充电+换电站"的场地即可，空地资源紧张的小区和老旧城区都可以安装使用，实现电动自行车"不入户，不上楼，有电充"。此外，"智能充电+换电柜"采用智能化管理，安全性高。如果发展到这一步，就可以彻底解决电动自行车火灾问题，因为充换电柜里面配有气溶胶灭火剂和自动探测设施，可以及时扑灭初期火灾，更不会出现火烧连营的事故。

铁塔集团、"小哈换电"等企业已经占得先机，在全国各大城市大规模布置"智能充电+换电柜"。图19.2就是布置在路边的一个微型充换电站。

比起电动汽车来，电动自行车实行充换电技术难度小，易推广，需要做的就是制定国家标准，使电动自行车的电池实现标准化、通用化和互换性。可喜的是，这些标准逐渐被制定出来。深圳市电动自行车行业协会从2019年8月1日起实施了团体标准《电动自行车用智能充电柜技术要求及检测规范》，中国质量认证中心颁布了《电动自行车充换电柜技术规范》（CQC 1902—2020），适用于

图 19.2　微型充换电站

对电动自行车用蓄电池进行集中充电和换电的设备。该规范提出了电动自行车充换电柜的使用环境要求、功能要求、通信管理要求、人机交换、安全保护、充电性能、极端环境、电磁兼容等。如果再从电动自行车制造方面提出充换电标准，就会使电动自行车的使用和安全走上一个新的发展阶段。

第四节　锂离子电池蓄能电站的安全要求

　　锂离子电池的发展迎来了一个前景非常广阔的新领域，这就是锂离子电池蓄能电站。电力系统的蓄能电站以水库蓄能电站为主，最著名的水库蓄能电站就是台湾的日月潭。利用高位水库和低位水库的高低差，在用电峰谷期，用多余的电力把低位水库的水抽送到高位水库，把电能转化为水的势能存储起来。在用电高峰期，利用高位水库进行水力发电，补充电网。所以日月潭虽然是一个高山水库却有潮汐现象，夜间涨潮，日间落潮。但是建设蓄能水库受到很多条件的限制，主要的是要建设一个高位水库和一个低位水库，符合这个条件的地方并不多，而且占地面积很大。在此形势下，电化学蓄能电站应运而生，其中最有发展前途的当属锂离子电池蓄能电站。

一、锂离子蓄能电站的发展形势

　　近年来，电化学储能技术已经在电力系统中的发电、辅助服务、输配电、可再生能源接入、分布式能源存储及终端用户等多个领域得到广泛应用。电化学储能设施主要包括铅酸蓄电池、锂离子电池、液流电池、钠硫电池和全钒液流电池等。目前用于规模化储能的电池主要以铅酸、锂离子和全钒液流电池为主，装机容量规模快速发展。截至 2019 年底，中国电化学储能市场累积装机功率规模为 1592.7MW，较 2015 年的 167.0MW 在短短的五年时间内增长了近 10 倍。尤其是近年来电网侧一系列电池储能电站项目，如江苏镇江 101MWh/202MWh 储能电站、冀北电力公司风光储能示范工程等相继并网运行，极大地推动了储能电站的规模化发展。总体上来看，电池储能电站规模化运行一方面减少了电源及电网投资，提高存量资产利用效率。另一方面电池储能与风电、光电联合应用，在提升电网接纳清洁能源的能力、平稳发电出力、减缓可再生能源弃风弃光等方面均发挥了重要作用。

近年来出现了一种集装箱式集成化的锂离子电池蓄能电站，以其各种优势发展很快，以至于联合国《关于危险货物运输的建议书 规章范本》已经专门为电池蓄能电站设置了一个危险货物编号：UN 3536，装在货物运输单元中的锂离子电池组或者锂金属电池组。

二、磷酸铁锂电池在储能市场的应用

磷酸铁锂电池具有工作电压高、能量密度大、循环寿命长、自放电率小、无记忆效应、绿色环保等一系列独特优点，并且支持无级扩展，适合于大规模电能储存，在可再生能源发电站安全并网、电网调峰、分布式电站、UPS 电源、应急电源系统等领域有着良好的应用前景。

随着储能市场的兴起，近年来，一些动力电池企业纷纷布局储能业务，为磷酸铁锂电池开拓新的应用市场。一方面，磷酸铁锂电池由于其超长寿命、使用安全、大容量、绿色环保等特点，可向储能领域发展，推动全新商业模式的建立。另一方面，以磷酸铁锂电池配套的储能系统已经成为市场的主流选择。据报告，磷酸铁锂电池已经尝试用于电动公交车、电动卡车、用户侧以及电网侧调频。

磷酸铁锂电池在储能市场的应用表现有以下几个方面：

（1）可实现风力发电、光伏发电等可再生能源发电安全并网。风力发电自身所固有的随机性、间歇性和波动性等特征，决定了其规模化发展必然会对电力系统安全运行带来显著影响。随着风电产业的快速发展，我国的多数风电场属于"大规模集中开发、远距离输送"，大型风力发电场并网发电对大电网的运行和控制提出了严峻挑战。风力发电机需要配备功率大约相当于其功率 1% 的铅酸电池用于紧急情况时保护风叶用。另外每一台风力发电机还需要配备功率大约相当于其功率 10% ~ 50% 的动态储能电池。风力发电机实现离网发电需要更大比例的动态储能电池。

受环境温度、太阳光照强度和天气条件的影响，光伏发电呈现随机波动的特点。我国呈现出"分散开发，低电压就地接入"和"大规模开发，中高电压接入"并举的发展态势，这就对电网调峰和电力系统安全运行提出了更高要求。大容量储能产品成为解决电网与可再生能源发电之间矛盾的关键因素。磷酸铁锂电池储能系统具有工况转换快、运行方式灵活、效率高、安全环保、可扩展性强等特点，在国家风、光储输示范工程中开展了工程应用，将有效提高设备效率，解决局部电压控制问题，提高可再生能源发电的可靠性和改善电能质量，使可再生能源成为连续、稳定的供电电源。

随着容量和规模的不断扩大，集成技术的不断成熟，储能系统成本将进一步降低，经过安全性和可靠性的长期测试，磷酸铁锂电池储能系统有望在风力发电、光伏发电等可再生能源发电安全并网及提高电能质量方面得到广泛应用。

（2）电网调峰。采用磷酸铁锂电池储能系统取代抽水蓄能电站，应对电网尖峰负荷，不受地理条件限制，选址自由，投资少，占地少，维护成本低，在电网调峰过程中将发挥重要作用。

（3）分布式电站。大型电网自身的缺陷，难以保障电力供应的质量、效率、安全可靠性要求，对于重要单位和企业，往往需要双电源甚至多电源作为备份和保障。磷酸铁锂电池储能系统可以减少或避免由于电网故障和各种意外事件造成的断电，在保证医院、银行、指挥控制中心、数据处理中心、化学材料工业和精密制造工业等安全可靠供电方面发挥重要作用。

（4）UPS 电源。中国经济的持续高速发展带来的 UPS 电源用户需求分散化，使得更多的行业和更多的企业对 UPS 电源产生了持续的需求。磷酸铁锂电池相对于铅酸电池，具有循环寿命长、安全稳定、绿色环保、自放电率小等优点，随着集成技术的不断成熟，成本的不断降低，磷酸铁锂电池在 UPS 电源蓄电池方面将得到广泛应用。

三、磷酸铁锂电池储能系统

磷酸铁锂电池储能系统由磷酸铁锂电池组成电池模组，再由电池模组通过串并联的方式组成具有一定电压和容量的电池簇，此外还有电池管理系统（battery management system，BMS）、换流装置（整流器、逆变器）、中央监控系统、变压器等装置。

充电阶段，间歇式电源或电网为储能系统进行充电，交流电经过整流器整流为直流电向储能电池模块进行充电，储存能量。放电阶段，储能电池模块的直流电经过逆变器逆变为交流电，通过中央监控系统控制逆变输出，可实现向电网或负载提供稳定功率输出。

四、锂离子电池蓄能电站的技术指标

（1）额定功率能量转换效率。锂离子电池储能系统能量转换效率不应低于 92%。

（2）功率控制能力。电池储能系统应具备有功功率控制、无功功率调节以及功率因数调节能力并满足系统功能要求。

（3）充/放电响应时间。电化学储能系统的充/放电调节时间应不大于 3s。

（4）充/放电转换时间。电化学储能系统的充电到放电转换时间、放电到充电转换时间应不大于 2s。

（5）低压故障穿越能力。蓄能电站通过 10(6)kV 及以上电压等级接入公用电网的电化学储能系统应具备如图 19.3 所示的低电压穿越能力。

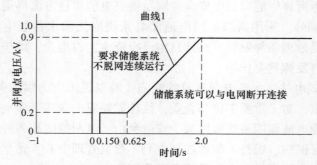

图 19.3　电化学储能系统低电压穿越要求

并网点电压在图中曲线 1 轮廓线及以上区域时，电化学储能系统应不脱网连续运行，否则允许电化学储能系统脱网。

各种故障类型下的并网点考核电压如表 19.2 所示。

表 19.2　电化学储能系统低压穿越考核电压

故障类型	考核电压
三相对称短路故障	并网点线/相电压
两相相间短路故障	并网点线电压
两相接地短路故障	并网点线/相电压
单相接地短路故障	并网点线电压

（6）高电压穿越能力。蓄能电站通过 10(6)kV 及以上电压等级接入公用电网的电化学储能系统应具备如图 19.4 所示的高电压穿越能力。并网点电压在图 19.4 中曲线 2 轮廓线及以下区域时，电化学储能系统应不脱网连续运行。

并网点电压在图 19.4 中曲线 2 轮廓线以上区域时，允许电化学储能系统与电网断开连接。

（7）直流分量。电化学储能系统接入公共连接点的直流电流分量不应超过其交流额定值的 0.5%。

（8）继电保护。继电保护及安全自动装置功能应满足可靠性、选择性、灵敏性、速动性的要求。继电保护及安全自动装置功能应满足电力网络结构、电化

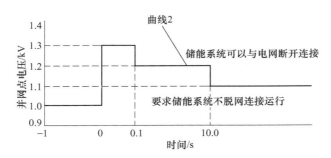

图 19.4　电化学储能系统高电压穿越要求

学储能系统电气主接线的要求，并考虑电力系统和电化学储能系统运行方式的灵活性。继电保护和安全自动装置功能，应符合 GB/T 14285 的有关规定。

（9）电池管理系统保护。电池管理系统应具备过充电/过放电保护、短路保护、过流保护、温度保护、漏电保护。电池管理系统宜配置软/硬出口节点，当保护动作时，发出报警和/或跳闸信号。

（10）储能变流器保护。直流侧保护应包括过/欠压保护、过流保护、输入反接保护、短路保护、接地保护等。交流侧保护应包括过/欠压保护、过/欠频保护、交流相序反接保护、过流保护、过载保护、过温保护、相位保护、直流分量超标保护、三相不平衡保护等。变流器应具备防孤岛保护功能，孤岛检测时间应不超过 2s。

（11）涉网保护。储能系统涉网保护的配置及整定应与电网侧保护相适应，与电网侧重合闸策略相协调。通过 380V 电压等级接入且功率小于 500kW 的储能系统，应具备低电压和过电流保护功能。通过 10(6)kV～35kV 电压等级专线方式接入的储能系统宜配置电流差动保护或方向保护作为主保护，配置电流电压保护作为后备保护。通过 10(6)kV～35kV 电压等级采用线变组方式接入的储能系统，应按照电压等级配置相应的变压器保护装置。储能系统应配置防孤岛保护，非计划孤岛情况下，应在 2s 内动作，将储能系统与电网断开。

（12）故障录波。接入 10(6)kV 及以上电压等级且功率为 500kW 及以上的储能系统，应配备故障录波设备，且应记录故障前 10s 到故障后 60s 的情况。

（13）频率响应要求。接入公用电网的电化学储能系统应满足表 19.3 的频率运行要求。

表 19.3　接入公用电网的电化学储能系统的频率运行要求

频率范围	运行要求
$f<49.5Hz$	不应处于充电状态

频率范围	运行要求
49.5Hz≤f≤50.25Hz	连续运行
f>50.25Hz	不应处于放电状态

注：f为对电化学储能系统并网点的电网频率。

五、蓄能电站的锂离子电池检测指标

锂离子电池蓄能电站是由电池单体组成电池模组，再由电池模组组成电池簇，由电池簇组成了电池堆。所以，电池的检测项目也是按这三个级别安排的。具体检测项目如表 19.4 所示。

表 19.4　蓄能电站锂离子电池检测项目

试验样品	序号	试验科目	出厂检验	型式检验
	1	外观检验	√	√
	2	极性检测	√	√
	3	外形尺寸和质量测量		√
	4	初始充放电能量试验	√	√
	5	倍率充放电性能试验		√
	6	高温充放电性能试验		√
	7	低温充放电性能试验		√
	8	绝热温升试验		√
	9	能量保持与能量恢复能力试验		√
电池单体	10	储存性能试验		√
	11	循环性能试验		√
	12	过充电试验		√
	13	过放电试验		√
	14	短路试验		√
	15	跌落试验		√
	16	挤压试验		√
	17	低气压试验		√
	18	加热试验		√
	19	热失控试验		√

试验样品	序号	试验科目	出厂检验	型式检验
电池模组	1	外观检验	√	√
	2	极性检测	√	√
	3	外形尺寸和质量测量	√	√
	4	初始充放电能量试验		√
	5	倍率充放电性能试验		√
	6	高温充放电性能试验		√
	7	低温充放电性能试验		√
	8	绝缘性能试验		√
	9	能量保持与能量恢复能力试验		√
	10	储存性能试验		√
	11	循环性能试验		√
	12	过充电试验		√
	13	过放电试验		√
	14	短路试验		√
	15	跌落试验		√
	16	挤压试验		√
	17	耐压性能试验		√
	18	盐雾与高温高湿试验		√
	19	热失控扩散试验		√
电池簇	1	外观检验	○	√
	2	初始充放电能量试验	○	√
	3	绝缘性能试验		√
	4	耐压性能试验		√

注：○ 表示可根据出厂时是否与电池簇为产品形态来选择。

六、锂离子电池蓄能电站的安全

锂离子电池蓄能电站所集成的电池数量远远多于电动汽车，甚至是许多集装箱式蓄能电站集合在一起使用。电池数量越庞大，发生火灾的概率也就越大，火灾后果不堪设想。国内外都发生过锂离子电池蓄能电站火灾事故，所以，对于锂离子电池蓄电站的安全问题必须给予高度重视。

（1）保持同一个电池簇内各个单体电池的一致性。充电宝、电动自行车、电动汽车的电池包都强调了各个单体电池的一致性，可是，锂离子电池蓄能电站体量那么大，要保持各个单体电池的一致性将是非常困难的，尤其是使用电动汽车退役下来的磷酸铁锂电池组装蓄能电站，或者对蓄能电站进行维修，部分更换失能电池，更难做到这一点。但是最起码应当做到同一个电池模组或者同一个电池簇里面的单体电池要保持必要的一致性。

（2）对蓄电池运行过程中的运行参数监控应当做到单体电池级，不要使某一个单体电池着火而引起整个蓄电柜的热失控。比如使用超声波同向铝丝焊工艺，这项工艺的优势在于，当电芯模组中的某一颗电池出现自燃或过充等问题时，单根铝丝焊能够切断与其他电芯的连接，不至于引起整个电池簇的爆炸，提升了电池的安全性。

（3）蓄能电站配备智慧型局部灭火系统。如本书第13章所述，不论多少电池堆在一起，起火原因只是其中某一粒电池因为各种原因引起内短路，内部发热，电解液膨胀，压力增加，喷出电池外，遇到火源着火。后续起火的电池都是被这一个始作俑者外加热引起的。所以，扑灭锂离子电池蓄电站火灾的主要矛盾是降温。二氧化碳是比较理想的扑灭锂离子电池火灾的灭火剂。因为二氧化碳由液体变成气体的过程中，不但能够扑灭明火，而且还会吸热降温。二氧化碳灭火器还有一个优点，就是不会对环境造成污染。

现在充、换电柜和蓄能电站使用的气溶胶灭火法并不理想。气溶胶灭火器是利用固体微粒在高温下产生金属阳离子与燃烧反应过程中产生活性自由基团发生反应，以切断化学反应的燃烧链，抑制燃烧反应的进行，达到化学灭火的效果。同时利用固体微粒（主要为钾盐）分解过程中产生的水来吸热降温。灭火过程化学灭火为主，物理降温灭火为辅。灭火后残留物浓度为 $3mg/cm^2$。气溶胶扑灭锂离子电池火灾有三个缺点：一是扑灭锂离子电池火灾的主要矛盾是降温，气溶胶降温效果不如二氧化碳。二是灭火后有残留物给灭火后清理现场恢复生产带来困难。三是灭火过程中产生水，有产生次生灾害的危险。

（4）蓄能电站的远程监控。风力发电站、太阳能发电站使用的锂离子电池蓄电站都是分散独立运行，处于无人监控状态。所以锂离子电池蓄能电站的远程监控就显得特别重要。远程监控包括电池堆里面在运行参数的监控和调节，也包括对非法入侵和盗窃的监控。

参 考 文 献

[1] 工业和信息化部电子第四研究院，工业和信息化部电子第五研究所，上海市质量监督检验技术研究院，等．GB 4943—2011 信息技术设备的安全 [S]．国家质量监督检验检疫总局，国家标准化管理委员会，2011.
[2] 天津力神电池股份有限公司，深圳市比亚迪锂电池有限公司，摩托罗拉移动技术（中国）

有限公司，等.GB/T 18287—2013 蜂窝电话用锂离子电池总规范［S］.国家质量监督检验检疫总局，国家标准化管理委员会，2013.

［3］飞毛腿（福建）电子有限公司，福建省产品质量检验研究院，中国电子技术标准化研究院，等.GB/T 35590—2017 信息技术便携式数字设备用移动电源通用规范［S］.国家质量监督检验检疫总局，国家标准化管理委员会，2017.

［4］中国电子技术标准化研究院，国家轻型电动车及电池产品质量监督检验中心，中国标准化研究院，等.GB 17761—2018 电动自行车安全技术规范［S］.国家市场监督管理总局，国家标准化管理委员会，2018.

［5］国家轻型电动车及电池产品质量监督检验中心，星恒电源股份有限公司，山东中信迪生电源有限公司，等.GB/T 36972— 2018 电动自行车用锂离子蓄电池［S］.国家市场监督管理总局，国家标准化管理委员会，2018.

［6］全国自行车标准化中心，中国航天科工集团梅岭化工厂，国家电动自行车产品质量监督检验中心，等.QB/T 2947.33—2008 电动自行车用蓄电池及充电器 第 3 部分：锂离子蓄电池及充电器［S］.国家发展和改革委员会，2008.

［7］中国电力科学研究院有限公司，国网冀北电力有限公司电力科学研究院，国网浙江省电力公司电力科学研究院，等.GB/T 36558—2018 电力系统电化学储能系统通用技术条件［S］.国家市场监督管理总局，国家标准化管理委员会，2018.

［8］中国电力科学研究院有限公司，宁德时代新能源科技股份有限公司，深圳市比亚迪锂电池有限公司，等.GB/T 36276—2018 电力储能用锂离子电池［S］.国家市场监督管理总局，国家标准化管理委员会，2018.

［9］深圳市电动自行车行业协会，深圳大学化学与环境工程学院，深圳市城市公共安全技术研究院，等.T/SEIA 002—2019 电动自行车用智能充电柜技术要求及检测规范［S］.深圳市电动自行车行业协会，2019.

［10］信息产业部邮电工业产品质量监督检验中心，哈尔滨光宇集团股份有限公司，浙江南都电源股份有限公司，等.YD 1268—2003 移动通信手持机锂电池及充电器的安全要求和试验方法［S］.信息产业部，2003.

［11］信息产业部电信研究院，康佳集团股份有限公司.YD/T 1591—2017 移动通信手持机充电器及接口技术要求和测试方法［S］.信息产业部，2006.

［12］中国电子技术标准化研究院，上海市质量监督检验技术研究院.CQC 11-464114—2014 便携式电子产品用锂离子电池和电池组安全认证规则［S］.中国质量认证中心，2014.

［13］国家轻型电动车及电池产品质量监督检验中心.CQC 11-464223—2014 电动自行车用锂离子蓄电池及充电器安全认证规则［S］.中国质量认证中心，2014.

［14］欣旺达电子股份有限公司，广东品胜电子股份有限公司，深圳市万拓电子技术有限公司，等.CIAPS 0001—2014 USB 接口类移动电源［S］.中国化学与物理电源行业协会，2014.

［15］关于规范电动车停放充电加强火灾防范的通告［S］.公安部，2017.

［16］粤府令第 282 号 广东省消防工作若干规定［S］.广东省人民政府，2021.

［17］深圳市电动自行车管理规定（试行）［S］.深圳市人民政府，2021.

[18] 孙延先, 任 宁, 牛志强, 等. 电动自行车用锂离子电池组过充现象研究 [J]. 当代化工, 2015, 44 (9): 2103~2105.

[19] 赖日晶, 姚红英. 基于磷酸铁锂电池的变电站直流系统应用研究 [J]. 高电压技术, 2015 (44): 27~30.

[20] 吴宁宁, 吴 可, 高 雅, 等. 锂离子电池在储能领域的优势 [J]. 新材料产业, 2010 (10): 49~52.

第二十章　特殊用途锂电池使用安全

　　锂电池不但在与人民生活息息相关的各个领域都在发挥作用，而且在军用、航空、航天、深海探测等特殊领域也发挥着很大的作用。如果没有合适的电池技术，这些在特殊环境工作的设备就无法获得持续的能源，工作就难以开展。从某种意义上说，在这些领域电池技术及其安全性能居于极其重要的位置。

第一节　军用锂电池的安全要求

　　现代化军事装备的智慧程度越来越高，各种型号的导弹、超高音速武器、射程达到 400 多公里的火箭炮，这些具有寻的功能的武器都离不开电池。现在的步兵作战也不是只有一把枪就行了，智慧单兵作战系统有远程通信功能、现场实景拍摄功能等，直接把现场的数据传输到后方指挥机构，这些装备当然离不开电池。

　　自从二战期间 V2 导弹出现以后，各国都相继开展了军用电池的研究，我国也颁发了一系列有关军用电池的标准规范，例如《锂离子蓄电池组通用规范》（GJB 4477—2002）、《军用电池系列型谱 锂电池》（GJB-Z53.2—94）、《热电池分类和命名规则》（GJB 2629—1996）、《锂电池安全要求》（GJB 2374A—2013）、《军用锂原电池通用规范》（GJB 916B—2011）。

　　军用电池与普通电池的最大区别就是可靠性高、质量轻、体积小、检验严格。可靠性就是在预计的使用寿命期间不发生故障的概率。墨菲定律指出：事情如果有变坏的可能，不管这种可能性有多小，它总会发生。无论多么尖端精密的设备都有发生事故的可能性，发射火箭、卫星、载人航天器曾经发生过多起事故，美国的挑战者号航天飞机在 1986 年 1 月 28 日发射 72s 发射爆炸，7 名宇航员丧生。哥伦比亚号航天飞机在 2003 年 2 月 1 日重返大气层时发生爆炸，机上 7 名太空人罹难。1996 年 2 月 15 日，我国的长征三号运载火箭发射爆炸，也造成重大人员财产损失。所以军用电池对可靠性的要求很高。为了提高军用锂电池的可靠性，军用电池的检验与普通电池不同，要经过三次到四次检验。军用电池还要受到质量、体积、安装空间的限制，设计和制造难度更大。

一、军用锂电池安全要求

《锂电池安全要求》（GJB 2374A—2013）是针对锂原电池和锂原电池组制定的，锂离子电池和锂离子电池组可以参照执行。其中关于锂电池的各种术语和定义与普通的锂电池基本一致，安全性能指标和试验方法也没有大的不同，只是增加了一项枪击实验。这里只把军用锂电池的设计和材料使用要求归纳。

（一）锂电池的设计通则

（1）应控制锂电池的温升速度，以避免锂电池温度在规定的条件下工作时达到安全临界值。

（2）应防止锂电池被过度充电或者强制放电，以避免内部压力的增长和结构的破坏。

（3）应在结构上具有释放内部过大压力的机制，以避免锂电池在运输、正常使用、误用以及破坏性外力作用下引起的燃烧、爆炸等安全事故。

（4）应使锂电池的所有部件在外力作用下的相对位移减至最小，以避免锂电池由于断路或短路引发失效、过热，甚至燃烧、爆炸。

（二）单体锂电池设计要求

（1）宜采用全密封结构，正极活性物质为固态的单体锂电池可采用半密封（机械密封）结构。

（2）除小容量的低功率锂电池且有相关详细规范规定外，采用刚性壳体的单体锂电池，应设计安全阀，内部宜留有10%以上的空间（气室）。

（3）单体锂原电池，特别是正极活性物质为液态时，宜采用限制负极活性物质容量的设计。单体锂电池宜采用限制正极活性物质容量的设计。

（4）应采取措施保证单体锂电池在制造和使用过程中电接触良好、防止短路。若是单体锂原电池，应防止锂金属的消耗而引起的断电现象。

（三）锂电池组的设计要求

（1）除由低放电速率的单体小电池组合且有相关详细规范规定外，锂电池组应设计有安全装置。

（2）锂电池组根据其组合形式，宜装有防止过充、过放、过压、过流（如保险丝）、过热（如高温开关）、反极（如二极管）的保护装置，以及剩余电量显示、完全放电装置。也可对安全装置进行整合，设计为电子线路保护板或锂电池管理系统。若为并联结构的锂电池组，宜对每串锂电池进行电学保护。若存在多个区域对外供电的锂电池组，宜对每个区域进行电学保护。

（3）锂电池组应采用相同批次，且电压、内阻、容量匹配的单体锂电池来组装。

（4）应采取绝缘措施，防止锂电池组通过其组件（如单体锂电池、电子元器件、导线）产生短路、微短路。

（5）电池组的端子、插头宜采取防错设计，避免误连接。

（6）应保证锂电池组在制造和使用过程中电接触良好、防止短路。应控制锂电池在使用过程中因充电、放电、环境温度的波动而发生外形尺寸变化的程度，防止对周围部件产生不利的影响。应避免出现尖锐的棱角而刺破绝缘层。应保证各零部件的强度，且连接牢固，以防止移动而导致失效或破坏。应避免锂电池组在极端情况下产生弹射碎片。

（7）电池组中各零部件外壳、导线、灌封材料、安全装置、单体锂电池等不应妨碍任何一个单体锂电池安全阀的泄放功能。应防止某个单体电池或其他零部件失效引起的灾难性连锁反应。

（四）材料选用要求

除有相关详细规范做出了特殊规定外，封装所用的材料应具有防潮、不助燃、抑制霉菌生长的特征，不应对锂电池和设备产生腐蚀作用，也不应产生有毒物质。

（五）金属材料选用要求

（1）不应参与单体锂电池的基本电化学反应，耐腐蚀或经处理使其耐腐蚀。不同材料相互接触，不应对单体锂电池的电化学性能和安全性能产生不利影响。若单体锂电池结构采用壳体为正极，应采取措施避免焊接位置出现腐蚀。

（2）导线应具备足够的导电能力和强度，以满足电化学性能和安全性能的要求，避免在大电流和外力作用下的熔化、断裂。

（六）流体非金属材料的选用要求

用于绝缘、灌注、密封等作用的流体非金属材料在制造过程结束以后，在−55～93℃的温度范围内不应流动、开裂、剥落。

（七）固体非金属材料的选用要求

锂电池的外部导线和连接片应使用绝缘材料包裹，且绝缘材料应符合如下要求：

（1）软化温度不低于150℃。

（2）纵向收缩率不大于3%。

（3）材料厚度不小于0.12 mm。

（八）安全试验项目

军用锂电池的安全试验项目如表20.1所列。除了枪击试验以外，其他项目的试验方法与前面介绍的基本相同。

表 20.1 军用锂电池的安全试验项目

试验项目	锂原电池									锂离子电池					
	单体锂电池			锂电池模组			锂电池组			单体电池		电池模组		电池组	
	未放电的	半放电	完全放电	未放电的	半放电	完全放电	未放电的	半放电	完全放电	未放电的	完全放电	未放电的	完全放电	未放电的	完全放电
外部短路	●	●	—	●	●	—	●	●	—	●	●	●	●	●	—
强制放电	—	—	—	—	—	—	—	—	—	—	●	—	●	—	●
非正常充电	●	●	●	●	●	●	●	●	●	●	●	●	●	●	●
振动	●	●	●	●	●	●	●	●	●	●	●	●	●	●	●
冲击	●	●	●	●	●	●	●	●	●	●	●	●	●	●	●
跌落	●	—	—	●	—	—	●	—	—	●	—	●	—	●	—
重物撞击	●	●	●	—	—	—	—	—	—	●	—	—	—	—	—
挤压	●	—	—	●	—	—	●	—	—	●	—	●	—	●	—
枪击	●	—	—	●	—	—	●	—	—	●	—	●	—	●	—
针刺	●	—	—	—	—	—	—	—	—	●	—	—	—	—	—
低气压	●	—	—	●	—	—	●	—	—	●	—	●	—	●	—
热冲击	●	—	—	●	—	—	●	—	—	●	—	●	—	●	—
加热	●	●	●	—	—	—	—	—	—	—	—	—	—	—	—
高温贮存	●	—	—	●	—	—	●	—	—	●	—	●	—	●	—
温度冲击	●	—	—	●	—	—	●	—	—	●	—	●	—	●	—
火焰	●	—	—	●	—	—	●	—	—	●	—	●	—	●	—

注：1. ●取样；—不取样。

2. 半放电状态的试样仅适用于正极活性物质为液态的锂原电池。

3. 加热试验用于考核有安全阀的单体锂电池。

（九）枪击试验

枪击试验的主要试验设备为步枪。枪击试验的主要试验步骤如下：

（1）按照表 20.1 抽取相应荷电状态的锂电池作为试样。

（2）将试样放置于 25m 处，并固定。

（3）用步枪射击，当试样被一发子弹击中就停止射击。子弹应至少贯穿其中一个单体锂电池。

（4）继续观察试样 6h，记录有关情况。

（5）合格判据：锂电池进行枪击试验，应不爆炸、不着火。

（十）单元包装要求

锂电池外包装材料应防潮、阻燃，高温不流动、低温不破裂，不应选用会导致设备被腐蚀及产生有毒物质的材料。

（十一）发货包装要求

除有特殊要求外，锂电池的发货包装应符合如下要求：

（1）包装材料应防潮、防蛀、无毒、防霉、不易燃。

（2）电池应采取预防短路、相互隔开、防止移动和泄漏扩散的安全包装方法。

（3）若使用刚性的金属桶进行外包装时，锂电池应装在坚硬的纤维板桶内，彼此间及与桶内表面应采用不小于 25mm 厚度的不燃衬垫材料隔开。

（4）包装箱应满箱发货，应采取抗振动、抗挤压的措施。若锂电池已安装在设备中，应对设备进行固定，防止移动和意外启动。

（5）必要时，应规定每个包装箱内的锂电池数量及包装箱尺寸。

（十二）锂电池的运输要求

（1）严格按包装箱上的标志进行作业。

（2）不应与其他易燃、易爆，或具有腐蚀性、毒性、放射性的物品混装运输。

（3）在运输过程中，应采取防雨、防晒、防火、防撞击和减振、加固等措施。

（4）按相关标准进行安全性试验后，方可进行运输。

（5）准备航空运输的锂电池，应使用刚性的金属外包装。若有缺陷或已被损坏的锂电池，已存在短路、发热、着火的潜在危险，不应进行航空运输。

（6）锂电池的运输还应符合相关规定的要求。

（十三）锂电池的储存要求

（1）储存环境应通风良好，干燥、清洁，不应储存在阳光直射或者雨淋之处。

（2）应避免与腐蚀性物质接触，远离火源、热源、易燃物、助燃物或其他可能产生危害的物品。

（3）电池说明书中应明确规定储存要求，包括温度、湿度、消防方法等。

（十四）锂电池的存放要求

（1）半成品、成品以及已经使用过的成品，应严格分区，并做好标志。若是报废品，尤其是可能产生危险的报废品，应单独存放。

（2）锂电池应整齐地分层排放在货架上。货架应采用不易燃材料制造，表层材料绝缘性能应良好。整个货架宜用金属罩网封闭，防止出现爆炸、燃烧等连锁反应。货架与货架、货架与墙壁之间应至少保持 1m 以上距离，保持通道畅通。

（3）应按产品使用说明书进行贮存管理，如定期检查、单体锂蓄电池和锂电池组定期充电。已经使用过的成品、报废品，应采取绝缘措施。

（4）应定期检查贮存环境和贮存产品的情况，若有泄漏、生锈、可能产生危害的产品应及时取走，进行相应处理。

（5）出入库搬运时，应避免短路或剧烈碰撞。

（十五）锂电池的使用安全

（1）锂电池使用说明书应规定锂电池安全使用的条件及违规操作可能产生的安全问题。

（2）在规定的使用条件下，锂电池不应发生泄漏等安全性问题。

（3）可正常使用的环境条件，如温度、湿度、大气压力、振动频率、冲击加速度的范围。

（4）应避免错误安装、腐蚀、火烧、机械损坏。不应直接在壳体上焊锡。

（5）放电电流不应超过规定值，不应短路、过充、过放。设备中若有其他电源同时供电，应对锂电池加装二极管或其他防止过度充电的装置。

（6）锂电池应专物专用，不应在现场自行拆卸装配成其他电池组使用。

（7）使用完毕或已漏液的锂电池，应及时取出并小心移动，然后按下面的相关规定进行报废处置。若进行燃料输送或弹药填装、卸载，不应同时进行锂电池的安装、卸载。

（十六）报废处置

（1）使用说明书应对锂电池的报废处理方法进行规定。

（2）锂电池宜与制造商协商进行报废处理，不宜自行拆解或采用填埋、焚烧的方式处理。

（3）若不能回收，可将其投入浓度为5%氯化钠或碳酸氢钠水溶液中，浸泡30天以上。应注意控制每次投入的锂电池数量，并保证通风良好以防止电解产生的氢、氧混合气发生爆炸，同时应做好防护，避免锂电池溅出。有关残渣、废液的处理应符合相关环境保护的规定。

（4）若锂电池已经出现漏液，应做好个人防护，按电解质的化学性质进行相应的处置。锂电池用塑料袋包装，然后放入专用容器内，并填充足够数量的吸收剂。若眼睛、皮肤等身体部位接触到电解质，应立刻用大量清水冲洗，然后采取恰当的医疗措施。

（5）若锂电池出现外壳损伤、鼓胀、发热或其他有可能着火、爆炸的情况，其处理方式应等同于处理危险弹药。

二、军用锂离子电池组通用规范

《锂离子蓄电池组通用规范》（GJB 4477—2002）关于锂离子电池组的检验

项目有 29 个，包括：标志和代号、外观质量、外形尺寸、重量、电池组电压、接口、颜色、常温容量、低温容量、高温容量、0.2C 放电容量、荷电保持能力、循环寿命、快速充电性能、冲击、振动、跌落、温度冲击、浸水、短路、过充、过放、枪击、电磁兼容性、贮存性能、单体电池短路、单体电池过充、单体电池挤压、单体电池针刺等。

（一）质量一致性检验

质量一致性检验由 A 组、B 组、C 组构成。

A 组检验项目包括：标志和代号、外观质量、颜色、外形尺寸、质量、电池组电压和接口，共 7 项。在按照规定抽取的样品数量中，若出现 4 次轻度缺陷或者 1 次严重缺陷，则该批产品作拒收处理。没有严重缺陷或者轻度缺陷少于 4 次，该批产品判定合格。

B 组检验的样品应从通过 A 组检验的样品中随机抽取。检验项目包括：常温容量、低温容量、高温容量、0.2C 放电容量、快速充电性能、冲击、振动、跌落、过充、过放、浸水、抗电磁辐射等，共 12 项。经检验的样品，若出现不合格品数等于或大于拒收判定数时，则该批产品将做拒收处理。

C 组检验在每年首批产品进行。C 组检验项目包括：短路、温度冲击、单体电池的安全性、荷电保持能力、循环寿命、贮存能力等，共 6 项。如果样品未通过 C 组检验，则承制方应及时通知订购方，并与订购方协商解决办法，提出解决措施，对已发出的产品停止使用。承制方应分析原因，提出改进措施，重新抽样并通过检验，证明问题已经解决，方可再进行生产。

（二）枪击试验

这一次枪击试验是在 50m 处进行，而不是上一个标准的 25m 处。

（三）缺陷判断

缺陷判断标准如表 20.2 所示。

表 20.2　缺陷判断标准

序号	严　重　缺　陷	检验方法
1	零电压	测电压
2	开路电压不符合要求	测电压
3	电池组出现漏液	目　测
4	电池组端子位置和极性不符合要求	目　测
5	端子标志、识别标志不符合要求	目　测
6	电池组内部连接不良，影响电压稳定	测电压
7	电池组端子松动	目　测

序号	轻　缺　陷	检验方法
1	外形尺寸超差，但在寿命期内不会影响操作与使用	测　量
2	端子表面不光洁	目　测
3	电池表面有污渍	目　测

三、军用锂原电池通用规范

《军用锂原电池通用规范》（GJB 916B—2011）规定了军用锂原电池的通用要求、质量保证规定、交货准备等，体现了对军用品电池的质量要求和安全性的严格性。检验分为 6 个阶段：生产过程检验、鉴定检验、A、B、C、D 组检验。后面的四组检验属于质量一致性检验。此标准也有一些与第二章介绍的锂原电池不同的特殊的指标要求。

（一）材料要求

用于绝缘、浸渍、灌装和密封的材料在 93℃ 下不应流动，在 -40℃ 下不应开裂，也不应从容器壁上脱离。使用的任何材料都应是不易燃和无毒的。材料不应限制电池安全装置的动作。导线和连接片的绝缘材料除非相关详细规范另有规定，单体电池和电池组所有电气连接的导线及连接片都应覆盖绝缘材料，绝缘材料应具有如下特性：

（1）最低软化温度，150℃。

（2）最大纵向收缩率，3%。

（3）最小厚度，0.127mm。

（二）生产过程检验

每一生产批的电池，包括用于鉴定检验的电池，均应对构成它们的单体电池或零部件在生产过程中进行检验。生产批是指在不超过一个月的时间内，由同一承制方按同一规范或图纸，在同一生产地点和生产条件下生产的同一种型号的一定数量的电池。生产过程检验项目和检验样本如表 20.3 所示。

任何一只单体电池的开路电压或负荷电压不能满足本规范要求时，应判为缺陷并从批中剔除，如果有缺陷的单体电池数超过批量的 5%，则判该批单体电池不合格。如果任何一只单体电池或零部件不能满足表 20.3 中其他检验项目的任何一项要求，则判该批单体电池或零部件不合格。承制方应立即将不合格情况向订购方或鉴定机构进行通报，查明失效原因并采取纠正措施。采取纠正措施后，承制方应重新进行检验，检验范围由订购方或鉴定机构确定。若再次检验仍然不合格，则该批单体电池或零部件不能用于生产电池组。不合格情况和采取的纠正措施应写进质量一致性检验或鉴定检验报告中。

表 20.3　生产过程检验项目和检验样本

序号	检验项目	样本大小
1	单体电池开路电压	100%
2	单体电池负荷电压	100%
3	单体电池泄漏	20 只
4	单体电池发热	5 只
5	单体电池短路	5 只
6	单体电池强制放电	2C
7	单体电池安全装置	5 只单体电池壳体
8	绝缘、浸渍、灌装和密封材料	每批一次
9	单体电池水分含量	协商确定

注：1. 第 6 项"C"为一个电池组中串联单体电池的数量。2C 只单体电池按规定分成两个电池串进行试验。

2. 单体电池水分含量的检验时机与检验范围由承制方与订购方协商确定。

（三）鉴定检验

鉴定检验的样品应是正常生产中通常使用的材料、设备和工艺生产的产品。鉴定检验样品总数及组别划分按表 20.4 的规定。每组样品应全部承受各未分组前的所有检验，然后按表 20.4 的规定再分组，各分组样品承受本分组的检验。如果相关详细规范未规定需要进行表 20.4 中某一项或某几项检验，则其相应组别的样品大小及鉴定检验样品总数均应减去这些项目对应的样品数。

表 20.4　鉴定检验的项目、分组及样本

组别	检验项目		样本大小
I	外观、标志和铭牌	颜色	18
	极端形式	电池开路电压	
	电池负荷电压	绝缘电阻	
	电池防过充电保护	尺寸和质量	
	低气压	湿热	
	振动	机械冲击	
	跌落		
I A	常温容量、电池强制放电		3

组别	检验项目	样本大小
ⅠB	低温容量	3
ⅠC	高温容量	3
ⅠD	电池短路	3
ⅠE	荷电状态指示器（当有规定时）	4
ⅠF	完全放电装置（当有规定时）	2
Ⅱ	外观、标志和铭牌 温度冲击	8
ⅡA	电池过载（当有规定时）	2
ⅡB	电池高温过载（当有规定时）	2
ⅡC	电池滥用（当有规定时）	4
Ⅲ	外观、标志和铭牌	9
ⅢA	储存寿命	6
ⅢB	枪击（当有规定时）	3

如果一个或多个样品在任一项检验中不合格，则鉴定检验不合格。

承制方应每隔12个月向上级鉴定机构提交保持鉴定产品合格的申请报告及该周期内质量一致性检验中A、B、C组检验和D组检验结果汇总。A组检验结果汇总至少应说明合格批数和不合格品数。停产12个月以上或主要工艺、材料或设计变更应重新进行鉴定检验。

质量一致性检验是逐批检验。一个检验批应由在基本相同的条件下生产并同时提交检验，属于同一相关详细规范，具有相同结构、物理尺寸和极端形式的所有产品组成。一个检验批中的全部产品应是在同一生产周期内采用相同的材料和工艺生产的。承制方对检验批的提交应得到订购方或上级主管机关的认可或批准。

（四）A组检验

检验项目包括外观、标志、铭牌、颜色、电池开路电压、电池负荷电压共6项。按照项目和顺序对产品进行100%检验，任何一个电池不符合任何一项要求时应判为缺陷并从批中剔除，如果有缺陷的产品数超过批量的4%，则该批产品拒收。

（五）B组检验

检验项目包括外形尺寸、质量、极端形式、绝缘电阻、电池滥用（当有规定时）共 5 项。B 组检验样品应从 A 组检验合格的电池中随机抽取，采用 GJB 179A—1996 的一次正常检验抽样方案，特殊检查水平 S-4，可接收质量水平（AQL）为 1.0。

如果一个批被拒收，承制方可以返修该批产品以纠正缺陷或剔除有缺陷的产品，重新提交进行复验。重新提交的检验批应采用加严检验。对重新检验批应清楚标明为复验批，并与其他的批严格区分。如果复验批仍被拒收，则该批产品不能交货。

（六）C 组检验

检验项目包括振动、机械冲击、常温容量、电池强制放电、低温容量和高温容量共 6 项。C 组检验样品应从 B 组检验合格的电池中随机抽取，采用 GJB 179A—1996 的一次正常检验抽样方案，特殊检查水平 S-1，可接收质量水平（AQL）为 1.5。

C 组检验的可接收质量水平（AQL）适用于下列的第（1）、（2）、（3）、（4）和（6）类失效，C 组检验不允许产生第（5）类失效，并且不允许振动试验和机械冲击试验产生失效。

（1）电池放电时间少于相关详细规范规定的最小放电容量的时间。

（2）在试验结束前，电池出现断路。

（3）初始电压滞后时间超出规定。

（4）在搁置、放电或试验后的任一时刻，电池出现膨胀、泄气、泄漏、破裂或燃烧。

（5）试验后，荷电状态指示器不能指示为最低档位（当有规定时）。

如果一个批被拒收，承制方可以返修该批产品以纠正缺陷或剔除有缺陷的产品，重新提交进行复验。重新提交的检验批应采用加严检验。对重新检验批应清楚标明为复验批，并与其他的批严格区分。如果复验批仍被拒收，则该批产品不能交货。

（七）D 组检验

D 组检验是周期检验。D 组检验应在通知鉴定合格后 12 个月进行，并且此后每隔 12 个月进行一次。D 组检验样品应从通过 C 组检验的批中随机抽取。

D 组检验样品总数及组别划分按表 20.5 规定。每组样品全部承受各自组别中未再分组前的所有检验，然后按表 20.5 的规定再分组（除 Ⅱ 组外），各分组样品承受本分组的检验。如果相关详细规范未规定需要做某一项或某几项检验，则其相应组别的样品大小及 D 组检验样品总数均应减去这些项目对应的样品数。

表 20.5　D 组检验项目和样品数

组　别	检验项目	样品大小
Ⅰ	湿热	12
ⅠA	储存寿命	6
ⅠB	荷电状态指示器（当有规定时）	4
ⅠC	完全放电装置（当有规定时）	2
Ⅱ	电池防过充电保护	3
	低气压	
	跌落	
	电池短路	
Ⅲ	温度冲击	4
ⅢA	电池过载（当有规定时）	2
ⅢB	电池高温过载（当有规定时）	2

如果一个或多个样品在任一项检验中不合格，则 D 组检验不合格。经 D 组检验的样品不应按合同或订单交货。如果样本未能通过 D 组检验，则承制方应按下列步骤进行处理：

（1）立即停止产品交货和 A 组、B 组检验和 C 组检验。

（2）查明失效原因，在材料、工艺或其他方面提出纠正措施，对采用基本相同的材料和工艺进行制造、失效模式相同、能进行纠正的所有产品采取纠正措施。

（3）完成纠正措施后，重新抽取样品进行 D 组检验。

（4）A 组、B 组和 C 组检验可以重新开始，但必须在 D 组检验重新检验合格后，产品才能交货。

如果 D 组重新检验不合格，则将检验结果书面报告鉴定机构和订购方。

（八）部分特别规定

（1）电池防充电保护。除非相关详细规范另有规定，电池或电池组中的每一并联支路应带有防充电保护装置，该装置应能防止流过电池的反向电流不超过 2.0mA。

（2）储存寿命。电池的储存寿命应满足如下要求：

1）电池在（55±3）℃的环境温度下至少储存 30 天（相当于室温条件下储存 1 年），储存期间应连续记录环境温度以证实储存温度的准确性。50% 的电池应以相反的极性位置（相对于另外 50% 的电池）储存。储存结束后电池不应膨胀、泄气、泄漏、破裂或燃烧。对于全密封电池，储存后常温放电容量应不低于其额定容量的 95%，储存后的低温放电容量和高温放电容量应符合相关详细规范的规定。对于机械密封电池，储存后其常温放电容量、低温放电容量和高温放电容量均应符合相关详细规范规定。

2）电池应放置在包装箱中储存，储存在干燥、通风、清洁的仓库内，储存温度宜在 30℃ 以下，相对湿度不大于 75%，电池储存时应远离热源，不得与易燃、易爆品和酸、碱或其他腐蚀性物质放在一起。储存 60 个月后，按承制方规定的方法进行放电试验。承制方应保证（或证明）全密封电池储存 5 年后常温放电容量不低于其额定容量的 90%。机械密封电池储存 5 年后常温放电容量应符合相关详细规范规定。

（3）枪击。将按相关详细规范规定比例分配的满荷电、半荷电与放电态的电池放在距离大于 25m 处，用自动步枪射击，当击中电池中的单体电池 1 次后即结束试验。电池应不爆炸、不燃烧。

（4）单体电池水分含量。按其质量计算，单体电池内部的水分含量应不超过 800μg/g。

四、热电池的安全

热电池的构造和工作特点已经在第五章介绍过了。随着热电池在武器系统应用领域的不断扩展，作为武器系统重要的能源，热电池的性能不断提升，更长寿命、更大电流成为热电池的发展方向。这些性能提升也对其使用安全性提出了更高的要求。

热电池是一种一次性热激活储备电源，具有可靠性高、储存时间长、激活快、工作温度范围宽、使用简便和无需维护等优点。导弹等武器所用的电池绝不允许像普通的锂电池那样频繁发生火灾爆炸事故，也不允许意外接电，因为这些事故的后果都是不可承受的，热电池恰好能够满足这些要求。热电池的电解质在常温下像岩石一样，处于绝缘状态，电池没有电。当外界给予能量激活后，热电池内部温度迅速升到 500℃ 左右，电解质液化，开始输出电能。激活后如果产生故障，如发生短路、热失控，热电池内部化学反应失控，内部温度将迅速升至七八百度以上，严重时可能导致电池壳熔穿并向外喷射高温熔融物，对武器的性能和安全性产生重大影响，会对人员及武器设备造成伤害。目前对于热电池的安全性设计方面还没有可依据的标准，也没有其他的锂电池那样的安全性能检验规范，只能依靠设计—验证—设计更改及环境试验考核来保证。

（一）正确选择电化学体系

常用的电化学体系有二元 LiCl-KCl、三元低熔点 LiCl-LiBr-KBr 和三元全锂 LiF-LiCl-LiBr。热电池最大理论工作温区为 313～436℃，低熔点电解质能在较长时间内保持熔融状态，从而延长热电池的工作时间。如果电解质体系选择不当，加之热电池的设计热量过高，熔融的电解质从单体电池渗出，在单体电池间可形成短路，造成热电池电压输出不正常，引起电池故障。因此，热电池电化学体系选择不当也可能造成热电池安全性问题。电化学体系的选择与热电池使用要求应当相互匹配，提高活性物质利用率，最大程度提高热电池性能和保证其安全性。

（二）保证热电池的壳体制造质量

热电池的壳体由具有一定机械强度、可承受复杂力学和化学环境的不锈钢材料加工。盖体是由铁钴镍合金丝和玻璃粉烧结而成，总装后通过氩弧焊将壳体和盖体焊接在一起，形成全密封结构。壳体厚度不均匀、有机械损伤、机械强度差、不耐高温高压、玻璃体密封不严等瑕疵都可能成为安全性隐患。因此，壳体壁厚应均匀、无严重机械划痕。盖体玻璃体应密封性高、耐高温高压和复杂力学环境，接线柱与盖板保证绝缘。壳盖体焊接密封牢固、均匀、无沙眼，能耐受压力。

（三）单体电池及电堆的结构

对于长寿命、大功率热电池，主要为外装式电堆结构。热电池电堆主要由集流体、加热片和单体电池等组成，设计过程中需考虑输出电路和内部电路设计、绝缘设计及保温设计。影响热电池安全性的主要因素有电路设计不合理、单体电池极性装反、漏装集流片和装配错误等。单体电池绝缘电阻不合格、热量过高都有可能引起热电池故障，导致输出电压不正常或内部短路等，这些因素都极有可能引起热电池安全性故障。

（四）热电池的热容量

热电池加热系统的热量合理是热电池正常工作的前提。热量设计决定了电池内部初始的温度和电池的热容量，关系到电池的热安全性和热寿命，不同类型的热电池需要不同的热设计方法。在保证热电池电性能的前提下，热量分布性和热量设计的合理性直接关系到热电池的安全系数。热量分布设计不仅对热电池激活时间、峰值电压与电性能等技术指标产生一定的影响，而且将影响到热电池的安全性。体系中热量设计过高，可能引起热电池热失控，化学物质反应迅速，导致热电池出现安全性问题。热量设计偏低，可能影响热电池的性能不达标。

一般短寿命热电池热容量设计相对较小，热电池设计时主要考虑热电池的电容量，在电容量设计满足的前提下，进行热容量匹配设计。中长寿命热电池热容量较大，热电池设计时主要考虑电池的热容量，在热容量设计满足的前提下，进行电容量匹配设计，有时候需要牺牲热电池的电容量以换取大的热容量。

第二节　无人机用锂离子电池

近年来，民用和军用无人机需求与日俱增，无人机产品迭代周期明显缩短，与无人机系统相配套的航电系统、导航系统、数据链系统、动力系统等也得到了高速发展。其中，聚合物锂离子电池作为无人机重要的动力来源，影响着无人机的航程与航时，是直接制约无人机发展与应用的关键因素。

一、无人机用聚合物锂离子电池发展动向

（1）通用化。通用化的聚合物锂离子电池能够适用于不同重量级的无人机，是无人机低成本的动力解决方案。但是通用化也存在一些问题，例如，第一，无法实时监测电池的电量，会有摔机的风险。第二，没有完善的充电管理及放电管理，充放电完成后要用电压检测器对电池进行检测。第三，无法解决过放电问题。第四，由于经常使用插头连接，无法解决插头老化问题。第五，电池易燃易爆，存在很大的安全隐患。第六，回收不便。第七，电池本身能量密度低，不能满足无人机长航时的迫切需求。第八，拆装不方便，无人机更换电池频率高，影响用户体验等。

（2）智能化。智能化聚合物锂离子电池进行了优化设计，结合无人机飞控系统和优化电池管理系统，对电池实现智能化管理和控制。在电池结构上，选用ABS+PC防火材料，提高电池的防护等级。其次，采用快速充电口一体化设计，同时新增电源控制开关，体现操作的便捷性。再次，采用电池头部的卡扣设计，便于快速拆卸。

在硬件上，给电池配上BMS电池管理系统（battery management system，缩写BMS）。BMS是连接锂电池和无人机的重要纽带。BMS用于监测并指示电池电参数状况（电压、温度、电流、剩余能量），在异常情况下向用户发出报警信号（声光），严重时可根据制定的控制策略切断电力传送链路，以保护电池从而延长电池使用寿命。

BMS由终端模块、中央处理模块和显示模块等三大部分组成。终端模块负责测量电池电压及温度、均衡电池能量、电流采样和SOC计算，产生各类报警数据，控制充放电电路。显示模块负责显示电池的数据、给出声光报警、记录数据等。当系统电池总数较少时，中央处理模块可以和终端模块合并组成集成BMS系统以节省成本。

在上述硬件和结构基础上，通过软件算法，实现对智能锂离子电池的状态进行实时监测。智能化锂离子电池的缺点是市场版本众多、电池不兼容。智能化锂离子电池标准化是一个急需解决的问题。

（3）固态化。锂离子电池固体化发展重要的是解决通用型锂离子电池本身的安全隐患、绿色环保、低能量密度等问题。液态电解质锂离子电池存在充电耗时长，安全性较低的问题。固态锂离子电池的能量密度最高可达900Wh/kg，并且结构更加安全，所以它被认为是理想的无人机动力锂电池。

二、无人机的锂离子电池的安全标准

当前能够见到的关于无人机的锂离子电池的安全标准只有一个广东省地方标准《无人机用锂离子电池组 技术要求》（DB 44/T 1885—2016）。此标准规定组成无人机用锂离子电池组的电池应符合本书第十二章介绍的 GB 31241—2014 相关要求。除了 GB 31241—2014 规定的检验项目以外，DB 44/T 1885—2016 还有一些特别规定的检验项目，比如：常温放电、低温放电、高温放电、常温倍率放电、低温倍率放电、高温倍率放电、高温存储及容量恢复能力、翻转等等。

三、无人机用锂离子电池的型式试验

无人机用锂离子电池的型式试验一般在产品设计定型和生产定型时进行。有下列情况之一时，宜进行型式试验：

（1）产品停产 3 个月以上又恢复生产。

（2）转厂生产再试制定型。

（3）正式生产后，如结构、材料、工艺有较大改变。

（4）产品投产前鉴定或质量监督机构提出。

四、无人机用锂离子电池的充电器

对于无人机来说，锂离子电池的充电器很重要，它直接关系到锂离子电池的使用寿命和使用安全问题。目前市面上的充电器品种比较多，有 308 充电器、4010 充电器、A6 充电器、pl6 充电器、pl8 充电器等等。无论是什么型号的充电器，充电器与电池的性能匹配才是最重要的。充电器主要有以下特性：

（1）平衡电压测量分辨率，可以充分保护电池。

（2）节能环保的再生放电功能，当使用汽车电瓶供电时，放电电流可反向给汽车电瓶充电。

（3）超快平衡能力，平衡电流高达 1000mA。

（4）提供智能电源管理系统，可设置放电电流、电压限制和放电量告警，避免过度放电。

（5）支持并联充电，在并联充电板的支持下，可同时给多块电池充电。

五、无人机锂离子电池的安全使用

（1）不过放。钴酸锂电池有一个明显的放电平台，在 3.9~3.7V 之间电压下降不明显。但一旦降至 3.7V 以后，电压下降速度就会加快，控制不好就会导致过放，轻则损伤电池，降低电池寿命。重则电压太低造成炸机。放飞时尽量少飞 1min，寿命就多飞一个循环。宁可多买几块电池，也不要每次把电池飞到超过容量极限。要充分利用电池报警器，一旦报警就应尽快降落。

（2）不过充。使用专用的充电器，尽量不要使用非无人机原配的充电器。准确设置电池组的电池单体个数。充电的头几分钟必须仔细观察充电器的显示屏，在上面会显示电池组的电池个数。如果不清楚，就不应当充电或换用自己熟悉的充电器。

（3）第一次充一个新的锂电池组，应检查电池组每个电池单体的电压，以后每10次充放电也应做一次同样的工作。这样做绝对必要，电池组内如果个别电池电压不正常，继续充电时会爆裂。假如电池组内电池单体电压相差超过0.1V，就应当分别把每个电池的电压充到4.2V使之相等。假如每次放电后电池单体的电压差均超过0.1V，则表示电池已经出现故障，应当更换。

（4）无人照看不要充电，或者在具有自动报警和自动灭火功能的充电场所充电。因为锂离子电池在充电时着火的情况比较多。

（5）使用安全的位置放置正在充电的电池和充电器，最好是放在具有智能报警和灭火的防爆柜内。

（6）一般没有厂家的特别说明，充电电流不要超过1C。现在支持大电流放电的电池也支持超过1C的电流充电，但将大大缩短电池的寿命。

（7）不满电保存。充满电的电池，不能满电保存超过3天，如果超过一个星期不放掉，有些电池就直接鼓包了，有些电池可能暂时不会鼓，但几次满电保存后，电池可能会直接报废。因此，正确的方法是，在接到飞行任务后再充电。如果电池充满电后在三天内没有飞行任务，将电压充至3.80~3.90V保存。如在三个月内没有使用电池，将电池充放电一次后继续保存，这样可延长电池寿命。

（8）不损坏包装。电池的外包装是防止电池爆炸和漏液起火的重要结构，聚合物锂电池的铝塑膜破损将会直接导致电池起火或爆炸。电池要轻拿轻放，在飞机上固定电池时，扎带要束紧。因为在做大动态飞行或摔机时，电池会因为扎带不紧而甩出，这样也很容易造成电池外皮破损。

（9）不短路。这种情况往往发生在电池焊线维护和运输过程中。短路会直接导致电池打火或者起火爆炸。当发现使用过一段时间后电池出现断线的情况需要重新焊线时，特别要注意电烙铁不要同时接触电池的正极和负极。另外运输电池的过程中，最好的办法是将每个电池都单独套上自封袋并置于防爆箱内，防止运输过程中因颠簸和碰撞导致某块电池的正极和负极同时碰到其他导电物质而短路。

（10）不低温。很多飞友会忽视这个原则。在北方或高海拔地区常会有低温天气出现，此时电池如长时间在外放置，它的放电性能会大大降低，如果还要以常温状态时的飞行时间去飞，那一定会出问题。此时应将报警电压升高（比如单片报警电压调至3.8V），因为在低温环境下电压下降会非常快，报警一响立即降落。要给电池做保温处理，在起飞之前电池要保存在温暖的环境中，比如说房屋内、车内、保温箱内等。要起飞时快速安装电池执行飞行任务。在低温飞行时尽量将飞行时间缩短到常温状态的一半，以保证安全飞行。

以上是一些无人机飞手的使用经验，值得参考。

第三节　空间用锂离子电池的安全要求

在太空中，飞行器不可能总是面对着太阳，当飞行器位于地影期时，太阳能电池就不能正常工作，需要储能的蓄电池供电。空间电源系统是各种航天器中必不可少的系统之一，是航天器完成预定任务必不可少的前提和保障条件。电池系统一般占整个航天器质量的 30% ~ 40%，也占用火箭推力的很大一部分。随着航天活动的深入开展、航天技术的进一步开发利用，对空间电源的要求也越来越高，总的来说可以归结为高可靠性、大功率、比质量小、长寿命和低成本。

空间用锂离子电池与商用的锂离子电池的最大区别在于二者应用的环境不同。用于低地球轨道（LEO）和地球同步轨道（GEO）的空间锂离子电池工作环境处于大气层中的电离层，其中存在大量高能粒子体，有较强的穿透能力，会对电池和电池组中的有机物分子结构产生不利作用。电离层中温度冷热交变剧烈，因此对电池在高低温环境中的电性能和传热能力提出了更高的要求。应用于航天领域的电源在卫星发射时需承受近 10_{g_n} 的重力加速度，太空近似于超高真空状态，这就对蓄电池的密封状态及机械强度要求极其严格。如果电池密封不好，会发生电解液微漏或气体逸出，最终导致蓄电池失效。

卫星电源需在不同环境温度下工作，通过用含有功能添加剂的电解液来改善电池的高、低温性能，保证锂离子电池顺利完成空间任务。锂离子电池对过充和过放都很敏感，锂离子电池在长期充放电过程中，由于电池组内各单体电池充电接受能力的差异、自放电率的差异以及遥测线路误差等的累积，电池组内各电池的电压差距越来越大，呈发散趋势，容易造成电池组内部电池离散性加大，个别电池性能衰降加剧而导致整组电池失效。因此，为了满足空间电源的长寿命要求，需要采用电池均衡技术使电池组内各单体电池电压随着充放电循环的进行收敛至稳定值，确保电池不被过充电和过放电。安装均衡电路会使电路设计更复杂而且电池模块也会增大，占用宝贵的有效荷载份额。对锂离子电池厂家而言，重要的是研制出一种新的可靠性较高、不需要均衡电路且更经济的锂离子电池。

从国际上看，不同容量的锂离子电池（1 ~ 100Ah）已经用在了各类空间飞行器如低地球轨道卫星、地球同步轨道卫星、星际登陆器以及星际漫游器等航天航空领域，大大减轻了飞行器的质量。从发展趋势看，锂离子电池有望在近期成为卫星储能电源的首选电源。在国内，小卫星用中小型锂离子电池（10 ~ 20Ah）技术基本成熟，已经进入了工程化的阶段，预计不久以后即将搭载试用。

锂离子电池进入实际应用还需解决以下几个问题：

（1）在使用和设计中必须考虑空间环境因素对电源系统的影响，使宇航电源在复杂的空间环境下可靠的工作。

（2）提高单体电池性能的均匀性，完善单体电池的性能检测和筛选方法，这是保证电池长寿命可靠工作的基础。

（3）解决锂离子蓄电池组在轨管理问题，实现电池组的均衡充电。

（4）实现电池组的热设计和可靠性设计，建立热模型和可靠性模型。

《空间用锂离子蓄电池通用规范》（GJB 6789—2009）提出了空间用锂离子电池的性能指标及检验方法。这里只介绍太空用锂离子电池的特殊指标以及质量控制检验方法。

一、寿命

这是一个特别重要的问题，卫星上了天，如果电池寿命不够，卫星就提前失效了。

（一）低地球轨道循环寿命性能

用于低地球轨道卫星的蓄电池，其循环次数应达到 18000 次。提交鉴定的寿命考核次数要符合相关详细规范的要求。检验方法是电池在（20±5）℃的环境条件下，以 0.2C 电流恒流放电至 2.75V 或相关详细规范的规定值，搁置 0.5～1h。电池再以 0.2C 恒流充电至电池电压到 4.1V 或者详细规范的规定值时，转恒压充电。当恒压充电电流达到 0.01C 时停止充电。将这样充好电的电池在（20±5）℃环境中搁置 1h，然后按下列制度进行循环：电池以 0.5C 电流放电 36min，然后电池以 0.5C 电流恒流充电至 4.1V 或相关详细规范规定值转恒压充电，充电时间达到 60min 后转 0.5C 电流放电。重复上述充放电循环。当连续 5 次电池的放电电压低于 2.75V 或相关详细规范规定值时结束试验。此时累计的循环次数即为循环寿命次数。循环寿命次数应超过 18000 次。

（二）地球同步轨道循环寿命性能

用于地球同步轨道卫星的电池，其循环次数应达到 1500 次（相当于在轨寿命 15 年）。提交鉴定的寿命考核次数要符合相关详细规范的要求。

在（20±5）℃环境中，电池按下列制度进行地球同步轨道循环寿命试验：

电池以 0.2C 恒流充电至 4.1V 或相关详细规范的规定值，转恒压充电，当充电电流下降到 0.01C 时充电结束。充电结束后搁置 0.5～1h，以 0.67C 电流按表 20.6 所示小周次放电时间进行放电（如第 1 周次放电 5min）。然后按同样制度进行充电，充电结束后搁置 0.5～1h，以 0.67C 电流按表 20.6 所示周次放电时间进行放电（如第 2 周次放电 20min），以此类推。一个周次为一次循环，一个阴影期进行 45 个周次充放电循环，然后进入第二个阴影期重复上述充放电循环。当某个阴影期内连续 5 个周次电池的放电电压低于 2.75V 或相关详细规范规定值时结束试验。此时累计的循环周次数即为循环寿命次数，循环寿命次数应达到 1500 次。

表 20.6　GEO 地球同步轨道循环试验制度

阴影期	上半周次	1	2	3	4	5	6	7	8	9	10	11	12	13	14	15	16	17	18	19	20	21	22	23
	下半周次	45	44	43	42	41	40	39	38	37	36	35	34	33	32	31	30	29	28	27	26	25	24	23
放电时间/min		5	20	34	41	46	50	54	56	58	60	62	64	68	69	70	71	72	72	72	72	72	72	72

二、热真空

卫星在太空中一会儿被太阳直射，温度升高，一会儿到了地球的阴影，温度下降。在太空这个真空度很高、温度变化频繁而剧烈的环境中，锂离子电池的安全性能将受到很严酷的考验。热真空试验就是考验锂离子电池在太空的适应能力。试验方法是：电池按低地球轨道循环寿命性能试验的一段的方法充满电，将电池放入热真空箱中，一边抽真空，一边降温。当温度达到 $-10℃$、真空度达到 $1.3×10^{-3}$Pa 时，开始计时。按表 20.7 的要求进行热真空试验，在进入第一个循环最低温度时，电池以 0.5C 电流放电 30min。在进入最后一个循环最高温度时，电池以 0.5C 电流充电至 4.10V 或相关详细规范规定值时转恒压充电，总充电时间 60min。直到试验结束，电池应该不变形、不开裂、不漏液。

表 20.7　热真空试验条件

项　目	要求
压力/Pa	$1.3×10^{-3}$
最高温度/℃	45±3
最低温度/℃	−10±3
循环次数/次	3
极端温度停留时间/h	4

三、低温容量

电池按低地球轨道循环寿命性能试验一段的方法充满电后置于 $(-10±3)℃$ 的低温箱中搁置 8h。随后在此环境以 0.2C 电流放电，当放电电压降低到 2.75V 或相关详细规范规定值时停止放电，电池的放电容量应不低于额定容量的 80%。

四、高温容量

电池按低地球轨道循环寿命性能试验一段的方法充满电后，将电池置于（45±3）℃的高温箱中搁置 8h。随后在此环境以 0.2C 电流放电。放电电压降低到 2.75V 或相关详细规范规定值时停止放电，蓄电池的放电容量应不低于额定容量的 95%。

五、稳态加速度

将满荷电态的电池用夹具牢固地固定在离心机上，分别沿 X、Y、Z 轴向施加稳态加速度 $147m/s^2$，每个轴向持续 2min。试验中以 0.2C 电流放电，试验中电池的放电电流、放电电压应无突变，电池无机械损伤。

六、鉴定检验

（一）鉴定检验项目的分组

鉴定检验分组进行，第Ⅰ组检验项目包括外观、标志、外形尺寸、重量、密封性、内阻、常温容量、低温容量、高温容量，共计 9 个项目。第Ⅱ组检验项目包括稳态加速度、振动、冲击、密封性、热真空、短路、过充电、过放电，共计 8 个项目。第Ⅲ组检验项目只有寿命一个项目。

（二）试验样品的分配

电池抽样数量为 6 只，从提交批中随机抽取 6 只样品全部进行第Ⅰ组检验，然后将其中的 3 只样品进行第Ⅱ组检验，2 只进行第Ⅲ组检验，1 只样品作备份。第Ⅱ组检验中做完稳态加速度、振动、冲击、密封性、热真空等检验项目后，分别取 1 只进行短路、过充电、过放电项目检验。

（三）检验结果的评定

在鉴定检验中只要有 1 只样品的任何一项不符合规范要求，则判鉴定检验不合格。

七、质量一致性检验

（1）生产批。生产批是由承制方按同一规范、同一图纸，主要原材料和工艺过程等生产条件基本不变的条件下连续生产的电池组成。

（2）检验批。检验批是为实施抽样检验汇集起来提交的一定数量的电池，它可以是由同一生产批组成，也可以由不同生产批组成。承制方对检验批的提交应得到订购方或上级主管机关的认可或批准。检验批的数量和抽样应符合 GJB 179A—1996 中的相关规定。

（3）质量一致性检验分组。质量一致性检验应包括 A、B、C 组检验，其中

A 组和 B 组为产品交货检验，C 组为产品周期检验。

1）A 组检验。A 组检验的项目包括外观、标志、外形尺寸、重量、密封性、内阻、常温容量，共 7 个项目。A 组检验为 100% 检验。A 组检验中，1 只电池只要有 1 项不合格，则认为该电池为不合格品。本批电池不合格品超过 5%，则判为 A 组检验不合格。

2）B 组检验。B 组检验的项目包括荷电保持能力、高温容量、低温容量，共 3 个项目。B 组检验电池应从通过 A 组检验的批中随机抽取 4 只样品。若 B 组检验有 1 只样品不合格，则判为 B 组检验不合格。

3）C 组检验。C 组检验的项目包括稳态加速度、振动、冲击、密封性、热真空、短路、过充电、过放电，共计 8 个项目。C 组检验电池应从通过 A 组但未做 B 组检验的批中随机抽取，数量为 3 只。C 组检验中做完稳态加速度、振动、冲击、密封性、热真空等检验项目后，分别取 1 只进行短路、过充电、过放电项目检验。C 组检验周期为 2 年。经 C 组检验的样品，不得作为合格产品交货。

（4）不合格判定。A 组和 B 组检验，如果某一检验批不合格，承制方可返修该产品以纠正其缺陷或剔除有缺陷的产品，重新提交进行复检，并清楚地标明为复检批。如果复检不合格，则整批产品判定为不合格批，不得交货。若 C 组检验不合格，则停止产品的验收和交付，承制方应将不合格情况报告鉴定机构和订购方，在采取纠正措施之后，应根据鉴定机构和订购方的意见，重新进行检验。若仍不合格，则由承制方和订购方协商解决。

第四节 深海探测用锂离子电池

2020 年 11 月，全海深载人潜水器"奋斗者"号在西太平洋马里亚纳海沟海域完成全部万米海试任务，并创造了 10909m 的中国载人深潜新纪录。"奋斗者"号在万米级海试中显示的优势，诸如可乘载三人的舱体、海底连续 6h 的作业能力、海试过程中 8 次抵达万米深的海底、在多种类科考样品的采集及多次目标搜寻布放回收作业中展现的作业能力、自动巡航以及连接水面的高速数字水声通信等特点，表明了"奋斗者"号在万米级深度所拥有的综合性技术实力，将鼓舞和促进我国深海科技的研发及产业发展。图 20.1 是"奋斗者"号的靓影。

我国的深海潜航器从"蛟龙"号、"万泉"号到"奋斗者"号一步一个脚印地走过来，在这个领域取得了巨大的成功，为潜航器提供动力的电池系统也在技术创新上达到了世界高度。"蛟龙"号潜水器在作业过程中要为水下照明、仪器设备、推力器及作业工具等运转提供充足的能源保障，电源必须具备无水下排放、无水下噪声、不依赖于空气、无重心漂移等特点，同时还要面临倾斜、摇摆等恶劣条件。经过反复调研和技术论证，"蛟龙"号潜水器主动力电源、辅助动

图 20.1　"奋斗者"号

力电源、应急救生电源采用了我国研发的大容量耐高压充油银锌电池技术。潜水深度 7000m，续航时间为 6h。然而银锌电池的能量密度低于 60Wh/kg，使用寿命只有 50 次，因此不能满足 11000m 全海深海域长续航能力领域的应用要求。

2017 年 1 月 15 日至 3 月 23 日，青岛能源所开发的固态锂电池系统（青能-Ⅰ）随中科院深海所深渊科考队远赴马里亚纳海沟（科考航次 TS03），为"万泉"号着陆器控制系统及 CCD 传感器提供能源。累计完成 9 次下潜，深度均大于 7000m，其中 6 次超过 10000m，最大工作水深 10901m，累计水下工作时间 134h，最大连续作业时间达 20h，顺利完成万米全深海示范应用。这标志着中国成为继日本之后世界上第二个成功应用全海深锂二次电池动力系统的国家，标志着中科院"陆海融合"突破全海深电源技术瓶颈，掌握全海深电源系统的核心技术。

继青能-Ⅰ研发成功之后，中科院青岛生物能源与工程研究所组建的青岛储能产业技术研究院研发团队，在陈立泉院士和国家杰出青年科学基金获得者崔光磊的带领下，创造性地提出了"刚柔并济"聚合物电解质的设计理念，创新性地构建了复合电解质材料体系，建立了一系列综合性能优异的固态聚合物电解质体系，研发出全新的高能量密度全固态锂电池（青能-Ⅱ）。这种全固态锂电池的能量密度达到 300Wh/kg，商业化应用价值是目前液态电解液锂电池的 2 倍。

对于深海探测设备来说，传统的聚环氧乙烷聚合物固态电解质存在室温下离子电导率低、电化学窗口窄以及力学强度差等诸多缺点，且单一聚合物电解质无法满足高性能二次电池的要求。因此研究与开发高室温锂离子电导率、宽电化学窗口、高力学强度和杨氏模量等综合性能优异的固态电解质体系是系统提升固态锂电池性能的核心和瓶颈问题。科研团队提出了"刚柔并济"的技术路线，创造性地解决了这些问题。

（1）刚性多空骨架支撑材料提供力学强度和安全性。"刚柔并济"的"刚"

是指刚性多空骨架支撑材料，如纤维素无纺膜、尼龙无纺膜、聚酰亚胺多孔膜、聚芳砜酰胺无纺膜和海藻酸盐无纺膜等，它能为电解质提供力学强度和安全性。

（2）柔性离子传输材料提供高离子电导率和界面稳定性。"柔"是指柔性离子传输材料，如脂肪族聚碳酸酯材料、氰基丙烯酸酯等，它能提供高离子电导率和界面稳定性。

（3）刚柔结合构建高效、快速离子传输通道，提高综合性能。"并济"是指刚性材料和柔性材料通过酸碱相互作用，构建高效、快速界面离子传输通道，提高电极/电解质界面相容性，以及尺寸热稳定性，最终实现综合性能大幅提高。

（4）高分子聚合体系增强压力耐受性。对于深海供电来说，还得考虑另外一个问题，那就是压强。海水深度每增加 10m，物体在水中所承受的压力就增加一个单位的大气压强，因此要想在万米深渊为科考设备提供稳定的电力供应，电池就必须要承受巨大的压力。传统的商品锂离子电池采用液态电解液体系，在承受深海压力的情况下形变比较大，很容易短路、发生起火、爆炸，而在新型的电源系统中，电池采用聚合物固态电解质技术，它的高分子体系具有很好的机械强度，电池的耐压能力明显增强。

（5）固态电解质的硬度和厚度都强过普通锂离子电池中的隔膜，锂枝晶不易刺穿，所以，就不容易引起锂离子电池的内短路。使用固态电解质的锂离子电池就可以使用金属锂作负极，可以大幅度提高电池的能量密度。这个型号的电池正极采用三元材料。

（6）硅油浸泡对抗海水腐蚀和导电。考虑到海水高盐特性带来的强烈腐蚀作用和海水导电容易带来电路短路的危害，科学家们采用硅油浸泡的方式对电池进行了进一步的保护。

（7）用压力缓冲球实现海底高压平衡。为了保证电源系统芯片和电路板在万米深海的正常工作，新型固态电池系统还配备了压力缓冲球，来实现深海高压的平衡。在海水压力不断增加的情况下，相应的压力会压到缓冲球，将硅油压到相应的电源系统中去，这样系统上表面压力就可以得到平衡，这相当于多了一个充油耐压的装置。

（8）"奋斗者"号的上百块单体锂电池分若干组排列，每组模块之间的间隙充满了油。当某块电池的温度升高时，热量会先传递给周围的油，然后油再通过电池箱体将热量传递给外部的海水，以此来给电池散热。

（9）建立电池均衡系统。与空间设备相同，随着充放电次数的增加，电池组内各电池的电压差距越来越大，呈发散趋势，容易造成电池组内部电池离散性加大，个别电池性能衰降加剧而导致整组电池失效。因此，需要电池均衡系统来保证电池组安全和延长电池组工作寿命。电池的主动均衡主要是通过电容或电感实现电荷在电池间的转移，取高填低，使各个电池单体的电容量基本一致。

"奋斗者"号在 10909m 的深度，面对的海底压强大概为 110MPa。在这么强大的压力下，如果探测器在下潜过程中失去了能源动力供应，或是电源系统发生了起火，那简直是不敢想象的事情。每批锂电池在成组前，都严格地进行了撞击、针刺、海水浸泡、短路、过充、过放等十几项安全抽检以及超过万米压力环境下的安全测试，这样才能成为"奋斗者"号潜水器提供合格的能量。值得一提的是通过 5 次穿刺试验，固态电池并未起火和爆炸，安全性能极佳，而且在拔除钉子后电压有所恢复，再一次彰显出固态电解质良好的自修复性能和安全性能。

参 考 文 献

[1] 中国电子科技集团公司第十八研究所. GJB 6789—2009 空间用锂离子蓄电池通用规范 [S]. 中国人民解放军总装备部，2009.

[2] 总参谋部第六十一研究所，广东德赛能源科技有限公司，信息产业部电子 18 所，等. GJB 4477—2002 锂离子蓄电池组通用规范 [S]. 中国人民解放军总装备部，2003.

[3] GJB 2374—1995 锂电池安全要求 [S]. 国防科学技术工业委员会，1995.

[4] 信息产业部电子第四研究所，成都建中锂电池厂. GJB 916B—2011 军用锂原电池通用规范 [S]. 中国人民解放军总装备部，2011.

[5] 惠州亿纬锂能股份有限公司，中国人民解放军空军驻广州地区军事代表室，中国人民解放军总参谋部第六十一研究所. GJB 2374A—2013 锂电池安全要求 [S]. 中国人民解放军总装备部，2013.

[6] 广东产品质量监督检验研究院，深圳市大疆创新科技有限公司，北京飞米科技有限公司，等. DB44/T 1885—2016 无人机用锂离子电池组 技术要求 [S]. 广东省质量技术监督局，2016.

[7] GJB 2912—1997 锂-二氧化锰电池通用规范 [S]. 国防科学技术工业委员会，1997.

[8] 安晓雨，谭玲生. 空间飞行器用锂离子蓄电池储能电源的研究进展 [J]. 电源技术，2006，30（1）：71~73.

[9] 邹连荣，陈猛，解晶莹. 国外航天用锂离子电池应用概况 [J]. 电池工业，2007，12（4）：277~280.

[10] 刘伶，孙克宁，张乃庆，等. 空间用锂离子电池的研究进展 [J]. 功能材料，2006，3（3）：22~24.

[11] 王东，李国欣，潘延林. 锂离子电池技术在航天领域的应用 [J]. 上海航天，2000（1）：54~58.

[12] 吕航，刘承志，尹栋，等. 深海动力磷酸铁锂电池组均衡方案设计优化 [J]. 电工技术学报，2016，1（19）：231~237.

第二十一章　废旧电池回收处理

随着新能源汽车产业的快速发展，我国已成为世界第一大新能源汽车产销国，动力蓄电池产销量也逐年攀升，动力蓄电池回收利用迫在眉睫，引起社会高度关注。2009~2012 年新能源汽车共推广 1.7 万辆，装配动力蓄电池约 1.2GWh。2013 年以后，新能源汽车大规模推广应用，截至 2017 年底累计推广新能源汽车 180 多万辆，装配动力蓄电池约 86.9GWh。据行业专家从企业质保期限、电池循环寿命、车辆使用工况等方面综合测算，2018 年后新能源汽车动力蓄电池将进入规模化退役，估计到 2020 年累计将超过 20 万吨、24.6GWh。根据测算，2018 年对应的从废旧动力锂电池中回收钴、镍、锰、锂、铁和铝等金属所创造的回收市场规模达到 53.23 亿元，2020 年达到 101 亿元，2023 年废旧动力锂电池市场将达到 250 亿元。

除了动力蓄电池，还有大量的便携式电子设备、手持式电子设备以及可穿戴电子设备的电池，将来还会出现蓄能电站退役电池。这些电池退役后，如果处置不当，随意丢弃，一方面会给社会带来环境影响和安全隐患，另一方面也会造成资源浪费。

锂电池产业链中，报废锂电池回收处理是必不可少的一环。经过回收处理，大量报废的锂电池才能变废为宝，形成锂电池制造行业的原材料，可持续发展的良性循环。废锂电池中的钴、锂、铜、铝及塑料等有价值资源的回收再利用，不仅具有显著的环境效益，而且具有良好的经济效益。

第一节　世界主要经济体锂电池回收现状

为缓解经济快速发展而引发的日趋严重的资源短缺与环境污染问题，对废旧锂电池实现全组分回收利用已成为全球共识。废旧锂电池的回收与处理在近五年里形成了市场，资源丰厚。世界各主要经济体都对锂电池的回收利用立法管理。

德国的做法是政府立法回收，生产者承担主要责任，设立基金完善回收体系建设。德国电池回收法规主要依托于《欧盟废弃物框架指令》和《电池回收指令》。回收法规要求电池生产商、销售商、回收商和消费者均负有对应的回收责任和义务，其中电池生产商承担主要回收责任，销售商要配合电池生产商的回收工作，而消费者应当将废旧电池交回相应的回收体系。

美国的做法是以市场调节为主，政府从环境保护角度进行管理，辅助推动废旧动力电池回收。政府采取附加环境费的方式，当消费者购买电池时收取一定数额的手续费和电池生产企业出资一部分回收费，作为产品报废回收的资金支持。废旧电池回收企业以协议价将提纯的原材料卖给电池生产企业。美国市场上主要有美国可充电电池回收公司（RBRC）和美国便携式可充电协会（PRBA）两大组织宣传及引导公众配合废旧电池的回收，保护自然环境。RBRC 是一个非营利性的公共服务组织，主要是促进可充电电池的循环利用。PRBA 则是由电池企业组成的非营利性电池协会，主要制定回收计划和措施来实现工业用电池的循环利用。其中，RBRC 提出了三个方案来收集、运送和重新利用废旧可充电电池：零售回收方案、社区回收方案以及公司企业和公共部门回收方案。

日本的做法是生产商主导电池回收，直接进入"循环再利用"模式，各类企业广泛参与电池回收。日本当前已经初步建立起"蓄电池生产销售-回收-再生处理"的电池回收利用体系，同时日本民众自发成立很多民间组织，参与到废旧电池产品回收的各个环节。2000 年起，日本政府规定生产商应对锂电池的回收负责，并基于资源回收目的进行产品的设计。电池回收后运回电池生产企业处理，政府提供相应的补助。此外，日本很多企业也参与到电池回收体系中，除了电动汽车及专门的回收企业外，日本主要的通信公司也联合成立了锂电池自主回收促进会，推动锂电池的回收利用工作，争取大幅提高锂电池的回收率。

在日本，废旧电池的回收后处理加工一般不由电池生产厂负责，而是选择具有冶金能力的工厂负责。目前 40%的零售商和团体在收集电池，并且收集的形势在继续看好，回收的废旧电池 93%由社团募集，7%由电池生产厂收集（含工厂废次电池）。在各大商场和公共场所放置回收箱，电池的收集和运输一般由社会赞助或低价方式，或依靠电池生产企业的赞助实施。日本政府为促进废旧电池的回收利用，建立了日本野村电池回收处理厂，为处理工厂按每千克废旧电池提供 80 日元补贴费。日本废旧电池的回收已产业化，铅蓄电池 100%回收，其他电池回收率约 20%。日本废旧电池回收企业已有 16 家，这些企业属于国家支持的公益性企业。

第二节　我国的锂电池回收情况

一、动力锂电池回收处理方式

动力电池回收处理主要有两条路径，一是针对没有报废只是容量下降无法被电动汽车继续使用的电池进行梯次利用，是指将电池组拆解，对电池进行测试筛选，再组装利用到例如通信基站电源、储能等领域。二是对已经报废的动力电池破拆，用各种方法深加工，对有用成分回收与再利用，这是当前动力电池回收的重点。

目前动力电池报废处理方式以破拆回收为主。但回收企业规模普遍较小，工艺水平不健全，也存在部分不具有回收资格的企业非法从事废旧动力电池回收。梯次利用在理论上是一种非常好的方案，但对目前的动力电池来说却很难实行。主要是因为国产动力电池型号众多、电池包结构、形状、组装工艺和技术千差万别，拆解过程中的技术要求非常高。锂离子电池的正极材料体系也很复杂，动力电池主要是三元材料和磷酸铁锂材料，便携式电子产品用的电池主要是钴酸锂材料。电池的正负极集流体是铜箔和铝箔，极耳是镍，锂电池的集流体是镍网，电池的隔膜和部分外壳是有机高分子材料，更多的电池外壳是不锈钢和铝合金。要把这些材料分门别类进行高效率回收，工艺就非常复杂。同时，电池回收还受到成本和经济效益的制约。

二、锂电池回收方式

当前动力电池的回收主体主要有回收小作坊、专业回收公司和政府回收中心，以动力电池生产企业或电动汽车企业为主体的回收体系还没有出现。手提电脑、平板电脑、手机等便携式电子产品的电池回收还没有有效的方法，虽然在垃圾分类的大前提下，住宅小区和工业区都设立了电池回收桶，但是人们还没有养成自觉将废旧电池投入电池回收桶的习惯，往往当成生活垃圾处理，给环境污染留下了很大的隐患。

目前，动力电池的回收渠道主要以回收小作坊为主，专业回收公司和政府回收中心较少，体系有待重整。废旧动力电池大多流入了缺乏资质的翻新小作坊，这些作坊工艺设备落后，主要靠手工操作或者半机械化操作，固定资产投资不多，场地租金也相对较便宜，所以成本比较低。大企业要取得资质并按照国家标准进行废气、废液、固废排放，基建投资大，工艺过程复杂，生产成本高企，回收利润微薄，难以与小作坊匹敌。因此，完善政策保障电池回收产业的可持续发展非常必要。

专业回收公司是经国家批准专门回收处理废旧动力电池的专业企业，综合实力雄厚、技术设备先进、工艺规范，既能最大化回收可用资源，又能够降低对环境的污染。目前，开展动力电池回收的企业主要有深圳格林美、邦普循环科技、赣锋锂业和超威集团等。这些企业回收处理锂电池的特点如表 21.1 所示。

表 21.1　部分锂电池回收企业的特点

公司名称	处理工艺	工艺流程	主要回收物
格林美	液相合成和高温合成	回收电池分类、粉碎、得到其中的钴、镍材料，通过溶解分离提纯得到含钴镍离子的液体。利用液相合成和高温合成重新制备出高纯度的钴、镍材料	球状钴粉
邦普集团	定向循环和逆向产品定位	溶解回收的旧电池得到含镍、钴、锰、锂等元素的溶液，再通过企业独创的"定向循环"模式和"逆向产品定位设计"技术，反向调节溶液中各元素的比例，对溶液再进行热力和动力 pH 值调控，生成动力电池所需材料	镍钴锰酸锂，电极级四氧化三钴
赣锋锂业	电解法和纯碱压浸法	溶解废电池，分离得到含锂溶液，通过电解法和纯碱压浸法得到锂材料	碳酸锂和电极级氧化铝

地方各级政府设置回收中心，将有利于科学规范地管理电池回收市场、完善回收网络、合理布局回收网络和回收市场，提高正规渠道的回收量。虽然目前我国还没有动力电池的政府回收中心，但未来可以根据我国现实情况，有选择进行发展。

三、回收商业模式

（1）以电池生产厂商为主的回收模式。由动力电池生产厂商利用电动汽车的销售网络，以逆向物流的方式回收废旧电池，电动汽车生产商要配合动力电池企业的回收。消费者将退役的电池交给附近的电动汽车销售服务网点，电动汽车生产商以协议价格转运给电池生产企业。另外，报废汽车拆解企业在回收废旧电动汽车时，也需将拆解的废旧动力电池直接销售给动力电池生产商。在回收形式上，可以用"以旧换新"的方式或者一定的折价方式促使消费者主动交回废旧电池。

（2）行业联盟回收模式。由动力电池生产商、电动汽车生产商或者电池租赁公司组成，并共同出资设立专门的回收组织，负责动力电池的回收。该模式的主要特点是在行业内成立统一回收组织，影响力强、覆盖面广，易于消费者交回电池。回收利用所得的收益用于回收网络的建设和运营。

（3）第三方回收模式。该模式需要独自构建回收网络和相关物流体系，将委托企业售后市场的废旧动力电池运回回收处理中心，再进行专业化处理。另外，汽车拆解企业也可以将废旧动力电池直接销售给第三方企业。不过该模式的建立所需的设备、网络及人力投入较多，成本较高。

第三节　我国政府回收锂电池的法规

党中央、国务院高度重视新能源汽车动力蓄电池回收利用，国务院召开专题会议进行研究部署。推动新能源汽车动力蓄电池回收利用，有利于保护环境和社会安全，推进资源循环利用，有利于促进我国新能源汽车产业健康持续发展，对于加快绿色发展、建设生态文明和美丽中国具有重要意义。政府出台了一系列关于电池回收的法规和标准规范，这些标准规范包括《新能源汽车动力蓄电池回收利用管理暂行办法》、《新能源汽车废旧动力蓄电池综合利用行业规范条件》、《电池废料贮运规范》（GB/T 26493—2011）、《通信用锂离子电池的回收处理要求》（GB/T 22425—2008）、《废蓄电池回收管理规范》（WB/T 1061—2016）、《车用动力电池回收利用 余能检测》（GB/T 34015—2017）、《车用动力电池回收利用 拆解规范》（GB/T 33598—2017）。

一、动力蓄电池回收主要应遵循的原则

（1）生产者责任延伸原则。新能源汽车生产企业承担动力蓄电池回收的主体责任，相关企业在动力蓄电池回收利用各环节履行相应责任，保障动力蓄电池的有效利用和环保处置。

（2）产品全生命周期管理原则。对动力蓄电池从设计、生产、销售、使用、维修、报废、回收、利用等各环节提出相关要求。

（3）有法可依原则。动力蓄电池回收利用所有行为及相关方责任均以法律法规为依据，做好与现有政策衔接，形成政策合力。

（4）政府引导与市场相结合原则。在发挥政府各相关部门监管职能的同时，充分发挥市场作用，在回收体系建设、梯次利用等领域创新市场模式。

二、动力蓄电池回收管理促进措施

（1）确立生产者责任延伸制度。汽车生产企业作为动力蓄电池回收的主体，应建立动力蓄电池回收服务网点并对外公布。通过售后服务机构、电池租赁企业等回收动力蓄电池，形成回收渠道，也可以与有关企业合作共建、共用回收渠道，提高回收率。汽车生产企业还应落实动力蓄电池回收利用相关信息发布等责任要求。同时，梯次利用企业作为梯次利用产品生产者，要承担其产生的废旧动力蓄电池的回收责任，确保规范移交和处置。

（2）开展动力蓄电池全生命周期管理。充分体现产品全生命周期管理理念，针对动力蓄电池设计、生产、销售、使用、维修、报废、回收、利用等产业链上下游各环节，明确相关企业履行动力蓄电池回收利用相应责任，保障动力蓄电池

的有效利用和环保处置，构建闭环管理体系。

（3）建立动力蓄电池溯源信息系统。以电池编码为信息载体，构建"新能源汽车国家监测与动力蓄电池回收利用溯源综合管理平台"，实现动力蓄电池来源可查、去向可追、节点可控、责任可究。对动力蓄电池回收利用全过程实施信息化管控，是核心管理措施。对汽车生产、电池生产等企业明确提出溯源管理要求，各相关企业应及时上传相关信息。

（4）推动市场机制和回收利用模式创新。重视发挥企业的主导作用，鼓励企业探索新型商业模式，如发起和设立产业基金以及研究动力蓄电池残值交易等，加快形成市场化机制，推动关键技术和装备的产业化应用。同时，支持开展动力蓄电池回收利用的科学技术研究，引导产学研协作，以市场化应用为导向，开展动力蓄电池回收利用模式创新。

（5）实现资源综合利用效益最大化。为最大化利用退役动力蓄电池剩余价值，鼓励按照先梯次利用后再生利用原则，开展动力蓄电池的再利用。对具备梯次利用价值的，可用于储能、备能等领域。不具备梯次利用价值的，可再生利用提取有价金属。通过对动力蓄电池的多层次、多用途合理利用，提升综合利用水平与经济效益。同时，与已实施的《新能源汽车废旧动力蓄电池综合利用行业规范条件》等管理政策相衔接，推动产业规范化、规模化发展，实现环境效益、社会效益和经济效益有机统一。

（6）明确监督管理措施。建立梯次利用电池产品管理制度，同时，各有关管理部门要建立信息共享机制，形成合力，在各自职责范围内，通过责令企业限期整改、暂停企业强制性认证证书、公开企业履责信息、行业规范条件申报及公告管理等措施对企业实施监督管理。

（7）完善标准体系。在已发布动力蓄电池产品规格尺寸、编码规则、拆解规范、余能检测等4项国标基础上，加快动力蓄电池回收利用有关标准的研究和立项工作，推动发布一批梯次利用、电池拆卸、电池拆解、包装运输等相关技术标准和作业指导手册编制规范，支持开展行业、地方和团体相关标准制定。

（8）抓好试点示范。发布新能源汽车动力蓄电池回收利用试点实施方案，启动试点示范，支持有条件的地方和企业先行先试，开展梯次利用重点领域示范。通过试点示范，发现问题，寻求解决方案。培育一批动力蓄电池回收利用标杆企业，探索形成技术经济性强、资源环境友好的多元化回收利用模式。中国铁塔公司开展动力蓄电池梯次利用试验，目前已在12个省市建设了3000多个试验基站，取得了较好效果。

（9）促进动力蓄电池向易拆解设计方向发展。动力蓄电池生产企业应采用标准化、通用性及易拆解的产品结构设计，协商开放动力蓄电池控制系统接口和通信协议等利于回收利用的相关信息，对动力蓄电池固定部件进行可拆卸、易回收利用设计。材料有害物质应符合国家相关标准要求，尽可能使用再生材料。新能源汽车设计开发应遵循易拆卸原则，以利于动力蓄电池安全、环保拆卸。

（10）营造发展环境。加强与已出台的新能源汽车等有关政策衔接，研究财税、科技、环保等支持政策，鼓励社会资本投资或设立产业基金，推动关键技术和装备的产业化应用。

三、通信用锂离子电池的回收处理要求

（一）废弃锂离子电池的收集、运输和储存

（1）废弃锂离子电池的收集应充分考虑安全性，收集容器应具备必要的安全措施。

（2）废弃锂离子电池的包装运输前和运输过程中应保证其结构完整和安全性，不得将废弃锂离子电池破拆、粉碎，以防止电池中有害成分的泄漏污染。

（3）储存、装运废弃锂离子电池的容器应根据废弃锂离子电池的特性而设计，不易破损、变形，其所用材料能有效地防止有害物质的渗漏、扩散。应贴有标识。具备安全措施，并制定应急方案。

（4）禁止将废弃锂离子电池堆放在露天场地，避免废弃锂离子电池遭受雨淋水浸、阳光直射曝晒且远离高温环境。

（5）存放设施使用的容器应该具有耐腐蚀、耐压、密封、防火、防爆、绝缘、隔热的特性，应完好无损。

（6）存放过程中，废弃锂离子电池不应被拆解、碾压及其他破碎操作，保证废弃锂离子电池的外壳完整，以保证安全性。

（二）废弃锂离子电池处理的基本要求

（1）禁止对收集的各种废弃锂离子电池进行直接焚烧及填埋处理。

（2）资源再生工艺之前的任何废弃锂离子电池拆解、破碎、分选过程都应在封闭式构筑物中进行，排出气体须进行净化处理，达标后排放。不应对废弃锂离子电池进行手工破碎。

（3）使用火法冶金工艺进行废弃锂离子电池资源再生，其冶金过程应当在密闭负压条件下进行，以免有害气体和粉尘逸出，收集的气体应进行处理，达标后排放。

（4）使用湿法冶金工艺进行废弃锂离子电池资源再生，其工艺过程应当在封闭式构筑物内进行，排出气体须进行除湿净化，达标后排放。

（5）废弃锂离子电池的资源再生装置应具备尾气净化系统、报警系统和应急处理系统。部分废弃锂离子电池带有一定的电量，应具备防火、防爆、防腐蚀等安全防护措施。电解液分离时必须防止电解液渗漏和泄漏。

第四节　退役电池的梯次利用

随着产业的发展，动力电池的更换和退役数量越来越多，这些退下来的电池容量还有 50% 左右，仍可用于储能等梯次利用。废旧动力蓄电池综合利用企业应根据废旧动力蓄电池的容量、充放电特性及安全性评估等实际情况综合判断是否满足梯级利用相关要求，对符合要求的废旧动力蓄电池分类重组，用于 UPS 电源、移动基站等领域，提高综合利用经济效益。

一、国家对动力电池梯次利用企业的要求

（1）国家鼓励电池生产企业与综合利用企业合作，在保证安全可控前提下，按照先梯次利用后再生利用原则，对废旧动力蓄电池开展多层次、多用途的合理利用，降低综合能耗，提高能源利用效率，提升综合利用水平与经济效益，并保障不可利用残余物的环保处置。

（2）综合利用企业应符合《新能源汽车废旧动力蓄电池综合利用行业规范条件》（工业和信息化部公告 2016 年第 6 号）的规模、装备和工艺等要求，鼓励采用先进适用的技术工艺及装备，开展梯次利用和再生利用。

（3）梯次利用企业应遵循国家有关政策及标准等要求，按照汽车生产企业提供的拆解技术信息，对废旧动力蓄电池进行分类重组利用，并对梯次利用电池产品进行编码。

（4）梯次利用企业应回收梯次利用电池产品，在生产、检测、使用等过程中产生的废旧动力蓄电池集中贮存并移交至再生利用企业。

（5）梯次利用电池产品应符合国家有关政策及标准等要求，不符合要求的梯次利用电池产品不得生产、销售。

二、动力电池回收后的余能检测

对于回收的动力蓄电池的梯次利用有技术问题、环保问题，也有经济效益问题。回收来的锂离子动力电池从拆解、分选、电池组组装到销售、运输，都需要相当的人力、物力和成本，所以，必须对拆解得到的电池单体进行余能检测，只有剩余容量超过 50%~60% 的电池才有梯次利用的价值，剩余容量过低的动力电池就只能是分解、提取有利用价值的物质。回收来的锂离子动力电池余能检测需要注意：

（1）安全要求。检测过程应配备具有蓄电池检测知识的专业人员全程值守监控，检测场所应配备消防必备品，检测过程应采取必要的绝缘措施，如绝缘手套、绝缘鞋（靴）、绝缘工具等。

（2）环境要求。动力蓄电池在余能检测过程中的环境要符合国家关于环境保护的要求。

（3）检测程序。余能检测程序如图 21.1 所示。其 I_5 放电容量是蓄电池在室温下，以 5 小时电流放电，即 $1I_5(A)$ 电流放电，也就是 0.2C 电流放电，达到终止电压时所放出的容量（Ah）。

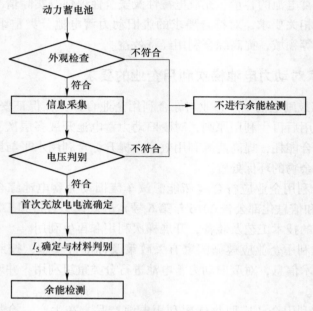

图 21.1 余能检测程序

（4）外观检查。在良好的光线条件下，用目测法检查动力蓄电池模组、单体的外观，如有变形、裂纹、漏液等，不应对其进行余能检测。如有主动保护线路，应去除后再检测。

（5）信息采集。观察动力蓄电池外壳上的标签，收集动力蓄电池基本信息，如标称电压、标称容量或标称能量等。称取并记录动力蓄电池重量。

（6）电压判别。用电压表检测动力蓄电池的端电压，初步判定蓄电池类别和电池极性。电压判别要注意电池的放电平台，测量电池的电压并不能准确的确定电池的容量。

（7）单体蓄电池首次充放电电流确定。如果有标签且可直接从标签上获得标称电压、标称容量或标称能量等信息，可根据信息确定首次充放电电流。如果无标签或者不可直接从标签上获得标称电压、标称容量或标称能量等信息，可根据《车用动力电池回收利用 余能检测》（GB/T 34015—2017）的规定确定首次充放电电流。

（8）蓄电池模组首次充放电电流确定。有标签且可直接从标签上获得单体蓄电池数量、标称电压、标称容量或标称能量和蓄电池模组标称电压、标称容量或标称能量等信息，应根据信息初步确定首次充放电电流。无标签或者不可直接从标签上获得单体蓄电池数量、标称电压、标称容量或标称能量和蓄电池模组标称电压、标称容量或标称能量等信息，应对蓄电池模组进行拆解，并根据《车用动力电池回收利用 余能检测》（GB/T 34015—2017）的规定确定首次充放电电流。

（9）单体蓄电池室温充电。在室温下，单体蓄电池先以 1C(A) 电流放电至企业技术条件中规定的放电终止电压，搁置 1h（或企业提供的不大于 1h 的搁置时间），然后按企业提供的充电方法进行充电。若企业未提供充电方法，则以 1C(A) 电流恒流充电至企业技术条件中规定的充电终止电压时转恒压充电，一直到充电电流降至 0.05C(A) 时停止充电。充电后搁置 1h（或企业提供的不高于 1h 的搁置时间）。

（10）单体蓄电池室温放电容量（初始容量）按照如下步骤测试：

1）单体蓄电池按照上面的方法充电。

2）蓄电池在室温以 1C(A) 电流放电，直到放电至企业技术条件中规定的放电终止电压。

3）计量放电容量（以 Ah 计），计算放电比能量（以 Wh/kg 计）。

4）重复步骤 1）~3）5 次，当连续 3 次试验结果的极差小于额定容量的 3%，可提前结束试验，取最后 3 次试验结果的平均值。

（11）蓄电池模组试验条件。测试用蓄电池模组样品应满足如下条件：

1）总电压不低于单体蓄电池电压的 5 倍。

2）额定容量不低于 20Ah，或者与整车用蓄电池系统额定容量一致。

3）测试用蓄电池模组可由实际模组串并联组成。

（12）蓄电池模组的外观检查。

1）在良好的光线条件下，用目测法检查蓄电池模组的外观。

2）用电压表检测蓄电池模组的极性。

3）用量具和衡器测量蓄电池模组的外形尺寸及质量。

（13）蓄电池模组充电。

1）有企业提供的充电方法。蓄电池模组在室温先以 1C(A) 电流放电至任一单体蓄电池电压达到放电终止电压。搁置 1h（或企业提供的不高于 1h 的搁置时间），然后按企业提供的充电方法进行充电。

2）若企业未提供充电方法，则依据以下方法充电：以 1C(A) 电流恒流充电至企业技术条件中规定的充电终止电压时转恒压充电，充电电流降至 0.05C(A) 时停止充电。若充电过程中有单体蓄电池电压超过充电终止电压 0.1V 时则停止充电。充电后搁置 1h（或企业提供的不高于 1h 的搁置时间）。

（14）室温放电容量测试。按照如下步骤测试室温放电容量：

1）蓄电池模组按照第（13）条的方法充电。

2）蓄电池模组在室温以 1C（A）电流放电至任一单体蓄电池电压达到放电终止电压。

3）计量放电容量（以 Ah 计）和放电比能量（以 Wh/kg 计）。

4）重复步骤 1）~3）5 次，当连续 3 次试验结果的极差小于额定容量的 3%，可提前结束试验，取最后 3 次试验结果平均值。

（15）能量型蓄电池模组室温倍率放电性能测试。

1）蓄电池模组按照第（13）条的方法充电。

2）蓄电池模组在室温下以 3C（A）（最大电流不超过 400A）电流放电，直至任意一个单体电池电压达到放电终止电压。

3）计量放电容量（以 Ah 计）。

（16）能量型蓄电池模组比功率测试。

1）蓄电池模组按照第（13）条的方法充电。

2）蓄电池模组在室温以 1C（A）电流放电 30min 后以企业规定的最大放电电流放电 10s，然后静置 30min，再以企业规定的最大充电电流充电 10s。

3）采用 10s 充放电的放电能量除以 10s 充放电时间的方法，计算 10s 充放电的平均比功率（以 W/kg 计）。

（17）功率型蓄电池模组室温倍率放电性能测试。

1）蓄电池模组按照第（13）条的方法充电。

2）蓄电池模组在室温以 8C（A）（最大电流不超过 400A）电流放电，直至任意一个单体电池电压达到放电终止电压。

3）计量放电容量（以 Ah 计）。

（18）功率型蓄电池模组比功率测试。

1）蓄电池模组按照第（13）条的方法充电。

2）蓄电池模组在室温以 1C（A）电流放电 30min 后以企业规定的最大放电电流放电 10s，然后静置 30min，再以企业规定的最大充电电流充电 10s。

3）采用 10s 充放电的放电能量除以 10s 充放电时间的方法，计算 10s 充放电的平均比功率（以 W/kg 计）。

（19）蓄电池模组室温倍率充电性能测试。

1）蓄电池模组在室温以 1C（A）电流放电至任意一个单体电池电压达到放电终止电压，静置 1h。

2）蓄电池模组在室温以 2C（A）（最大电流不超过 400A）电流充电，直至任意一个单体电池电压达到充电终止电压，或达到企业规定的充电终止条件，并且总充电时间不超过 30min，静置 1h。

3）蓄电池模组在室温以 1C（A）电流放电至任意一个单体电池电压达到放电终止电压。

4）计量放电容量（以 Ah 计）。

（20）蓄电池模组低温放电容量测试。

1）蓄电池模组按照第（13）条的方法充电。

2）蓄电池模组在（-20±2）℃搁置 24h。

3）蓄电池模组在（-20±2）℃以 1C（A）电流放电至任意一个单体电池电压达到企业提供的放电终止电压（该电压值不低于室温放电终止电压的 80%）。

4）计量放电容量（以 Ah 计）。

（21）蓄电池模组高温放电容量测试。

1）蓄电池模组按照第（13）条的方法充电。

2）蓄电池模组在（55±2）℃搁置 5h。

3）蓄电池模组在（55±2）℃以 1C（A）电流放电至任意一个单体电池电压达到室温放电终止电压。

4）计量放电容量（以 Ah 计）。

（22）蓄电池模组室温荷电保持及容量恢复能力测试。

1）蓄电池模组按照第（13）条的方法充电。

2）蓄电池模组在室温储存 28d。

3）蓄电池模组在室温以 1C（A）电流放电至任意一个单体电池电压达到放电终止电压。

4）计量荷电保持容量（以 Ah 计）。

5）蓄电池模组再按照第（13）条的方法充电。

6）蓄电池模组在室温以 1C（A）电流放电至任意一个单体蓄电池电压达到放电终止电压。

7）计量恢复容量（以 Ah 计）。

（23）蓄电池模组高温荷电保持与容量恢复能力测试。

1）蓄电池模组按照第（13）条的方法充电。

2）蓄电池模组在（55±2）℃储存 7d。

3）蓄电池模组在室温搁置 5h 后，以 1C（A）电流放电至任意一个单体电池电压达到放电终止电压。

4）计量荷电保持容量（以 Ah 计）。

5）蓄电池模组再按照第（13）条的方法充电。

6）蓄电池模组在室温以 1C（A）电流放电至任意一个单体蓄电池电压达到放电终止电压。

7）计量恢复容量（以 Ah 计）。

（24）蓄电池模组耐振动试验。

1）蓄电池模组按照第（13）条的方法充电。

2）将蓄电池模组紧固到振动试验台上，按下述条件进行线性扫频振动试验：

①放电电流，C/3（A）。

②振动方向，上下振动。

③振动频率，10~55Hz。

④最大加速度，30m/s^2。

⑤扫频循环，10 次。

⑥振动时间，3h。

3）振动试验过程中，观察有无异常现象出现。

（25）蓄电池模组储存试验

1）蓄电池模组按照第（13）条的方法充电。

2）蓄电池模组室温以 1C（A）电流放电 30min。

3）蓄电池模组在（45±2）℃储存 28d。

4）蓄电池模组室温下搁置 5h。

5）蓄电池模组再按照第（13）条的方法充电。

6）蓄电池模组室温以 1C（A）电流放电至任意一个单体电池电压达到放电终止电压。

7）计量放电容量（以 Ah 计）。

梯次利用的锂离子蓄电池的检验也分型式检验和出厂检验，具体检验规则和样品数量参看《车用动力电池回收利用　余能检测》（GB/T 34015—2017），这里不再赘述。

第五节　回收动力电池的拆解

动力蓄电池回收首先要从汽车上面把电池包拆卸下来，然后就是电池包的拆解、电池模组的拆解。拆解成电池单体以后进行余能检测，有梯次利用价值的电池进入重新组装程序，没有梯次利用价值的电池进入破碎回收工序。废旧动力蓄电池拆解的作业程序应严格遵循安全、环保和资源循环利用三原则，这个原则也适用于便携式电子产品的电池和其他消费级电池的回收利用。

（1）一般要求。

1）电池和汽车生产企业在设计动力蓄电池时应考虑可拆解性、可回收性等绿色设计，从源头上为动力蓄电池的回收利用打下基础。

2）回收、拆解企业应具有国家法律法规规定的相关资质，经营范围应当包括废旧电池类的危险废物经营许可。

3）应当按照生产企业提供的拆解信息或拆解手册，制定拆解作业程序或拆解作业指导书，进行安全拆解。

4）拆解企业宜采用机械化或自动化拆解方式，以提高拆解效率及安全性。

5）拆解作业人员中应当有一部分人持有电工上岗证。

（2）装备要求。

1）拆解操作人员应具备绝缘手套、防机械伤害手套、安全帽、绝缘鞋（靴）、防护面罩、防触电绝缘救援钩等安全防护装备。

2）应配备专业防护罩、专用起吊工具、起吊设备、专用拆解工装台、专用抽排系统、专用取模器、专用模组拆解设备、绝缘套装工具等。

3）应具备绝缘检测设备，如绝缘电阻测试仪等。

（3）场地要求。

1）拆解、存储场地应具备消防设施、报警设施、应急设施等安全防范设施。

2）拆解、存储场地的地面应硬化并防渗漏，具有废水处理系统等环保防范设施。

3）拆解、存储场地内应保持通风干燥、光线良好，并远离居民区。

（4）人员安全。

1）拆解作业前，应穿戴安全防护装备。

2）应具备相应的专业知识，并经过内部专业培训考核。

（5）吊装安全。

1）吊具和起吊设备应进行绝缘处理，所承受的载荷不得超过额定起重能力。

2）起吊前应拆除废旧动力蓄电池外接导线及易脱落的附属件，防止起吊中坠落伤人。

3）起吊动力蓄电池包（组）时，电池包上的固定点应不少于3个。

4）起吊前应进行试吊，并检查设备受力情况。

（6）拆解安全。

1）拆解过程必须有监护人在场，严禁拆解人员单独作业。

2）按照制定的拆解作业程序或作业指导书进行。

3）切割工序中应先检查切割设备，固定好切割件，做好防护。

4）拆解作业应避免整体结构的失重散架和动力蓄电池的破损。

5）拆解后应对废旧动力蓄电池模组、单体进行绝缘处理。

（7）电池包拆解前的预处理。

1）采集废旧动力蓄电池的型号、制造商、电压、标称容量、尺寸及质量等信息。

2）对液冷动力蓄电池应采用专用抽排系统排空冷却液，并使用专用容器收集盛装。

3）对废旧动力蓄电池包（组）应进行绝缘检测，并将电池包的完全放电装置的常开开关闭合进行放电或者进行绝缘处理，防止拆解过程中出现短路或者触电现象，以确保拆解安全。

4）拆除废旧动力蓄电池外接导线及易脱落的附属件。

5）粘贴回收追溯码，将预处理采集信息录入回收追溯管理系统。

（8）动力蓄电池包（组）拆解。

1）采用专用起吊工具和起吊设备将动力蓄电池包（组）起吊至专用拆解工装台。

2）拆除动力蓄电池包（组）外壳，根据不同的组装方式采用不同的拆解方式：

①对外壳为螺栓式组合连接的动力蓄电池包（组），应根据螺栓的类型及规格，采用相应的工具或设备进行拆解。

②对外壳为金属焊接或塑封式连接的动力蓄电池包（组），应采用专业的切割设备拆解，并精确控制切割位置及切入深度，防止在切割过程中伤及电池，引起短路着火。

③对外壳为嵌入式连接的动力蓄电池包（组），宜采用专业的机械化切割设备拆解。

3）外壳拆除后，应先拆除托架、隔板等辅助固定部件。

4）应使用绝缘工具拆除高压线束、线路板、电池管理系统、高压安全盒等功能部件。

5）根据动力蓄电池模组的位置和固定方式，拆除相关固定件、冷却系统等部件，采用专用取模器移除模组。

6）动力蓄电池包（组）拆解过程中要注意避免拆除的螺栓等金属件与高低压连接触头位置的接触，以免造成短路起火，同时要备有专用磁吸工具，用于取出脱落在缝隙中的金属件。

7）对外壳为螺栓式组合连接的动力蓄电池模组，应根据螺栓的类型及规格，在专用模组工装夹具的辅助下定位，采用相应的工具进行拆解。

8）对外壳为金属焊接或塑封式连接的动力蓄电池模组，应根据焊位或封装口角度，宜采用专用模组拆解设备在封闭空间中拆解，并精确控制焊位分离尺寸及刀口切入深度，防止短路起火。

9）对外壳为嵌入式连接的动力蓄电池模组，应采用机械化拆解设备进行拆解。

10）外壳拆除后，应采用绝缘工具拆除导线、连接片等连接部件，分离出蓄电池单体。

11）动力蓄电池模组拆解过程中要注意模组的成组类型与连接方式，拆解过程做好绝缘防护，对高低压连接插件的接口应用绝缘材料及时封堵，不应徒手拆解模组。

（9）电池包（组）完成拆解后的存储和管理

1）属于危险废物，应按 GB 18597 和 HJ 2025 要求进行收集、贮存、运输，并交有资质单位进行处理。

2）属于一般固体废物，应按 GB 18599 的要求执行。

3）拆下来的蓄电池单体应统一存储，存储场所应当有完备的防火措施，防火级别应当高于一般的锂离子电池储存场所。

4）禁止对单体进行手工拆解、丢弃、填埋或焚烧。

5）拆解后的蓄电池单体、零部件、材料应采用相应的容器分类存储、标识，并对其进行日常性安全检查。

6）回收拆解企业应向生产企业提供回收处理报告。

第六节　报废电池的泡水消电

没有梯次利用价值的锂电池都要直接破拆，通过各种回收工艺回收有用的材料。但是，无论是锂一次电池还是锂二次电池在回收时并不都是完全放电的，大部分电池还有残存电量。有残存电量的电池在拆解时就容易发生短路，引燃电解液，发生火灾甚至爆炸。所以锂电池在拆解前消除残余电量是很重要的一道工序。

可能一般人的认知中觉得电池不应泡水，怕引起短路。曾经的南方航空公司飞机客舱充电宝着火，空乘人员用饮料扑灭了火，引起了热烈讨论，许多人认为这是不正确的做法。其实，一般的水是不可能引起电池短路的。自来水在 15℃ 时候的电阻率是 $1300\Omega \cdot cm$，每毫米水层的电阻可达到 130Ω。各个锂电池标准关于外部短路试验是在电池的正负极之间加一个 $80m\Omega \pm 20m\Omega$ 的电阻，可见，电池正负极之间的水的电阻大于引起短路的电阻。手机掉到水里，捞起来烘干后照样可以使用，就是基于这个道理。只有在水里添加 NaCl 等无机盐类才能够有效降低水的电阻率。

一、电池泡水试验

为了证明上述观点，作者曾经进行过锂原电池和锂离子电池泡水试验。图 21.2 是泡水试验开始时的照片。

图 21.2（a）的右边豆绿色的电池是 18650 三元锂离子电池，中间蓝色的是锂亚原电池，左边白色的是锂锰原电池。同样的电池分两组，一组泡自来水，一组泡淡盐水。图 21.2（b）是泡自来水。每一个电池两端都冒出气泡，这是电池对自来水进行电解。根据水电解的理论，在电池的负极通过还原水形成氢气，在电池的正极通过氧化水形成氧气。

图 21.2（c）是自来水里面添加了约 5% 的食盐，电池对淡盐水进行电解。电解盐水的过程中主要发生两个反应：首先是盐水通电生成 NaOH，Cl_2 以及 H_2，化学反应式：

$$2NaCl + 2H_2O === 2NaOH + H_2\uparrow + Cl_2\uparrow$$

（a）　　　　　　　　　　（b）　　　　　　　　　　（c）

图 21.2　锂电池泡水试验

然后氯气溶解与水中的氢氧化钠结合生成次氯酸钠：

$$2NaOH+Cl_2 === NaCl+NaClO+H_2O$$

总反应：

$$NaCl + H_2O === NaClO + H_2$$

反应生成的氯气不会完全溶解于水中，会有部分连同氢气一同挥发出来。电池在盐水里面产生的气泡远远多于在自来水里面产生的气泡。

图 21.3（a）是电池在自来水中浸泡一天的现象，产生了一层厚厚的沉积物，这是自来水里面含有矿物质离子而形成的。图 21.3（b）和图 21.3（c）是在盐水里面浸泡一天的现象，因为水里面含有氯化钠和其他矿物质离子，产生了更多的絮状沉淀物。

图 21.4 是泡水 30 天的现象，这时候电池的电极已经被腐蚀透了，如图 21.5 所示。电池内部各种物质参与了化学反应过程，自来水和盐水都重新变清澈了，沉积物也消失了。

(a)　　　　　　　　　　(b)　　　　　　　　　　(c)

图 21.3　泡水一天以后的现象

图 21.4　泡水 30 天的现象　　　　　　图 21.5　电池正极腐蚀

二、电池泡淡盐水记录

表 21.2 是淡盐水泡电池的电压记录。

表 21.2　淡盐水泡电池的电压记录　　　　　　　（V）

日期	2.9	2.10	2.11	2.12	2.13	2.14	2.15	2.16
三元	3.861	停止	电池停止放出气泡	0.2	0.171	0.006	0.231	0.021
锂亚	3.686	3.44		1.1	0.625	0.051	0.077	0.050
锂锰	3.693	3.6		0.38	0.461	0.096	-0.059	-0.081

电池泡盐水现象观察记录：

（1）2021 年 2 月 9 日下午 3：28 开始泡水，泡水前测得电池的电压就是 2 月 9 日的记录电压。

（2）下午 6：08 开始，三个电池连续密集冒出气泡，生成褐色的絮状物，漂浮在水面，还有黑色沉淀物沉淀在水底。

（3）2 月 10 日下午 4：00，18650 电池正极已经腐蚀透，停止电解反应。锂亚电池和锂锰电池的正极也腐蚀透了，但是还有电压，还在冒出气泡。

（4）2月11日下午4：00，所有电池都不冒气泡了，盐水里沉淀约3cm厚的黑色沉淀物。

（5）2月12日下午4：00，三个电池的电压都已经很低，瓶底沉淀了约3cm厚黑色生成物。

（6）2月13日下午4：00，瓶子里的水已经完全澄清，只是颜色有一点发黑。

（7）2月14日下午4：00，虽然过去7天了，但是打开瓶盖，还是有浓浓的刺鼻子的盐酸气味。

三、电池泡自来水记录

表21.3是2021年2月4日至3月7日的自来水泡电池记录。

表21.3　自来水泡电池的电压记录　　　　　　　　　　　　　　　　　　（V）

日期	2.4	2.5	2.6	2.7	2.8	2.9	2.10	2.11	2.12	2.13
三元	3.859	3.85	3.85	3.819	3.771	3.64	3.514	1.92	1.5	1.097
锂亚	3.689	3.638	3.641	3.646	3.639	3.634	3.634	3.632	3.637	3.636
锂锰	3.692	3.686	3.682	3.682	3.665	3.677	3.674	3.669	3.664	3.661
日期	2.14	2.15	2.16	2.17	2.18	2.19	2.20	2.21	2.22	2.23
三元	1.036	0.964	0.889	0.832	0.815	0.758	0.718	0.714	0.706	0.460
锂亚	3.633	3.635	3.630	3.627	3.630	3.626	3.618	3.623	3.619	3.606
锂锰	3.657	3.656	3.658	3.656	3.656	3.653	3.653	3.657	3.659	3.650
日期	2.24	2.25	2.26	2.27	2.28	3.1	3.2	3.3	3.5	3.7
三元	0.212	0.054	0.011	0.005	0.006	0.000	—	—	—	—
锂亚	3.542	3.552	3.578	3.656	3.562	3.555	3.555	3.35	0.400	0.006
锂锰	0.424	0.205	0.216	0.159	-0.003	0.000	—	—	—	—

图21.6是电池泡水的电压变化曲线。电压突降是因为正极腐蚀，电池进水。

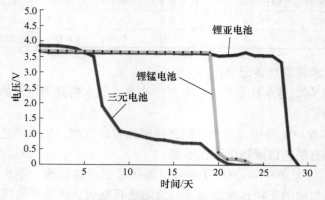

图21.6　电池泡水电压变化曲线

电池泡自来水观察记录：

（1）第2天，水里面出现褐色沉淀物，从上面落下，覆盖在电池上面。

（2）第20天，水变澄清了，也变成蓝灰色的了。几个电池的负极都有厚厚的一层黑色物质，可以擦去。打开瓶子，一股刺鼻的酸味飘了出来。锂锰电池的正极腐蚀透了，里面飘出来有酸味的白色气体。

（3）第21天，水更清澈了，原来混混的褐黄色沉淀物没有了，浓浓的酸气也没有了。

四、电池泡水注意事项

以上只是用少量电池做的实验，工业化生产过程中对于报废电池或者生产过程中出现的残次品电池泡水消电要注意以下几点：

（1）自来水的电阻率比较大，用自来水泡电池消电是一个漫长的过程。水里加进氯化钠以后，电阻率大大下降，消电进程加快。一般的经验是水里添加5%的氯化钠会得到比较好的效果。

（2）淡盐水不会引起电池短路，但是，如果泡水时电池无序摆放，电池外壳的互相接触就会引起短路，尤其像纽扣电池这样没有任何外包装的电池，倒进水桶里面，极有可能引起短路，发生火灾。这是有事故教训的，也有人专门做过纽扣电池随意倒进水桶引发短路的试验。所以在泡水时，一定要把电池以串联的方式摆放整齐，做好防止短路措施，然后才泡水。图21.7是某企业把锂亚电池和锂锰电池泡水消电的现场。

图21.7　电池泡水消电

（3）电池泡水过程中会产生氢气、氧气和氯气，氢气易燃，氧气和氯气助燃。氯气是剧毒气体，常温常压下为有强烈刺激性气味的黄绿色剧毒气体，浓度达到 $30000mg/m^3$（1%），一般过滤性防毒面具也起不到保护作用。氯气浓度达到 $3000mg/m^3$（0.1%），吸入少许可能危及生命；达到 $300mg/m^3$（0.01%），可能造成致命性伤害；达到 $120\sim180mg/m^3$（$4\times10^{-5}\sim6\times10^{-5}$），接触 $30\sim60min$ 可能引起严重损害；达到 $90mg/m^3$（3×10^{-5}）就会引起剧烈咳嗽。

氯气的助燃性甚至超过氧气，大部分物质都可以在氯气中燃烧。若氢气在氯气中的含量超过 5%，甚至在强光下就会爆炸。氯气与空气的相对密度是 2.49，大于空气，所以下沉。氢气的密度只有空气的 1/14，往上飘。在工业化锂电池泡水消电时，一定要注意泡水场所的通风，最好是在半露天环境，即只有防雨棚，没有围墙，产生的气体会随风飘散。如果量比较大，还应注意环保问题。如果是在室内，要注意通风的气流组织。围墙靠近天花板部分应当留一圈高度约 30cm 的空隙，以利于氢气飘散。在靠近地面 $30\sim60cm$ 开进风口和抽风口，换气量达到每小时 $3\sim6$ 次，气流应基本覆盖整个地面，不留死角。抽出的氯气应当进行环保处理。

第七节　报废锂电池回收工艺

锂电池的结构比较复杂，有不锈钢或者是铝制成的硬质外壳，也有用铝塑膜制成的软质外壳。锂离子电池的正、负极片是用黏结剂把钴酸锂等正极材料和碳材料黏附在铝箔和铜箔上，锂原电池则是把锂金属片和正极材料黏附在镍丝网上。镍片制成的极耳是点焊在铜、铝箔上的。隔膜与极片叠卷在一起，还有电解液。每年产生几十万吨废旧电池，回收时要把这些材料有效地分离，不是一件容易的事情。必须开发出高效、有用材料回收率高、环保、经济效益明显的回收工艺。

回收废旧锂离子电池的技术可分为火法冶金法、物理分选法、微生物提取法以及湿法冶金法。按各工艺产品方案的不同，湿法冶金处理方法又分为萃取分离法、沉淀分离法、离子交换法、电沉积法等。

一、回收及排放要求

对废旧离子电池回收工艺的要求

（1）国家要求新建、改、扩建废旧动力蓄电池综合利用企业应积极开展针对正负极材料、隔膜、电解液等的资源再生利用技术、设备、工艺的研发和应用，努力提高废旧动力蓄电池中相关元素再生利用水平。其中，湿法冶金条件下，镍、钴、锰的综合回收率应不低于 98%。火法冶金条件下，镍、稀土的综合回收率应不低于 97%。同时，应采取措施确保废旧动力蓄电池中的有色金属、石墨、塑料、橡胶、隔膜、电解液等零部件和材料均得到合理回收和处理，不得将其擅自丢弃、倾倒、焚烧与填埋。禁止对收集的各种废弃锂离子电池进行直接焚烧及填埋处理。

（2）在资源再生工艺之前的任何废弃锂离子电池拆解、破碎、分选过程都应在封闭式构筑物中进行，排出气体须进行净化处理，达标后排放。不应对废弃锂离子电池进行手工破碎。

（3）利用火法冶金工艺进行废弃锂离子电池资源再生，其冶金过程应当在密闭负压条件下进行，以免有害气体和粉尘逸出，收集的气体应进行处理，达标后排放。

（4）利用湿法冶金工艺进行废弃锂离子电池资源再生，其工艺过程应当在封闭式构筑物内进行，排出气体须进行除湿净化，达标后排放。

（5）废弃锂离子电池的资源再生装置应具备尾气净化系统、报警系统和应急处理系统。部分废弃锂离子电池带有一定的电量，应具备防火、防爆、防腐蚀等安全防护措施。电解液分离时必须防止电解液渗漏和泄漏。

三废排放要求：

（1）废弃锂离子电池回收处理工厂的废气排放应符合 GB 16297 的要求。

（2）应设置污水净化设施，工厂排放废水应当符合 GB 8978 和其他相关标准的要求。

（3）工厂产生的工业固体废物（包括冶金残渣、废气净化灰渣、废水处理污泥、分选残余物等）应妥善管理和无害化处理。

（4）工厂的人员作业环境应当满足 GBZ 1、GBZ 2.1 和 GBZ 2.2 等相关标准的要求。

二、锂离子电池的拆解

（1）将锂离子电池拆解为外封装材料、保护电路板、导线、极耳（五金片）、PTC、锂离子电池芯等，然后根据各自特点分别进行处理。

（2）保护电路板、导线、极耳等，主要分为电子元器件再利用和金属、塑料等部分的分选回收，可以采用磁选、重力分选或涡电流分选等方法完全分离塑料和金属。

（3）将铝或不锈钢壳体或铝塑复合膜集中回收处理。对于铝塑复合膜包装的聚合物锂离子电池应先进行铝极耳和镍极耳的区分后再处理。

（4）把废弃锂离子电池中的有机电解液分离，电解液宜采用提纯再利用或裂解成燃料的方法处理。

（5）极片的处理。必要时，锂离子电池的正、负极片先进行清除极片吸附电解液的预处理后再分别处理。将极片表面涂覆的正极材料或负极材料分别从骨架上剥离单独处理。正、负电极片中的金属可以采取化学浸出法回收，得到的骨架分别为金属铝（箔或网）和铜（箔或网），并可能提炼出金属或金属化合物、炭粉等。采用化学、冶金等方法分离金、银、铜、铅、铝、钴等金属。

（6）隔膜的处理。正、负极片之间的隔膜应单独回收处理。

三、回收方法

（1）火法冶金法。这是用高温焙烧工艺回收废旧锂离子电池中的有价金属的方法。首先是壳体材料的回收，把经过泡水消电的电池剥去金属外壳，以回收外壳金属材料。将电池内芯与焦炭、石灰石混合，投入焙烧炉中进行还原焙烧。此过程中，黏结剂等有机物质燃烧后以气体的形式逸出，正极材料被还原为金属钴和氧化锂。电解质中的氟和磷元素被沉渣固定，铝箔集流体被氧化造渣，低沸点的氧化锂大部分以蒸气形式逸出，用水吸收进行回收。金属铜、钴、镍等形成含碳合金，再用常规湿法冶金法对合金进行深加工处理。也有公司开发出处理锂离子电池的新火法冶金工艺——真空蒸馏回收技术。有公司开发出了处理废旧锂离子电池的热解和磁分离技术。

（2）湿法冶金法。锂电池金属回收中，使用最多的还是湿法冶金法。湿法冶金的原理是先通过酸溶液将初级产物中的金属从盐、氧化物的形式浸出到溶液中，再通过溶剂萃取的方法从溶液中提纯出各种金属。针对湿法冶金的研究主要集中在选取不同的浸出溶液、萃取溶剂，以获得更高纯度的金属和更高的回收率。其主要工序包括：预处理步骤（热处理、有机溶剂溶解等）分离集流体和活性粉体材料，再将活性粉体材料溶于酸中，调节 pH 值净化除去杂质，用沉淀法、萃取法、离子交换法、电沉积法分离出钴和锂。

用湿法冶金从初级回收产物中分离提取金属，得到的金属产物的纯度都比较高，回收率相差比较大，有的能达到接近 100%，有的甚至达不到 50%。而现在锂离子电池正极材料成分又比较复杂，因此很难找到一种能够高效回收各种型号锂离子电池的处理体系。

1）溶解—沉淀法。溶解—沉淀法是先将活性物质溶解，再通过选用不同化学溶剂沉淀的方法分离钴和其他金属离子，其工艺相对简单，操作容易，回收率较高。方法之一是通过碱煮除铝、盐酸溶钴、深度净化除去铝、铁、铜，草酸铵沉淀钴，再锻烧成氧化钴。钴的总回收率达到 95.4%。酸溶过程采用盐酸体系浸出，钴浸出率大于 99.5%。净化过程采用喷淋法，终点 pH 值控制在 5.0~5.5，Fe^{2+}、Al^{3+}、Cu^{2+}等杂质离子在同一个工序中被彻底除去，渣中平均含钴量约为 1%（质量分数）。第二种方法是从废旧锂离子电池正极中直接回收钴和铝，在酸溶工序采用硫酸加双氧水的还原体系，对碱浸液中的铝用硫酸中和后制取化学纯氢氧化铝，回收率为 94.84%。以草酸钴的形式回收钴，收率达到 95.75%。第三种方法依据沉淀反应的基本原理，采用"酸溶—NaOH 沉铝—NaOH 沉钴—Na₂CO₃ 沉锂"的工艺处理废料。实验表明，最佳沉淀铝的条件是温度 80℃，pH=4.5。最佳沉淀钴的条件是温度 30℃、pH=8。铝、钴、锂的回收率分别达 91.6%、91.55%、95.6%。第四种方法是碱溶、酸溶、净化除锂、铝等工艺。结果表明，该工艺能有效地除去锂、铝等杂质，制得纯度很高的氧化钴粉，钴的总回收率达 93%。第五种方法是对传统沉淀法进行改进，采用黄钠铁矾法除铁，氧化沉淀法除锰，碳酸氢铵除铝，碳酸钠除铜，最后得到纯净的含钴溶液，钴的回收率为 98%，杂质含量低于 2%。

2）有机溶剂萃取法。有机溶剂萃取法主要是利用萃取剂对不同金属离子选择性能的差异，实现金属离子之间的分离。对废旧锂电池芯粉采用碱溶解铝、旋流法分离铜，硫酸+双氧水浸出、水解净化、P507 萃取、草酸沉淀钴、碳酸沉锂的流程，钴、铜、铝、锂的回收率分别达到 94%、92%、96%、69.8%。这种方法在浸出过程中使用酸量少，溶剂可循环使用，实现了多种有价金属的综合回收。

3）电解法。采用硫酸浸出—电解的工艺从废旧锂离子电池中回收钴。用 10mol/L 的硫酸在 70℃浸出钴、锂。调节溶液 pH=2.0～3.0，在 90℃鼓风搅拌，中和溶液，脱除其中的杂质。在 55～60℃以钛板作阳极、钴片做阴极，以 235A/m² 的电流密度电解，得到符合国家标准的电解钴。其他人也在开发更实用的电解回收法。

4）离子交换法。有人将传统的络合法与离子交换法相结合，实现了对材料中多种金属元素的分离和回收，其中钴、镍的回收率分别达到 89.9%和 84.1%。

（3）综合处理法。一种方法是以物理分选法搭配清洁湿式回收设备的流程。将回收的锂离子电池于高温炉中焙烧，分解除去有机电解质，粉碎后筛分。筛上物再以磁选及涡电流分选处理，分离出粉碎的不锈钢壳、铜箔与铝箔等。筛下物经溶蚀、过滤，并借助 pH 值及电解条件的控制，分别以隔膜电解法电解析出金属铜与钴，电解过程中于阴极侧所产生的酸，可经由扩散透析处理回收并再用，形成一条封闭的流程。经电解后富含锂离子的溶液，调整酸碱值沉淀金属杂质后则可添加碳酸根生成锂的高纯度碳酸盐将锂回收。

（4）物理分选法。首先采用立式剪碎机、风力摇床和振动筛将废锂离子电池分级、破碎和分选，得到隔膜材料、铝、铜等金属和电极材料。在 500℃热处理电极材料，用浮选法分离锂钴氧化物和石墨，回收率为 92%，锂、钴含量高于 93%。

（5）超声波水洗法。将废旧锂离子电池破碎后，经过 12mm 筛孔除去聚合物膜，接着把筛下物超声波水洗。经过水洗后的物用 2mm 筛网进行筛分。超声水洗后有 92%的 Co 转移到了 2mm 筛网的筛下产物中，而且 Co 的含量在筛下产物中占到了 28%。Cu、Al、Fe 等金属以小薄片的形式存在于（12+2）mm 筛网的筛上产物中。由此可见，超声水洗法能较好的实现选择性分离。

（6）超低温冷冻法。将废电池在-50℃下冷冻，甚至有人将电池在-190℃下冷冻，使电池各种材料变脆，然后用硬物不停地压振，分离出塑料外壳与电池的外包装。在 200℃焚烧，除去有机物和无用的物质。通过一系列过程最终获得有用的回收材料，如钴酸锂、锂金属氧化物、铝和铜等。

（7）生物法。采用生物法对废旧锂离子电池中的有价金属进行回收，主要是充分利用微生物的代谢功能，把电池正极金属元素先转化成可溶化合物，然后再选择性地溶解出来，最后利用无机酸将金属溶液中的正极材料分离，从而实现对有价金属的回收。我国目前最为常见的就是利用氧化硫杆菌和氧化亚铁杆菌对有价金属进行回收，这种方法不但操作简单，而且在常温常压下就可以实现。缺点就是所需要的菌种不容易培养，而且浸出液不易分离。这种回收方法不但污染小、成本低而且还可以重复利用。所以未来势必成为报废锂离子电池有价金属回收的主要发展方向，但是还需要对菌种的培养和金属的浸出机理进一步分析和研究，更好地发挥出生物法的优势。

（8）固相法再生磷酸铁锂工艺。以上各种方法都是针对钴酸锂电池的回收工艺。因为磷酸铁锂电池中不含有钴等贵重金属，单纯回收某种元素经济效益不高，因此固相法再生磷酸铁锂电池是目前废旧磷酸铁锂电池处理的主流方向，并具有很高的回收效益，资源综合利用率最高。

首先将回收到的废旧磷酸铁锂电池拆解，使用物理方法或化学手段将正极材料与极片分离。加入 NaOH 溶液除去磷酸铁锂材料中残余的铝，之后热处理去除残余的石墨和黏结剂。分析热处理后获得材料的铁、锂、磷的摩尔比，添加适当的铁、锂或磷的化合物将铁、锂、磷的摩尔比调整到 1∶1∶1。最后加入碳，经球磨、惰性气氛中煅烧得到新的磷酸铁锂正极材料。

废锂电池回收处理自动化循环工艺成为锂电池回收处理中的关键。安全高效的锂电池破碎回收设备生产线首先将电池送入撕碎机进行撕碎，撕碎后的电池进入专用破碎机进行破碎，将电池内部正负极片及隔膜打散。打散的物料经引风机进入集料器，然后经脉冲除尘器把破碎中所产生的粉尘收集净化。进入集料器的物料进入气流分选筛，通过气流加振动把正负极片中的隔膜收集，同时把气流分选机所产生的粉尘收集。然后混合物采用锤振破碎、振动筛分与气流分选组合工艺对废锂电池正负极组成材料进行分离与回收。

参 考 文 献

[1] 广东邦普循环科技有限公司，宁德时代新能源科技股份有限公司，中国汽车技术研究中

心，等. GB/T 33598—2017 车用动力电池回收利用 拆解规范 [S]. 中华人民共和国国家质量监督检验检疫总局，中国国家标准化管理委员会，2017.

[2] 信息产业部电信研究院，深圳理士奥电源技术有限公司，浙江南都电源动力股份有限公司，等. GB/T 22425—2008 通信用锂离子电池的回收处理要求 [S]. 中华人民共和国国家质量监督检验检疫总局，中国国家标准化管理委员会，2008.

[3] 广东邦普循环科技有限公司，宁德时代新能源科技股份有限公司，中国汽车技术研究中心，等. GB/T 34015—2017 车用动力电池回收利用 余能检测 [S]. 中华人民共和国国家质量监督检验检疫总局，中国国家标准化管理委员会，2017.

[4] 沈阳环境科学研究所. GB 18597—2001 危险废物贮存污染控制标准 [S]. 国家环境保护总局，2001.

[5] 原冶金部马鞍山矿山研究院. GB 18599—2001 一般工业固体废物贮存、处置场污染控制标准 [S]. 国家环境保护总局，2001.

[6] 湖北物资流通技术研究所，广东邦普循环科技有限公司，浙江天能电源材料有限公司，等. WB/T 1061—2016 废蓄电池回收管理规范 [S]. 国家发展和改革委员会，2016.

[7] 工信部联节〔2018〕43 号. 新能源汽车动力蓄电池回收利用管理暂行办法 [S]. 工业与信息化部，2018.

[8] 环发〔2003〕163 号. 废电池污染防治技术政策 [S]. 国家环保总局，2003.

[9] 工业和信息化部公告 2016 年第 6 号. 新能源汽车废旧动力蓄电池综合利用行业规范条件 [S]. 工业和信息化部，2016.

[10] 赵鹏飞，尹晓莹，满瑞林，等. 废旧锂离子电池回收工艺研究进展 [J]. 电池工业，2011，16（6）：367~371.

[11] 刘更好，周汉章，唐红辉，等. 废旧锂离子电池中铝资源回收工艺研究 [J]. 电池工业，2012，17（1）：17~19.

[12] 郑莹，刘禹，董超，等. 废旧磷酸铁锂电池回收研究进展 [J]. 电源技术，2014，38（6）：1172~1175.

第二十二章 典型案例分析

为了让读者实实在在地体察到锂离子电池火灾发生的原因和后果，特意选择一些有代表性的锂离子电池火灾案例进行分析。

案例一 某电池厂爆炸事故

2016年7月10日，深圳市某区某电子有限公司发生燃爆事故，事故造成3人受伤，直接经济损失336万元。事故调查报告认定这是一起责任事故，事故起始点是高温老化房某一个劣质电池自燃引起的。

一、与事故有关的各个房间的情况

发生事故的楼层平面图如图22.1所示。

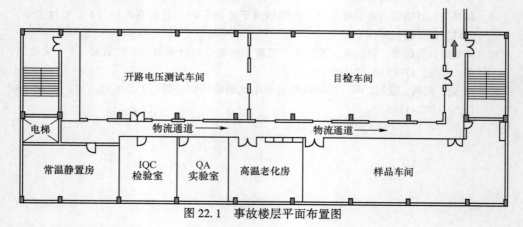

图 22.1 事故楼层平面布置图

（1）高温老化房。高温老化房建筑面积为 6.6m×7.7m＝50.82m²，三面采用岩棉彩钢板与其他生产区域隔离，建筑材料为国标426岩棉板，夹层厚度50mm。靠北面外墙设置一个封闭的外窗，靠物流通道设置一个封闭的玻璃窗和一个彩钢门，高温老化房内未设置排风装置、自动喷淋装置、可燃气体报警装置和烟感报警装置。

高温老化房工序流程包括工作准备、来料检查、电池入库与上架、静置、电池出货、清洁。

　　高温老化房采用灯泡进行加热，共设置 3 排加热灯泡，每个灯泡功率为 250W。内部设置感温探头，并通过外部温控器进行温度控制，温度控制范围 (45±3)℃，高温静置时间≤48h。

　　高温老化房内设置了 14 个 1.8m 高的三层货架，每层货架用螺丝钉与柱子固定，每层货架放置 64 盒电池，每个盒子放的电池数量根据型号而定。高温老化房最多能存储 8 万~10 万个电池，事故当天存储电池数量 42455 个。

　　（2）常温静置房。常温静置房环境温度为 22~28℃，共计 7 个货架，还包括胶纸、标签、锡线、保护膜、吸塑盒等物品，事故当天存放电池数量 43110 个。

　　（3）开路电压测试车间。开路电压测试车间有 12 个货架，10 台 OCV 测试设备、1 台热冷压机以及吸塑盒等物品，事故当天存放电池数量 46587 个。

　　（4）目检车间。目检车间工序包括厚度检查、电压/内阻测试、边电压检查、外观检查、OQC 抽检、打包下仓等工序，包括 2 条流水线、52 个工位、测厚度卡尺 4 个、直流阻抗测试仪 4 台、贴胶机 8 台、内阻测试仪 2 台、扫描枪 19 台，事故当天电池存放数量 53002 个。

　　（5）QA 实验室与 IQC 检验室。QA 实验室与 IQC 检验室的环境温度为 25℃。QA 实验室主要做锂离子电池原材料的理化性能试验，IQC 检验室主要检测锂离子电池的隔膜、极耳材料的耐温性能。

　　（6）样品车间。事故当天样品车间存放了两小桶电解液约 5kg，两大桶约为 300kg，总计约 305kg。

二、事故发生经过

　　2016 年 7 月 10 日 7 时 50 分，B 栋 4 楼车间无人上班，B 栋 3 楼分容车间有 4 人在清理分容柜，1 人负责成型封装机平行度检查。

　　8 时 50 分许，B 栋 4 楼高温老化房外有白烟冒出。

　　9 时 07 分许，白烟扩散到 B 栋四楼的常温静置房等其他区域。

　　9 时 11 分许，消防队员到达事故现场。

　　9 时 16 分许，常温静置房、OCV 测试车间等区域接连发生爆炸，爆炸冲击波和飞溅物造成 3 人受伤。

　　现场燃起大火，并散发出大量黑色烟雾，消防队员利用旁边楼房内的消火栓和地面上的移动消防水炮展开灭火救援行动，10 时 30 分，现场明火基本扑灭。

三、事故直接原因

　　事故调查技术组最终认定事故直接原因：该公司 B 栋 4 楼高温老化房存放的电池中个别劣质电池因内短路发生热失控燃烧，产生大量的热量，引起周边电池温度升高，发生更强烈的热失控，从而形成电池的连锁热失控燃烧反应。燃烧产生的大量高温易燃气体蔓延到周边区域，导致 4 楼的温度急剧升高，常温静置房、OCV 测试车间等区域的电池发生连锁热失控燃烧，放出更大量的易燃性气体，易燃气体浓度达到了爆炸极限，遇火源发生爆炸。

四、最初着火部位认定

4 楼电池存储总量约为 185154 个，在电池热失控情况下会产生大量易燃气体，并在 4 楼密闭环境内达到其爆炸极限。高温老化房单个电池发生热失控，释放出易燃气体和大量热量，周围电池在高温环境下温度不断升高，发生强烈的热失控，形成电池的连锁燃烧，致使火灾蔓延，电池释放的易燃气体与热量扩散到周边及电池存放量较多的常温静置房、OCV 测试车间、目检车间，致使火灾进一步蔓延，易燃气体不断积聚，达到爆炸极限，从爆炸现场勘验和视频监控来看，常温静置房、OCV 测试车间内均发生了爆炸。

五、爆炸发生的因果分析

从监控照片图 22.2 可以看到常温静置房在爆炸发生前有大量白色烟雾进入，经分析，认定是电池里面电解液蒸气泄漏形成的。

(a)   (b)

图 22.2 爆炸发生前常温静置房的白烟
（a）常温静置房白烟进入；（b）常温静置房爆炸前一秒

图 22.3 是样品间爆炸后的现场。样品间在高温老化房的右边，QA 实验室、IQC 检验房和常温静置房在高温老化房左边，开路电压测试车间在高温老化房的斜对面。从样品间爆炸现场分析，爆炸是发生在高温老化房，爆炸力向外，所以高温老化房与样品间的隔墙是倒向样品间的。老化房面积 50.82m²，空间体积将达到 200m³。这么大的空间里充满达到爆炸极限的电解液蒸气应该是不小的量，也就是需要很多锂离子电池受热膨胀，泄漏出电解液蒸气。

图 22.3　样品间爆炸现场

根据其他锂离子电池生产企业火灾事故现场监控视频来看，都是某一个有问题的电池发生内短路，产生高温，引起电解液膨胀，冲破电池外壳，着火。这一个着火的电池的热量加热了旁边的其他电池，形成连锁反应，所以火越着越大。从多次事故监控视频可以看到，从第一个电池喷出电解液蒸气到熊熊大火一般不超过 7min。后续电池受热喷出的电解液蒸气立刻参与了燃烧，所以只有着火，没有爆炸。这次爆炸事故特别之处是高温老化房里面的电池泄漏出来的电解液蒸气并没有立刻着火，而是一个传一个地把周围的电池加热，电解液蒸汽充满高温老化房，达到爆炸极限，发生了爆炸。爆炸推倒了高温老化房的隔墙，爆炸和燃烧产生的热量加热了其他几个房间的电池，这些电池也泄漏电解液蒸气。恰好这期间没有点火源，电解液蒸气没有着火。充满常温静置房和开路电压测试间的电解液蒸气达到了爆炸极限，遇到了点火源，发生了更大的爆炸。所以这两个地方的爆炸破坏性显得更大一些。这一系列过程就是这次事故的独特性。

六、关于几个问题的思考

（1）锂离子电池发生内部短路以后，电池发热，电解液受热膨胀，电池的内压有多大？

锂离子电池在充电和放电过程中也会产生热量，这个热量通过电池表面散热，正常情况下产热和散热是平衡的，不会引起热失控。在事故状态，电池内部产生的热量大于电池表面散去的热量，电池温度升高，电解液膨胀，产生很大的压力。如果是铝塑膜软包电池，电池就会鼓胀。钢壳电池有泄压阀，如果泄压阀动作不够灵敏，电解液蒸气压力就会冲破钢壳喷出来。图 22.4 就是一个 18650 电池被电解液蒸气压力冲破钢壳的例子。0.25mm 厚的不锈钢壳都能冲开一个口子，可见蒸气压力有多大，这个电池就是一个太阳能路灯电池包着火的始作俑者。

图 22.4 电解液蒸气压力冲破钢壳

（2）多少电解液蒸气引起的爆炸？

事故当天各个房间存放电池数量，高温老化房 42455 个，常温静置房 43110 个，开路电压测试间 46587 个，目检车间 53002 个。调查报告没有说明电池型号，如果按照 18650 电池计算，每个电池里面注有电解液 5g，则各个房间存放电池所持有的电解液分别是：高温老化房 212kg、常温静置房 215kg、开路电压测试间 233kg、目检车间 265kg。电解液的组分碳酸二甲酯、碳酸二乙酯等的密度接近 1g/cm³，即 1000kg/m³。各个房间的电解液容积分别是：高温老化房 0.212m³、常温静置房 0.215m³、开路电压测试间 0.233m³、目检车间 0.265m³。按照液体变成气体时体积扩大 1000 倍估算，则各个房间可能产生的电解液蒸汽容积是：高温老化房 212m³、常温静置房 215m³、开路电压测试间 233m³、目检车间 265m³。

碳酸二甲酯的爆炸极限 3.8%~21.3%、碳酸二乙酯的爆炸极限 1.4%~11%、碳酸甲乙酯的爆炸极限 1.2%~9.8%、碳酸乙烯酯的爆炸极限 3.6%~16.1%。实际使用的电解液往往是由这几种有机溶剂按比例配合而成，可知电解液混合体的爆炸极限很低，属于甲类可燃物。以高温老化房为例，面积 50.82m²，厂房层高算 4m，体积等于 203m³。为了方便计算起见，设电解液混合体的爆炸极限为 10%，那么高温老化房要达到爆炸极限仅需要电解液蒸气 20m³。由此可知，只要高温老化房有十分之一电池泄漏电解液蒸气，就会达到爆炸极限。其他房间的情况基本相似，在那个相对封闭的空间，第一次爆炸产生的高温，是有可能产生这个后果的。

（3）老化房要不要设泄爆口？

过去在设计老化房时只考虑火灾预防，一般不考虑泄爆问题。我认为这次事故有两个因素把老化房的爆炸扩大到了整个楼层。第一个是没有设泄爆口，爆炸压力不能宣泄，推倒了老化房的隔墙。第二个因素是老化房的隔墙不是实体墙，而是用岩棉夹芯板做的轻质墙体，抗爆炸能力弱，少许压力就会将其推倒。这个事故教训是，如果老化房设在楼房里面，应该用符合二级耐火的实体墙隔成独立的防火分区，还应当设置泄爆措施。

锂离子电池企业发生事故最多的是老化房火灾，许多企业吸取老化房火灾的教训，把老化房变小，安装自动喷淋灭火装置。有的企业干脆把老化房搬出楼房，在楼房外面单独建设数量多、面积小的老化房。比如有一个全国知名的生产锂离子电池的大企业，他们建设的几十个小老化房，每一个老化房只有两个平方米，设置了独立的烟感、温感和自动喷淋。如图 22.5 所示，这样，即使某一个老化房发生火灾，也可以及时扑灭，即使没有扑灭，这个老化房的电池全部烧毁，损失也很小。

图 22.5　一个老化房的范例

案例二　电池仓库火灾事故

深圳市电池生产能力占全国半壁江山，电池生产企业达 200 多家，利用电池加工各种移动电源的企业达三四百家，使用锂离子电池为无人机等产品提供动力的企业好几百家，据不完全统计，与离子电池相关的企业达 1000 多家。每年发生许多起大大小小的锂离子电池仓库火灾。2015 年 3 月 29 日晚 10 时 30 分钟左右，一个从事锂离子电池研发、生产、销售的企业 5 楼电池仓库发生火灾，过火面积 $100m^2$，经济损失达数百万元。图 22.6 是几起电池仓库火灾的现场照片。

一、几起锂离子电池仓库火灾的共同特点

（1）仓库面积大，堆放电池多，发生火灾以后损失巨大。

图 22.6 锂离子电池仓库火灾现场

扫一扫
看视频

（2）仓库没有视频监控报警系统，或者视频监控报警系统没有人 24h 值守，不能够及时发现初起火灾，失去了扑灭初起火灾的最佳时机。从视频可以看到，仓库里堆在一起的锂离子电池着火有一个循序渐进的过程。首先是有一个有缺陷的电池发热，电解液受热膨胀，喷出电解液蒸气。这时候并没有着火，旁边的电池受热以后，陆陆续续喷出蒸汽，开始着火。第一缕烟开始冒出到起火苗大约三分钟左右，七分钟左右火势就发展到不可控。如果在出现第一缕烟两三分钟内被人发现，把着火的电池丢进水桶或者用沙子掩埋，就不会造成损失。我检查过很多电池企业，听企业介绍过很多成功扑灭初起火灾的案例，那就是电池冒烟或者发出声响时恰好有人在旁边，很快就处理掉了。现在、深圳市要求锂离子电池仓库都要安装视频监控，要有人 24h 值守，就是吸取了这些经验教训。

（3）这些仓库都没有安装烟感、温感报警器和自动喷淋系统，既不能在早期发出火灾警报，也不能在火势发展以后自动喷淋灭火。

（4）锂离子电池着火以后产生的烟雾是有毒的，在没有事故风机排烟的情况下，人无法进入事故现场精准喷水灭火。滚滚浓烟中视线很差，很难判断火场情况，只能从外面凭感觉大量往里喷水，不但很难扑灭大火，造成的次生灾害损失也很大。

（5）火灾发生以后要断电，现场的照明和抽风机也都停电，给灭火造成困难。

二、预防锂电池仓库火灾的办法

深圳市规定锂离子电池仓库面积不能超过 $250m^2$，这是从万一仓库发生火灾以后减少损失的角度来设定的。锂离子电池仓库的面积一般有两个趋势，小企业是把仓库的面积划分得越来越小，只有几十个平方米，甚至只有几个平方米。在几十个平方米的仓库里还用实体墙砌成一个个只有几平方米的小格。这是群狼战术，也就是面积小、数量多，万一发生火灾，损失会减到最小。这种思路对于像比克、比亚迪这样的大型锂电池生产企业就不适用。比克深圳厂区每天生产18650锂离子电池近百万只，需要的存储空间很大，如果使用地面平铺摆放的方式，需要很多间仓库，需要很大的占地面积。他们走的是多层立体仓库的模式，图22.7就是比克公司深圳厂区的立体仓库，基本思路就是电池万一着火，大水量自动精准喷淋，把火灾扑灭在初起状态。

图 22.7　比克深圳厂区的立体电池仓库

比克深圳厂区电池仓库的建设思路，值得在大公司推广，它们的特点是：

（1）货架层间没有隔板，水可以直接喷在电池上。

（2）每一层每一格都有常闭式喷淋头。因为喷洒距离有限，水散不开，所以喷淋头交错密集布置，4个喷淋头靠外侧，4个喷淋头靠里侧。因为喷淋头靠近电池框，所以对温度反应比较灵敏，哪一个点温度高，那一个点的乙醚泡就会爆裂喷水，实现早期精准喷水的目的。

（3）按照消防配水的要求配置消防管道和压力表，保证喷水灭火时管道水压够用。

（4）天花板不是大面积平坦的天花板，而是由一个个下垂五十公分的隔梁形成一个个隔离空间，就像是把地面上连在一起的水池倒过来放在天花板上。这种结构的最大好处是，发生火灾时烟气是往上升的，烟气先集聚在一个个方格里，一个方格集满了，才会向相邻的方格蔓延，这样就延缓了有毒烟气的扩展速度，为人员进入仓库灭火提供了有利条件。

（5）每一列货架上面都有一道通风管道，而且通风管道的进风口是朝上开的，靠近天花板，这种布置能够最有效地抽走烟气。

（6）有人 24h 巡守，可以第一时间发现问题，第一时间进行处理。因为比克公司采取了这么严密的防范措施，十年来再没有发生过电池火灾。

案例三 某移动电源组装车间火灾事故

2019 年 1 月 20 日晚上 10 点钟，某厂房 3 楼电子厂工人下班以后，正在组装工业移动电源而没有用完的几十只 18650 圆柱形锂离子电池装在一个塑料筐里，放在生产线旁边。从现场监控视频可以看到，当晚 23：30 左右，框里的锂离子电池发生自燃，先后冒烟、起火。因为企业在现场没有安装自动火灾烟感、温感报警装置，没有实行 24h 监控。当天晚上的风向是从院内向外吹，所以，火灾发生后，门卫并没有及时发现 3 楼的烟和火。外面过路的人发现火情，直接打 119 报警，由消防队出动消防车灭火。图 22.8 是事故现场照片。

图 22.8 火灾事故现场

最左边的照片就是着火现场所使用的同类电池，一共不到 100 只。火灾中爆炸的电池到处乱飞，有的飞到了旁边的纸皮等可燃物上，引燃了这些可燃物，如中间的照片所示，火光和浓烟就是由这些可燃物发出的。还有的崩到天花板上，像子弹一样直接射入天花板，如最右边的照片所示。

一、事故教训

（1）剩余电池没有收回仓库，就放在没有自动喷淋灭火装置的车间里，电池着火后很快失去控制。

（2）车间内没有安装视频监控和烟感、温感报警器，没有人 24h 监控，没有及时发现初起火情。

二、防范措施

（1）晚上下班以后或者节假日车间没有人的时候，一定要把装有锂离子电池的产品和没有用完的电池收回到有自动灭火系统的仓库，不要放在车间。这是一个小厂，电池不多，放在现场的剩余电池只有半筐，但是着火后引起的后果却很严重。检查时常常发现有的大厂也是把产品和电池放在车间，万一发生火灾，损失将要大得多，应该吸取教训。

（2）生产车间有大量的机器设备，喷水灭火会产生次生灾害。所以产品和电池应当有专用仓库，仓库应该有自动报警、自动灭火的装置。电池着火以后，火势发展很快，几分钟就会失去控制，往往等人发现着火时已经无法进入火场灭火，所以自动灭火很重要，技防效果胜过人防。

（3）电池着火以后的爆炸力很大，会伤害到灭火人员。所以有的企业就在放电池的仓库外面安上铁丝网。图 22.9 是两个企业不同的铁丝网。图 22.9 左图的铁丝网比较密，右图的太稀疏。

图 22.9　电池仓库的防爆铁丝网

案例四　锂电池商店火灾事故

近年来，经营锂电池和电动玩具、电动自行车的店铺火灾比比皆是。2010年 4 月 3 日，南宁一电池店起火，过火面积 12m²，店主死亡。2018 年 8 月 24日，苏州某电池专卖店发生电池爆炸，火光冲天，火势凶猛。这次的火灾是店里堆积了太多的废旧电池造成的。

2019 年 12 月 24 日台北市中山区松江路靠近市民大道一栋住商混合大楼 3 楼

的锂电池仓库起火。台北市警方共出动 41 辆消防车、10 辆救护车和 132 名消防员，分别布水线、搭云梯车射水灌救。警方在火场共救出 9 人、疏散 17 人，过火面积约 60m²。

2021 年 5 月 14 日 23 时 39 分，福清市高山镇六一路一家电动自行车销售店铺突发火灾，现场有大量浓烟冒出且伴随电池爆炸声，情况十分紧急。接到报警后，当地消防部门立即赶赴现场救援，救出三名被困人员。

图 22.10 左图是贵州某电动玩具店发生火灾后现场，右图是广西某电池商店火灾现场。

图 22.10　锂电池商店火灾

与锂离子电池有关的商店发生火灾的特点有：

（1）火灾基本都发生在夜间商店停业期间。

（2）因为店铺没有人，基本上都是路人发现了火情报警，消防队赶来扑救。

（3）如果店铺是在楼上，扑救难度很大。这是因为火灾现场浓烟滚滚，烟雾具有很大的毒性，消防队员对现场情况不熟悉。由于这几种原因，消防队员不能进入现场就近灭火，只能从窗户里往里面大量灌水，有时候甚至盲目喷水，不能往着火点精准喷水，灭火效率不高。

锂电池相关产品销售商店火灾预防措施：

（1）回收废旧锂离子电池的店铺不能设在商业楼宇或者居民区，应当设立在万一发生火灾也不会产生很大次生灾害的地方。

（2）赛格大厦、华强电子市场这种销售锂离子电池相关产品的店铺集中的地方，夜间打烊以后，应该安排专人巡守，发现初起火情可以迅速处理，防止小火酿成大灾。

（3）电动自行车销售商店应当设置自动喷淋灭火系统。销售锂离子电池的商铺，应当设置能够自动报警自动喷射二氧化碳灭火的智慧型防爆柜，打烊后把电子产品放进防爆柜里，万一有锂离子电池自燃着火，可以通过手机 APP 报警，也能够自动喷射二氧化碳灭火。二氧化碳灭火的好处是既能够扑灭明火又能够使电池降温，还不会像喷水那样扩大淹渍范围，使更多商品受损。这一点在商业场所显得更加重要。

案例五　蓄能电站火灾事故

2021 年 4 月 16 日 12 时 17 分，北京市丰台区某储能电站发生火灾，消防救援部门调派 15 个消防站 47 辆消防车 235 名指战员到场处置。14 时 15 分许，在对电站南区进行处置过程中，电站北区在毫无征兆的情况下突发爆炸，导致 2 名消防员牺牲，1 名消防员受伤，电站内 1 名员工失联。这个项目是北京城市中心最大规模的商业用户侧储能电站、最大规模的社会公共大功率充电站、第一个万度级光储充电站、第一个用户侧新能源直流增量配电网，是北京市最大的光储充示范项目工程。电站规划 25MWh 磷酸铁锂电池储能，分为两期建设，一期项目建设屋顶光伏 1.4MW，储能 12.7MWh，充电车位 24 个，直流双枪充电桩 12 套。二期扩建工程包括屋顶光伏 1.73MW，室外 8MWh 储能及 35 套充电桩，均已安装就位，室内安装 20MWh 储能电池及相关直流控制及配电设备。值得注意的是，这个锂电池蓄能电站使用的是安全性能比较高的原装磷酸铁锂电池。这个事故将对我国电池蓄能电站的建设造成影响，也将对锂离子电池回收和梯次利用造成影响。

事故调查组根据消防救援机构现场勘验、检测鉴定、实验分析、仿真模拟和专家论证情况，综合分析发生事故的直接原因为：南楼起火直接原因系西电池间内的磷酸铁锂电池发生内短路故障，引发电池热失控起火。

北楼爆炸直接原因为南楼电池间内的单体磷酸铁锂电池发生内短路故障，引发电池及电池模组热失控扩散起火，事故产生的易燃易爆组分通过电缆沟进入北楼储能室并扩散，与空气混合形成爆炸性气体，遇电气火花发生爆炸。

在事发区域多次发生电池组漏液、发热冒烟等问题，但是，电站在未完全排除安全隐患的情况下继续运行。电站南北楼之间室外地下电缆沟两端未进行有效分隔、封堵，给事故产生的易燃易爆组分通过电缆沟进入北楼储能室留下了安全隐患。

2019 年 9 月 24 日上午 11 点 29 分左右，韩国某发电站的电池储能系统发生火灾。据了解，该储能系统容量为 40MWh/21MWh，其中安装的 2700 块锂电池和一个 PCS（电源转换器）被烧毁，导致 15 台 2MW 的风力发电机全部中断供电，这已经是短短一个月内韩国的第二起储能电站起火事件。一个月前，韩国忠南野山郡广市的一家太阳能光伏发电站的储能系统发生火灾，配套的 2 套储能系统中，1 套被烧毁，另一套被烧焦。从 2017 年 8 月到 2019 年 5 月，韩国总共发生 23 起储能电站火灾，其中 14 起是在充电后发生，6 起发生在充放电过程中，3

起是在安装和施工中途发生火灾。仅 2018 年 11 月一个月就发生 4 起火灾。表 22.1 是韩国蓄能电站事故统计，图 22.11 是其中一座电池蓄能电站火灾现场。

表 22.1　韩国蓄能电站事故统计

序号	地点	容量/MWh	用途	安装位置	建筑形态	事故时间	事故类型
1	全北高敞	1.46	风电	海岸	集装箱	2017.08.02	安装中
2	庆北景山	8.6	调频	山地	组建式面板	2018.05.02	修理检查
3	全南英岩	14	风电	山地	组建式面板	2018.05.02	修理检查
4	全南群山	18.965	太阳能	海岸	组建式面板	2018.06.15	充电后
5	全南海南	2.99	太阳能	海岸	组建式面板	2018.07.12	充电后
6	全南居昌	9.7	风电	山地	组建式面板	2018.07.21	充电后
7	世宗	18	需求响应	工厂地带	组建式面板	2018.07.28	安装中
8	忠倍荣洞	5.989	太阳能	山地	组建式面板	2018.09.01	充电后
9	忠南泰安	6	太阳能	海岸	组建式面板	2018.09.07	安装中
10	济州	0.18	太阳能	商业地域	混凝土	2018.09.14	充电中
11	京畿道	17.7	调频	工厂周边	集装箱	2018.10.18	修理
12	庆北英州	3.66	太阳能	山地	组建式面板	2018.11.12	充电后
13	忠南天安	1.22	太阳能	山地	组建式面板	2018.11.21	充电后
14	忠北门庆	4.16	太阳能	山地	组建式面板	2018.11.21	充电后
15	忠南巨匠	1.331	太阳能	山地	组建式面板	2018.11.21	充电后
16	忠北提川	9.316	需求响应	山地	组建式面板	2018.12.17	充电后
17	江原三陟	2.662	太阳能	山地	组建式面板	2018.12.22	充电后
18	庆南梁山	3.289	需求响应	工厂地带	组建式面板	2019.01.14	充电后
19	全南莞岛	5.22	太阳能	山地	组建式面板	2019.01.14	充电后
20	金北长寿	2.496	太阳能	山地	集装箱	2019.01.15	充电后
21	蔚山	46.757	需求响应	工厂地带	混凝土	2019.01.21	充电后
22	庆北七谷	3.66	太阳能	山地	组建式面板	2019.05.04	充电后
23	全北长寿	1.027	太阳能	山地	组建式面板	2019.05.26	充电后

目前韩国大概有 1490 座电池蓄能站，其中 522 座已经被关闭，有 778 座进行检修和确认，其中 740 座已经重新开始启用。这让韩国政府不得不在 2019 年

图 22.11　韩国电池蓄能电站火灾现场

底组建事故调查委员会彻查事故，也导致韩国储能产业陷入了半年的停滞时期。直到 2020 年 6 月 11 日，韩国产业通商资源部才公布了韩国储能电站火灾调查结果。

根据韩国公开的储能电站火灾调查报告显示，火灾原因主要是来自于：电池保护系统不良、运营环境管理不良、安装疏忽、储能系统集成（EMS，PCS）不良等 4 种因素。同时调查发现，一些电池存在制造缺陷，但在模拟测试中并未造成火灾。

调查发现，整个维护人员对 BMS、PMS 和 EMS 之间的信息共享没有做好，PCS 没有和锂电池保护系统操作顺序协调好，在 PCS 故障排除后没有检查电池状态的情况下重启系统，导致系统在 AC 交流侧和 DC 直流侧之间发生冲突。

一、电池蓄能电站火灾事故具体调查结果

（1）电池保护系统不良。当发生电池滥用时，比如接地故障或过电流的时候，电池系统熔丝没有快速地切断电流，导致了直流接触器劣化，会导致汇流排和机架的二次短路，引发火灾。为了确认电池安全性的电池系统试验结果显示，两个电池保护装置的直流接触器发生了爆炸或出现熔点。

（2）电力冲击保护系统不良。在外部电力冲击等测试过程中，电池保护装置内多数部件受损，电池保护装置内的直流接触器爆炸。储能转换系统 PCS 内部交流过滤器有碳化痕迹，表明电池受到了电冲击。反复动态试验结果显示，如果电池保护装置内直流接触器绝缘性能下降，可能会发生火灾。

（3）运行环境管理不善。在山区和沿海地区安装 ESS 的情况下，电池系统暴露于大量灰尘和冷凝水的恶劣环境中，冷凝水与灰尘破坏了绝缘性，导致局部短路，可能引发火灾，风冷用的风扇会加剧水分和灰尘的传播。

（4）安装和管理。电池存放出现问题或者接线错误等可能引发火灾。多次安装过程中出现的火灾证明了这一点。基于在空调周围发现熔化痕迹的情况，可以认为储能电站建设完以后管理和维护不够。

（5）储能系统管理不善。在事故现场调查、企业面谈调查及试验实证过程中发现，ESS 的设计和运营将电池、PCS 等系统合并在一起，在系统层面上无法管理和保护。BMS、PMS、EMS 之间不具备信息共享，PCS 和电池之间的保护系统、PCS 故障修理后电池的异常、交流和直流感应装置之间发生冲突等多种测试，证实多数综合管理体系不良。

EMS 也叫能量管理系统，大体包含了数据采集、网络监控、能量调度和网络数据分析四大类功能。EMS 系统主要用于微电网内部能量控制，维持微电网功率平衡，保证微电网正常运行，可满足中小型商用级储能系统的现场能量调度需求。

BMS 也叫电池管理系统，主要针对的是电池侧的监测、评估、保护和均衡。BMS 监测电池、电池模组、电池系统的电压、电流、温度、绝缘状况、保护量信息。根据电压电流信息，评估计算电池的荷电态 SOC、老化程度 SOH 和累计处理电量。根据电池的温度、保护量信息，通过故障报警等保护电池的安全。检测电池的电压差异，执行主动均衡控制。

PMS 也叫电站电力管理系统。主要功能包括减载、功率控制、电动机再加速起动、发电机控制、同期控制、断路器控制和电动机控制。

（6）电池中发现的一些缺陷。电池内部的微短路可能增大火灾发生的概率，也会给相应的配套电池带来直接冲击。

二、改善措施

根据火灾事故调查结果，韩国政府决定加强储能系统制造、安装和运行阶段的安全管理，并通过制定新的消防标准，实施全面的安全增强措施，提高火灾应对能力。

（1）加强储能系统制造、安装阶段基于火灾的安全管理。通过建立消防标准加强消防的响应，将大容量储能电池和储能变流器 PCS 作为主要部件加强储能系统安全管理。新的安全认证标准会要求电池生产过程中把电池缺陷作为安全确认项目进行检验管理，并且新的标准还计划把 PCS 安全认证容量范围从 100kW 增加到 2MW。

（2）增加安装限制条件，例如室外建筑安装和强制安全措施。修订后的储能系统标准规定室内安装容量上限 600kWh，室外安装则规定要安装在独立的建筑物中，以提高安全性。新的标准还包含漏电保护、过电压保护、过电流保护、增加阻止电池过充保护器，以及制造商建议的电池室的温度、湿度和灰尘管理等内容。监测管理也将进一步加强，如果检测到异常信号（过电压、过电流、短路、温度升高等），需通知管理员并紧急停止系统。必须将储能系统操作记录（如电池电压、电流、温度状态等）保存在安全的地方，以便发生事故后能够顺利确定事故原因。

（3）增加安全运营管理阶段的检查，检查周期由 4 年缩短至 1~2 年，电气安全公司及相关公司按计划进行联合检查以提高效率。

（4）加强灭火标准等火灾应对能力标准制定。计划修订消防法、建立专门的储能系统的消防安全标准，制定储能电站灭火的标准操作程序（SOP）等。除了常见的安全措施外，还应在停机操作期间对室内安装的设施采取其他措施，如安装防火墙和确保间隔距离，对于极易影响人员伤亡的储能设施，消防局将进行特殊检查，必要时实施搬迁到室外等安全措施，以确保安全。

韩国储能电站起火也给包括中国在内的其他国家带来警示，也提供了宝贵的经验。和电动汽车一样，储能作为锂离子电池应用的重要领域，安全始终是产业发展的底线，如果忽略安全，将会给整个产业以及相关配套企业带来致命的影响。储能系统的安全可靠性是储能产业的生命线。

案例六　电子烟仓库火灾事故

2020 年 11 月 10 日早上 7 点多，位于 3 楼的我国某电子烟仓库发生锂离子电池火灾。现场员工用了 10 具干粉灭火器也没有能够控制住火势，消防救援部门派 17 辆消防车和 83 名指战员到场处置。火灾现场浓烟弥漫，消防车只好从窗户往里面大量注水，终于控制住了火势。作者本人于下午两点多才到达现场，看到消防水还从 3 楼往下流，除了着火的损失以外，大量消防水淹渍造成的次生损失也不小。图 22.12 是火灾现场照片。

图 22.12　电子烟厂火灾现场

　　作者本人多年来在锂电池企业安全生产检查过程中发现，部分生产蓝牙耳机、电子烟、MP3 等小型电子产品的企业对锂离子电池的火灾危险性认识不足，火灾防范措施方面远不如锂离子电池生产企业那么重视。他们以为自己产品所用的锂离子电池的容量很小，只有不到 500mAh，不会有什么危险，这实在是一种模糊认识。

　　在小型电子产品里面，锂离子电池发生事故最多的就是电子烟。根据近几年的数据统计，美国是目前发生电子烟爆炸事故最多的国家，有的在吸烟时发生爆炸，有的放在口袋里突然爆炸，有的在充电时发生爆炸等。2018 年 5 月初，美国佛罗里达州一名男子在抽电子烟时突然发生爆炸，导致当场死亡，这可能是美国发生的首例电子烟引发的死亡事件。据报道，从 2009 年到 2016 年期间，美国有记录可查的电子烟爆炸案例达到 195 起，其中 29% 导致严重受伤。2018 年发表的一项研究估计，从 2015 年到 2017 年，有超过 2000 名电子烟使用者因爆炸和烧伤被送往医院。

　　电子烟引发火灾爆炸事故的原因有两类，第一类是在电子烟使用者手中发生着火甚至爆炸。这是因为在电子烟中，锂离子电池与发热片紧挨在一起，频繁吸烟，发热片产生的温度过高，加热了锂离子电池，引起电解液膨胀、爆炸。电子烟里的锂离子电池虽然很小，但是因为电子烟是拿在使用者手中、叼在嘴上或者装在身上，爆炸时离身体太近，爆炸威力并不太大，但是对人体造成的伤害却不小。

　　电子烟、蓝牙耳机等小型电子产品的仓库或者是售卖商店发生火灾属于第二类原因。电子烟集合了纸质包材、塑胶、电池、属于化学制剂的烟油，可燃性都比较大。烟油主要成分包含甘油（丙三醇）、丙二醇、植物香精、烟碱、尼古丁，其中丙二醇为低闪点极性有机溶剂，也要务必注意远离高温和明火。纸质和塑料包装材料燃点低，遇火易燃。看起来每一只电池的容量都很小，但是，生产企业或者产品的售卖商店有大量带包装材料的电子产品或者电池堆在一起，发生火灾的后果就很可怕了。图 22.13 是一个蓝牙耳机锂离子电池发热的照片，是作者本人买的一个蓝牙耳机，虽然里面的锂离子电池只有一粒花生米那么大，发热以后的后果却很严重。这个蓝牙耳机晚上充电时是放在玻璃板上，如果是放在可燃物上，就有引发火灾的可能。

　　关于锂离子电池及带有锂离子电池产品的仓库的火灾防范措施已经讲了很多，电子烟这类小型产品没有什么特别之处，主要是从业者要放弃幻想、提高认识、加强防范措施，按照一般的锂离子电池仓库管理就好了。

图 22.13　蓝牙耳机锂离子电池发热

案例七　锂电池汽车运输火灾事故

2017 年 5 月 7 日 6 点钟，一位司机单独驾驶一辆型轻卡车，载有半个卡板的 18650 锂离子电池到华南城发物流，途经沈海高速东行 K2887 路段，发现车内冒烟，立即报警，七点钟消防队到达灭火。分析事故原因，可能是电池包装比较简陋，汽车在行驶中颠簸或者启动、刹车的晃动，引起电池相互碰撞，引发起火。图 22.14 是事故现场。

这次事故的主要原因是货主以为运输距离短，运送锂离子电池的包装不符合本书第十六章介绍的要求造成的。司机不知道运输锂离子电池的风险，车上没有配备适用的灭火器材。汽车行驶在高速公路上，锂离子电池起火以后，既找不到灭火用的水，也找不到可以灭火的沙，自己没有能力灭火。消防队接到火警不可能立刻赶到事故现场，所以，火扑灭了，电池也全部烧毁了。

用汽车运输锂电池是最常用的方法，运输锂电池的汽车着火事故也不罕见。预防运输锂电池的汽车着火首要问题就是货主和司机都要充分认识锂电池运输的风险性，严格遵循锂电池陆路运输包装的规定，不要心存侥幸。把防护措施做足了，事故才能远离自己。另外，运输锂电池的汽车要携带适用的灭火器材，干粉灭火器是对付不了锂电池火灾的。一般的水型灭火器只能扑灭及时发现的初起火灾，所以，要根据装载的锂电池的数量带够水型灭火器。如果电池厂的汽车运输

图 22.14 运输锂离子电池的汽车着火

锂电池，可以按照需求对汽车进行改造。这种货车可以通过烟感报警，可以自动喷出二氧化碳灭火。如果汽车货箱里面所装电池比较多，而发生问题的电池又在一箱电池的内部，用水型灭火器也不会有效果。二氧化碳喷出来变成气体，无孔不入，能够很快扑灭明火，也能够很快降温，有效扑灭电池着火。

案例八　纽扣电池引发火灾事故

2016 年 8 月 19 日晚上 10 时许，某工业园内的铁皮房突然起火，火势猛烈，浓烟冲天。119 接警后，出动八个消防中队、十几台消防车赶赴现场灭火，现场无人员伤亡。图 22.15 是火灾事故现场照片。

图 22.15　火灾事故现场

事故发生于工业园内的铁皮棚单层厂房，铁皮房总面积约 1200m² ，发生事故的公司租用约 200m² ，从事纽扣锂电池分装业务。电池分为 A 货和 B 货，据调查，当时厂房内存放 A 货电池有四箱半，每箱 10000 个，共 45000 个。存放 B 货电池共 180 箱左右，每箱约 4000 个，共 720000 个。上述两种电池总共存放有约 765000 个，总重量约 15t 左右。调查初步认定为该公司在分装过程中将 B 货次品电池混合倒入塑料桶内，放于铁皮房门外。放在门外的纽扣电池自放热起火，火势逐渐蔓延，引燃整个铁皮厂房。火势失控以后危及旁边 7 层楼厂房，造成该栋楼房 2~7 楼局部过火，涉及的企业有 14 家，过火面积约 780m² 。

纽扣电池的外面没有包装材料，也就是说，纽扣电池的外表面都是可以导电的，如图 22.16 所示。因此，纽扣电池在存放时一定要有隔离开的措施，不能乱堆乱放，使其外表面接触，不然，就有通过电池外表面互相接触而形成短路的可能性。听一个纽扣电池厂的朋友介绍过，他们厂有一位年轻员工顺手把几粒纽扣电池装在裤袋里，裤袋里还有一串钥匙，结果，走了几步路，这些纽扣电池与钥匙一起颠了颠，形成了短路，着了火。

图 22.16　纽扣电池及其包装

分析这次事故形成的原因，主要是把那么多的没有经过任何包装的纽扣电池随意倒在塑料桶里，电池的外表面互相接触。第二个原因就是把塑料桶堆在铁皮房外，如果遇上下雨，在雨水的作用下，就有可能把原来没有短路的电池变成短路，为火灾发生埋下了祸根。

这起事故使我们更深刻地认识到电池的存放、运输、处理的过程中防短路措施的重要性。回顾上一章所讲的电池泡水消电，特别强调电池泡水时一定要按串联方式摆放整齐，不能乱堆在一起泡水，就是为了防止电池在泡水时发生短路。图 22.17 是一盒体积比较大的锂离子电池，电池上面两个极端距离比较远，似乎不可能发生短路，所以在存放时并没有严格按照要求给每一个极端都套上绝缘帽。在这种情况下，如果有可以导电的铝箔、铁丝、铁件等意外落在电池盒上面，就会引起短路。而且这么大的电池，含有的能量是很大的，如果发生短路，后果不堪设想。

电池极端绝缘帽

图 22.17　电池极端没有绝缘保护

案例九　电动自行车火灾事故

锂离子电池面世以来发生事故最多的不是使用量最大的手机电池，不是电池包容量很大的电动汽车电池，而是电池包容量不大不小、社会保有量比电动汽车多比手机少的锂离子电动自行车的电池。电动自行车发生火灾造成的损失也往往大于汽车和手机着火，这其中的原因主要有两个，一个原因是电动汽车社会保有量少，而且必须有固定的充电桩，不能够进家庭进厂房，即使着了火，往往只是涉及到财产损失，很少危及到人员生命。另一个原因是手机虽然社会保有量很大，成年人几乎人手一个，也多次发生过手机电池着火的事故，但是，手机电池容量只有几千毫安时，如果不是在有很多易燃物的场合着火，后果也没有那么严重。下面介绍几起损失惨重的电动自行车火灾事故。

一、深圳沙井"8·29"火灾事故

2016 年 8 月 29 日凌晨 2：10 左右，沙井街道马鞍山社区安山四路一出租屋突然发生火灾，火灾烟气造成 2 楼 5 人死亡，另有 2 人因逃生踩踏及不慎坠楼，送医院抢救无效死亡。凌晨 3 时许火势被扑灭，重伤 4 人，另有 47 人因吸入浓烟不适留院观察。

据目击者讲，当时自己与几个朋友在出租屋 1 楼聊天，还没睡，突然看到一楼停放电动车的车库有火光，过去查看，发现是电动车充电器起火，当时已经引着了两辆电动车。车库就在出租屋进门左拐的地方，面积有近百平方米，停放的电动车自行车很多，估计有一两百辆，房东拉了几十个插板供租户充电用。当即有人报了警，也有人拿干粉灭火器灭火，充电器起火后引起电动车电池起火，没有灭掉。随后火势蔓延到整个车库，从发现火花到火势蔓延到车库，也就几分钟的时间。火灾发生后大概十来分钟，社区警务人员来救火，现场组织大家用水桶装水灭火，不过没有太大效果。当时大火透过窗户向上方蔓延，楼上居民有的直接跑楼顶了，有住在 3 楼的用床单编成绳索，通过逃生窗下来，也有人跳楼，一部分人逃到了天台上，等待救援。

整个出租屋有13层，住户大概有两百户左右，所有住户进出都是用电子感应的门禁卡开门。起火导致断电，公寓一楼装有门禁锁的唯一大门被锁死，住户无法打开大门逃生，只能被困在楼里。后来，逃生者找来一根大木头把门撞破，很多人就是从这里逃出来的。图22.18是事故现场。

图 22.18 马鞍山社区"8·29"火灾现场

这一起事故的惨痛教训是：

（1）在13层高的出租屋1、2楼设置电动自行车充电场，一百多辆电动自行车在这里充电，简直等于给楼房安了一个定时燃烧弹。这么多电动自行车同时充电，不但发生火灾的概率大大提高，而且楼房供电线路的负荷也大大增加。尤其在8月份的晚上，天气炎热，13层楼房的空调大开，供电线路超负荷运转，也是一个重大隐患。

（2）窗户上安有铁条防盗网，没有逃生窗口，发生火灾以后，人们无法逃生。

（3）楼宇依靠门禁锁进行管理，事故楼宇的门禁锁没有另外供电线路，而是与楼房的生活用电同一条线路，所以发生火灾，楼房断电，门禁锁不能动作，卡住了逃生通道。门禁锁结构应当在发生火灾时可以从内部轻易打开。

（4）火灾发生后，社区警务人员组织大家用水桶装水灭火，暴露出城中村消防系统建设的短板。如果附近有消防栓，用消防水带在火场喷水，水量大，可以迅速压制住火势，可能就不会有那么多人死亡和受伤。

二、北京大兴"4·25"火灾事故

2011年4月25日凌晨1时10分许，北京市大兴区旧宫镇南小街一栋4层楼房发生火灾，死亡18人，受伤24人，其中重伤13人，30余人被安全疏散救出，过火面积约120余平方米。7个消防中队27部消防车及200余名官兵及公安、交通、卫生急救等部门到场开展灭火、救护，凌晨2时，火被扑灭。

据调查，火灾是因为电动三轮车充电时电气线路故障引起的。

该建筑为村民自建房，建筑面积达700m²。其中1~3层为砖混结构，4层为彩钢板搭建。全部用于出租，1层、2层用于服装加工和住宿，3层、4层用于住宿。图22.19是事故现场照片。

图22.19 事故现场照片

这一起由一辆电动三轮车引发的18人死亡的惨案给我们提供了几个惨痛的教训：

（1）电动三轮车不应该进室内充电。

（2）一、二楼是服装加工作坊，堆满了大量的可燃物，如果只是一辆电动三轮车着火，不会有这么严重的后果。电动三轮车着火以后，引燃那些服装面料，扩大了火势。而且现在的服装面料大部分都是化纤性质的，燃烧产生的烟气的毒性很大，火场中的人员基本都是由有毒烟气中毒死亡或者受伤的。

（3）这是一个典型的"三合一"场所，生活、生产、仓储在一起，服装作坊的服装面料火灾负荷很大，本身就存在很大的火灾危险性。

（4）出租屋窗户有防盗网，门是卷帘门。这种卷帘门在火灾中会自动落下，曾经有火灾中卷帘门自动落下而引起严重后果的案例。所以要求在白天上班期间卷帘门拉上去以后要插上防坠落插销。晚上人们睡觉时，落下了卷帘门，上了锁，窗户上有防盗网，逃生通道全部被堵死，这也是造成人员伤亡这么严重的原因之一。

三、电动自行车充电棚火烧连营

2014年12月21日凌晨4点左右，衡阳市湖北路一小区车棚内突发火灾，造成30余辆电动车被完全烧毁，当时该小区共有60余户人家被困在楼上。幸亏经过消防官兵的全力扑救，此次火灾未造成任何人员伤亡。

车棚面积约80m²，车棚顶的石棉瓦被大火烧透，单元楼的墙体被熏黑，多家住户的窗户玻璃和墙砖都被大火烤裂。车棚是厂方承包给个人，平时有几名值班人员轮流看车，根据车型大小收取费用。事发时，看车人就住在车棚入口的小房子内，小房子已被烧得面目全非。在车棚内设置了几个多用充电板，方便车主充电，当晚的值班人员说当时有四辆电动车正在进行通宵充电，而且插头都插在同一个插座上。

2019 年 5 月 16 日，苏州一小区电动车库突起火灾，94 辆电动车"火烧连营"被烧毁。图 22.20 是火灾现场照片。

图 22.20 苏州某小区电动车棚火灾

2019 年 9 月 9 日 6 时 31 分，宝安区西乡街道柳竹社区一室外电动自行车停放点发生火情，明火于 7 时许被扑灭，无人员伤亡，共烧毁电动自行车 68 辆、小轿车 3 辆。

2020 年 8 月 18 日凌晨 1 点 49 分，杭州富越香郡 5 幢 2 单元地下一层的电瓶车库发生火灾，大量浓烟向楼上蔓延，居民无法疏散出来。指挥中心接到报警后立即调派 5 辆消防车赶赴现场处置。起火电动车有 11 辆，无人员伤亡。图 22.21 为杭州某地下车库火灾。

图 22.21 杭州某地下车库火灾

以上只是电动自行车集中充电棚火灾火烧连营案例的一部分，从这些案例可以看到充电房建设时，同时建设消防设施是多么重要。尤其是衡阳市的充电棚火灾，现场24h有值守人员，还能够造成这么大的损失，究其原因，一是现场没有消防水系统，发现火灾，没有有效的扑灭手段。二是没有自动喷淋系统，不能够在发生初起火灾时自动喷水灭火。三是没有烟感、温感报警系统，凌晨4点钟，值守人员睡意正浓，车棚着火了居然不知道，失去扑灭初起火灾的有利时机。

关于电动汽车充电站的建设要求，国家已经出台了几个标准规范，但是关于电动自行车充电棚的建设还没有明确的规定，只是有的地方政府提出了一些要求。电动自行车充电棚一般都是由居民区自行建设，主要考虑的是就近、方便，对安全方面的考虑比较少。这里列举的事故中有两起充电室设置在一楼或者地下室。建设电动车集中充电棚时，应当对火灾危害性有充分的估计，充电棚内安装烟感、温感报警器，可以及时发出火警警报。充电棚的喷淋系统应当是智能化的，发现火情后可以实现自动断电、自动喷淋。

案例十　某废旧电池回收处理厂火灾事故

2021年1月7日18时12分左右，湖南某废旧锂电池回收处理公司铝渣废料发生爆炸，事故直接原因主要是废旧锂离子电池回收工艺产生的铝渣存放不当蓄热燃烧，公司员工在使用消防水带灭火过程中，消防水接触炽热的铝金属液迅速反应继续产生大量的氢气，氢气不断在现场封闭库房内积聚，约19min左右在明火作用下发生气体爆炸。现场持续形成积存水与高温铝液继续反应产生氢气，在第一次爆炸15min后，发生第二次混合性爆炸。气体爆炸冲击波导致仓库轻型房顶冲破，墙体碎裂，砖石飞散并砸中1名公司员工致其死亡，同时高温铝渣飞溅及冲击波作用导致现场部分救援人员受伤，共造成1人死亡，8人轻伤，10人轻微伤，直接经济损失604.71万元。

该公司是目前国内最大的废旧锂电池资源化回收处理和高端电池材料生产的国家级高新技术企业。年回收处理废旧电池总量超过6000t、年生产镍钴锰氢氧化物（三元前驱体）、镍钴锰酸锂（三元材料）、钴酸锂、氯化钴、硫酸镍、硫酸钴和四氧化三钴达4500t。公司通过独特的废料与原料对接的"定向循环"核心技术，不仅实现了废旧电池的变废为宝，而且使废旧电池还原成了高端的电池正极材料。这些富含战略性资源的"逆向产品"主要以"反哺形式"提供给国内知名的电池材料和电池制造企业。

制造锂离子电池的正负极片材料铝箔和铜箔是锂离子电池使用量最大的有色金属，也是锂离子电池拆解回收所得到的最大量的有色金属。在工业化回收工艺中，铝箔和铜箔都变成了铝渣和铜渣，《国家危险废物名录2021版》中第321-

023-48~321-034-48 都是关于铝的危险废物编号。第 321-027-48 是关于铜的危险废物编号，所以铝渣和铜渣都被列为危险废物，存放时就应当按照危险固废处理。其中，铝粉尘和铝渣的危险性更大一些，这些年发生过很多起铝粉尘和铝渣的爆炸事故。

　　发生火灾爆炸事故的公司的铝渣用吨包盛装，每袋 150~200kg，如图 22.22 所示。制造吨包的聚丙烯、聚乙烯材料的燃点不高于 400℃，低于氢气的燃点 574℃ 和铝的燃点 645℃，所以首先起火的应该是吨包。铝的氧化层很致密，本来已经充分氧化了的铝颗粒是不会继续与水产生反应的，但是吨包起火，使铝渣颗粒膨胀，氧化皮开裂，露出里面的铝，与水发生更强烈的反应。产生的热量点燃了铝渣以及铝渣之间的空隙和吨包之间的空隙里面积存的氢气，使燃烧越来越猛烈。

图 22.22　装铝渣的吨包

　　火灾变成爆炸的原因：废旧锂离子电池回收产生的铝渣是厚度 10μm 左右的片状固体废料，堆在一起，不具备粉尘爆炸的条件。着火以后，温度达到铝的熔点 645℃，一部分铝渣很快变成铝熔液。灭火的消防水与铝熔液的反应更加剧烈，产生大量氢气，发生爆炸。这次爆炸不是铝粉尘爆炸，而是氢气爆炸。

　　2014 年 8 月 2 日 7 时 34 分，某抛光二车间发生特别重大铝粉尘爆炸事故，造成共有 146 人死亡、95 人受伤，直接经济损失 3.51 亿元。爆炸的直接原因是事故车间除尘系统较长时间未按规定清理，铝粉尘集聚。除尘系统风机开启后，打磨过程产生的高温颗粒在集尘桶上方形成粉尘云。1 号除尘器集尘桶锈蚀破损，桶内铝粉受潮，发生氧化放热反应，达到粉尘云的引燃温度，引发除尘系统及车间的系列爆炸。

　　2019 年 3 月 31 日 7 时 12 分左右，位于昆山开发区雄鹰路 66 号的某公司数控机床（简称 CNC）加工车间北墙外堆放镁合金废屑的集装箱发生爆燃事故，造成 7 人死亡、1 人重伤、4 人轻伤，直接经济损失 4186 万元。

　　事故直接原因是 CNC 加工过程中使用了超量水稀释的切削液，混有切削液的镁合金废屑经过滤分离，堆放在集装箱内。某公司每天产生镁合金废屑约 350kg，最近一次清理镁合金废屑的时间为 2019 年 3 月 21 日，爆炸发生时，已累计堆放 10 天，推算总量约 3.5t。镁合金废屑与切削液中的水发生反应生成氢气，同时放出热量。因堆垛堆积紧密、散热不良，热积累形成高温。

　　上面所述的爆炸事故均是铝、铝合金、镁合金与水发生化学反应，产生氢气和热量有关。

　　铝与水的化学反应：$2Al + 6H_2O \Longrightarrow 2Al(HO)_3 + 3H_2\uparrow$；

　　铝粉尘云爆炸下限：$40 \sim 60 g/m^3$；

　　铝粉尘云最低着火温度：$400℃$；

　　铝粉尘云最低着火能量：$10 \sim 80 mJ$。

　　这个反应式说明铝渣与水会产生化学反应，生成氢氧化铝和氢气，并产生反应热。铝渣被点燃的温度和需要的最低着火能量都低于粉尘云，铝渣比粉尘云更容易引起着火。本事故中的爆炸有一个共同特点，铝渣和粉尘受潮，产生了极易燃烧的氢气，反应热成了点火源。第二个共同特点是铝渣和铝粉尘堆积过多，空间受限，产生的氢气不易逸散，产生的热量又集聚在堆垛内部，形成了高温，达到了点燃铝渣和铝粉尘的温度。

　　通过以上分析，说明在锂离子电池回收处理过程中，对所产生的铜渣、铝渣等危险固废要妥善存放，及时处理，尤其是受潮或沾有水的废渣废料要严格控制堆垛体积和厚度，加强通风和降温措施。用吨包装铝渣和铜渣就显得体积大了一些，不合适。

参 考 文 献

［1］江苏省安全生产委员会办公室．苏安办函［2019］17 号：省安委办关于落实省政府对昆山汉鼎精密金属有限公司"3·31"较大爆燃事故批复要求的通知［R/OL］．（2019-7-15）［2021-6-15］. http：//www. safehoc. com/Case/Case/Blow/201908/1574211. shtml.

［2］长沙市应急管理局：宁乡高新区湖南邦普循环科技有限公司"1·7"燃爆事故调查报告［R/OL］.（2021-5-25）［2021-6-16］. http：//cssafe. changsha. gov. cn/cssaj_zxgz/cssaj_csaj/202106/t20210609_9999272. html

［3］安全监管总局人事司（宣教办）：江苏省苏州昆山市中荣金属制品有限公司"8·2"特别重大爆炸事故调查报告［R/OL］.（2014-12-30）［2021-6-16］. https：//www. mem. gov. cn/gk/sgcc/tbzdsgdcbg/2014/201412/t2014 1230_245223. shtml.

［4］北京市应急管理局：北京丰台区"4·16"储能电站较大火灾事故调查报告［R/OL］.（2021-11-23）［2021-12-20］. https：//www. sohu. com/a/502950077_121117467.

[5] 龙华新区安全生产监督管理局：关于龙华办事处深圳市美拜电子有限公司"7·10"燃爆事故的调查报告 [R/OL]. (2016-9-2) [2021-6-20]. http：//www. szlhq. gov. cn/zdlyxxgk/aqsc/dcbg/content/mpost_4942261. html

[6] 电动学堂：韩国锂离子电池储能电站安全事故的分析及思考 [R/OL]. (2020-09-15) [2021-6-10]. https：//www. sohu. com/a/418632667_560178